Schnittpunkt **5**

Mathematik
Nordrhein-Westfalen

Joachim Böttner
Rainer Maroska
Achim Olpp
Rainer Pongs
Claus Stöckle
Hartmut Wellstein
Heiko Wontroba

bearbeitet von
Agathe Bachmann, Langenfeld
Benita Banach, Oberhausen
Christof Birkendorf, Dortmund
Paul Krahe, Erkelenz
Berthold Grimm, Billerbeck
Marion Koch, Borchen
Rainer Pongs, Hürtgenwald
Kathrein Schadow, Essen

Ernst Klett Verlag
Stuttgart · Leipzig

Schnittpunkt 5, Mathematik, Nordrhein-Westfalen

Begleitmaterial:
Lösungsheft (ISBN 978-3-12-740453-1)
Arbeitsheft mit Lösungsheft (ISBN 978-3-12-740456-2)
Arbeitsheft mit Lösungsheft inklusive Lernsoftware (ISBN 978-3-12-740458-6)
Schnittpunkt Kompakt, Klasse 5/6 (ISBN 978-3-12-740358-9)
Kompetenztest 1, Klasse 5/6 (ISBN 978-3-12-740467-8)
Formelsammlung (ISBN 978-3-12-740322-0)

1. Auflage 1 9 8 7 6 5 | **14 13 12 11 10**

Alle Drucke dieser Auflage sind unverändert und können im Unterricht nebeneinander verwendet werden. Die letzten Zahlen bezeichnen jeweils die Auflage und das Jahr des Druckes.

www.klett.de

Autoren: Joachim Böttner, Rainer Maroska, Achim Olpp, Rainer Pongs, Claus Stöckle, Prof. Dr. Hartmut Wellstein, Heiko Wontroba
bearbeitet von: Agathe Bachmann, Benita Banach, Christof Birkendorf, Paul Krahe, Berthold Grimm, Marion Koch, Rainer Pongs, Kathrein Schadow
Redaktion: Isabelle Hetzler, Elke Linzmaier

Zeichnungen / Illustrationen: Uwe Alfer, Waldbreitbach; Rudolf Hungreder, Leinfelden-Echterdingen
Bildkonzept Umschlag: SoldanKommunikation, Stuttgart
Umschlagfoto: Bildagentur Mauritius GmbH, Mittenwald

Reproduktion: Meyle + Müller, Medien-Management, Pforzheim
DTP / Satz: topset Computersatz, Nürtingen
Druck: Aprinta, Wemding
Printed in Germany

ISBN 978-3-12-740451-7

9 783127 404517

Willkommen im Schnittpunkt

Liebe Schülerin, lieber Schüler,

vieles an der neuen Schule und in der neuen Klasse wird am Anfang noch ungewohnt sein, aber bald wirst du dich so wohl fühlen wie in deiner alten Klasse. Damit du dich in deinem neuen Mathematikbuch von Anfang an zurecht findest, wollen wir dir ein paar Hinweise geben.

Jedes neue Kapitel beginnt mit einer **Doppelseite**, auf der es viel zu entdecken und auszuprobieren gibt und auf der du nachlesen kannst, was du in diesem Kapitel lernen wirst. Innerhalb der Kapitel wirst du vor allem die **Aufgaben** bearbeiten – gemeinsam mit anderen oder allein.

Auf vielen Aufgabenseiten findest du durch Symbole hervorgehobene Kästen, die Verschiedenes bieten:

Argumentieren und Kommunizieren: Hier kannst du über mathematische Themen reden, verschiedene Begriffe miteinander in Beziehung bringen, mit Klassenkameraden zusammenarbeiten und deine Ergebnisse präsentieren.

Problemlösen: Du löst spannende Fragestellungen und Probleme. Dafür findest du oft deinen eigenen Weg zur Lösung und du denkst über deine Ergebnisse und die der anderen nach. Vielleicht findest du auch noch eine bessere Lösung.

Modellieren: Für interessante Fragen aus dem alltäglichen Leben findest du Antworten. Dabei hilft dir das, was du im Mathematikunterricht schon gelernt hast.

Werkzeuge: Um dir weiterzuhelfen verwendest du mathematische Werkzeuge (z. B. das Lineal oder das Geodreieck) und andere Medien wie Bücher, den Computer oder das Internet.

Zeitfenster: Wissenswertes und Spannendes aus vergangener Zeit.

Info: Informationen und Hinweise, die dir beim Lösen der Aufgaben helfen oder dir neue Einsichten verschaffen.

Am Ende jedes Kapitels findest du in der **Zusammenfassung** noch einmal alles, was du dazugelernt hast. Hier kannst du dich für die anstehenden Klassenarbeiten fit machen und jederzeit nachschlagen.

Unter **Üben • Anwenden • Nachdenken** sind Aufgaben zum Üben, Weiterdenken und Anknüpfen an früher Gelerntes zusammengestellt.

Die letzte Seite des Kapitels, der **Rückspiegel**, bietet dir eine Aufgabenauswahl, mit der du dein Wissen und Können testen kannst. Links findest du die leichteren, rechts die schwierigeren Aufgaben. Wenn du einen Aufgabentyp schon sehr gut beherrschst, kannst du nach rechts springen, wenn dir eine Art von Aufgaben noch Schwierigkeiten bereitet, wechselst du auf die linke Seite. Die Lösungen zu diesen Aufgaben findest du alle am Ende des Buches.

Und nun viel Spaß und Erfolg mit dem neuen Schnittpunkt und in deiner neuen Klasse!

Inhalt

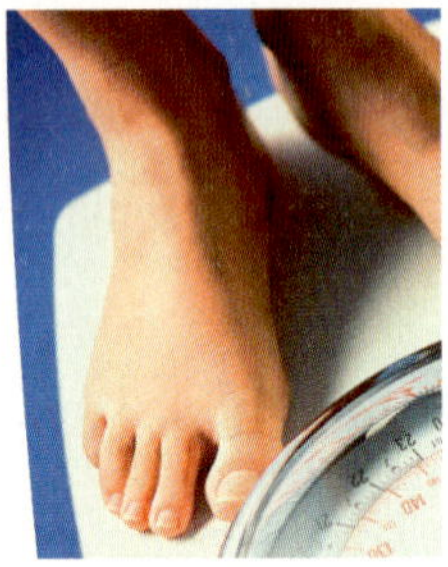

5 Flächen und Körper

6 Größen

7 Brüche

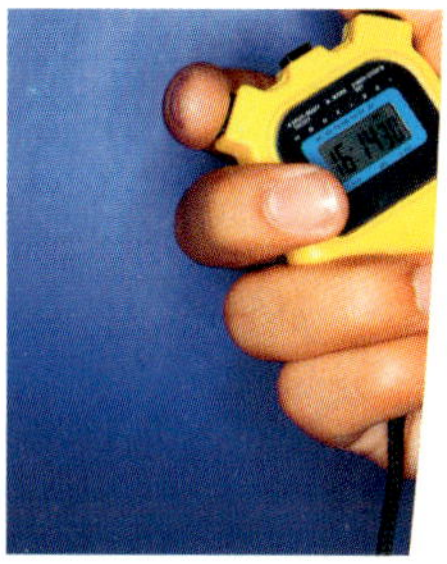

* Diese Inhalte sind nicht explizit im Kernlehrplan ausgewiesen.

Kompetenzentwicklung im Mathematikunterricht

Ein Wort an die Lehrerinnen und Lehrer und interessierte Eltern

Die Kernlehrpläne betonen, dass eine umfassende mathematische Grundbildung nur dann erreicht wird, wenn neben den inhaltlichen (fachmathematischen) Kompetenzen auch personale und soziale Kompetenzen entwickelt werden. Diese werden unter dem Stichwort „prozessbezogene Kompetenzen“ subsumiert.

Die prozessbezogenen Kompetenzen können nicht isoliert behandelt und geübt werden, sondern entwickeln sich erst in der aktiven Auseinandersetzung mit konkreten inhaltlichen Fragen der Mathematik. Umgekehrt werden sich die inhaltsbezogenen Kompetenzen nur dann entfalten, wenn übergreifende, prozessbezogene Kompetenzen aktiviert werden können.

Entsprechend dieser Unterrichtsziele sind im Schnittpunkt die inhalts- und die prozessbezogenen Kompetenzen eng miteinander verwoben. So werden in den Aufgaben immer wieder Fähigkeiten der vier prozessbezogenen Kompetenzbereiche Argumentieren und Kommunizieren, Problemlösen, Modellieren und Werkzeuge aufgegriffen und geübt. Zusätzlich wurden größere Aufgabenkontexte geschaffen, die es den Schülerinnen und Schülern ermöglichen, sich intensiv mit einem Thema zu beschäftigen. Diese Themenblöcke, die auch optisch in Kästen hervorgehoben sind, unterstützen die Herausbildung der einzelnen prozessbezogenen Fähigkeiten in besonderem Maße. Jeder Kasten ist einer der vier prozessbezogenen Kompetenzen zugeordnet, auch wenn meist Fähigkeiten aus mehreren Kompetenzbereichen angesprochen werden. Die Zuordnung erfolgte je nach Schwerpunktsetzung der angesprochenen Kompetenzen.

Die folgende Aufstellung beschreibt die den Kompetenzen untergeordneten Fähigkeiten und verweist auf die im Buch auftretenden prozessbezogenen Kästen:

Argumentieren und Kommunizieren
kommunizieren, präsentieren und argumentieren

Die Schülerinnen und Schüler lernen, mathematische Sachverhalte zutreffend und verständlich mitzuteilen, sie als Begründung für Behauptungen und Schlussfolgerungen zu nutzen, mathematische Begriffe und Inhalte zu vernetzen, ihre Ergebnisse zu präsentieren und im Team zu arbeiten.

Problemlösen
Probleme erfassen, erkunden und lösen

Die Schülerinnen und Schüler lernen, inner- und außermathematische Probleme, bei denen der Lösungsweg nicht unmittelbar erkennbar ist, zu strukturieren, in eigenen Worten wiederzugeben und zu lösen. Sie nutzen dafür unterschiedliche Problemlöseverfahren und -strategien und reflektieren und bewerten die eigenen Ergebnisse.

Modellieren
Modelle erstellen und nutzen

Die Schülerinnen und Schüler lernen, die Mathematik als Werkzeug zum Erfassen von Phänomenen der realen Welt zu nutzen.
Sie übersetzen außermathematische Probleme in mathematische Modelle, überprüfen die am Modell gewonnenen Lösungen an der Realsituation und ordnen einem mathematischen Modell die passende Realsituation zu.

Werkzeuge
Medien und Werkzeuge verwenden

Die Schülerinnen und Schüler lernen, klassische mathematische Werkzeuge sowie neue elektronische Werkzeuge und Medien situationsangemessen zu nutzen und einzusetzen.

Unsere neue Klasse

Ihr seid nun in einer neuen Schule und in einer völlig neuen Klasse. Wie gut kennt ihr eure neuen Mitschülerinnen und Mitschüler? Was machen sie am Nachmittag, wer treibt Sport in einem Verein, wer besitzt einen Hund oder wie viele Geschwister hat jeder von ihnen?

Fragebogen

Name: ________________________
Vorname: Karin
Junge ○ Mädchen ○
Welche ist deine Lieblingsfarbe?
____
Welches ist dein Lieblingstier?
____
Kannst du schwimmen?
Ja ○ Nein ○
Bist du Rechts- oder Linkshänder?
____
Wie lange brauchst du morgens für den Schulweg? __________ Minuten.
Was ist deine Lieblingssportart?
____
Wie viele Geschwister hast du?
keine ○
eine Schwester oder einen Bruder ○
zwei Geschwister ○
drei Geschwister ○
mehr als drei Geschwister ○

Befragung

Was wollt ihr wissen?
Entwickelt einen Fragebogen, um die vielen neuen Informationen ordnen und auswerten zu können.

Hier einige Beispiele für Fragen:
- Wie groß bist du?
- In welchem Monat bist du geboren?
- Aus welcher Grundschule kommst du?
- Wie heißt deine Lieblingszahl?
- Was isst du am liebsten?

Ihr müsst miteinander besprechen, wie ihr die Befragung durchführen wollt. Denkt dabei auch schon an die Auswertung.

Auswertung

Bevor ihr eine Befragung durchführt, könnt ihr Vorhersagen über die Ergebnisse machen.

Überlegt, wie ihr den Fragebogen auswerten könnt. Vielleicht könnt ihr die Arbeit untereinander aufteilen.

Unser Lieblingsgetränk

Limo	III
Tee	~~IIII~~
Wasser	II
Saft	II
Cola	~~IIII~~ ~~IIII~~ II

Darstellung

Die Ergebnisse sollten nun auch noch schön und übersichtlich dargestellt werden.

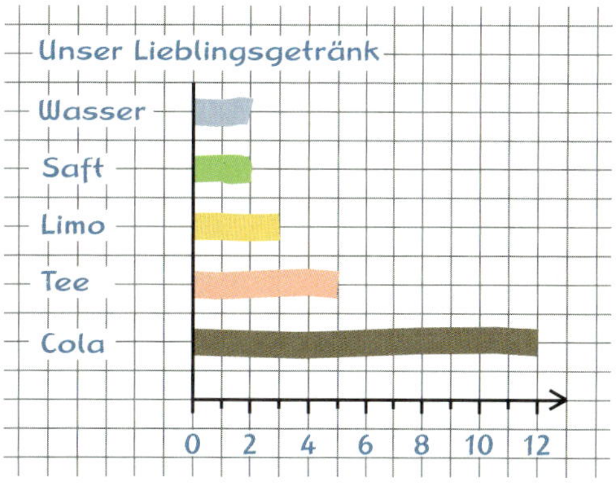

Entfernung der Wohnorte zur Schule

Berghausen	8 km
Talheim	3 km
Unterstadt	7 km
Tiefenbronn	5 km

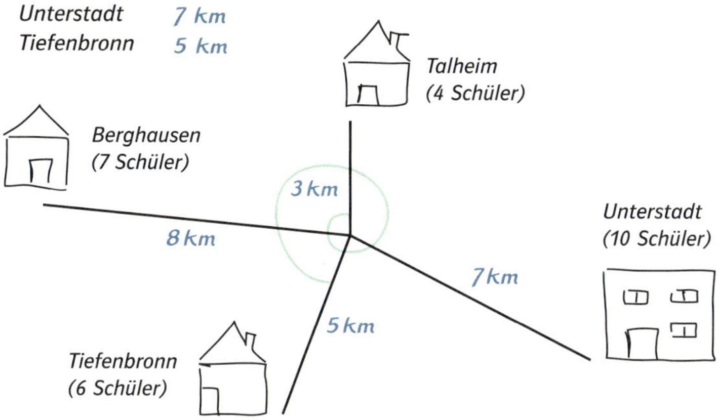

Neben den Auswertungen der ganzen Klasse könnt ihr auch noch eure Steckbriefe anfertigen und im Klassenzimmer aufhängen.

Steckbrief

Name _________

Vorname ______

In diesem Kapitel lernst du,

- wozu man Strichlisten verwenden kann,
- wie man Diagramme erstellt und liest,
- welche Bedeutung die Stellen auch bei großen Zahlen haben,
- wie man mit großen Zahlen umgeht,
- wie man große Mengen abschätzt,
- wie Zahlen gerundet werden,
- wie Zahlen anders dargestellt werden können.

1 Strichlisten und Diagramme

Anja	1, 3, 6
Gabi	1, 2, 3, 5
Barbara	1, 2, 4, 6
Natascha	3, 5
Nora	1, 3, 4, 5
Tim	1, 3, 4, 5
Robert	3, 6
Karin	1, 4, 6
Wiebke	2, 6
Stefan	3, 5, 6
Mike	3, 5, 6
Eva	3, 4, 5

Anlässlich der Einschulungsfeier wurden Fotos gemacht. Es sind verschiedene Listen angelegt worden.
→ Beschreibe, wozu die jeweilige Liste verwendet wird.

Bild 1	卌 卌 卌 II
Bild 2	卌 卌 I
Bild 3	卌 卌 卌 III
Bild 4	卌 卌 IIII
Bild 5	卌 卌 卌 III
Bild 6	卌 卌 卌 卌 III

卌 卌 卌 II = 17

Übersichtliche Muster aus Strichen, Punkten oder anderen Figuren sind Bilder von Zahlen. Eine besonders einfache Art ist die **Strichliste**. Damit die Liste übersichtlich bleibt, wird jeder fünfte Strich quer gesetzt.
Besonders übersichtlich lassen sich Zahlen mithilfe von **Diagrammen** darstellen, man kann gut und schnell vergleichen.

Strichlisten sind eine übersichtliche Hilfe beim Zählen.
Mit **Diagrammen** kann man Zahlen veranschaulichen und schnell vergleichen.

Beispiel

Die 28 Schülerinnen und Schüler der Klasse 5a legen ihren Schulweg mit verschiedenen Verkehrsmitteln zurück.
Die Zahlen lassen sich in unterschiedlicher Weise veranschaulichen.

Strichliste

Fahrrad	卌 I
Fußgänger	卌 II
Schulbus	卌 卌 I
Auto (Eltern)	IIII

Säulendiagramm
Hier kann man die Anzahl der Kinder an der Höhe der Säule ablesen.

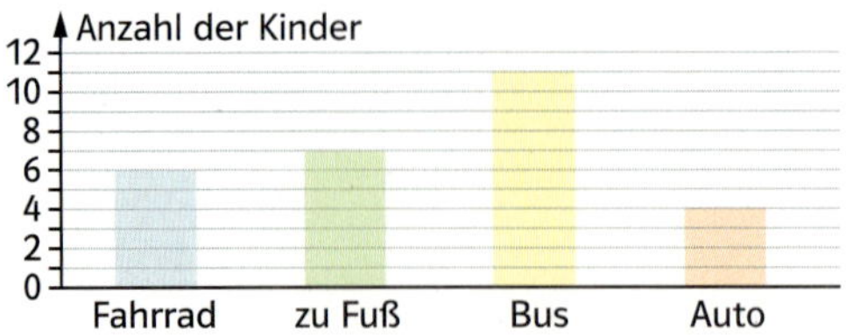

Bilddiagramm
Die Symbole zeigen die Anzahl

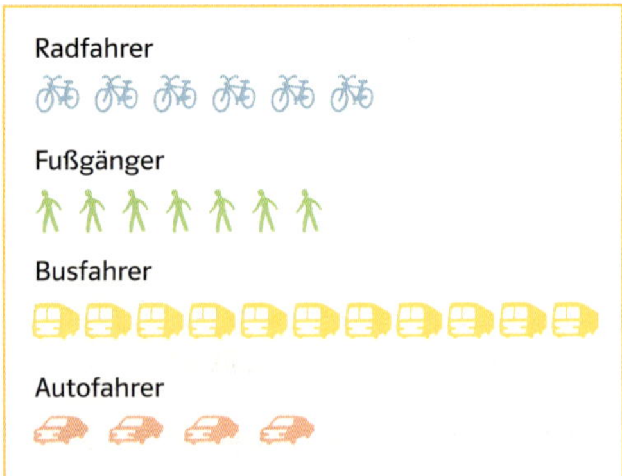

Aufgaben

1 Welche Zahlen sind hier dargestellt? Zeichne jeweils die zwei folgenden Zahlenbilder in der Reihe und nenne die Zahlen.

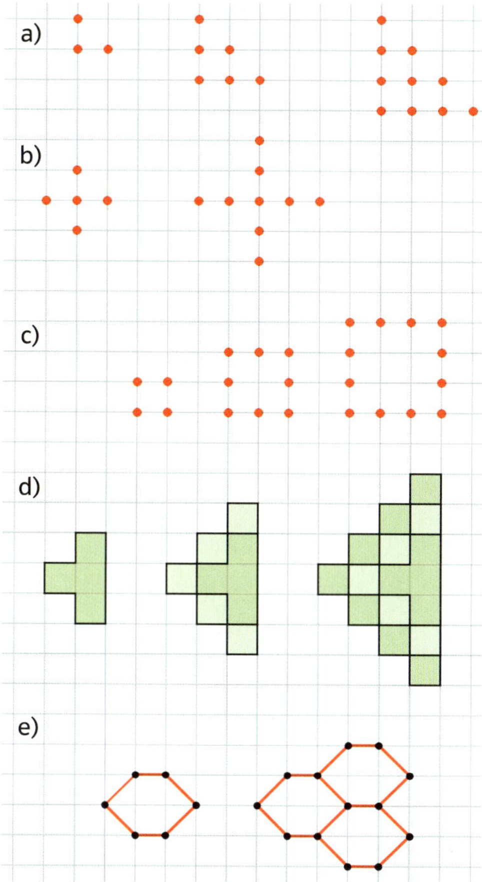

2 a) Würfle 60-mal mit einem Würfel und lege eine Strichliste an.
Welches Ergebnis erwartest du?

||		|		|	

b) Würfle 50-mal mit zwei Würfeln und bilde jedes Mal die Summe der Augenzahlen. Schreibe die Ergebnisse in einer Strichliste auf. Erkläre die großen Unterschiede in den Häufigkeiten.
c) Welche Ergebnisse erwartest du mit drei Würfeln? Probiere aus.

3 Vor einer Radtour wurden die Fahrräder der Klasse 5a von der Polizei auf Verkehrssicherheit überprüft.
Dabei wurden fehlende und defekte Teile beanstandet:

Klingel	卌 卌 ||
Bremsen	||||
Bereifung	||
Beleuchtung	卌 ||||
Reflektoren	||||

Zeichne ein Säulendiagramm, in dem du die Ergebnisse der Überprüfungen darstellst.

4 Klasse 5b hat ihre Klassensprecher gewählt. Was kannst du aus der Strichliste ablesen?

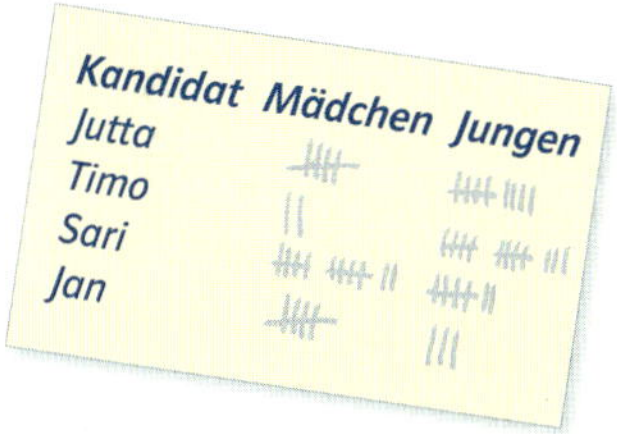

Kandidat	Mädchen	Jungen
Jutta	卌	卌 ||||
Timo	||	卌 卌 |||
Sari	卌 卌 ||	卌 ||
Jan	卌	|||

5 Michael und Mareike haben einige Mitschülerinnen und Mitschüler befragt, welche Getränke in der großen Pause verkauft werden sollen.
Die Antworten haben sie in einer Strichliste festgehalten.

Getränk	Kl. 5/6	Kl. 7/8	Kl. 9/10
Milch	卌 卌 卌 ||||	卌 |||	||
Säfte	卌 卌	卌 卌 卌 卌 |||	卌 卌 卌 ||||
Mineralwasser	卌 ||	||||	卌 卌 |||

Stelle die Ergebnisse übersichtlich dar.

6 Die Strichliste zählt die Zeiten auf, welche die Kinder einer Klasse 5 für ihr Hobby in einer Woche aufwenden.

Zeit für mein Hobby	Anzahl der Kinder
bis zu 15 Minuten	II
bis zu 30 Minuten	~~IIII~~ ~~IIII~~ III
bis zu 45 Minuten	III
bis zu 60 Minuten	IIII
bis zu 90 Minuten	III
mehr als 90 Minuten	III

Bestimme die Anzahl der Nennungen, die
a) wöchentlich höchstens 30 Minuten Zeit für ihr Hobby haben.
b) mehr als 1 Stunde Zeit pro Woche für ihr Hobby aufwenden.
c) mehr als 30 Minuten und weniger als 90 Minuten in der Woche für ihr Hobby haben.
d) Erstelle ein geeignetes Diagramm.

7 Eva hat aus allen fünften Klassen jeweils zehn Schülerinnen oder Schüler nach ihrem Lieblingsessen befragt und die Ergebnisse in einer Strichliste festgehalten.

Lieblingsessen	5a	5b	5c	5d
Pizza	III	II	IIII	I
Baguette	II	II	I	III
Würstchen		I		II
Pommes frites	I	II		I
Spagetti	I	I	II	II
Milchreis		II	I	
Hähnchen	II			I
Salat	I		I	
alles			I	

a) Welches ist das Lieblingsessen der neuen Schülerinnen und Schüler?
b) Vergleiche die Ergebnisse der einzelnen Klassen miteinander.
c) Vergleiche die Liste mit der Zeitungsnotiz auf dem Rand. Was stellst du fest?
d) Wie sieht das Umfrage-Ergebnis in eurer Klasse aus?

Von 100 Kindern essen gerne …

Milchreis	47
Fischstäbchen	38
Pommes frites	32
Würstchen	27
Rohkost	27
Erbsen	23
Pizza	22
Spagetti	19
Pfannkuchen	17

8 Bei einer Befragung der fünften Klassen hat jedes Kind ein Hobby angegeben.
a) Was kannst du aus dem Diagramm ablesen?
b) Führt in eurer Klasse diese Umfrage durch und zeichnet ein Diagramm.

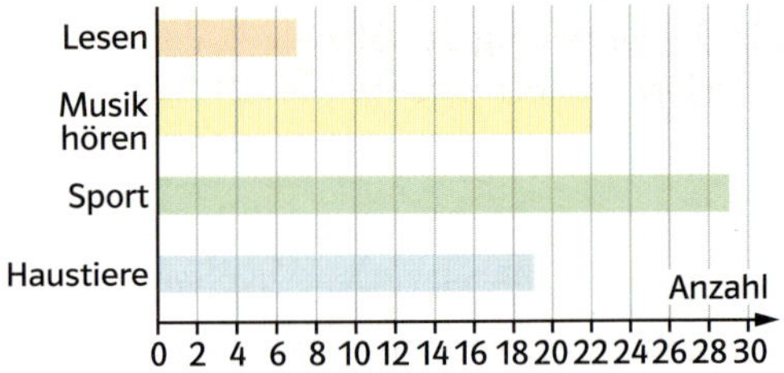

9 Tina und Simon haben 15 Minuten lang Fahrzeuge gezählt und ein Diagramm angefertigt. Jedes Symbol steht dabei für 10 gezählte Fahrzeuge.

a) Wie viele Fahrzeuge wurden gezählt?
b) In Wirklichkeit wurden 162 Fahrzeuge gezählt. Kannst du das erklären?

Strichlisten – ganz neu

Eine modernere Art Strichlisten zu erstellen sind die 10er-Päckchen. Bei ihnen werden zuerst die vier Seiten eines Quadrats, dann die beiden Diagonalen und schließlich die vier Punkte auf den Ecken gezeichnet.

- Welche Zahlen sind dargestellt?

- Erstelle eine Strichliste mit 10er-Päckchen für die Zahlen 26; 59; 72 und 101.

- Stellt euch gegenseitig Rätsel. Dazu könnt ihr Rätselkarten basteln.

vorne  hinten 

2 Zahlenstrahl und Anordnung

Zum Messen benutzen wir Skalen, auf denen Zahlen angeordnet sind.
→ Was wird mit ihnen jeweils gemessen?
→ Beschreibe die Anordnung der Zahlen und die Einteilung der Skalen.
→ Fallen dir noch andere Messskalen ein?

Zum Zählen verwendet man die **natürlichen Zahlen**. Sie folgen der Größe nach geordnet aufeinander. Am **Zahlenstrahl** werden sie in dieser Reihenfolge eingetragen.

Die Zahlen 0; 1; 2; 3; 4; … heißen **natürliche Zahlen**.
Die natürlichen Zahlen werden auf dem **Zahlenstrahl** aufgereiht.

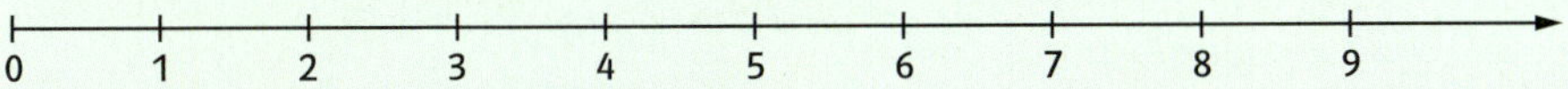

3 < 6 gelesen: „3 ist kleiner als 6“ 8 > 5 gelesen: „8 ist größer als 5“

Die Menge der natürlichen Zahlen wird mit ℕ bezeichnet.
ℕ = {0; 1; 2; 3; …}

Beispiele

a) Die Zahlen 17; 37; 26; 8; 62; 29 werden nach aufsteigender Größe in einer Kette geordnet: 8 < 17 < 26 < 29 < 37 < 62

b) Wenn man den Zahlenstrahl richtig einteilt, kann man auch größere Zahlen eintragen

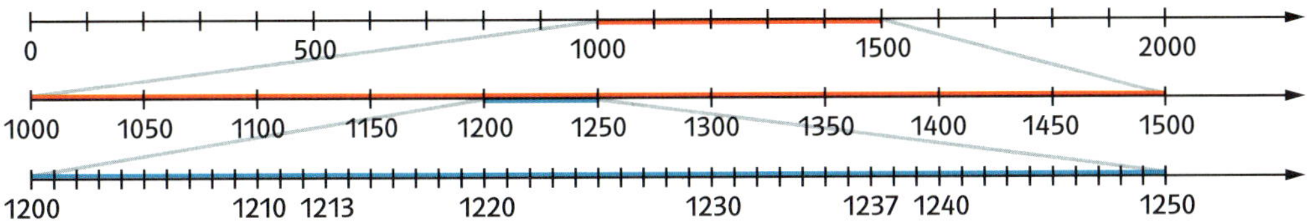

Aufgaben

1 Setze eines der Zeichen < oder > richtig ein.

a) 12 ☐ 15; 34 ☐ 43; 65 ☐ 56; 87 ☐ 78
b) 77 ☐ 39; 89 ☐ 98; 211 ☐ 112; 421 ☐ 412
c) 178 ☐ 159; 345 ☐ 543; 887 ☐ 878; 989 ☐ 998

2 Ordne die Zahlen nach aufsteigender Größe in einer Kette … < … < … < …

a) 34; 22; 12; 67; 55; 9
b) 31; 11; 30; 25; 18; 14
c) 64; 34; 21; 57; 45; 39
d) 47; 49; 53; 48; 50; 52; 51

3 Lies die markierten Zahlen ab.

a)

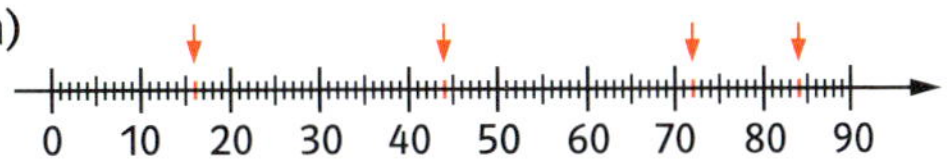

b)

c)

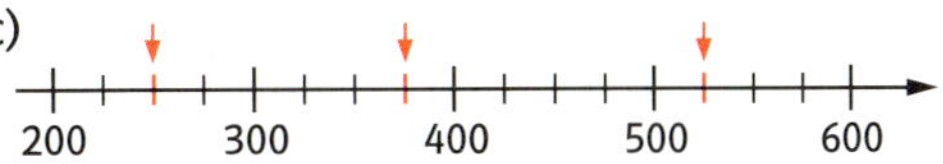

d)

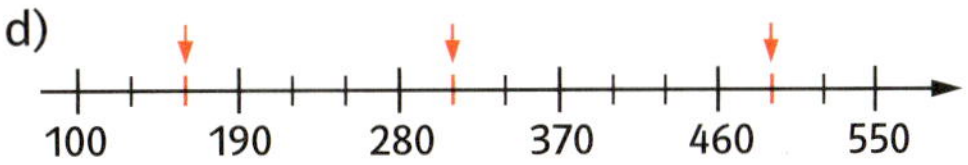

Wie werden die Gewinnzahlen in den Tageszeitungen abgedruckt?

4 Zeichne einen geeigneten Ausschnitt aus dem Zahlenstrahl und trage die Zahlen dort ein.
a) 45 bis 59　　b) 96 bis 112
c) 787 bis 805　　d) 1295 bis 1311

5 Trage die Zahlen am Zahlenstrahl ein. Überlege zuerst, welcher Ausschnitt dafür geeignet ist.
a) 497; 499; 512; 534; 567; 581
b) 24; 42; 68; 77; 83; 112
c) 999; 1001; 1005; 1011
d) 1555; 1570; 1605; 1635

6 Zeichne einen Zahlenstrahl und kennzeichne alle Zahlen, die
a) kleiner als 13 sind.
b) größer als 4 und kleiner als 12 sind.
c) zwischen 6 und 15 liegen.
d) kleiner als 15 und gerade sind.

7 Drücke mit den Zeichen < oder > aus.
a) 12 kommt nach 11
b) 7 kommt vor 12
c) 8 liegt zwischen 7 und 9
d) 70 ist größer als 65 und 65 größer als 60

8 Übertrage den Zahlenstrahl in dein Heft.

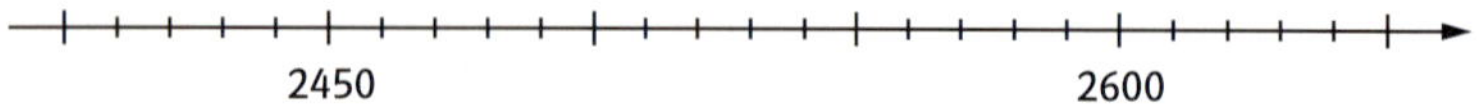

Markiere folgende Zahlen:
2470, 2510, 2590, 2640.

9 Wie viele natürliche Zahlen liegen zwischen den beiden angegebenen?
a) 12 und 20　　b) 21 und 31
c) 24 und 37　　d) 42 und 63
e) 34 und 35　　f) 99 und 201

10 Welche Zahlen kannst du einsetzen?
a) 417 < ☐ < 421 < ☐ < 425
b) 683 < ☐ < 685 < ☐ < 691
c) 753 < ☐ < 756 < ☐ < 760
d) 989 < ☐ < 993 < ☐ < 999

Jutta	11.7.
Lars	6.3.
Marcus	5.12.
Steffen	18.3.
Yvonne	25.6.
Simone	1.6.
Peer	17.4.
Anton	1.3.
Barbara	29.2.
Frank	28.2.

11 Sara hat sich die Geburtstage ihrer Freunde und Freundinnen notiert. Wie würdest du die Geburtstage aufschreiben?

12 Setze die Zahlenfolgen um drei weitere Zahlen fort und stelle die Zahlen auf einem geeigneten Ausschnitt des Zahlenstrahls dar.
a) 5; 8; 11; 14; …
b) 15; 16; 18; 21; …
c) 25; 26; 29; 30; 33; …
d) 500; 490; 470; 440; …

13 Welche Zahlen sind dargestellt? Wie lauten die nächsten drei Zahlen? Trage die Zahlen an einem geeigneten Ausschnitt des Zahlenstrahls ein.

a)
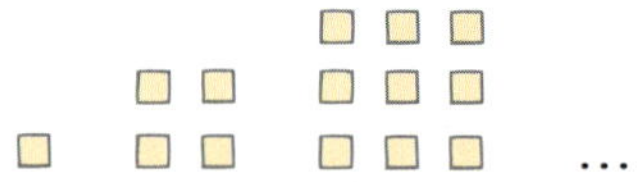

b)

c)

d)
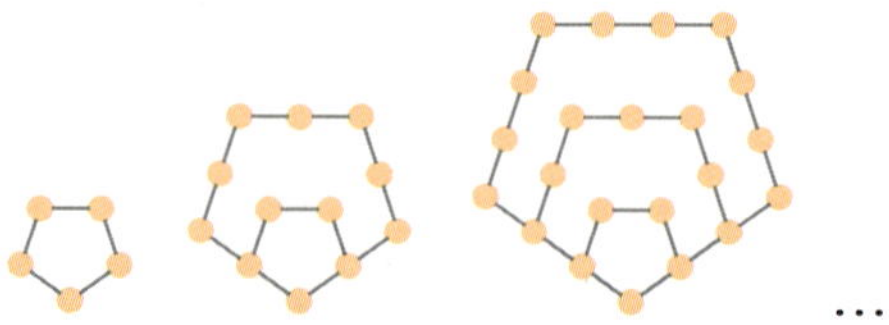

14 „Ich bin so groß wie Tim", schreit Arno. „Aber Leo ist kleiner als Daniel", grölt Tim. „Na und, Tim ist aber größer als Daniel", erwidert Arno. „Dafür ist Arno kleiner als Marco", meint Leo.
Wie heißt der Junge mit dem Fußball in der Hand?

3 Das Zehnersystem

Mit Streichhölzern kannst du Ziffern legen.
→ Lege aus den Hölzern der Ziffer 9 eine möglichst große Zahl.
→ Lege aus sechs Hölzchen eine möglichst kleine Zahl.
→ Welche große Zahl kannst du aus den Hölzchen der Zahl 23 legen?
→ Welches ist die größte Zahl, die du aus 8888 durch Umlegen von vier Streichhölzern erhalten kannst?

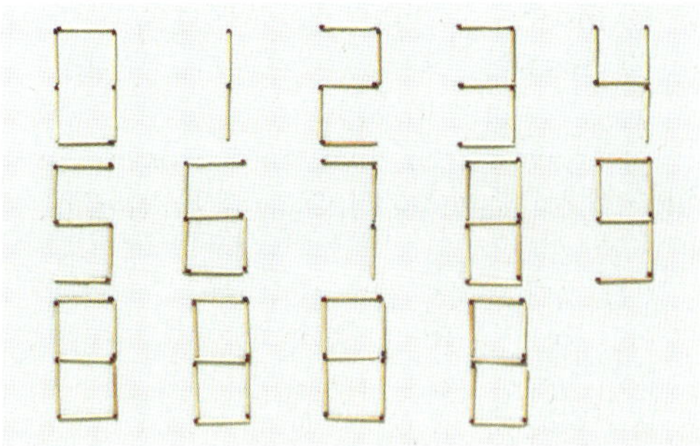

Im Zehnersystem geben die Ziffern, von rechts nach links gelesen, die Anzahl der Einer, Zehner, Hunderter, Tausender usw. an, aus denen die Zahl zusammengesetzt ist.
Der Wert einer Ziffer hängt von ihrer Stellung in der Zahl ab:

1 2 3 4 = 1 T 2 H 3 Z 4 E
1 3 2 4 = 1 T 3 H 2 Z 4 E
1 3 7 8 5 = 1 ZT 3 T 7 H 8 Z 5 E

Stellenwerttafel

ZT	T	H	Z	E
1	3	7	8	5

Man spricht deshalb von einem **Stellenwertsystem**.

Im Zehnersystem vervielfacht sich der **Stellenwert** von rechts nach links mit der Zahl 10.

1 HT ← ·10 ← 1 ZT ← ·10 ← 1 T ← ·10 ← 1 H ← ·10 ← 1 Z ← ·10 ← 1 E

Beispiele

a) Die Zahl 357 048 lässt sich so zerlegen:
$357\,048 = 3 \cdot 100\,000 + 5 \cdot 10\,000 + 7 \cdot 1000 + 0 \cdot 100 + 4 \cdot 10 + 8 \cdot 1$
In der Stellenwerttafel sieht das so aus:

HT	ZT	T	H	Z	E
3	5	7	0	4	8

b) Zahlwörter unter einer Million werden klein und zusammen geschrieben.
2076: zweitausendsechsundsiebzig
34 502: vierunddreißigtausendfünfhundertzwei
105 612: einhundertfünftausendsechshundertzwölf

Aufgaben

1 Schreibe in Worten.

a)	b)	c)
125	333	989
239	303	8989
509	3033	80 908
884	33 003	99 088
999	30 303	989 898

2 Schreibe mit Ziffern.
a) siebenhundertachtundvierzig
b) viertausendzweihundertelf
c) sechstausenddreihundertvierundsiebzig
d) dreizehntausendsechshundertsechs
e) zwanzigtausendfünfundvierzig

3 Übertrage die Tabelle in dein Heft und ergänze sie.

Zahl	HT	ZT	T	H	Z	E
	7	8	0	5	4	0
	1	1	8	0	3	4
	0	3	0	0	0	1
	0	9	0	9	0	9
367 056						
909 090						
100 203						
56 065						

4 Schreibe als Summe.

Beispiel:
4567 = 4 · 1000 + 5 · 100 + 6 · 10 + 7.

a) 237 658 b) 780 362 c) 1 004 006
Und jetzt umgekehrt.
d) 3 · 10 000 + 4 · 1000 + 5 · 100 + 9 · 10 + 6
e) 2 · 10 000 + 5 · 100 + 8

5 In der Übersicht sind die täglichen Fluggastzahlen einiger Flughäfen angegeben (Stand 2001). Lies die Zahlenangaben.

Deutschland	
Frankfurt am Main	133 041
München	63 359
Düsseldorf	42 183
Stuttgart	19 957
International	
London – Heathrow	166 420
Paris – Charles de Gaulle	131 497
Amsterdam – Schiphol	108 325
Atlanta – Hartsfield	207 806

6 Gib die 10-mal und die 100-mal größere Zahl an.
a) 432 b) 546 c) 783
d) 5460 e) 3400 f) 7000
g) 3712 h) 5617 i) 8293

7 Ordne die Zahlen nach aufsteigender Größe, schreibe mit dem Zeichen <.
a) 656; 665; 565; 655; 566; 666; 555
b) 4300; 4030; 4033; 4303; 4333; 4003
c) 1101; 1010; 1001; 1110; 1011; 1100
d) 321; 1234; 432; 12 345; 2345; 4321

8 Welche Ziffern kannst du einsetzen? Denke an alle Möglichkeiten.
a) 5678 < 5□43
b) 3□5 < 312 < 31□
c) □36 < 248 < 24□ < 2□9 < □04
Die Summe aller einsetzbaren Ziffern beträgt bei a) 24, bei b) 42 und bei c) 89.

9 Hier haben sich einige Fehler eingeschlichen. Wie lauten die Zahlen richtig?
a) 1T 31H 21Z 11E b) 9T 9H 9Z 10E
c) 3T 33H 33E d) 3T 13H 13Z 14E

Zahlen auf Englisch

Die englischen und amerikanischen Kinder haben es beim Lesen der Zahlen leichter.

Beispiel:
36 000 liest man *thirtysix thousand*; 247 liest man *two hundred and forty seven*.
Die Stellen werden in der richtigen Reihenfolge gelesen.

- Vergleiche mit der deutschen Sprechweise.
- Es gibt auch ein paar Ausnahmen. Kennst du sie?
- Lies die folgenden Zahlen auf Englisch und auf Deutsch: 543; 2689; 10 205; 98 065; 234 567; 304 050.

10 a) Bilde aus den fünf Ziffern die größte und die kleinste Zahl. Die Ziffern dürfen jeweils nur ein Mal vorkommen. Was fällt dir an der Reihenfolge der Ziffern auf?
b) Lege aus den Ziffernkärtchen eine möglichst große gerade Zahl.
c) Lege eine möglichst kleine gerade Zahl.
d) Lege eine Zahl, die möglichst nah an 70 000 liegt.

11 Lege die Zahlenkärtchen so in eine Reihe, dass sie zusammen gelesen eine siebenstellige Zahl bilden,
a) die möglichst klein ist.
b) die möglichst groß ist.

12 Die Zahl 524 hat die Ziffernsumme 11, denn $5 + 2 + 4 = 11$.
Aus den Ziffern 0, …, 9 soll eine möglichst große Zahl mit der Ziffernsumme 20 gebildet werden. Du musst Ziffern geschickt auswählen. Welches ist die kleinste Zahl mit derselben Ziffernsumme?

13 Wie oft musst du die Ziffer 3 schreiben, wenn du alle Zahlen von 300 bis 400 aufschreibst?
Wie oft kommt dabei die Ziffer 0 vor?
Was ist mit den anderen Ziffern?

14 a) Wie heißt die kleinste dreistellige Zahl mit der Ziffernsumme 11?
b) Wie heißt die größte dreistellige Zahl mit der Ziffernsumme 13?
c) Schreibe alle dreistelligen Zahlen auf, die die Ziffernsumme 4 haben.
d) Stimmt die Aussage?
„Es gibt nur drei verschiedene dreistellige Zahlen mit der Ziffernsumme 26."
e) Findest du eine Ziffernsumme, zu der es nur eine einzige dreistellige Zahl gibt.

15 Leon hat die Zahl 23 896 aufgeschrieben, Lisa die Zahl 28 639. Die beiden vertauschen Schritt für Schritt benachbarte Ziffern ihrer Zahl so, dass immer größere Zahlen entstehen.
Wer benötigt wohl weniger Umformungsschritte? Begründe deine Vermutung und prüfe sie, indem du die Umformungen Schritt für Schritt notierst.

16 Der Kilometerzähler eines Autos zeigt den Kilometerstand 59 989.
a) Schreibe die nächsten zwölf Zahlen auf, die auf der Anzeige erscheinen.
b) Wie heißt die nächste in der Anzeige erscheinende Zahl, in der die Ziffern 2; 4; 6; 8; 0 enthalten sind?
c) Wie heißt die nächste Zahl, deren Ziffernsumme 10 ist?

Hohe Hausnummern ?!

■ Alle Mitspielerinnen und Mitspieler zeichnen eine dreistellige Stellenwerttafel.
Es wird reihum gewürfelt (ein Würfel).
Die gewürfelte Zahl wird an einer frei zu wählenden Stelle in der Stellenwerttafel notiert.
Wer die größte Hausnummer in seine Stellenwerttafel eingetragen hat, gewinnt.
■ Paula hat die folgende Hausnummer erreicht.

H	Z	E
1	3	2

In welcher Reihenfolge hat sie die Augenzahlen wohl gewürfelt?
■ Das Spiel kann auch so gespielt werden, dass die kleinste Hausnummer gewinnt.
Profis können auch vierstellige, fünfstellige, … Stellenwerttafeln benutzen.

Welche Uhrzeiten setzen die Reihe fort?

4 Große Zahlen

ExtraBlatt

An einem bestimmten Tag im Jahr 2002 waren Euromünzen, Centmünzen und Euroscheine im Wert von 64 092 404 924,61 € im Umlauf.

In 1-Cent-Stücken wäre dies ein 8 700 000 000 Meter hoher und 15 000 000 Tonnen schwerer Münzenturm.

Diese Zahlen kann man sich kaum vorstellen.

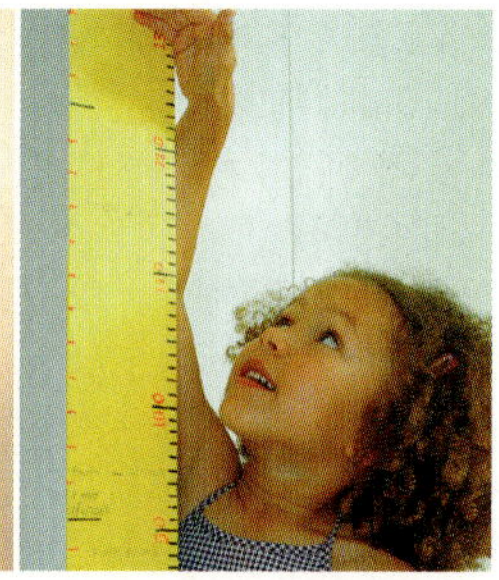

→ Kannst du die Zahlen aus dem Zeitungsartikel lesen?

Im Zehnersystem kann man beliebig große Zahlen darstellen. Jeder Stellenwert geht durch Vervielfachen mit 10 in den nächst größeren Stellenwert über.
Nach je drei Schritten, also nach Vervielfachen mit 1000, erhält man einen Stellenwert mit eigenem Namen.

Durch das Anhängen von drei Nullen ergibt sich der nächste Stellenwert mit eigenem Namen.

1 **Tausender** = 1000 **Einer**
1 **Million** = 1000 Tausender
1 **Milliarde** = 1000 Millionen
1 **Billion** = 1000 Milliarden

Beispiele

a) Mit einer Stellenwerttafel lassen sich große Zahlen übersichtlich darstellen.

Billionen			Milliarden			Millionen			Tausender					
…	…	B	HMrd.	ZMrd.	Mrd.	HM	ZM	M	HT	ZT	T	H	Z	E
		3	5	3	0	7	7	4	3	1	0	0	6	4

b) Große Zahlen lesen

Million	*6 Nullen*
Milliarde	*9 Nullen*
Billion	*12 Nullen*
Billiarde	*15 Nullen*
Trillion	*18 Nullen*
Trilliarde	*21 Nullen*
Quadrillion	*24 Nullen*
Quadrilliarde	*27 Nullen*
Quintillion	*30 Nullen*
Quintilliarde	*33 Nullen*
Sextillion	*36 Nullen*
⋮	⋮

in Ziffern:	in Worten:
9 864 543 209	neun Milliarden achthundertvierundsechzig Millionen fünfhundertdreiundvierzigtausendzweihundertneun
33 003 300 300	dreiunddreißig Milliarden drei Millionen dreihunderttausend-dreihundert
700 620 405 012	siebenhundert Milliarden sechshundertzwanzig Millionen vierhundertfünftausendzwölf

c) Die Zahl 74 563 289 ergibt
$7 \cdot 10\,000\,000 + 4 \cdot 1\,000\,000 + 5 \cdot 100\,000 + 6 \cdot 10\,000 + 3 \cdot 1000 + 2 \cdot 100 + 8 \cdot 10 + 9$
in Worten:
vierundsiebzig Millionen fünfhundertdreiundsechszigtausendzweihundertneunundachtzig

Bemerkung

- Achte beim Sprechen und Schreiben großer Zahlen stets auf die Nullen.
- Große Zahlen kannst du leichter lesen, wenn du die Ziffern von rechts her in Dreierblöcke einteilst. Schreibe also nicht 9847652, sondern 9 847 652.
- In Worten geschriebene Zahlen, die unter einer Million liegen, schreibt man zusammen und klein. Zahlen über eine Million schreibt man dagegen getrennt.

Aufgaben

1 Wie heißen die Zahlen?

a) 2 567 984 b) 34 576 610
c) 10 780 401 d) 21 010 218
e) 7 700 007 f) 123 321 213
g) 100 001 010 h) 1 011 101
i) 200 300 400 500 j) 200 030 004 050
k) 107 076 067 404 l) 660 606 066 006

2 Schreibe in Ziffern.

a) siebenundzwanzig Millionen dreihundertneunundzwanzigtausend-siebenhundertzwölf
b) dreihundertneunzehn Millionen vierhundertdreitausendeinhundertelf
c) dreißig Millionen dreitausend-dreihundert
d) zwanzig Milliarden zwei Millionen zweihunderttausendzwei

3 Wie viele Nullen hat die Zahl?

a) zweihundert Millionen
b) dreißig Milliarden
c) dreihundertzwanzig Billionen
d) vierhundertzwei Milliarden vierhundert-zweitausenddreißig

4 Welche Zahl folgt auf die Zahl?

a) 3 452 499 b) 32 999 999
c) 59 989 999 d) 899 999 999

5 Welche Zahl kommt unmittelbar vor der Zahl?

a) 500 000 b) 790 901
c) 1 014 900 d) 6 912 000

6 Lege mit den Zahlenkärtchen eine

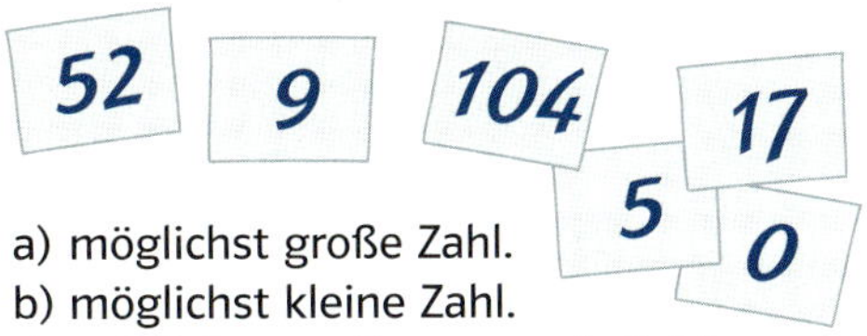

a) möglichst große Zahl.
b) möglichst kleine Zahl.
c) möglichst große ungerade Zahl.
d) möglichst kleine siebenstellige Zahl.
e) möglichst große achtstellige Zahl.
f) möglichst kleine Zahl mit fünf Kärtchen.
g) Zahl, die möglichst nahe an 10 Millionen liegt.

Schätzen von großen Zahlen ?!

Naturschützer behaupten: Auf dem Foto sind mindestens … Flamingos zu erkennen.
Wie viele Haare hat ein Mensch auf dem Kopf oder wie viele Sandkörner sind in einem Eimer?
Solche und ähnliche Fragen sind nur schwer zu beantworten. Man kann nicht zählen, aber man kann schätzen.

Eine Methode hierzu wollen wir anhand der abgebildeten Reißzwecken erklären. Eine unbestimmte Menge von Reißzwecken liegt auf der gesamten Fläche. Wenn wir das gesamte Feld in zehn kleinere, gleich große Felder zerlegen, müssen wir nur ein Feld zählen und können diesen Wert anschließend mit zehn multiplizieren. So erhalten wir einen Schätzwert.

- Versuche auf diese Weise auch die Anzahl der Flamingos zu schätzen.

- Wie kannst du herausfinden, wie viele Linsen in einer 1 kg-Packung sind? Versuche es mit einem hohen Glas. Es geht auch mithilfe des Gewichts.

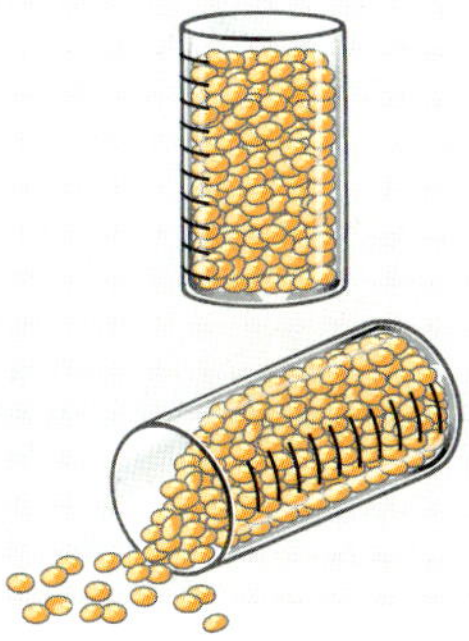

- Bei den Sandkörnern im Eimer musst du kleinere Einheiten bilden, um zum Ziel zu kommen.

5 Runden und Darstellen großer Zahlen

Pressemitteilung: 14 000 Besucher bei der Picasso-Ausstellung

Offizielle Angabe: Picasso-Ausstellung 13 789 Besucher

Volkszählung: Dortmund hat 569 658 Einwohner.

Der Stadionsprecher meldet: Der BVB Dortmund begrüßt 78 348 Zuschauer.

In der Zeitung steht: 78 000 Zuschauer waren beim Heimspiel des BVB.

Im Lexikon steht: Einwohnerzahl von Dortmund: 570 000

→ Was meinst du?

Zahlen mit vielen Ziffern werden im Alltag oft **gerundet**, damit man sie leichter vergleichen oder sich besser merken kann.

Man kann auf Zehner, Hunderter, Tausender usw. runden.

	76 392
gerundet auf Zehner	76 390
Hunderter	76 400
Tausender	76 000
Zehntausender	80 000
Hunderttausender	100 000

Wenn die zu rundende Zahl genau in der Mitte zweier Zahlen liegt, hat man vereinbart, dass nach oben gerundet wird.
350 liegt genau in der Mitte zwischen den Zahlen 300 und 400, es wird also auf 400 gerundet.

0 1 2 3 4 ▼

5 6 7 8 9 ▲

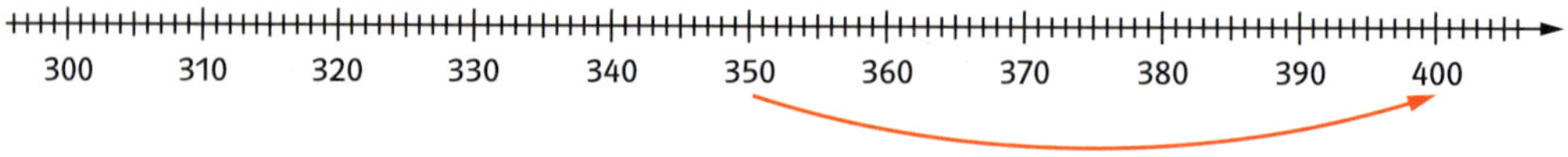

Die Ziffer an der **Rundungsstelle** bleibt unverändert, wenn eine der Ziffern 0; 1; 2; 3 oder 4 folgt.
Die Ziffer an der Rundungsstelle wird um 1 erhöht, wenn eine der Ziffern 5; 6; 7; 8 oder 9 folgt.

Beispiele

a) Die Zahl 463 275 soll auf Zehner, Hunderter, Tausender, … gerundet werden.

Zehner: 463 275 ≈ 463 280 (lies: ungefähr gleich)
Auf die Rundungsstelle folgt eine 5, also wird aufgerundet.

Tausender: 463 275 ≈ 463 000
Auf die Rundungsstelle folgt eine 2, also wird abgerundet.

Hunderttausender: 463 275 ≈ 500 000
Auf die Rundungsstelle folgt eine 6, also wird aufgerundet.

b) Eine Zahl ergibt auf Zehner gerundet 150. Welches ist die kleinste, welches die größte Zahl, die in Frage kommt? Die kleinste Zahl lautet 145, die größte 154.

? *Was gibt 199 941 auf Millionen gerundet?*

c) Die längsten Flüsse der Erde:

Amazonas (Südamerika)	6513 km ≈ 6500 km
Nil (Afrika)	6324 km ≈ 6300 km
Mississippi (Nordamerika)	6051 km ≈ 6100 km
Jangtsekiang (Asien)	5632 km ≈ 5600 km
Wolga (Europa)	3694 km ≈ 3700 km
Donau (Europa)	2850 km ≈ 2900 km
Murray (Australien)	2570 km ≈ 2600 km
Rhein (Europa)	1360 km ≈ 1400 km

Um die Längen der großen Flüsse in einem **Balkendiagramm** darzustellen, werden die Längen zunächst auf 100 km gerundet.
Die Flüsse werden nun als verschieden lange, aber gleich breite Rechtecke dargestellt; für je 100 km wird 1 mm gezeichnet.

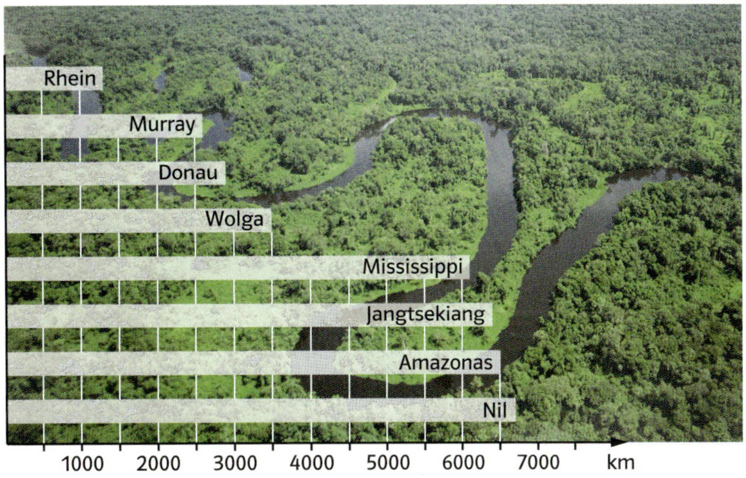

Aufgaben

1 a) Runde auf Zehner.

3244	1906	81945
8756	5999	60304
1111	34892	12307

b) Runde auf Zehntausender.

147432	4563900	23456789
957654	8993421	999999999
806238	1056742	101010101

c) Runde auf Millionen.

23451785	454545454	78543639
987654321	99500000	123456789

2 Runden im Alltag.
a) Familie Ahrens ist am Wochenende 23856 m gewandert. Was erzählt Meike in der Schule?
b) In einer Zuckertüte sind 992 Gramm. Gib das Gewicht sinnvoll gerundet an.
c) Luca sagt, er habe ungefähr 25 Euro im Geldbeutel. Wie viel Euro könnte er tatsächlich im Geldbeutel haben?
d) Lea fragt ihren Freund, wie lange er mit dem Fahrrad bis zum Baggersee braucht. Sascha antwortet: „Letztes Mal bin ich 1 Stunde 12 Minuten und 37 Sekunden gefahren."
e) Herr Yildirim kauft ein: Milch 1,29 €; Kartoffeln 4,78 €; Brot 1,78 €; Kekse 2,99 €; Mineralwasser 4,59 €. Herr Yildirim ist sich sicher, dass 15 Euro reichen.

3 Runde 9999999 auf Zehner, auf Hunderter, … , auf Millionen. Was fällt dir auf?

4 a) Wenn 780 eine auf Zehner gerundete Zahl ist, wie könnte dann die Ausgangszahl gewesen sein?
b) 897000 ist auf Tausender gerundet. Gib die kleinste und die größte Zahl an, aus der die gerundete Zahl entstanden sein könnte.
c) Die Zahl 15000000 ist auf Hunderter gerundet. Gib drei verschiedene Zahlen an, die zu dieser gerundeten Zahl geführt haben könnten.

5 An einem Spieltag der Fußballbundesliga gaben die Kassierer der Vereine folgende Zuschauerzahlen bekannt:

Bochum	12567	Köln	23782
München	43610	Stuttgart	44309
Kaiserslautern	15632	Leverkusen	12530
Nürnberg	33561	Hamburg	29695

a) Stelle eine Liste auf, in der Zuschauerzahlen auf Hunderter gerundet und der Größe nach geordnet sind.
b) Runde die Zuschauerzahlen auf Tausender. Welche Probleme bekommst du beim Erstellen der Liste?
c) Stelle die Zuschauerzahlen in einem geeigneten Diagramm dar. Welche gerundeten Zahlen verwendest du?

! *Wenn du auf Tausender runden möchtest, darfst du nicht zuerst auf Zehner, Hunderter, … runden!*

So nicht:
8445
zunächst gerundet auf Zehner:
8450
dann auf Hunderter:
8500
dann auf Tausender:
9000

Sondern so:
8445 ≈ 8000

Gib die Uhrzeit an. Wo kann man nicht genau ablesen?

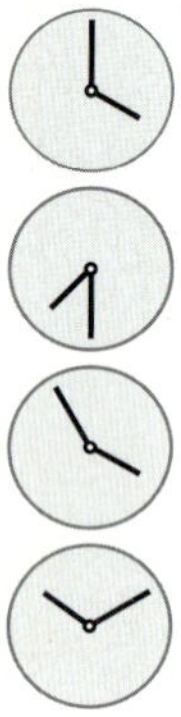

6 Zeiten runden?
a) Gib die Uhrzeit auf eine viertel Stunde genau an.
1:13 Uhr; 3:48 Uhr; 7:09 Uhr; 11:56 Uhr
b) Wann ist das Runden auf eine viertel Stunde sinnvoll?
c) Gib Situationen an, in denen du bei der Zeit runden darfst und Situationen, in denen du nicht runden darfst.

7 Bei welchen Zahlenangaben darf man nicht runden?
a) Postleitzahl von Olpe
b) Höhe des Dortmunder Fernsehturms
c) Entfernung zwischen Freiburg und Köln
d) Telefonnummer der Feuerwehr
e) Geburtstag deiner Mutter
f) Besucherzahl der Weltausstellung
g) Zahl der Teilnehmer bei der Olympiade.
Suche selbst weitere Beispiele, bei denen man nicht runden darf.

8 Handybesitzer in Deutschland:

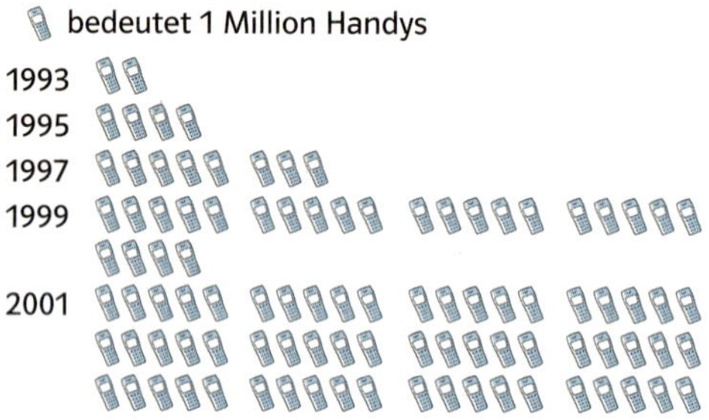

a) Stelle die Entwicklung in einem Säulendiagramm dar.
b) Welche Anzahl vermutest du für die kommenden Jahre? Begründe deine Vermutung. Versuche dir aktuelle Zahlen zu besorgen.

9 Zeichne einen 60 cm langen Zahlenstrahl. Klebe dazu mehrere Blatt Papier aneinander. Trage die Entfernungen der Planeten zur Sonne ein. Am Anfang steht die Sonne. Runde geschickt.

Merkur	58 Mio. km	Venus	108 Mio. km
Erde	150 Mio. km	Mars	228 Mio. km
Jupiter	778 Mio. km	Saturn	1427 Mio. km
Uranus	2870 Mio. km	Neptun	4496 Mio. km
Pluto	5900 Mio. km		

10 Unten findest du die Höhen von sechs deutschen Bergen.

Zugspitze (Wettersteingebirge)	2963 m
Schauinsland (Schwarzwald)	1284 m
Hohenzollern (Schwäbische Alb)	855 m
Watzmann (Berchtesgadener Alpen)	2713 m
Feldberg (Schwarzwald)	1493 m
Schneekopf (Thüringer Wald)	978 m

a) Ordne die Berge nach der Größe und stelle die Größe in einem Säulendiagramm dar. Runde so, dass du das Diagramm gut zeichnen kannst.
b) Suche auf einer Deutschlandkarte nach weiteren hohen Bergen und ergänze dein Diagramm.

11 Es gibt mehr Tiere auf der Erde als Sterne in unserem Sonnensystem.

Anzahl der Sterne: 200 000 000 000
Anzahl der Tiere: 1 000 000 000 000 000 000
Davon sind:
Ameisen: 10 000 000 000 000 000
Vögel: 300 000 000 000
Zum Vergleich:
Anzahl der Menschen: 6 000 000 000

Diese Zahlen in einem Diagramm zu veranschaulichen ist nicht einfach. Versuche dennoch eine Möglichkeit zu finden und erkläre deine Vorgehensweise.

Tabellenkalkulation

Mit einem Tabellenkalkulationsprogramm kann man schnell verschiedene Diagramme erstellen.

- Versuche einige Diagramme zu Aufgaben dieser Seite mit einem solchen Programm zu erstellen und vergleiche die unterschiedlichen Darstellungen.

- Entscheide jeweils, welche Darstellung am besten zu dem Sachverhalt passt.

12 Die Hälfte aller Menschen auf der Erde leben in Städten.
Im Diagramm siehst du die Einwohnerzahlen (in Millionen) der größten Städte, Stand 2000 und 2015 (Prognose).
a) Was kannst du aus dem Diagramm ablesen?
b) Weißt du, welche Sprachen in diesen Städten gesprochen werden?

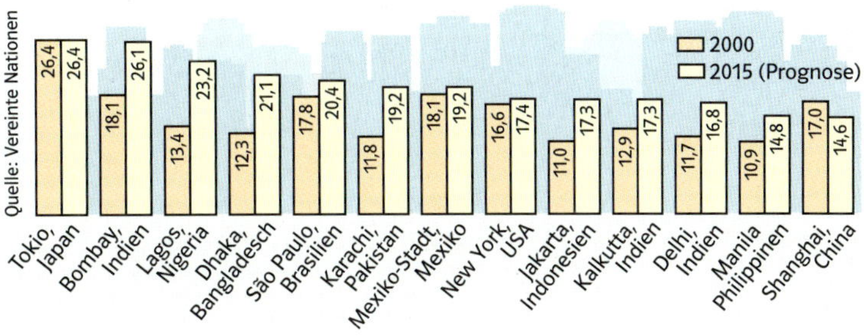

Wachstum der Menschheit

Seit dem Jahr 1999 leben mehr als sechs Milliarden Menschen auf der Erde. Und ein Ende der Zunahme ist nicht in Sicht. Ganz im Gegenteil – die Anzahl der auf der Erde lebenden Menschen wird in den kommenden Jahren weiter zunehmen.

Aus dem Diagramm lassen sich verschiedene Angaben ablesen.
- Wann lebten 1, wann 2, wann 5 Milliarden Menschen auf der Erde?
- Wann sind etwa 9 Milliarden Menschen zu erwarten?

Vor 2000 Jahren lebten 300 Millionen Menschen auf der Erde und es dauerte 1600 Jahre, bis sich die Zahl verdoppelte.
- Wie lange brauchte es im vorigen Jahrhundert, bis sich die Menschheit verdoppelt hatte?

Die Tabelle zeigt die bevölkerungsreichsten Staaten der Welt. Die Zahlen sind in Millionen angegeben (Stand 2004).
- Erstelle ein geeignetes Diagramm.

China	1330
Indien	1086
USA	287
Indonesien	224
Brasilien	170
Pakistan	147
Russland	147
Bangladesch	133
Japan	127

Dem Zeitungsbericht zufolge nimmt die Zahl der auf der Erde lebenden Menschen um fast 150 Personen pro Minute zu.

- Um wie viele Menschen wächst die Erdbevölkerung demnach pro Tag und pro Jahr ungefähr? Schätze bevor du rechnest. Vergleiche die Zahl mit der Bevölkerung von Deutschland (ca. 82 Mio).

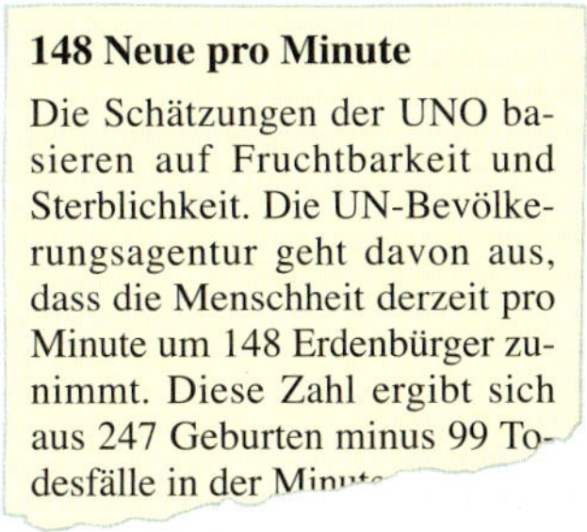
148 Neue pro Minute

Die Schätzungen der UNO basieren auf Fruchtbarkeit und Sterblichkeit. Die UN-Bevölkerungsagentur geht davon aus, dass die Menschheit derzeit pro Minute um 148 Erdenbürger zunimmt. Diese Zahl ergibt sich aus 247 Geburten minus 99 Todesfälle in der Minut…

6 Andere Stellenwertsysteme*

Birgit und Christian suchen den Schatz der Finstersteiner. Sie finden eine alte Karte.
→ Die geheimnisvolle Zahl 101101 soll ihnen den Weg zur Schatztruhe zeigen.
→ Was würde geschehen, wenn am Eingang der Höhle die Geheimzahl 10001 stände?

Neben dem Zehnersystem gibt es noch weitere Stellenwertsysteme. Während man im Zehnersystem 10 Ziffern verwendet, braucht man im **Zweiersystem** nur die Ziffern 1 und 0. Mit diesen beiden Ziffern kann man alle Zahlen darstellen.

…	…	Sechzehner	Achter	Vierer	Zweier	Einer
	← ·2	← ·2	← ·2	← ·2	← ·2	← ·2
…	32	16	8	4	2	1
…	1	0	1	1	0	1

$1 \cdot 32 + 0 \cdot 16 + 1 \cdot 8 + 1 \cdot 4 + 0 \cdot 2 + 1 \cdot 1 = 45$

Damit ergibt sich nebenstehende **Stellenwerttafel** mit den Stellenwerten 1; 2; 4; 8; 16; 32; …

Die Zahl 101101 im Zweiersystem stellt im Zehnersystem die Zahl 45 dar.

Mit einem Säulendiagramm kann man die Zahlen im Zweiersystem veranschaulichen.

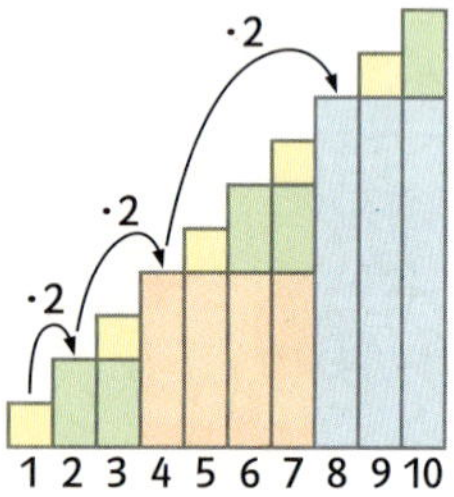

Will man umgekehrt eine Zahl aus dem Zehnersystem im Zweiersystem darstellen, muss man sie als Summe der Stellenwerte des Zweiersystems schreiben.
Man beginnt mit dem größtmöglichen Stellenwert.

$39 = 32 + 7$
$7 = 4 + 3$
$3 = 2 + 1$

Für jeden Stellenwert, der in der Summe vorkommt, schreibt man die Ziffer 1, für jeden, der nicht vorkommt, die Ziffer 0. Also erhält man die Zahl 100111.

Die Stellenwerte im **Zweiersystem** heißen:
… 64 32 16 8 4 2 1
Die Zahl 1011_2 liest man: „eins null eins eins im Zweiersystem".
Um zu erkennen, dass es sich um eine Zahl im Zweiersystem handelt, schreibt man hinter die letzte Ziffer eine kleine $_2$.

Beispiele

a) Die Zahl 11010_2 kann mithilfe der Stellenwerttafel ins Zehnersystem übertragen werden:

16	8	4	2	1
1	1	0	1	0

$1 \cdot 16 + 1 \cdot 8 + 0 \cdot 4 + 1 \cdot 2 + 0 \cdot 1 = 26$

b) Wenn man die Zahl 43 im Zweiersystem schreiben will, muss man sie schrittweise in die entsprechenden Stellenwerte zerlegen.

$43 = 32 + 11$
$11 = 8 + 3$
$3 = 2 + 1$

Somit gilt:
$43 = 1 \cdot 32 + 0 \cdot 16 + 1 \cdot 8 + 0 \cdot 4 + 1 \cdot 2 + 1 \cdot 1$
Wir erhalten also 101011_2 im Zweiersystem.

Aufgaben

1 Vervollständige die Reihen.

a)

Zweiersystem	Zehnersystem
1_2	1
10_2	2
100_2	4
…	…
$1\,000\,000\,000_2$	…

b)

Zehnersystem	Zweiersystem
1	1_2
2	10_2
3	11_2
…	…
20	…

Was erkennst du?

2 Computer arbeiten nur mit den Ziffern 0 und 1, das heißt im Zweiersystem. In der Fachsprache nennt man es auch das Dualsystem. In der Tabelle sind einige Zahlen eingetragen. Fülle die Tabelle in deinem Heft aus.

Zehnersystem	Zweiersystem						
			1	1	0	1	1
		1	0	1	0	0	1
	1	1	1	0	1	1	0
	1	1	0	1	0	1	1
18							
41							
102							
119							

3 Schreibe alle Zahlen auf, die im Zweiersystem vierstellig sind. Wie lauten die kleinste und die größte dieser Zahlen, wenn du sie ins Zehnersystem übersetzt?

4 Woran erkennst du im Zweiersystem, ob eine Zahl gerade oder ungerade ist? Prüfe an Beispielen.

5 Ordne nach der Größe.

6 Wie ändert sich im Zweiersystem eine Zahl, wenn man a) eine Null, b) eine Eins, c) zwei Nullen anhängt? Prüfe jeweils anhand von Beispielen und im Zehnersystem.

7 Um die Zahl 10 000 im Zehnersystem zu schreiben brauchst du fünf Ziffern. Wie viele brauchst du dazu im Zweiersystem? Wie viele Ziffern mehr brauchst du für 100 000?

Mit Fingern zählen ?!

Mit den fünf Fingern einer Hand kannst du nicht nur fünf Zahlen zeigen. Die ersten vier Fingerbilder sind abgebildet.

- Was bedeutet das nächste Fingerbild?
- Zeige mit deiner Hand die Zahlen 3; 7; 11 und 17.
- Wie weit kannst du so mit einer Hand zählen?

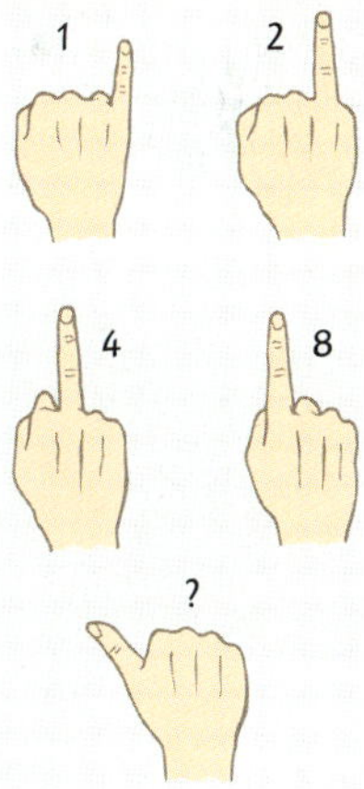

Mit beiden Händen kannst du größere Zahlen zeigen.

- Welche Zahlen werden mit den beiden rechten Zahlenbildern dargestellt?

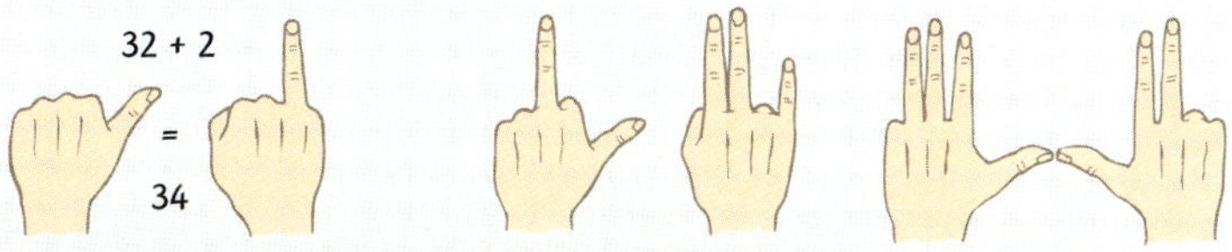

- Zeige so die Zahlen 65; 130 und 230.
- Kerstin behauptet, sie könne mit ihren beiden Händen 1023 zeigen.

Weitere Stellenwertsysteme

Außer dem Zehner- und dem Zweiersystem gibt es noch weitere Stellenwertsysteme. Jedes der Systeme hat seine eigenen Stellenwerte. Im **Vierersystem** etwa gibt es die Ziffern 0; 1; 2 und 3. Die ersten Stellenwerte lauten somit 1; 4; 16; 64; 256; …

Beispiel:

64	16	4	1
1	0	3	2

$$1 \cdot 64 + 0 \cdot 16 + 3 \cdot 4 + 2 \cdot 1 = 78$$
$$1032_4 = 78$$

8 Wandle ins andere System um.
a) 12_4 b) 123_4 c) 2321_4
d) 14 e) 57 f) 118

9 Zeichne einen Zahlenstrahl mit den Punkten von 0 bis 20. Beschrifte dann auch im Zweiersystem und im Vierersystem.

0	1	2	3	4	5	6	7 …
0	I_2	$I0_2$	II_2	$I00_2$	$I0I_2$	$II0_2$	III_2 …
0	1_4	2_4	3_4	10_4	11_4	12_4	13_4 …

10 Im Stamm der Quadrominos gibt es Q-Dörfer. In jedem Q-Dorf wohnen 4 Q-Familien. Jede Q-Familie besteht aus 4 Quadrominos. Ein Quadromino hat 4 Q-Hände, die jeweils 4 Q-Finger haben.
a) Wie viele Q-Hände sind in einem Q-Dorf?
b) Wie viele Q-Familien, Quadrominos und Q-Hände ergeben 232 Q-Finger?
c) Bestimme die Anzahl der Q-Finger von 3 Q-Familien, 2 Quadrominos, 1 Q-Hand und 3 Q-Fingern.

Quadromino-Finger

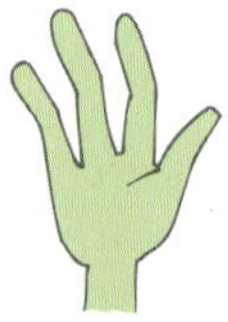
Quadromino-Hand

Quadromino

Quadromino-Familie

Quadromino-Dorf

Zahlzeichen im alten Babylon

Bereits vor 4000 Jahren hatten die Babylonier ein Zahlensystem aus „Keilen“ und „Winkeln“ entwickelt, die sie in Tontafeln drückten.
Die Keile bedeuteten normalerweise 1, die Winkel standen für 10.

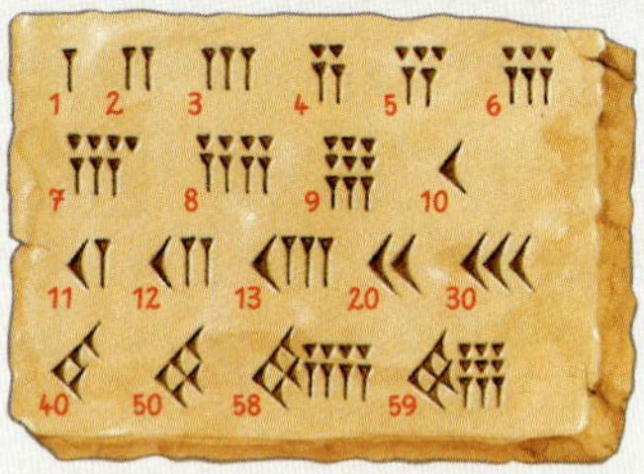

- Schreibe in unseren Zahlen.

- Schreibe in Keilschrift: 16; 27; 39; 44.
- Schreibt euch gegenseitig Zahlen in Keilschrift auf und übersetzt sie.

Die Zeichen für 1 und 60 waren gleich.

Die Bedeutung ergab sich meist aus der Stellung in der Zahlenfolge. Oft wurden die Keile und Winkel für 60 usw. auch größer dargestellt.

$2 \cdot 60 + 3 \cdot 10 + 7 \cdot 1 = 157$

- Was steht auf der Tontafel?

b) Wenn man die Zahl 43 im Zweiersystem schreiben will, muss man sie schrittweise in die entsprechenden Stellenwerte zerlegen.

$43 = 32 + 11$
$11 = 8 + 3$
$3 = 2 + 1$

Somit gilt:
$43 = 1 \cdot 32 + 0 \cdot 16 + 1 \cdot 8 + 0 \cdot 4 + 1 \cdot 2 + 1 \cdot 1$
Wir erhalten also 101011_2 im Zweiersystem.

Aufgaben

1 Vervollständige die Reihen.

a)

Zweiersystem	Zehnersystem
1_2	1
10_2	2
100_2	4
…	…
$1\,000\,000\,000_2$	…

b)

Zehnersystem	Zweiersystem
1	1_2
2	10_2
3	11_2
…	…
20	…

Was erkennst du?

2 Computer arbeiten nur mit den Ziffern 0 und 1, das heißt im Zweiersystem. In der Fachsprache nennt man es auch das Dualsystem. In der Tabelle sind einige Zahlen eingetragen. Fülle die Tabelle in deinem Heft aus.

Zehnersystem	Zweiersystem						
			1	1	0	1	1
		1	0	1	0	0	1
	1	1	1	0	1	1	0
	1	1	0	1	0	1	1
18							
41							
102							
119							

3 Schreibe alle Zahlen auf, die im Zweiersystem vierstellig sind. Wie lauten die kleinste und die größte dieser Zahlen, wenn du sie ins Zehnersystem übersetzt?

4 Woran erkennst du im Zweiersystem, ob eine Zahl gerade oder ungerade ist? Prüfe an Beispielen.

5 Ordne nach der Größe.

32 22 27 100001_2 11001_2 11111_2

6 Wie ändert sich im Zweiersystem eine Zahl, wenn man a) eine Null, b) eine Eins, c) zwei Nullen anhängt? Prüfe jeweils anhand von Beispielen und im Zehnersystem.

7 Um die Zahl 10 000 im Zehnersystem zu schreiben brauchst du fünf Ziffern. Wie viele brauchst du dazu im Zweiersystem? Wie viele Ziffern mehr brauchst du für 100 000?

Mit Fingern zählen ?!

Mit den fünf Fingern einer Hand kannst du nicht nur fünf Zahlen zeigen. Die ersten vier Fingerbilder sind abgebildet.

- Was bedeutet das nächste Fingerbild?
- Zeige mit deiner Hand die Zahlen 3; 7; 11 und 17.
- Wie weit kannst du so mit einer Hand zählen?

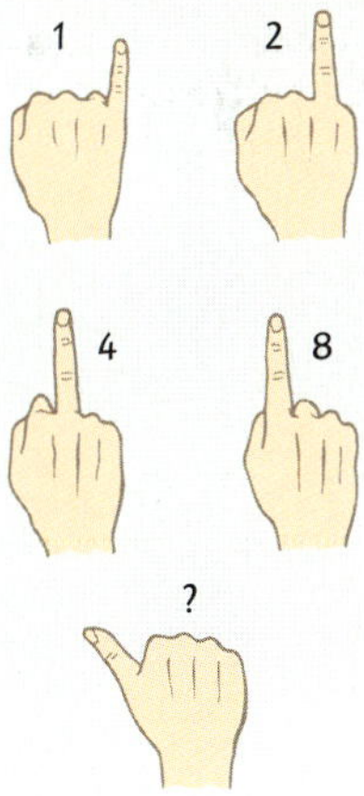

Mit beiden Händen kannst du größere Zahlen zeigen.

- Welche Zahlen werden mit den beiden rechten Zahlenbildern dargestellt?

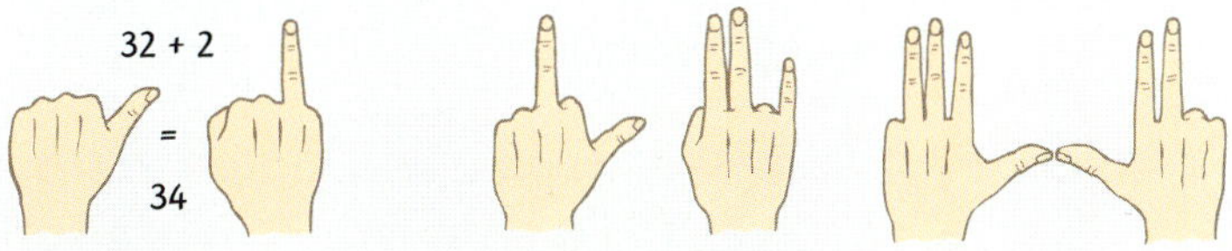

- Zeige so die Zahlen 65; 130 und 230.
- Kerstin behauptet, sie könne mit ihren beiden Händen 1023 zeigen.

Weitere Stellenwertsysteme

Außer dem Zehner- und dem Zweiersystem gibt es noch weitere Stellenwertsysteme. Jedes der Systeme hat seine eigenen Stellenwerte. Im **Vierersystem** etwa gibt es die Ziffern 0; 1; 2 und 3. Die ersten Stellenwerte lauten somit 1; 4; 16; 64; 256; …

Beispiel:

64	16	4	1
1	0	3	2

$1 \cdot 64 + 0 \cdot 16 + 3 \cdot 4 + 2 \cdot 1 = 78$

$1032_4 = 78$

8 Wandle ins andere System um.

a) 12_4 b) 123_4 c) 2321_4
d) 14 e) 57 f) 118

9 Zeichne einen Zahlenstrahl mit den Punkten von 0 bis 20. Beschrifte dann auch im Zweiersystem und im Vierersystem.

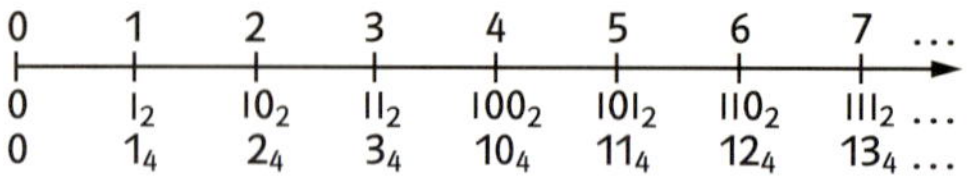

10 Im Stamm der Quadrominos gibt es Q-Dörfer. In jedem Q-Dorf wohnen 4 Q-Familien. Jede Q-Familie besteht aus 4 Quadrominos. Ein Quadromino hat 4 Q-Hände, die jeweils 4 Q-Finger haben.

a) Wie viele Q-Hände sind in einem Q-Dorf?
b) Wie viele Q-Familien, Quadrominos und Q-Hände ergeben 232 Q-Finger?
c) Bestimme die Anzahl der Q-Finger von 3 Q-Familien, 2 Quadrominos, 1 Q-Hand und 3 Q-Fingern.

Quadromino-Finger

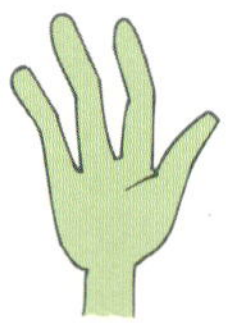
Quadromino-Hand

Quadromino

Quadromino-Familie

Quadromino-Dorf

Zahlzeichen im alten Babylon

Bereits vor 4000 Jahren hatten die Babylonier ein Zahlensystem aus „Keilen" und „Winkeln" entwickelt, die sie in Tontafeln drückten.
Die Keile bedeuteten normalerweise 1, die Winkel standen für 10.

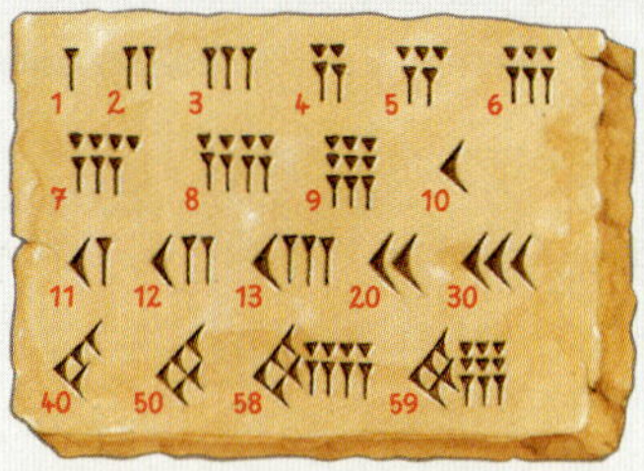

- Schreibe in unseren Zahlen.

- Schreibe in Keilschrift: 16; 27; 39; 44.
- Schreibt euch gegenseitig Zahlen in Keilschrift auf und übersetzt sie.

Die Zeichen für 1 und 60 waren gleich.

Die Bedeutung ergab sich meist aus der Stellung in der Zahlenfolge. Oft wurden die Keile und Winkel für 60 usw. auch größer dargestellt.

$2 \cdot 60 + 3 \cdot 10 + 7 \cdot 1 = 157$

- Was steht auf der Tontafel?

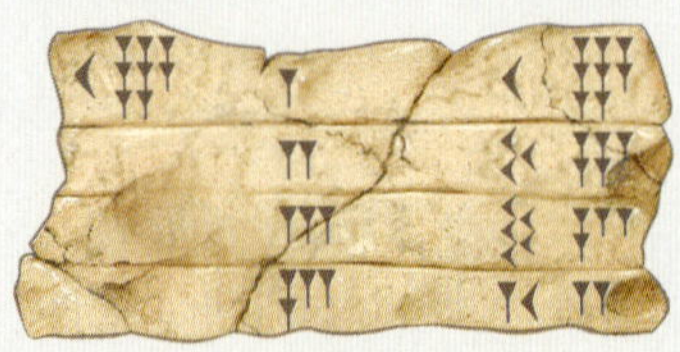

7 Römische Zahlzeichen*

→ Kennst du die Zeichen in den Bildern?
→ Welche Bedeutung haben sie?

Die **römischen Zahlzeichen** waren jahrhundertelang in Gebrauch. Anfangs wurden sie nur im Römischen Reich verwendet, später fast überall in Europa. Wir richten uns beim Schreiben nach den Regeln, die vor etwa 500 Jahren üblich waren.

1 I	4 IV	7 VII	10 X	20 XX	30 XXX	40 XL
2 II	5 V	8 VIII	11 XI	21 XXI	31 XXXI	41 XLI
3 III	6 VI	9 IX	…	…	…	…

Im römischen Zahlensystem folgen die Zahlen in absteigender Größe von links nach rechts. Ihre Werte werden dann addiert.
Ausnahme: Stehen die Zeichen I, X oder C vor einem Zeichen mit höherem Wert, so wird subtrahiert.

M = 1000
wie (lat.) mille
D = 500
die „Hälfte" von M
C = 100
wie (lat.) centum
L = 50
die „Hälfte" von C
X = 10
das „Doppelte" von V
V = 5
als Symbol einer Hand (mit abgespreiztem Daumen)
I = 1
als Symbol des Fingers

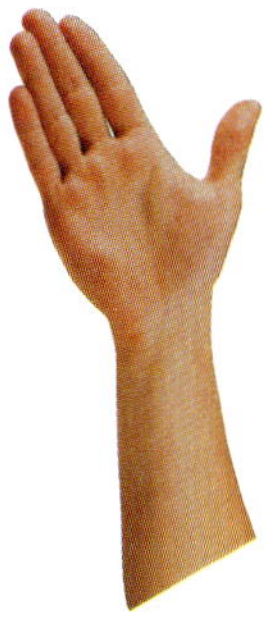

Beispiele

a) LXXI = 50 + 10 + 10 + 1 = 71
b) MCXI = 1000 + 100 + 10 + 1 = 1111
c) IX = 10 − 1 = 9
d) DXCI = 500 + 90 + 1 = 591
e) 1726 = 1000 + 500 + 200 + 20 + 5 + 1
= M + D + CC + XX + V + I
= MDCCXXVI
f) MMCMLXXXIX
= MM + CM + L + XXX + IX
= 2000 + 900 + 50 + 30 + 9 = 2989

Bemerkung

Das römische Zahlsystem ist kein Stellenwertsystem. Das sieht man an der Zahl CCC. Die drei Zeichen „C" stehen an verschiedenen Stellen, aber jedes Zeichen hat denselben Wert, nämlich 100.

Aufgaben

1 Schreibe im Zehnersystem.
a) XVII b) XXIII
c) XXVII d) LXVI
e) LXIV f) LXXIX
g) XCI h) CCXLIV

2 Schreibe mit römischen Zahlzeichen.

a)	b)	c)	d)
57	119	699	1008
89	145	782	1456
91	234	899	1649
110	459	978	1795

Zusammenfassung

Strichliste

Strichlisten sind besondere Zahlenbilder, die beim Zählen sehr hilfreich sind.

Die Strichliste 
beschreibt die Zahl 18.

Natürliche Zahlen

Die Zahlen 0; 1; 2; 3; … heißen **natürliche Zahlen**. Die Menge der natürlichen Zahlen wird mit ℕ bezeichnet.

ℕ = {0, 1, 2, 3, …}

Zahlenstrahl

Auf dem **Zahlenstrahl** werden die natürlichen Zahlen der Reihe nach angeordnet.

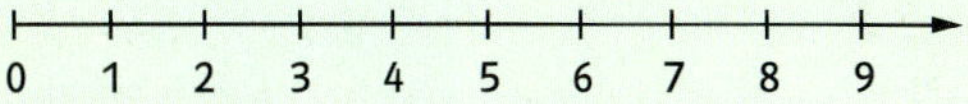

3 < 7; gelesen „3 ist kleiner als 7"
7 > 3; gelesen „7 ist größer als 3"

Zehnersystem

Im **Zehnersystem** vervielfacht sich der Stellenwert von rechts nach links mit der Zahl 10.

Tausender	Hunderter	Zehner	Einer
4	8	2	7

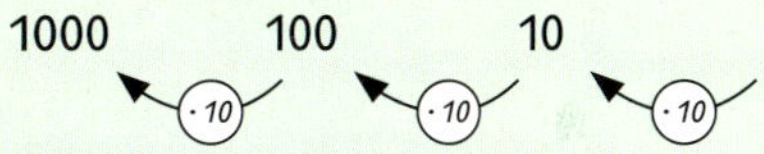

Stellenwerte

Im Zehnersystem bilden die Einer, Zehner, Hunderter, … die **Stellenwerte**. Sämtliche Zahlen lassen sich mithilfe dieser Stellenwerte darstellen.

Die Zahl 4827 ergibt sich aus
$4 \cdot 1000 + 8 \cdot 100 + 2 \cdot 10 + 7 \cdot 1$

Große Zahlen

Große Zahlen stellen wir übersichtlich in Dreierblöcken dar.

23 568 019
gelesen: „dreiundzwanzig Millionen fünfhundertachtundsechzigtausendneunzehn"

Runden

Natürliche Zahlen können auf Zehner, Hunderter, Tausender usw. gerundet werden. Folgt auf die **Rundungsstelle** eine 0; 1; 2; 3 oder 4, so wird abgerundet. Sonst wird aufgerundet.

Die Zahl 7538 ergibt gerundet auf

Zehner:	7540
Hunderter:	7500
Tausender:	8000

Zeichnerische Darstellung

Zur Darstellung natürlicher Zahlen werden häufig **Diagramme** verwendet.
Aus Diagrammen lassen sich auch Informationen ablesen.

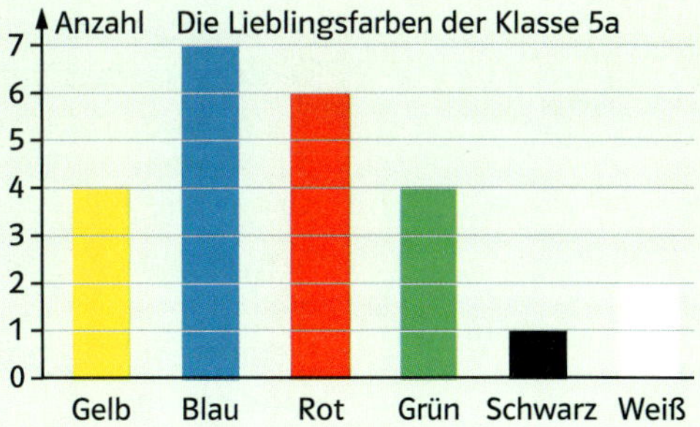

Stellenwertsystem*

Zahlen können in verschiedenen Stellenwertsystemen dargestellt werden. Ein sehr häufig verwendetes ist das **Zweiersystem**.

$\text{IIOOI}_2 = 1 \cdot 16 + 1 \cdot 8 + 0 \cdot 4 + 0 \cdot 2 + 1 \cdot 1 = 25$

Römische Zahlzeichen*

Im römischen Zahlensystem werden folgende Symbole verwendet.
I = 1 X = 10 C = 100 M = 1000
V = 5 L = 50 D = 500

MCMXCVIII = 1000 + 900 + 90 + 8
= 1998

Üben • Anwenden • Nachdenken

1 Wie viele Tennisbälle sind hier aufgeschichtet?

Peter möchte mindestens 100 Tennisbälle in der vorgegebenen Weise aufschichten. Wie viele muss er in die unterste Lage packen?

2 Vera und Kosta haben in einer Strichliste den Verkehr über eine Dauer von zehn Minuten erfasst.

Pkw	卌 卌 卌 卌 卌 卌 ||
Lkw	卌 |||
Motorräder	卌 ||
Motorroller	卌 卌 |
Fahrräder	卌 卌 卌 |

a) Wie viele Zweiräder haben die beiden gezählt?
b) Wie viele motorisierte bzw. nicht motorisierte Fahrzeuge fuhren vorbei?
c) Wie viele Fahrzeuge würden bei diesem Verkehr in einer Stunde vorbeifahren?

3 Wer wurde zum Klassensprecher, wer zum Stellvertreter gewählt?
Fertige zum Wahlausgang ein Balkendiagramm an.
Erstelle ein Diagramm für eure Klassensprecherwahl.

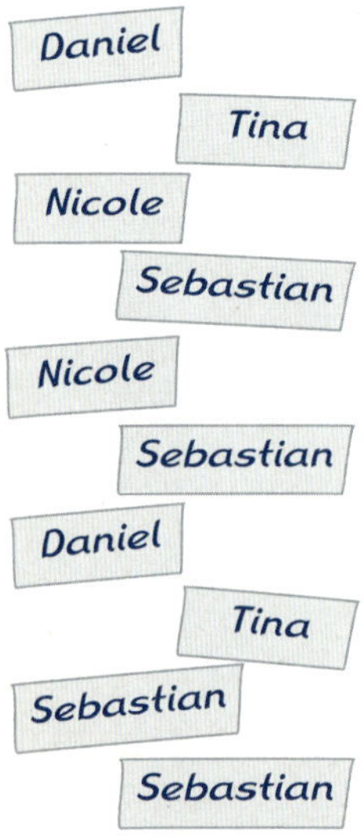

4 Was kannst du aus den Säulendiagrammen ablesen? Welche Werte sind genau, welche gerundet?

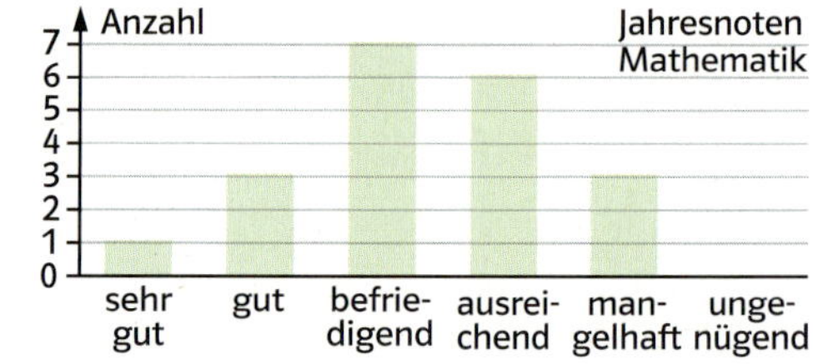

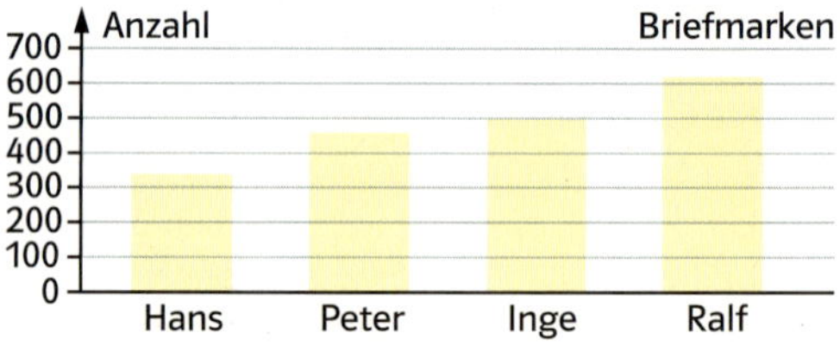

5 a) Erstelle ein Diagramm.

Land	Fernsehdauer pro Kind und Tag
Deutschland	205 Minuten
Großbritannien	213 Minuten
Italien	241 Minuten
Schweiz	138 Minuten
Spanien	217 Minuten
Südkorea	106 Minuten
USA	270 Minuten

b) Schätze und überschlage: Wie viel mehr Zeit verbringt ein Kind in den USA pro Jahr vor dem Fernseher als in Südkorea?

6 Welche Zahlen sind rot markiert?

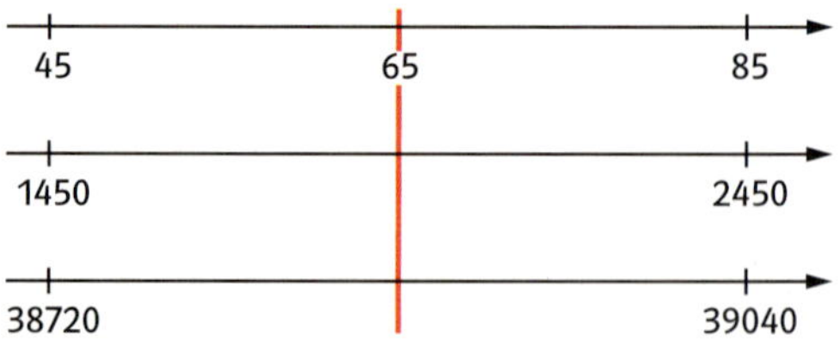

7 Ordne die Zahlen in einer Kette.
a) 110 011; 101 010; 111 000; 110 101; 100 111; 111 001; 100 001; 100 011
b) 733 737; 773 377; 737 777; 773 737; 773 337; 737 737; 773 773; 733 337

8 Schreibe den Text so, dass die Zahlen übersichtlicher dargestellt sind.

Als Neil Armstrong neunzehnhundertneunundsechzig als erster Mensch den Mond betrat, musste das Raumschiff Apollo 11 zunächst eine Strecke von dreihundertvierundachtzigtausend Kilometern zurücklegen. Die Entfernung zum Mars pendelt zwischen fünfundvierzig Millionen und vierhundert Millionen km. Die Sonne, die ungefähr einhundertfünfzig Millionen km von der Erde entfernt ist, weist im Innern eine Temperatur von über fünfzehn Millionen Grad auf.
Diese Angaben sind im Vergleich zum gesamten Weltall sehr gering. Die größte bekannte Entfernung sind dreihundert Billiarden km und die Temperatur bei der Entstehung des Weltalls soll ungefähr eine Billion Grad betragen haben.

(aus einer Schülerzeitung)

9 a) Wie heißt die größte sechsstellige Zahl, die aus vier verschiedenen Ziffern besteht?
b) Bilde die kleinste fünfstellige Zahl, die aus drei verschiedenen Ziffern besteht.

10 Können Diagramme lügen?

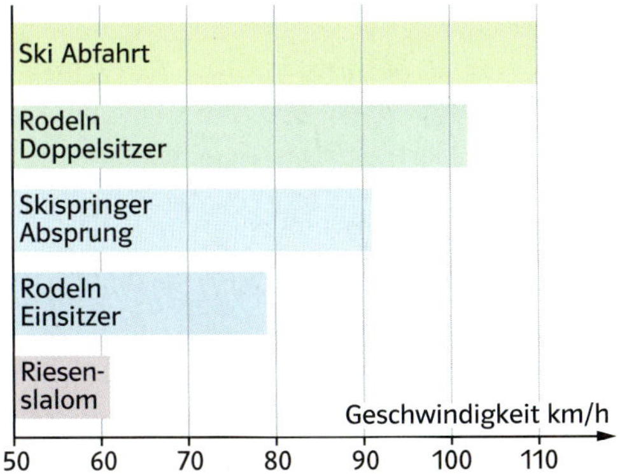

Ist der Doppelsitzer beim Rodeln wirklich doppelt so schnell wie der Einsitzer? Erkläre das Diagramm.
Zeichne selbst ein Diagramm, in dem die Geschwindigkeiten ehrlicher zu vergleichen sind.

11 Lies den folgenden Text.

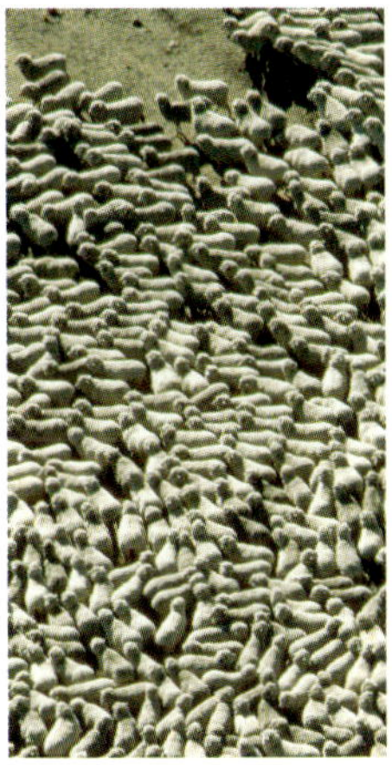

Tiere und Menschen bei einer Zählung auf der Erde im Jahr 2000:
Der Mensch hält 1 318 386 000 Rinder, 3 172 864 740 000 Bienen, 773 476 000 Enten, 452 345 000 Kaninchen, 13 478 302 000 Hühner, 60 945 000 Pferde, 1 064 110 000 Schafe, 19 083 000 Kamele, 699 994 000 Ziegen, 2 600 000 Farmkrokodile.

Ordne die Zahlen und schreibe die Angaben übersichtlich untereinander.

12 a) Welches ist die größte Zahl, die du mit 19 Streichhölzern legen kannst?
b) Welches ist die kleinste Zahl, die du mit 19 Streichhölzern legen kannst?
c) Welche Zahlen findest du, wenn du ein Streichhölzchen weniger hast?

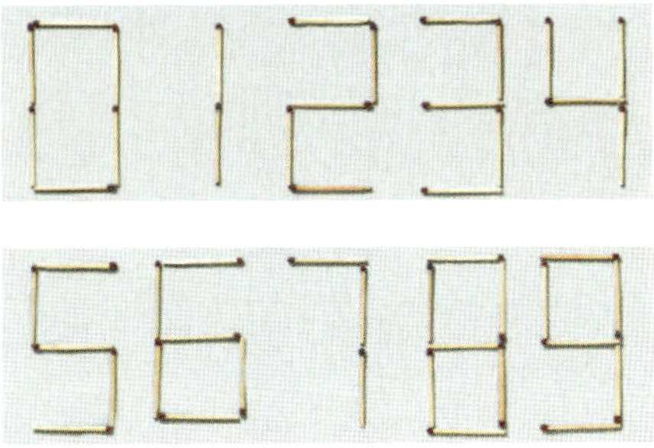

13 Bei den großen Zahlen gibt es Unterschiede zwischen der deutschen und englischen Sprechweise.

mit Ziffern	deutsch	englisch
1 000 000 000	Milliarde	billion
1 000 000 000 000	Billion	trillion
1 000 000 000 000 000	Billiarde	quadrillion
1 000 000 000 000 000 000	Trillion	quintillion
1 000 000 000 000 000 000 000	Trilliarde	sextillion

Lies die folgenden Zahlen auf Deutsch und auf Englisch.
a) 234 000 000 000
b) 123 500 000 000 000 000
c) 23 578 000 000 000 000 000
d) 999 999 999 999 999 999 999 999

Groß und klein in Europa

Land	Einwohnerzahl	Fläche in km²
Belgien	10 200 000	32 545
Dänemark	5 359 000	43 094
Deutschland	82 333 000	357 023
Finnland	5 188 000	338 144
Frankreich	59 191 000	543 965
Griechenland	10 591 000	131 957
Großbritannien	58 800 000	242 910
Irland	3 839 000	70 273
Italien	57 648 000	301 336
Luxemburg	441 200	2 586
Niederlande	16 039 000	41 526
Österreich	8 132 000	88 945
Portugal	10 024 000	92 871
Schweden	8 894 000	449 964
Spanien	41 117 000	504 782

In der Tabelle sind die Länder nach Namen sortiert.

- Sortiere auch anders.
- Du kannst die Einwohlerzahlen im Säulendiagramm vergleichen. Nichts gegen Luxemburg, aber vielleicht lässt du das Land weg.
Oder versuche es mit zwei Diagrammen, eines für Länder mit vielen und eines für Länder mit wenigen Einwohnern.
Wie und wo du die Grenze setzt, entscheidest du selbst.

- Zeichne auch ein Säulendiagramm für die Flächen.
- In der nach Einwohnerzahl geordneten Tabelle und in der nach Flächengröße geordneten Tabelle bekommt jedes Land je eine Platznummer. Was bedeutet es, wenn ein Land in der Einwohnertabelle viel weiter oben steht als in der Flächentabelle?
- Was zeigt dir eine Tabelle, in der die Länder nach dem Unterschied in ihren zwei Platznummern sortiert sind?
- Finde heraus, welche Länder der Europäischen Union (EU) angehören. Erkundige dich über eines dieser Länder. Präsentiere deiner Klasse das Ergebnis.

14 Übersetze ins Zehnersystem.

a) 1100110_2 b) 1111101_2
c) 1010101_2 d) 1000000_2
e) 11001100_2 f) 10010011_2
g) 11111111_2 h) 10010000_2

15 Übertrage die Tabelle in dein Heft und fülle sie aus.

Zehnersystem	Zweiersystem	röm. Zahlen
27		
	10101_2	
		XXXIV
89		
		XCI
	1100110_2	

16 Setze die Folge der Zahlen um drei weitere Zahlen fort. Das Zweiersystem leistet dir dabei gute Dienste.

a) 1; 3; 7; 15; 31; …
b) 5; 9; 17; 33; …
c) 2; 6; 14; 30; …

17 Ordne nach der Größe.

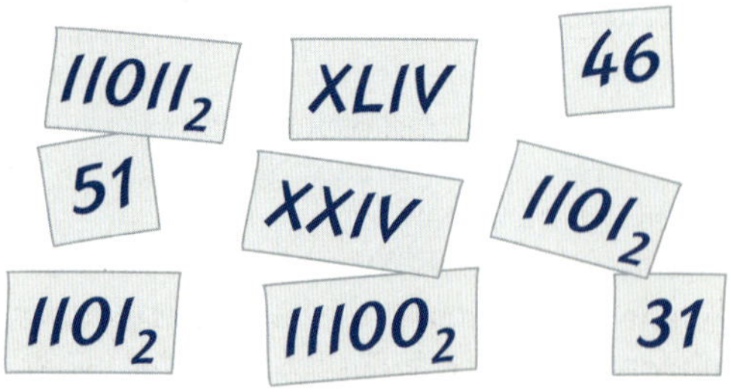

Rückspiegel

Rückspiegel

1 Welche Zahlen sind dargestellt?
Zeichne die beiden folgenden Zahlenbilder.

a)

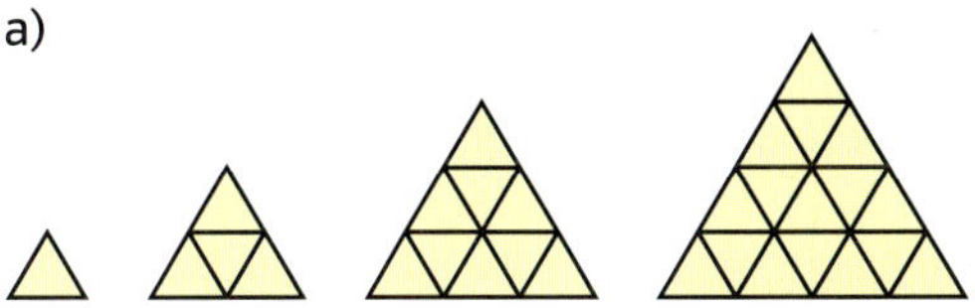

b)

2 Welche Zahlen sind auf dem Zahlenstrahl rot markiert?

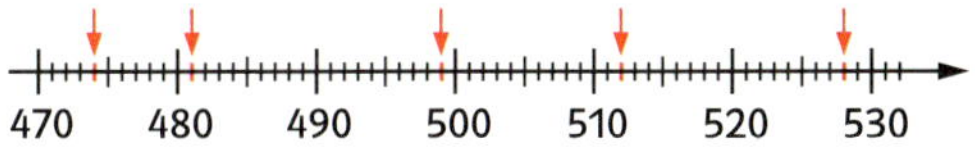

3 Setze das richtige Zeichen (<, >) ein.
a) 56 ▢ 73 b) 323 ▢ 233 c) 826 ▢ 862

4 a) Welche Zahl steht unmittelbar vor
4020; 8000; 100 000?
b) Welche Zahl folgt direkt auf
89; 899; 8999; 88 899?

5 a) Runde auf Hunderter.
289; 435; 1349
b) Runde auf Tausender.
2420; 9765; 15 501

6 Lies aus dem Diagramm die Höhe (in Metern) der verschiedenen Berge ab.

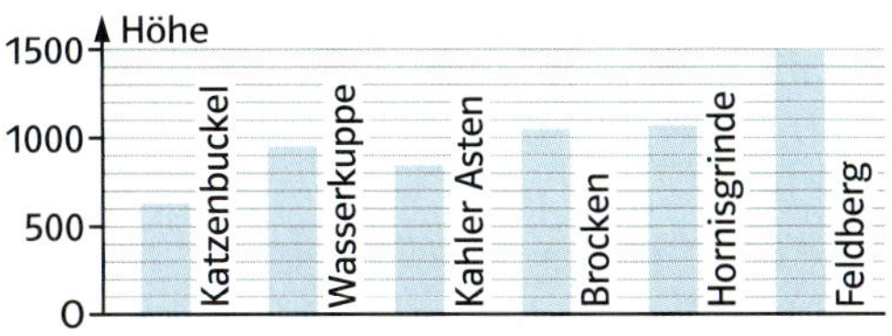

7 Lege mit den Zahlenkärtchen

a) eine möglichst kleine siebenstellige Zahl.
b) eine möglichst große siebenstellige Zahl.

1 Welche Zahlen sind dargestellt?
Zeichne die beiden folgenden Zahlenbilder.

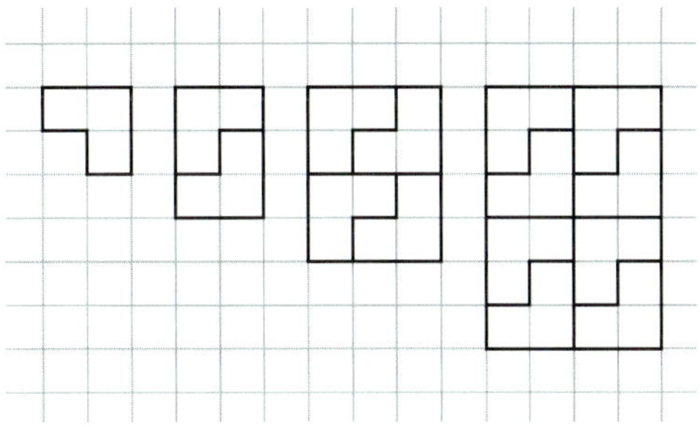

2 Welche Zahlen sind auf dem Zahlenstrahl rot markiert?

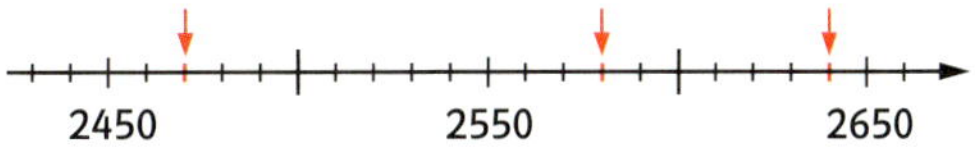

3 Ordne die Zahlen in einer Kette.
a) 85; 385; 853; 583; 58; 538
b) 1112; 2122; 2212; 1212; 2121

4 Welches ist die kleinste und welches ist die größte Zahl, in der jede der folgenden Ziffern je einmal vorkommt?
a) 1; 6; 8; 3
b) 5; 2; 6; 7; 4

5 a) Runde auf Hunderter.
872; 2049; 10 450
b) Runde auf Tausender.
3501; 78 497; 122 500

6 Veranschauliche die Grenzlängen zu einigen Nachbarstaaten Deutschlands in einem Diagramm. Runde vorher sinnvoll.

Dänemark 67 km	Polen 442 km
Niederlande 567 km	Frankreich 448 km
Österreich 815 km	Belgien 156 km

7 Lege mit den Zahlenkärtchen

a) eine möglichst kleine siebenstellige Zahl.
b) eine möglichst große achtstellige Zahl.

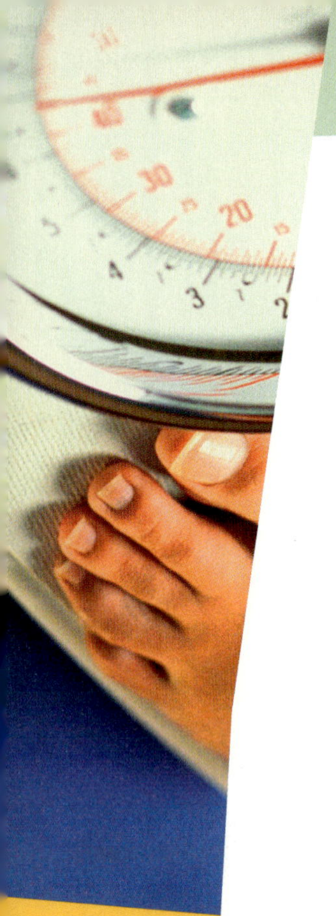

Rechenhilfsmittel

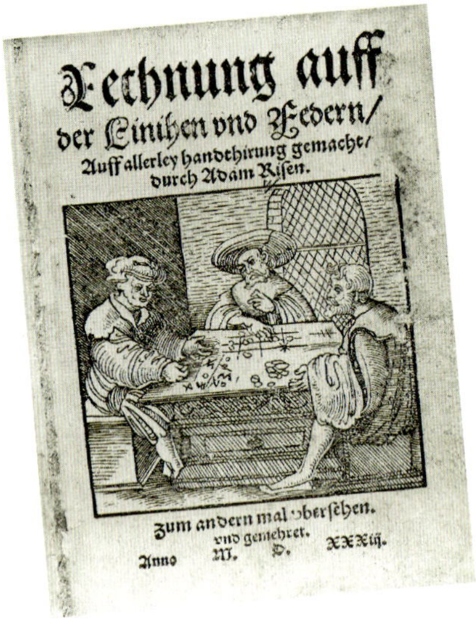

Im täglichen Leben muss man oft im Kopf rechnen. Bei großen Zahlen ist das mühsam und man kann schnell Fehler machen. Deshalb hat man schon früh nach Rechenhilfsmitteln gesucht, um sich die Rechenarbeit zu erleichtern.

Im 16. Jahrhundert lebte in Erfurt und Annaberg der Rechenmeister Adam Ries (1492–1559). Er vollendete 1522 das erste Volksrechenbuch mit dem Titel „Rechnung auff der Linihen und Federn".

Das Linienbrett

Man legte die Zahlen auf Linien auf einem Rechenbrett. Ein Stein zwischen den Linien hatte den fünffachen Wert der Linie darunter.

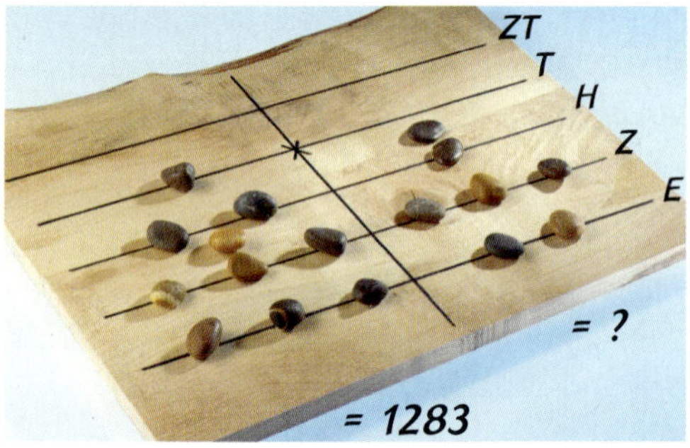

Zeichne in deinem Heft ein Linienbrett und lege die Zahlen
44, 132, 584, 831, 1055, 2354, 8097

Nun konnte man so auch addieren und subtrahieren.

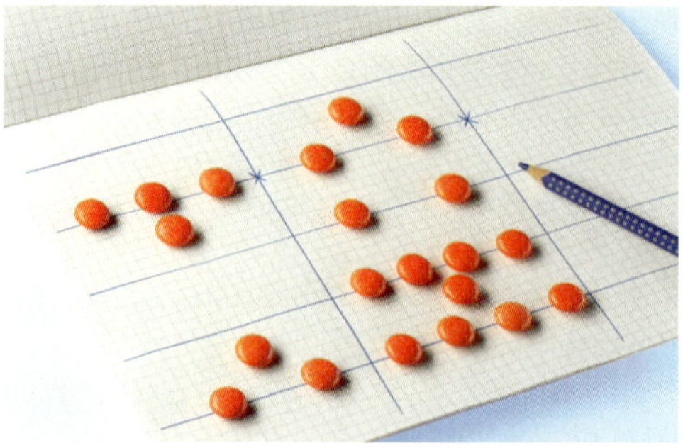

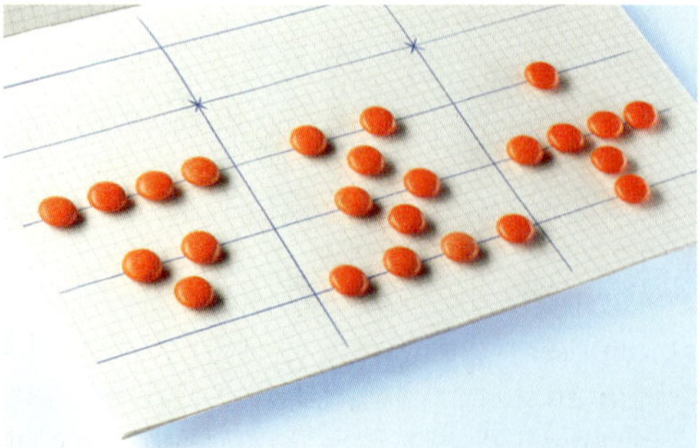

Lege selbst andere Aufgaben und löse sie.

Die ersten Rechenmaschinen

Der Tübinger Professor Wilhelm Schickard stellte im Jahr 1623 seine erste Rechenmaschine vor.

Zur gleichen Zeit erfand der französische Mathematiker und Philosoph Blaise Pascal eine Addiermaschine.
Der britische Ingenieur Charles Babbage begann 1823 mit dem Bau einer riesigen Rechenmaschine, die er Differenzmaschine nannte. Sie wurde mit Dampf angetrieben und konnte schon das Ergebnis einer Rechnung ausdrucken.

Durch den technischen Fortschritt in der Elektronik und der Informationstechnik sind die heutigen Taschenrechner und Computer sehr viel kleiner und leistungsfähiger als die Maschinen von damals. Aber ohne diese Vorarbeiten wäre die heutige Entwicklung nicht möglich gewesen.

In diesem Kapitel lernst du

- Regeln zum Addieren und Subtrahieren,
- Rechengesetze zum vorteilhaften Rechnen zu nutzen,
- das Überschlagen einer Rechenaufgabe,
- lange Rechenausdrücke zu berechnen,
- Gesetzmäßigkeiten selbst zu finden und anderen zu erklären.

1 Addieren

Tanja und Vera aus Mühlheim planen eine mehrtägige Fahrradtour.
Den Rundkurs haben sie in ihre Karte eingetragen.
→ Wie viele Kilometer fahren die beiden?
→ Tanjas Kilometerzähler zeigt in Mühlheim 849 km. Wie ist der Kilometerstand am Abend in Hochdorf mindestens?
→ Nenne Radtouren, die etwa 200 km lang sind.

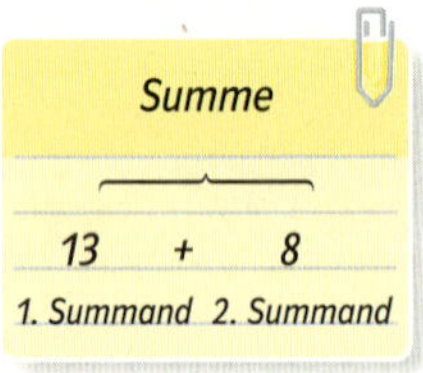

Den Rechenausdruck 13 + 8 bezeichnet man als **Summe**, sein Ergebnis 21 als Wert der Summe. Die Zahlen 13 und 8 heißen **Summanden**.

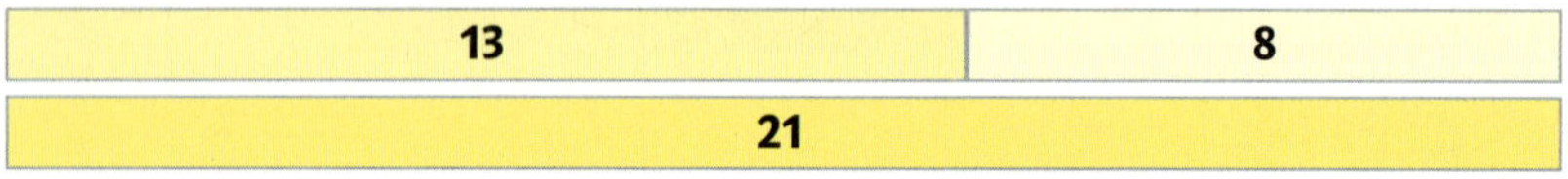

Die Sprech- und Schreibweise beim Addieren lässt sich an der Stellenwerttafel verdeutlichen.

T	H	Z	E
5	6	7	3
+	8	5	6
1	1		
6	5	2	9

Einer:	6 + 3	gleich 9, schreibe 9
Zehner:	5 + 7	gleich 12, schreibe 2, übertrage 1
Hunderter:	1 + 8 + 6	gleich 15, schreibe 5, übertrage 1
Tausender:	1 + 5	gleich 6, schreibe 6

Schriftliches Addieren
1. Schreibe die Zahlen so untereinander: Einer unter Einer, Zehner unter Zehner...
2. Beginne von rechts zu addieren: Erst die Einer, dann die Zehner …
3. Schreibe den Übertrag in die nächste Spalte nach links.

Bemerkung
Achte stets auf die Nullen und den Übertrag.

Beispiele
a)
```
  4346
+ 2632
------
  6978
```

b)
```
  8567
+ 2305
   1
------
 10872
```

c) Aufgabe in Worten
Die Aufgabe „Addiere zu 25 die Summanden 8 und 13“ müssen wir zuerst in einem Rechenausdruck schreiben und dann berechnen.

  25 + 8 + 13
= 33 + 13

d) Sprech- und Schreibweise bei mehreren Summanden

5683	Einer:	2 + 1 + 4 + 3	gleich 10, schreibe 0, übertrage 1
+ 764	Zehner:	1 + 4 + 8 + 6 + 8	gleich 27, schreibe 7, übertrage 2
+ 1481	Hunderter:	2 + 3 + 4 + 7 + 6	gleich 22, schreibe 2, übertrage 2
+ 342	Tausender	2 + 1 + 5	gleich 8, schreibe 8
221			
8270			

Aufgaben

1 Rechne im Kopf.

a) 60 + 32 b) 57 + 41
c) 130 + 72 d) 504 + 91
e) 75 + 47 f) 76 + 85
g) 124 + 127 h) 295 + 76
i) 129 + 396 j) 747 + 239

2 Berechne.

a) 3800 + 4600 b) 5700 + 1800
c) 6520 + 7810 d) 23 000 + 45 000
e) 11 000 + 99 000 f) 74 800 + 51 600
g) 237 000 + 185 000 h) 135 020 + 215 200

3 Achte auf die unterschiedlichen Stellenzahlen.

a) 17 600 + 2200 b) 45 800 + 6100
c) 3900 + 86 000 d) 460 + 46 500
e) 1200 + 98 900 f) 3720 + 12 005
g) 225 + 13 135 h) 1024 + 17 203

4 a) Addiere die Zahlen dreihundertsiebenundzwanzig, sechsundzwanzigtausendvierhundertundfünf und zwei Millionen achthundertsiebzehn.
b) Berechne die Summe aus den Summanden 432 und 999.
c) Welchen Wert hat die Summe aus den Summanden 888 und 222?
d) Addiere zum Summenwert der Zahlen 24 und 128 die Zahl 56.
e) Wie ändert sich der Wert einer Summe, wenn man beide Summanden jeweils um 26 vergrößert?
f) Wie verändert sich der Wert einer Summe, wenn man beide Summanden jeweils um 15 verringert?
g) Addiere den Wert der Summe aus den Summanden 17 und 4 zum Wert der Summe aus den Summanden 4 und 17.

Überschlag ?!

■ Die Klasse 5c der Park-Realschule verkauft in den Pausen belegte Brötchen. Kathi und Lea sind für die Bestellung zuständig. Nach einer Woche vergleichen die beiden ihre Planung mit dem tatsächlichen Verkauf.

Planung:	
Montag	50
Dienstag	100
Mittwoch	50
Donnerstag	150
Freitag	100
	450

Verkauf:	
Montag	39
Dienstag	93
Mittwoch	54
Donnerstag	139
Freitag	87
	412

Kathi schlägt vor: „Für die kommende Woche müssen wir wieder 412 Brötchen bestellen." Lea ist anderer Meinung.
Was schlagt ihr vor?
In vielen Fällen ist es hilfreicher, eine Anzahl nicht genau auszurechnen, sondern per Überschlag zu bestimmen. Hierzu muss man für jede Situation überlegen, welche Überschlagswerte geeignet sind.

■ Besucherzahlen einer Kunstausstellung:

Tag	Mo	Di	Mi	Do	Fr	Sa	So
Besucherzahl	–	48	54	51	109	291	389

War der 1000. Besucher schon da?

■ Reicht das Geld?

Super billig!	
Vanille-Eis	1,99
Orangensaft	1,79
Spagetti	0,89
Chips	1,09
Pommes	2,49
Cola	7,50
Hackfleisch	3,80

5 In den unteren Feldern der Zahlenmauern stehen Zahlen. In den darüber liegenden Feldern steht immer der Summenwert der beiden darunter liegenden Zahlen.

a) Ergänze die Zahlenmauern.

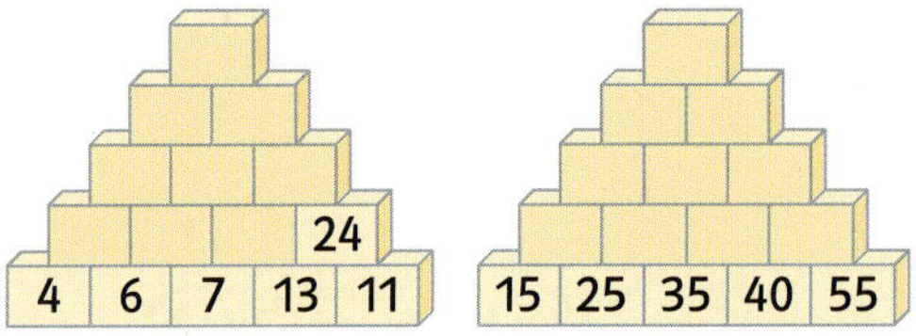

b) Bei diesen Zahlenmauern kannst du deine Rechnung kontrollieren.

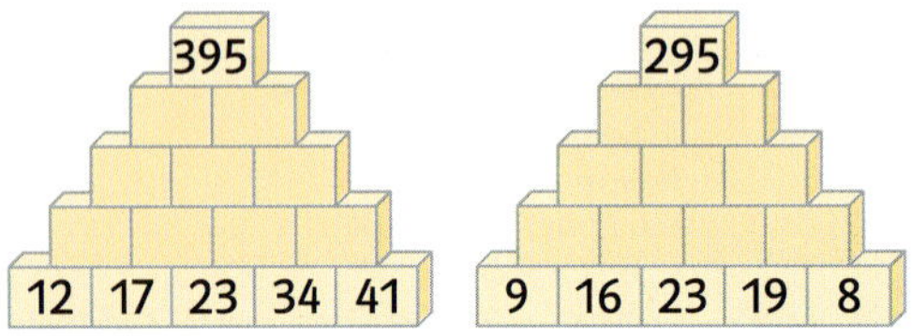

	347	6813
	715	2963
	2683	683
+	757	4572
	517	638
+	9187	5263

Nimm aus jedem Block eine Zahl, so erhältst du 64 Aufgaben.
Beispiel: 347 + 2683 + 517

6 Rechne schriftlich.
Achte auf den Übertrag.

a) 5221 + 4355
b) 6434 + 2345
c) 4708 + 3647

d) 3254 + 4602 + 2034
e) 2604 + 3837 + 1329
f) 5943 + 2406 + 1077

g) 364 125 + 16 076 + 17 458
h) 1 347 809 + 3 587 + 24 308

7 Schreibe untereinander und berechne.

a) 4326 + 3257 + 2422
b) 438 + 56 253 + 2536 + 24 077
c) 2608 + 2807 + 2985 + 2567 + 2408
d) 290 290 + 92 092 + 209 029 + 9029
e) 8 345 761 + 834 576 + 83 457 + 8345 + 834

8 Hier kannst du die Rechnung kontrollieren.

		6	1	2	+		5	8	9	+		8	7	8	=					
	1	2	8	6	+	2	4	6	3	+	1	6	1	9	=					
		6	3	7	+		8	4	2	+	2	1	8	5	=					
					+					+					=	1	1	1	1	1

9 Welche Aufgabe gehört zu welchem Ergebnis? Überschlage zuerst.

349 + 784 + 205	12 260
491 + 1223 + 832	2369
25 + 697 + 556	1338
256 + 24 + 11 980	2546
145 + 903 + 2345	1278
1475 + 251 + 643	3393

10 Hier musst du besonders sorgfältig arbeiten.
Tipp: Du erhältst besondere Ergebnisse.

a)	b)	c)
53 269	832	214 867
+ 6 982	+ 54 067	+ 63 589
+ 48 203	+ 6 312	+ 8 942
+ 145 834	+ 65 083	+ 698
+ 96 432	+ 609	+ 8 315
+ 72 304	+ 38 492	+ 85 369
+ 850	+ 6 030	+ 420 014
+ 218 604	+ 72 412	+ 99 586
+ 23 274	+ 9 807	+ 8 735
+ 914	+ 79 689	+ 89 884

11 Berechne die Summen.
Was fällt dir auf?

9	9	9	+	8	8	8	+	7	7	7	=		
6	6	6	+	5	5	5	+	4	4	4	=		
3	3	3	+	2	2	2	+	1	1	1	=		
			+				+				=		?

12 Welche Summe ist größer?

100 000 000	1
+ 120 000 000	+ 21
+ 123 000 000	+ 321
+ 123 400 000	+ 4 321
+ 123 450 000	+ 54 321
+ 123 456 000	+ 654 321
+ 123 456 700	+ 7 654 321
+ 123 456 780	+ 87 654 321
+ 123 456 789	+ 987 654 321

Kannst du das Ergebnis auch voraussagen, ohne die beiden langen Aufgaben ganz durchzurechnen?

13 Hier bekommst du erstaunliche Ergebnisse. Alles Zauberei?

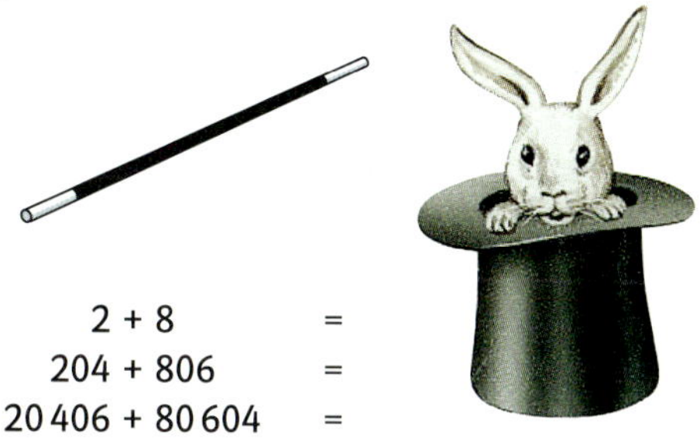

2 + 8	=	
204 + 806	=	
20 406 + 80 604	=	
2 040 608 + 8 060 402	=	
+	=	?

```
   9 135 802 469 136        135 802 469 136
+  1 975 308 641 975     +  197 530 864 197
=                ?       =                ?

      35 802 469 136          5 802 469 136
+     19 753 086 419     +    1 975 308 641
=                ?       =                ?
```

14 a) Bilde alle Zahlen, die die Ziffern 2; 5; 8 genau einmal enthalten, und addiere: 258 + 285 + 528 + …
b) Verfahre ebenso mit 3; 5; 7. Vergleiche das Ergebnis mit Teilaufgabe a).

15 Ergänze die Rechendreiecke und Rechenvierecke.

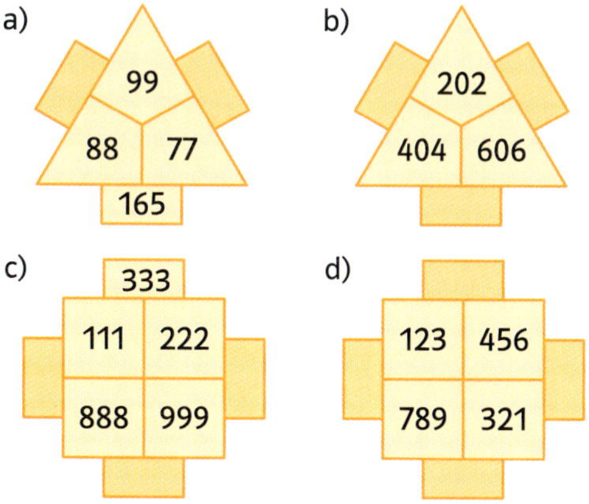

16 a) Addiere die größte fünfstellige Zahl aus den Ziffern 2; 3; 5; 7; 8 zur kleinsten dreistelligen Zahl aus den Ziffern 2; 4; 6.
b) Verfahre ebenso mit den Ziffern 2; 4; 5; 8; 8 und 3; 6; 7.

17 Die Ergebnisse zeigen dir, ob du richtig gerechnet hast.
a) 649 853 − 538 742
b) 791 449 − 235 894
c) 1 340 581 − 562 804

18 Berechne die fehlenden Zahlen.

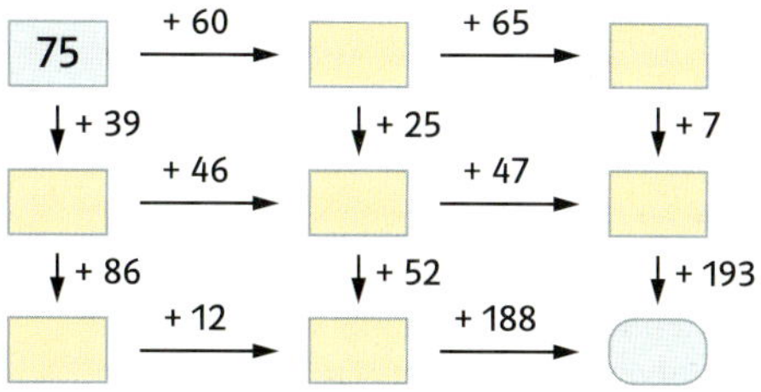

19 Hier kannst du dein Ergebnis kontrollieren.

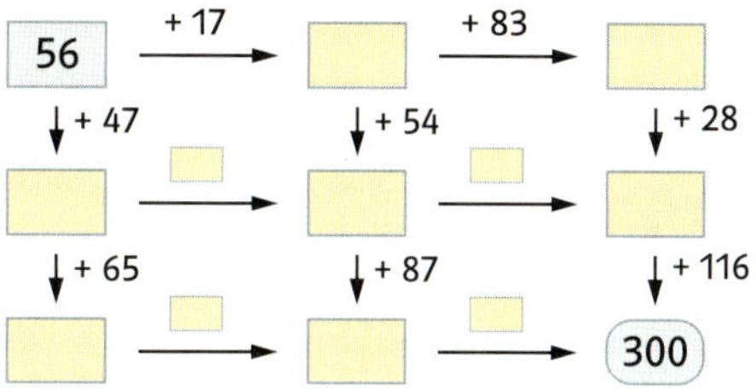

20 Setze verschiedene Zahlen so ein, dass der darauffolgende Summand jeweils größer ist als der vorhergehende.

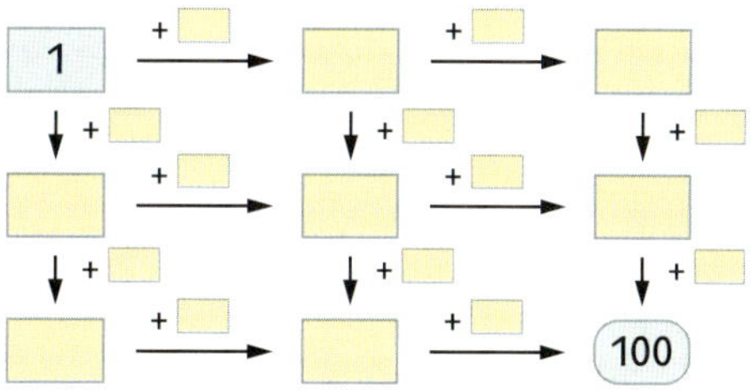

21 Setze die Zahlen
1; 1; 2; 3; 4; 5; 5; 6; 7; 8; 9 und 10
als Summanden ein.

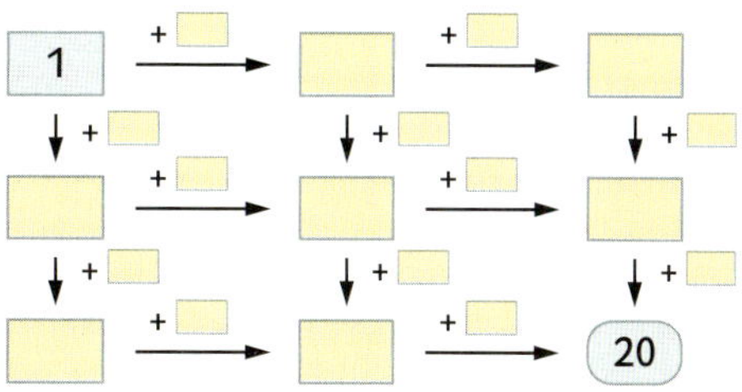

22 In die Leerstellen gehören die Ziffern 1; 2; 3; 6; 7 und 8. Jede Ziffer darf nur einmal vorkommen.

```
  □ □ □
+ □ □ □
-------
    ?
```

a) Der Wert der Summe soll möglichst groß sein.
b) Der Wert der Summe soll möglichst klein sein.
c) Der Wert der Summe soll 900 betragen.

23 Ersetze die Leerstellen.

a)
```
  □456
+ 63□3
------
  8□7□
```

b)
```
  5□47
+ □89□
------
  95□9
```

c)
```
  82□7
+ □65□
+ 3414
------
 □3□33
```

24 Welcher Fehler wurde gemacht? Erkläre ihn deiner Mitschülerin oder deinem Mitschüler. Formuliert gemeinsam eine Regel.

a)
```
  2 3 5 6
+ 4 5 9
    1
---------
  6 9 4 6
```

b)
```
    4 7 3
  + 2 4 4
  + 5 1 7
---------
  1 1 2 4
```

c)
```
      7 0 0 3
  +     4 0 8
  + 2 0 8 0 7
        1
-------------
    2 8 3 0 8
```

25 Bilde zwei dreistellige Zahlen und addiere sie.

a) Wähle die beiden dreistelligen Zahlen so, dass die größte Summe entsteht.
b) Wähle die beiden dreistelligen Zahlen so, dass die kleinste Summe entsteht.
c) Kannst du die beiden dreistelligen Zahlen so wählen, dass sich als Summe 1000 ergibt.
d) Lässt sich die Summe 999 bilden?
e) Lässt sich auch die Summe 777 bilden?

26 Wenn man aufeinander folgende Zahlen nebeneinander aufschreibt, kann man einen Ausschnitt dieser Zahlenfolge so auseinander reißen, dass die links und rechts stehenden Teilsummen gleich groß sind. Links steht immer ein Summand mehr als rechts.

a) Der linke Ausschnitt beginnt bei 25, der rechte endet bei 35. Prüfe nach.
b) Ein rechter Ausschnitt endet bei 15. Wo beginnt der linke Ausschnitt?
c) Ein linker Ausschnitt beginnt bei 16.

27 a) Berechne den Wert des obersten Steins.
b) Erhöhe in den Grundsteinen der Zahlenmauer jeden Wert um eins. Wie verändert sich dadurch der Wert in der Spitze?
c) Wie verändert sich der Wert in der Spitze, wenn man die Zahlen in den Grundsteinen um jeweils 2 erhöht?
d) Wie ändert sich der Wert des obersten Steins, wenn man die Zahlen in den Grundsteinen verdoppelt?

28 In den drei Grundsteinen stehen drei fortlaufende natürliche Zahlen.

a) Welcher Wert ergibt sich in der Spitze?
b) Probiert auch mit anderen fortlaufenden natürlichen Zahlen. Was fällt euch auf? Könnt ihr die Besonderheit erklären?

29 In der Arena AufSchalke fanden die deutschen Leichtathletikmeisterschaften statt. Die Kassierer meldeten die folgenden Zuschauerzahlen:

Freitag	17366
Samstag	34988
Sonntag	58907

Die Veranstalter hatten mit 100000 Zuschauern gerechnet.

30 Übertrage die Tabelle in dein Heft.
Blumengeschäft Beck

Filiale	Bahnhof	Stadtmitte	Kurpark
Einnahmen Woche 1	3824 €	5812 €	2137 €
Einnahmen Woche 2	4196 €	6436 €	1814 €
Einnahmen Woche 3	4217 €	5624 €	2008 €
Einnahmen Woche 4	2930 €	6739 €	1936 €

Was kannst du berechnen?

31 Bei einer Theateraufführung wurden Karten in den Preiskategorien I, II und III verkauft. Es gab bisher fünf Vorstellungen. Die Kategorien haben folgende Preise.
I: 29 €   II: 39 €   III: 49 €

Vorst.	1.	2.	3.	4.	5.
I	336	326	284	293	340
II	729	735	761	741	711
III	549	553	587	576	593

32 Eine Blaskapelle erhält für neue Instrumente eine Spende über 7500 €.

Die Einzelpreise betragen:

Trompete	520 €
Horn	1550 €
Posaune	840 €
Tuba	3650 €
Klarinette	820 €

Was kann angeschafft werden?

33 Sonja Palmer aus Düsseldorf arbeitet als Stewardess. Innerhalb einer Woche fliegt sie die Strecke Düsseldorf – Paris – London – New York – Düsseldorf.
Ihre Kollegin Michelle Dechamps fliegt in derselben Zeit die Strecke Paris – Kuala Lumpur – New York – Rom – Paris.
Vergleiche. (Angaben in km)

	Düsseldorf	Rom	Paris	London	New York	Kuala Lumpur
Düsseldorf		1134	813	477	5989	12837
Rom	1134		1117	1444	6916	9704
Paris	813	1117		343	5850	10432
London	477	1444	343		5585	10552
New York	5989	6916	5850	5585		15134
Kuala L.	12837	9704	10432	10552	15134	

34 a) Der höchste Berg der Erde ist der Mount Everest, er ist 8848 Meter hoch. Die tiefste Einsenkung ist der Marianengraben im Pazifik mit 11022 Metern.

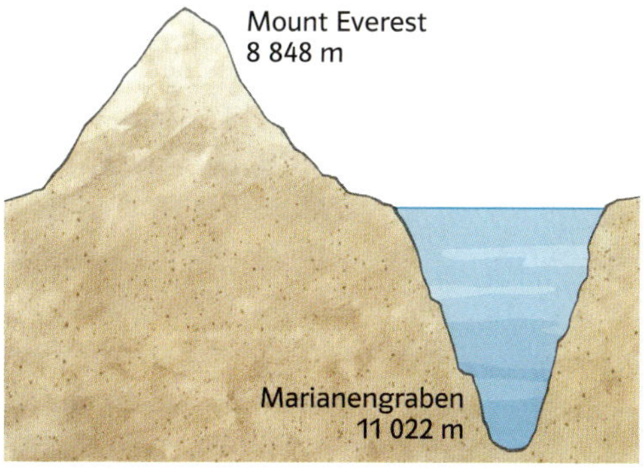

b) Der Kahle Asten ist 841 m hoch. Die tiefste Stelle des Bodensees beträgt 254 m. Beachte, dass der Wasserspiegel des Bodensees 395 m über dem Meeresspiegel liegt.

2 Subtrahieren

50 m-Lauf			
10,0	9,9	9,8	9,7
187	194	201	209
9,6	9,5	9,4	9,3
217	225	233	241
9,2	9,1	9,0	8,9
249	258	267	276
8,8	8,7	8,6	8,5
285	294	304	314
8,4	8,3	8,2	8,1
324	334	344	355

Weitsprung			
2,61	2,65	2,69	2,73
250	256	262	268
2,77	2,81	2,85	2,89
274	280	285	291
2,93	2,97	3,01	3,05
297	302	308	313
3,09	3,13	3,17	3,21
319	324	330	335
3,25	3,29	3,33	3,37
340	346	351	356

Ballwurf			
16	16,5	17	17,5
226	233	240	247
18	18,5	19	19,5
253	260	267	273
20	20,5	21	21,5
280	286	292	299
22	22,5	23	23,5
305	311	317	323
24	24,5	25	25,5
329	334	340	346

Bei den Bundesjugendspielen ist Martina die 50-m-Strecke in 8,5 Sekunden gelaufen und ist 2,97 m weit gesprungen.
→ Für eine Ehrenurkunde im Dreikampf benötigt sie 900 Punkte.

Differenz

23 – 8
Minuend Subtrahend

Den Rechenausdruck 23 – 8 bezeichnet man als **Differenz**, sein Ergebnis 15 als Wert der Differenz. Die Zahl 23 heißt **Minuend**, die Zahl 8 nennt man **Subtrahend**.
Die Subtraktion ist die Umkehrung der Addition. 23 – 8 = 15, da 15 + 8 = 23.

Die Sprech- und Schreibweise beim Subtrahieren lässt sich an der Stellenwerttafel verdeutlichen.
7364 – 438

T	H	Z	E
7	3	6	4
–	4	3	8
1		1	
6	9	2	6

Einer:	8 + 6 = 14	schreibe 6, übertrage 1
Zehner:	1 + 3 + 2 = 6	schreibe 2
Hunderter:	4 + 9 = 13	schreibe 9, übertrage 1
Tausender:	1 + 6 = 7	schreibe 6

Schriftliches Subtrahieren
1. Schreibe die Zahlen so untereinander: Einer unter Einer, Zehner unter Zehner…
2. Beginne von rechts die fehlenden Zahlen zu ergänzen.
3. Schreibe einen entstehenden Übertrag in die nächste Spalte nach links.

Bemerkung
Achte stets auf die Nullen und den Übertrag.

Beispiele

a)
```
  6417
– 3603
   1
------
  2814
```

b)
```
 15437
– 9817
   1
------
  5620
```

c)
```
  7306
–  509
  111
------
  6797
```

d) Sprech- und Schreibweise bei mehreren Subtrahenden

5956	Einer:	9 + 7 + 3 = 19	19 + 7 = 26	schreibe 7, übertrage 2
− 1683	Zehner:	2 + 5 + 1 + 8 = 16	16 + 9 = 25	schreibe 9, übertrage 2
− 217	Hunderter:	2 + 8 + 2 + 6 = 18	18 + 1 = 19	schreibe 1, übertrage 1
− 859	Tausender:	1 + 1 = 2	2 + 3 = 5	schreibe 3
122				
3197				

e) Du kannst dein Ergebnis mit der entsprechenden Additionsaufgabe kontrollieren.
234 − 123 = 111, denn 111 + 123 = 234.

f) Aufgabe in Worten
Die Aufgabe „Subtrahiere von der Differenz der Zahlen 72 und 18 die Zahl 29" müssen wir zuerst in einem Rechenausdruck schreiben und dann berechnen.

72 − 18 − 29
= 54 − 29
= 25

Aufgaben

1 Rechne im Kopf.
a) 65 − 32 b) 235 − 123
c) 484 − 73 d) 145 − 62
e) 95 − 67 f) 481 − 73
g) 225 − 78 h) 267 − 139
i) 324 − 127 j) 412 − 278

2 Berechne.
a) 8400 − 3200 b) 6400 − 1800
c) 18 000 − 12 500 d) 50 000 − 25 500
e) 99 900 − 11 100 f) 12 300 − 11 800
g) 95 800 − 85 900 h) 22 700 − 13 900

3 Achte auf die unterschiedliche Stellenzahl.
a) 523 − 87
b) 1345 − 785
c) 43 000 − 5600
d) 234 500 − 11 800
e) 85 750 − 6985
f) 1 250 300 − 150 200

4 Berechne und kontrolliere dein Ergebnis mit der zugehörigen Additionsaufgabe.
a) 97 − 46 b) 187 − 93
c) 345 − 298 d) 2345 − 976
e) 5987 − 3241 f) 1907 − 1183
g) 8008 − 999 h) 6092 − 5904
i) 24 875 − 6260 j) 123 000 − 35 670

5 Berechne geschickt.
100 − 99 + 98 − 97 + … + 2 − 1 = ?

6 Ergänze die fehlende Zahl.
a) 95 − 73 = ☐ b) 66 − ☐ = 19
c) ☐ − 234 = 126 d) ☐ − 19 = 1000
e) 144 − ☐ = 64 f) ☐ − 117 = 37

7 Wie heißt die fehlende Zahl? Schreibe die zugehörige Subtraktionsaufgabe.
a) 24 + ☐ = 72 b) 29 + ☐ = 167
c) ☐ + 81 = 125 d) ☐ + 99 = 999
e) ☐ + 45 + 145 = 290
f) 27 + ☐ + 33 = 220
g) 16 + 64 + ☐ = 120

8 a) Fülle die Beeren der Traube.

b) Hier hast du eine Kontrolle.

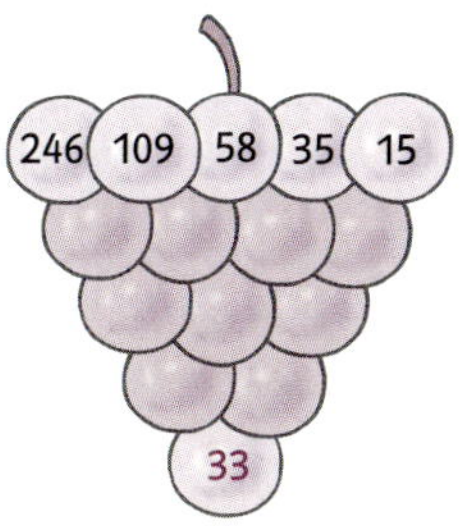

3546	4286
3890	4305

	802	769
–	953	658

	1555	1221
–	1358	1465

Nimm aus jedem Block eine Zahl, so erhältst du 64 Aufgaben.
Beispiel: 3546 – 802 – 1555

9 Rechne schriftlich im Heft.

a) 8649 – 4537	b) 6756 – 5234	c) 8469 – 248
d) 5436 – 2258	e) 7836 – 6919	f) 8102 – 479
g) 6789 – 2432 – 1246	h) 9675 – 231 – 3243	i) 6352 – 413 – 46

10 Schreibe untereinander und berechne.

a) 8467 – 6253 b) 9846 – 3618
c) 5748 – 607 d) 12769 – 9457
e) 4787 – 463 f) 17697 – 383
g) 76897 – 32145 – 23421
h) 63517 – 16413 – 27183 – 11208
i) 875047 – 195 – 49809 – 6084 – 57

11 a) Subtrahiere die Zahl vierhundertsechsunddreißig von zweitausendeinhundertundvierzig.
b) Berechne die Differenz der Zahlen 157 und 89.
c) Welche Zahl musst du von 78 subtrahieren, um 18 zu erhalten?
d) Von welcher Zahl musst du 16 subtrahieren, um 64 zu erhalten?
e) Zu welcher Zahl musst du 24 addieren, um 71 zu erhalten?
f) Stelle deiner Nachbarin oder deinem Nachbarn ähnliche Aufgaben.

12 Ersetze die Leerstellen durch die richtigen Ziffern.

a)

	8	□	7	□	6
–	□	3	□	6	□
	7	2	7	0	1

b)

	6	□	3	□	□
–	□	7	□	9	3
	1	0	3	0	7

c)

	8	2	1	9	□
–	4	□	8	□	9
	□	2	□	9	0

13 Hier wurde falsch gerechnet. Suche den Fehler und erkläre ihn.

a)	b)	c)
415	8612	5685
– 387	– 523	– 3758
	1	1
172	3382	2927

14 Berechne die Differenz der Zahlen 120 und 84. Wie ändert sich der Wert der Differenz, wenn
a) der Minuend um 15 vergrößert wird?
b) der Subtrahend um 15 verkleinert wird?
c) Minuend und Subtrahend jeweils um 15 vergrößert werden?

15 Welche Aufgabe gehört zu welchem Ergebnis?
Überschlage zunächst, bevor du genau rechnest.

8009 – 4287 – 28 – 716 – 2503	1114
10350 – 298 – 815 – 136 – 19	140
754 – 312 – 98 – 115 – 89	4746
35689 – 18450 – 12493	475
6845 – 578 – 4152 – 93 – 908	9082

16 Du erhältst besondere Ergebnisse.

a)

	225974
–	6345
–	74317
–	536
–	4045
–	16503
–	907

b)

	496204
–	20517
–	6709
–	51518
–	567
–	9358
–	86412

17 Die Ergebnisse zeigen dir, ob du richtig gerechnet hast.
Du erhältst interessante Ergebnisse.

649583 – 538472
619786 – 286453
791449 – 235894
1340581 – 562804
1400237 – 400238

18 Setze die Ziffern 2; 5; 7 und 9 ein.

□□ – □□ = ?

a) Der Wert der Differenz soll möglichst groß werden.
b) Der Wert der Differenz soll möglichst klein werden.
c) Der Wert der Differenz soll 28 betragen.
d) Der Wert der Differenz soll 45 betragen.

19 In die Leerstellen gehören die Ziffern 2; 3; 5; 7; 8; 9.

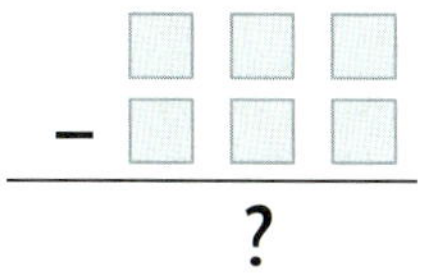

a) Der Wert der Differenz soll möglichst groß sein.
b) Der Wert der Differenz soll möglichst klein sein.
c) Der Wert der Differenz soll genau 121 betragen.

20 Bilde aus vier Ziffern die kleinste und die größte Zahl und berechne den Differenzwert. Verfahre mit den Ziffern des Ergebnisses genauso usw. Was geschieht?

Beispiel: 2; 3; 6, 8

8632	6642	7641
– 2368	– 2466	– 1467
6264	4176	6174

Rechne ebenso mit diesen Ziffern.
a) 2; 4; 8; 9 b) 1; 3; 7; 9 c) 2; 3; 8; 9

21 Fülle die Steine der Zahlenmauern mit passenden Zahlen.

Fülle diese Mauer so, dass in einer der unteren Ecken die Zahl 1 steht.

22 Berechne die fehlenden Zahlen.

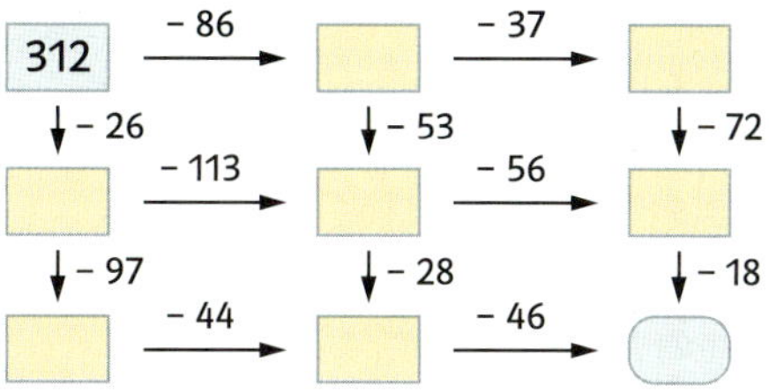

23 Hier kannst du dein Ergebnis kontrollieren.

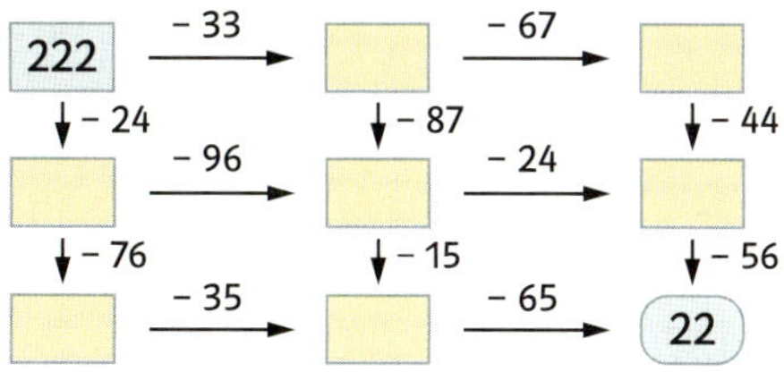

24 Addieren und Subtrahieren.

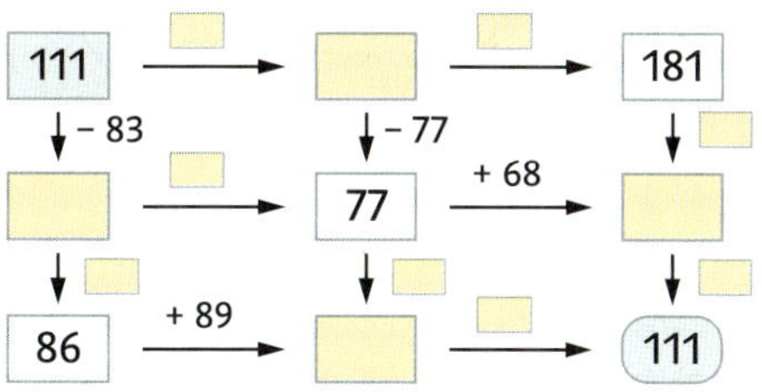

25 Setze verschiedene Zahlen so ein, dass du zur Zielzahl 1 gelangst.
Du kannst entscheiden, ob du subtrahierst oder addierst.

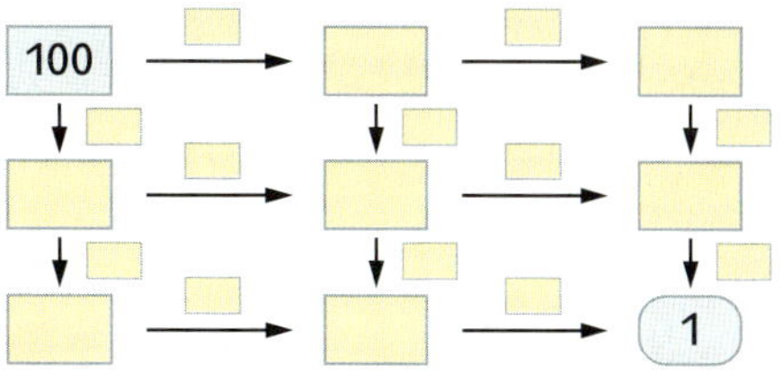

26 Frau List verdient 2350 € im Monat. Davon sind 420 € Miete zu zahlen. Die Nebenkosten betragen 180 €. Für die monatlichen Beträge ihrer Versicherungen benötigt sie 270 €. Über welchen Restbetrag kann sie noch verfügen?

Fluss	Länge
Nil	6671 km
Amazonas	6518 km
Jangtsekiang	6378 km
Mississippi	6051 km
Hwangho	4845 km
Kongo	4374 km
Niger	4184 km

27 Die Tabelle zeigt die längsten Flüsse der Erde.
a) Berechne die Längenunterschiede.
b) Die Donau hat eine Länge von 2850 km. Berechne die Unterschiede zu den längsten Flüssen der Erde.
c) Der Rhein ist um 1530 km kürzer als die Donau.
d) Addiere die Länge der Flüsse.
Der Erdumfang beträgt etwa 40 000 km.

28 Bei der Vorbereitung einer 12-tägigen Radrundfahrt liest der Rennleiter beim Abfahren der gesamten Strecke am Ende einer jeden Etappe den Kilometerstand ab.
a) Erstelle eine Tabelle mit den Längen der einzelnen Etappen.
b) Wie groß ist der Unterschied zwischen der kürzesten und der längsten Etappe?
c) Vergleiche die erste und die zweite Hälfte der Rundfahrt.
d) Stelle die Etappen in unterschiedlichen Diagrammen dar (z. B. Länge der einzelnen Tagesetappen oder Gesamtlänge am Ende des Tages).

12 - Tage- Rundkurs						
Tag	1.	2.	3.	4.	5.	6.
km-Stand	152	288	474	585	720	864
Tag	7.	8.	9.	10.	11.	12.
km-Stand	963	1029	1203	1334	1462	1582

29 Die Grafik zeigt die Geburtenentwicklung in Deutschland.

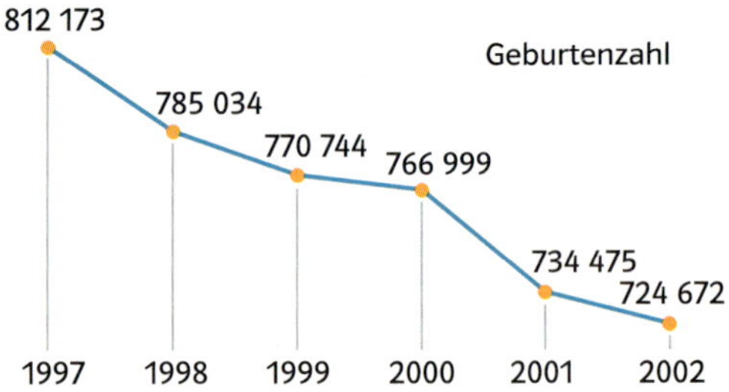

a) Berechne den Rückgang der Geburten von 1997 bis 2002.
b) In welchem Jahr war der Rückgang am stärksten?
c) Wage eine Vorschau.

30 Im Heizöltank der Schule waren zu Beginn der Winterheizperiode 12 800 Liter. Während der Wintermonate musste dreimal nachgetankt werden:
8700 Liter, 11 800 Liter und 9750 Liter.
Am Ende der Heizperiode waren noch 10 950 Liter im Tank.
Wie viel Liter Heizöl wurden verbraucht?

31 Die Mitgliederzahlen eines Sportvereins schwankten über die Dauer von zehn Jahren stark.

1994: 2397	1999: 2781
1995: 2847	2000: 2917
1996: 2673	2001: 2909
1997: 2779	2002: 2891
1998: 2812	2003: 2854

a) In welchem Jahr gab es den stärksten Zuwachs, in welchem war die größte Abnahme zu verzeichnen?
b) Im Jahr 1998 startete der Verein die „Aktion 3000".
c) Wie groß war die höchste Differenz der Mitgliederzahlen?

Magische Quadrate und andere magische Figuren

Albrecht Dürer (1471–1528, Nürnberg) war einer der bedeutendsten Maler. 1514 schuf er den Kupferstich „Melancholie". Man sieht ein Quadrat mit 16 Feldern. In jedem Feld steht eine Zahl. In der untersten Zeile findet man auch das Entstehungsdatum. Wenn man die Zahlen in den Spalten, Zeilen oder den Diagonalen addiert, erhält man stets die Zahl 34.

- Rechne nach. Prüfe auch die vier Felder in den jeweiligen Ecken.
- Gibt es noch weitere Möglichkeiten, die Zahl 34 zu erhalten?

16	3	2	13
5	10	11	8
9	6	7	12
4	15	14	1

- Überprüfe, ob die Zahlenquadrate auch magische Quadrate sind.

11	3	10
7	8	9
6	13	5

2	24	16	26
28	14	22	4
30	12	20	6
8	18	10	32

14	10	1	22	18
20	11	7	3	24
21	17	13	9	5
2	23	19	15	6
8	4	25	16	12

- Welche Zahlen müssen ergänzt werden, damit ein magisches Quadrat entsteht?

	14	19
16	18	
	22	

	12		13
		8	10
16	2	9	7
	5		

23	10	17		11
		5	12	24
	1	13	25	
2	14		8	
15				3

Wie müssen die Zahlen 4; 5; 6; 7; 8 und 9 eingesetzt werden? Die magische Zahl heißt 15.

		2
3		
	1	

Ein magisches Dreieck

- Setze die Zahlen 4; 5; 6; 7; 8 und 9 ein. Die Summe ist auf jeder der Dreiecksseiten gleich groß.
- Welche Summe ergibt sich, wenn die Eckfelder mit den Zahlen 7, 8 und 9 belegt werden?
- Verändere das Dreieck so, dass auf jeder Kante fünf Zahlen liegen. Setze die Zahlen 1 bis 12 in gleicher Weise ein.

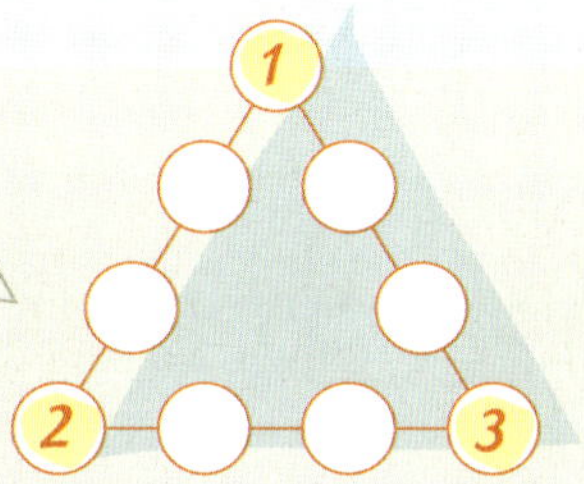

Der sechszackige magische Stern

Die Summe von Zacke zu Zacke ist immer 26. Übrigens: Es gibt 80 verschiedene Möglichkeiten, den Stern zu füllen.

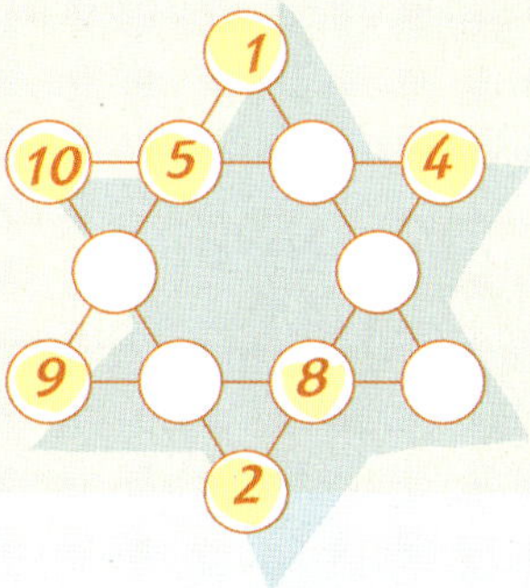

3 Summen und Differenzen. Klammern

Die Straßenbahngesellschaft führt eine Untersuchung durch. Frau Moll notiert, wie viele Personen ein- und aussteigen.
Am Hainweg startet die Straßenbahn mit 24 Personen.
Im Amselweg steigen 5 aus und 12 zu.
In der Drosselgasse kommen 4 Fahrgäste dazu und 17 steigen aus.
Zuletzt verlassen in der Lerchenstraße 14 Personen die Bahn und 7 steigen ein.

→ Was kannst du berechnen?
→ Gibt es mehrere Möglichkeiten?

Von links nach rechts!

Klammer hat immer Vorfahrt!

Einen Rechenausdruck, in dem mehrere Glieder addiert und subtrahiert werden, wie z. B. 24 − 13 + 16 − 17 + 36, berechnet man **von links nach rechts**.
Vorteilhafter rechnet man durch Zusammenfassen:
(24 + 16 + 36) − (13 + 17) = 76 − 30 = 46

Kommen in einem Rechenausdruck mehrere Subtrahenden vor, kann man diese zusammenfassen und anschließend als Summe subtrahieren.

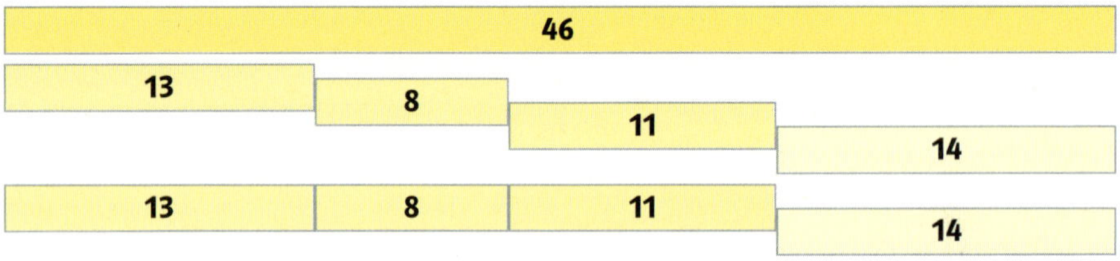

46 − 13 − 8 − 11 = 46 − (13 + 8 + 11) = 14

Enthält ein Rechenausdruck Klammern wie z. B. 53 + (36 − 17) − 24, so wird die Summe oder Differenz innerhalb der Klammer zuerst berechnet.
Man kann verschiedene Rechenregeln aufstellen:

Hat ein Rechenausdruck nur die Rechenzeichen + und − und keine Klammern, so berechnet man seinen Wert von links nach rechts.
Hat ein Rechenausdruck Klammern, so berechnet man zuerst, was in Klammern steht.

Beispiele

a) Von links nach rechts
24 − 13 + 16 − 17 + 36
= (24 − 13) + 16 − 17 + 36
= (11 + 16) − 17 + 36
27 − 17 + 36
= 10 + 36
= 46

b) Subtrahenden zusammenfassen
74 − 18 − 29 − 13
= 74 − (18 + 29 + 13)
= 74 − 60
= 14

c) Klammern zuerst
(57 − 28) + (81 + 12) − 37
= 29 + 93 − 37
= 122 − 37
= 85

d) Addiere zur Differenz von 36 und 19 die Summe von 76 und 25.
Wir schreiben zunächst einen Rechenausdruck mit Klammern.

$$\begin{aligned} &(36 - 19) + (76 + 25) \\ &= \quad 17 \quad + \quad 101 \\ &= 118 \end{aligned}$$

e) Sind in einem Rechenausdruck mehrere Klammern ineinander verschachtelt, so wird die innere Klammer immer zuerst berechnet.

$$\begin{aligned} &42 - (36 - (17 - 8)) + 4 \\ &= 42 - (36 - \quad 9) \quad + 4 \\ &= 42 - \quad 27 \quad + 4 \\ &= 19 \end{aligned}$$

Innere Klammer vor äußerer Klammer!

Aufgaben

1 Berechne von links nach rechts.
a) 63 − 48 + 25 − 14 + 15 − 27
b) 81 − 56 + 27 − 36 + 21 − 34
c) 96 − 48 − 19 + 24 − 48 + 11
d) 74 − 16 − 39 + 33 − 17 − 18

2 Achte auf die Klammern.
a) 46 − 28 − (41 − 27) + 27 − 18
b) 61 + (24 − 17) − (37 + 24) + 11
c) 54 − (65 − 48) + 24 − (29 + 26)
d) 37 + (54 − 36) − 29 − (31 − 17)

3 Berechne die innere Klammer zuerst.
a) 36 + (21 − (24 − 17) + 25) − 66
b) ((46 + 25) − 44) − 19 − (61 − 54)
c) 51 − ((64 − 47) + 28) + 13
d) 64 − 45 − ((72 − 54) − 17) − 14

4 Fasse die Subtrahenden zusammen.
a) 138 − 19 − 23 − 31 − 47 − 11
b) 146 − 28 − 14 − 15 − 32 − 46
c) 171 − 55 − 46 − 23 − 15 − 17
d) 215 − 87 − 29 − 17 − 33 − 41

5 Berechne.
a) 212 + (118 − 95) − (201 − 104)
b) 408 − (112 − (48 + 51) + 13)
c) 509 − 98 − 87 − 76 − 65 − 54
d) 308 − (105 + 32) − (47 + 3)
e) 2345 − (23 + 45) − (45 − 23)

6 Die Aufgabe „57 + (18 − 12)" lautet in Worten: „Addiere die Differenz von 18 und 12 zu 57." Schreibe in Worten.
a) 105 − (38 + 25)
b) 58 + (101 − 91)
c) 204 − (198 − 125)
d) (38 + 42) − (26 + 15)

7 Schreibe zuerst einen Rechenausdruck mit Klammern.
a) Addiere zur Differenz der Zahlen 86 und 37 die Summe der Zahlen 24; 39 und 53.
b) Subtrahiere von der Summe der Zahlen 27; 54 und 63 die Differenz der Zahlen 96 und 57.
c) Berechne die Summe aus der Differenz der Zahlen 57 und 28 und der Differenz der Zahlen 112 und 48.
d) Welchen Wert hat die Differenz aus der Summe der Zahlen 124 und 57 und der Summe 86 und 25?

8 Berechne.
Die Buchstaben der Lösungen verraten dir einen Bewohner eisiger Regionen.
76 − (24 − 18) − 36 + 19 + 42
76 + 24 − (18 + 36) + 19 − 42
76 + 24 + 18 − (36 + 19) + 42
76 − (24 + 18 − (36 − 19) + 42)
76 − 24 − 18 − (36 − 19) + 42
(76 − 24) + 18 − ((36 − 19) + 42)
76 − (24 − 18) − (36 + 19) + 42

A	*59*	*B*	*9*
E	*95*	*E*	*11*
D	*47*	*G*	*38*
H	*12*	*I*	*23*
M	*69*	*N*	*51*
P	*44*	*R*	*57*
S	*105*	*U*	*88*

9 Vergleiche.

a) 153 + 17 − 9 und 153 + (17 − 9)
b) 153 + 17 + 9 und 153 + (17 + 9)
c) 153 − 17 − 9 und 153 − (17 − 9)
d) 153 − 17 + 9 und 153 − (17 + 9)

Erkläre die Unterschiede.

10 In dem Baukasten befinden sich vier Zahlen, zwei Plus- und zwei Minuszeichen sowie ein Klammerpaar.

a) Erstelle möglichst viele verschiedene lösbare Aufgaben und berechne sie.
Beispiel: 36 − (25 − 12) + 9 = 32
b) Wie heißt der Rechenausdruck mit dem größten Wert?
c) Welche Aufgabe hat ein Ergebnis möglichst nahe bei null?

11 Setze in den Rechenausdruck 30 − 8 − 10 + 5 − 4 Klammern und berechne jeweils den Wert des Ausdrucks.

12 Achte auf die Klammern.

a) 75 − 45 − 15 − 10 − 5
b) 75 − (45 − 15) − 10 − 5
c) 75 − (45 − 15 − 10) − 5
d) 75 − (45 − 15 − 10 − 5)
e) 75 − 45 − (15 − 10) − 5
f) 75 − 45 − (15 − 10 − 5)
g) 75 − 45 − 15 − (10 − 5)

13 Setze +, − und Klammern. Berechne.

☐ 56 ☐ 44 ☐ 37 ☐ 36 ☐

Beispiel: 56 − (44 − 37) + 36 = 85

a) Das Ergebnis soll möglichst groß werden.
b) Das Ergebnis soll möglichst klein werden.
c) Das Ergebnis soll 99 sein. Wie viele verschiedene Lösungen findest du?

Rechengesetze

In Summen dürfen die Summanden vertauscht werden.
15 + 7 = 7 + 15
Dies ist das **Vertauschungsgesetz** (Kommutativgesetz) der Addition.
Bei Differenzen muss man aufpassen.
15 − 7 ist nicht dasselbe wie 7 − 15
Wir können bisher nur die Differenz 15 − 7 berechnen.

In Summen dürfen beliebig Klammern gesetzt oder weggelassen werden.
(6 + 12) + 7 = 6 + (12 + 7)
oder auch = 6 + 12 + 7
Dies ist das **Verbindungsgesetz** (Assoziativgesetz) der Addition.
Bei Differenzen gilt dieses Rechengesetz nicht.
(25 − 10) − 5 ist nicht gleich 25 − (10 − 5)
Man erhält unterschiedliche Ergebnisse.

Benutzt man diese beiden Rechengesetze, kann man oftmals vorteilhaft rechnen.
Manchmal ist es besonders hilfreich, beide Regeln gleichzeitig zu benutzen.

Beispiel: 14 + 31 + 26 + 49 + 17
= 14 + 26 + 31 + 49 + 17 (Vertauschungsgesetz)
= (14 + 26) + (31 + 49) + 17 (Verbindungsgesetz)
= 40 + 80 + 17
= 137

14 Nicole und Steffen berechnen beide die Summe 358 + 434 + 566. Während Steffen noch mühsam rechnet, hat Nicole das Ergebnis bereits im Kopf ermittelt.

15 Nutze Rechenvorteile.

a) 65 + 38 + 55
46 + 52 + 38
72 + 83 + 69

b) 93 + 56 + 77
86 + 24 + 56
31 + 78 + 89

c) 124 + 57 + 36
178 + 63 + 82
153 + 77 + 38

d) 63 + 148 + 77
74 + 134 + 56
51 + 104 + 19

16 Fasse geschickt zusammen.

a) 261 + 134 + 139
b) 527 + 256 + 273
c) 412 + 837 + 163
d) 46 000 + 73 000 + 37 000

17 Vertausche und fasse zusammen.

Beispiel: 23 + 46 + 17 + 24 + 27
= (23 + 17) + (46 + 24) + 27
= 40 + 70 + 27 = 137

a) 36 + 57 + 24 + 33 + 38
b) 53 + 38 + 41 + 62 + 19
c) 27 + 45 + 83 + 65 + 34
d) 67 + 26 + 65 + 94 + 25

18 Berechne und erkläre die unterschiedlichen Ergebnisse.

a) (35 + 10) + 5 | (35 − 10) − 5
35 + (10 + 5) | 35 − (10 − 5)

b) 100 + (50 − 15) | 100 − (50 − 15)
(100 + 50) − 15 | (100 − 50) − 15

c) 95 − (45 − 15 − 5) | 95 − (45 + 15 + 5)
95 − (45 − 15 + 5) | 95 − (45 + 15 − 5)

19 Wenn du den Subtrahend auf die Hunderterzahl ergänzt, kannst du die Aufgaben im Kopf lösen.

Beispiel: 758 − 386
= 758 − 400 + 14
= 372

a) 479 − 391
b) 923 − 284
c) 712 − 294
d) 1008 − 999
e) 1234 − 675
f) 1432 − 888

20 a) Subtrahiere die Differenz von 78 und 48 von der Zahl 30.
b) Kannst du die Summe von 78 und 48 von der Zahl 30 subtrahieren?
c) Was erhältst du, wenn du von 78 die Summe von 30 und 48 subtrahierst?
d) Subtrahiere von der Differenz aus 67 und 12 die Summe aus 19 und 36.

Rechnen in England und Amerika

In den englischsprachigen Ländern wird so addiert und subtrahiert:

addition 5 + 3 = 8
„5 + 3" is a sum
lies: „five plus three equals eight".

subtraction 8 − 3 = 5
„8 − 3" is a difference
lies: „eight minus three equals five".

Beim schriftlichen Rechnen schreibt man den Übertrag oben

```
   1
 123
+ 49
 ---
 172
```

9 + 3 = 12 schreibe 2, übertrage 1 und lies: „nine plus three equals twelve, write two and carry the one".

21 Vertausche nicht nur Nachbarn.

Beispiel: 17 + 36 + 29 + 33 + 11 + 74
= 17 + 33 + 36 + 74 + 29 + 11
= 50 + 110 + 40 = 200

a) 17 + 19 + 21 + 16 + 13 + 31 + 28 + 32
b) 28 + 15 + 24 + 36 + 45 + 31 + 15 + 12
c) 19 + 23 + 45 + 17 + 31 + 18 + 25 + 62
d) 38 + 23 + 46 + 37 + 12 + 54 + 15 + 40
Die Summe aller Ergebnisse beträgt 888.

22 a) Addiere die Zahlen 74; 33; 26; 48 und 57.
b) Berechne die Summe der Zahlen 14; 31; 75; 36; 17 und 29.
c) Welchen Wert hat die Summe der Zahlen 44, 27, 51, 33 und 19?
d) Addiere zu den Zahlen 37; 62 und 20 jeweils ihre Nachfolger.

23 Ermittle die fehlende Zahl.
a) 75 + (55 − ☐) = 110
b) 38 + (☐ − 24) = 70
c) 240 − (48 + ☐) = 165
d) 135 − (56 − ☐) = 100
e) (24 + ☐) − (38 − 16) = 36
f) (37 − ☐) − (17 + 4) = 5

24 Ziemlich viele Klammern. Versuche gemeinsam mit deiner Nachbarin oder deinem Nachbarn das Ergebnis zu erraten, bevor du es berechnest.
Wie gut war euer Überschlag?

100 + (99 - 98) - (97 - 96) + (95 - 94) - (93 - 92)
100 - (((99 - (98 - 97)) - 96) - (95 - 94))
10 - (((9 - (8 - 7)) - 6) - (5 - 4)) - (3 - 2 - 1))

Tabellenkalkulation

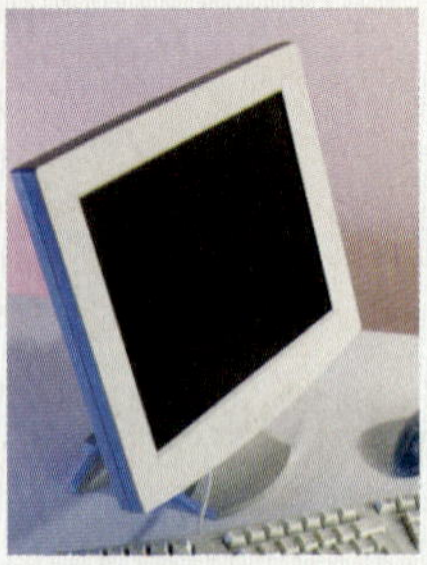

■ Die SV der Geschwister-Scholl-Realschule verkauft in der großen Pause Getränke.
Am Anfang der Woche wird dazu stets der Bestand ermittelt: 236 Flaschen Limonade, 358 Packungen Eistee, 198 Flaschen Fruchtsaft und 245 Päckchen Kakao.
Der tägliche Verkauf wird in einer Tabelle festgehalten.

Getränk	Montag	Dienstag	Mittwoch	Donnerstag	Freitag
Limonade	37	39	12	34	38
Eistee	42	50	13	44	45
Fruchtsaft	25	23	8	26	19
Kakao	26	24	11	29	32

a) Wie viel muss für jede Getränkesorte mindestens nachbestellt werden?
b) Stelle den Verkauf dieser Woche in verschiedenen Diagrammen dar.
c) Was war am Mittwoch?
d) Erstelle die Tabelle mithilfe eines Tabellenkalkulationsprogramms.
Damit kann man sehr schnell und vorteilhaft die Summen für den jeweiligen Tag oder auch für die jeweilige Getränkesorte bestimmen.

■ Die SV der Robert-Bosch-Realschule verkauft Mineralwasser.
a) Gib den abgebildeten Bildschirminhalt ein und ermittle den Endbestand.
b) Probiere es mit anderen Zahlenwerten.

D10 ▼ fx =D3+SUMME(B6:F6)·SUMME(B7:F7)

	A	B	C	D	E	F
1	Robert-Bosch-Realschule (Mineralswasserverkauf					
2						
3	Anfangsbestand:			171		
4						
5		Mo	Di	Mi	Do	Fr
6	Einkauf			150		168
7	Verkauf	96	73	68	83	77
8						
9						
10	Endbestand:			92		

Zusammenfassung

Addieren	Den Rechenausdruck 16 + 9 nennt man **Summe**. Die Zahl 16 ist der **1. Summand**, die Zahl 9 der **2. Summand**.	Summe: 16 + 9 16 = 1. Summand, 9 = 2. Summand
Subtrahieren	Den Rechenausdruck 17 – 8 nennt man **Differenz**. Die Zahl 17 ist der **Minuend**, die Zahl 8 der **Subtrahend**.	Differenz: 17 – 8 17 = Minuend, 8 = Subtrahend
Vertauschungsgesetz	In Summen dürfen **Summanden vertauscht** werden.	32 + 24 = 24 + 32
Verbindungsgesetz	In Summen dürfen **Klammern beliebig gesetzt** werden.	23 + (12 + 7) = (23 + 12) + 7
Schriftliches Addieren und Subtrahieren	Beim schriftlichen Addieren bzw. Subtrahieren werden die Zahlen **stellengerecht untereinander** geschrieben. Die Einer werden mit den Einern, die Zehner mit den Zehnern … verrechnet.	3487 + 706 1 1 4193 7694 – 829 1 1 6865
Berechnen von Rechenausdrücken	Wenn nichts anderes gesagt wird, rechnet man **von links nach rechts.**	23 + 14 – 19 = 37 – 19 = 18
	Mehrere Subtrahenden können zusammengefasst werden.	85 – 26 – 5 – 34 = 85 – (26 + 5 + 34) = 85 – 65 = 20
	Was in Klammern steht, wird zuerst berechnet.	93 – (56 – 29) = 93 – 27 = 66
	Innere Klammer vor äußerer Klammer	150 – (72 – (45 + 18) + 12) = 150 – (72 – 63 + 12) = 150 – 21 = 129

Üben • Anwenden • Nachdenken

1 Ergänze die Zahlen in deinem Heft.

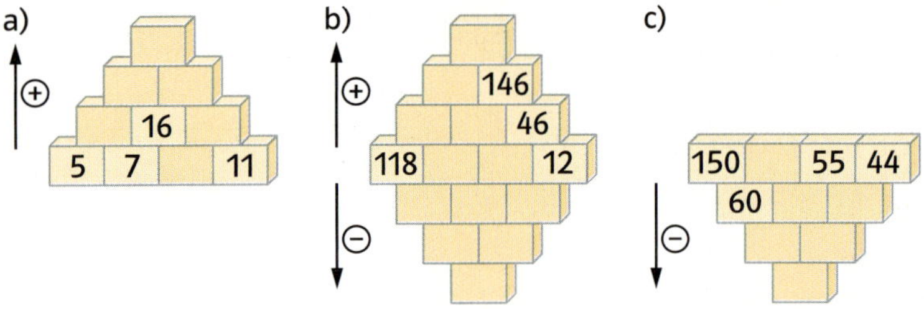

2 Rechne geschickt.

a) 41 + 22 + 18
34 + 17 + 43
26 + 44 + 29
36 + 73 + 84

b) 39 + 104 + 46
21 + 119 + 17
43 + 26 + 134
115 + 76 + 25

c) 11 + 73 + 79
84 + 18 + 36
98 + 22 + 78
57 + 36 + 83

d) 104 + 55 + 125
212 + 188 + 247
945 + 236 + 55
463 + 412 + 37

3 Wie heißt die fehlende Zahl?

a) 12 + 39 = □
24 + □ = 37
□ + 28 = 52

b) □ + 37 = 96
99 + □ = 115
89 + 98 = □

c) 58 − 19 = □
74 − □ = 51
□ − 13 = 48

d) □ − 28 = 34
91 − □ = 75
71 − 39 = □

e) 50 − (28 − □) = 29
75 − (19 + □) = 18
112 − (□ − 82) = 95

4 Durch geschicktes Zusammenfassen kannst du die Aufgaben im Kopf rechnen.

a) 27 + 81 + 44 + 73 + 19 + 56
b) 78 + 17 + 19 + 33 + 22 + 31
c) 64 + 55 + 86 + 12 + 45 + 38 + 17
d) 99 + 78 + 25 + 101 + 18 + 75 + 122

5 Abwechselnd würfelt jeder vier Zahlen und versucht mit „+", „−" und Klammern einen Rechenausdruck mit den Werten 1 bis 10 zusammenzustellen. Wer zuerst jeden Wert erreicht hat, ist Sieger.

6 Berechne schriftlich.

a) 4321 + 1685 − 3963
b) 60 347 − 31 421 − 12 356
c) 39 284 − 699 + 1047 − 58
d) 307 + 40 039 − 1048 − 20 409
e) 113 457 − 262 − 3089 − 4909
f) 27 836 − 4917 − 8736 + 17 − 1012

7 Wie kannst du hier leichter rechnen?

a) 172 − 34 − 16 − 41 − 29
b) 158 − 21 − 53 − 19 − 27
c) 217 − 48 − 15 − 65 − 52
d) 333 − 12 − 17 − 83 − 88

8 Achte auf die Klammern.

a) 57 + (34 − 17) + 12 + (19 − 7)
b) 57 + 34 − (17 + 12) − (19 − 7)
c) 57 − (34 − 17) − 12 + (19 − 7)
d) 57 − 34 + (17 − 12) − (19 − 7)
e) 57 − (34 − 17) − (12 + 19) − 7
f) 57 − 34 − (17 − 12) − (19 − 7)

9 Berechne die innere Klammer zuerst.

a) 14 + (86 − (39 + 17 − 5)) + 18
b) (36 − (58 − 29) + 34) − 17 + 28
c) 64 − 27 + (29 − (48 − 39)) − 18
d) 51 − 14 − (61 + (54 − 48) − 57)
e) ((44 − 17) + 15) − 24 + (51 − 27)

Die Summe der Ergebnisse lautet 227.

10 Fülle die Tabellen aus.

a)

+	20	8	3
20			
8			
3			

b)

−	20	8	3
20			
28			
23			

11 Du kannst diese Tabelle in deinem Heft geschickt ausfüllen, wenn du die Zahlen für die Randspalten zuerst ausrechnest.

+		31	54	73
19	38			
			85	
				127
73				

12 Stelle zuerst einen Rechenausdruck auf und berechne dann seinen Wert.
a) Berechne den Summenwert der Summanden 18 und 36.
b) Welcher Summand ergibt mit 27 den Summenwert 51?
c) Berechne den Differenzwert der beiden Zahlen 98 und 29.
d) Welche Zahl muss man zu 38 addieren, um 71 zu erhalten?
e) Von welcher Zahl muss man 48 subtrahieren, um 25 zu erhalten?
f) Was ist größer:
der Summenwert von 19 und 61
oder der Differenzwert von 91 und 19?
g) Welche Zahl muss man zur Differenz von 78 und 29 addieren, um 111 zu erhalten?
h) Von welcher Zahl muss man die Summe von 74 und 47 subtrahieren, um 121 zu erhalten?

13 a) Setze für die Kästchen die Ziffern 5; 6; 7; 8; 9 ein.

```
   □□
 + □□
 ────
  16□
```

b) Setze für die Kästchen die Ziffern 1; 2; 3; 4; 5; 6; 7; 8; 9 ein.

```
  □□□          □□
 + □□        + □□
 ────        ────
  163         143
```

14 Ersetze die Kästchen so durch eine Ziffer, dass die Rechnung richtig ist.

```
a)    8□4□6      b)    762□3
    – 46□1□          – □9□76
    ───────          ───────
     □3223            2□40□

c)     47□9      d)    54□18
    –  268□          –  □4□9
    –  1□04          –   27□
    ───────          ───────
      □003            □6603
```

15 a) Bilde alle möglichen Differenzwerte der sechs Zahlen
3736; 4378; 15 672; 999; 8056 und 1111
und addiere die erhaltenen Werte.
b) Ist dieser Summenwert größer als der Wert, den du erhältst, wenn du die sechs Zahlen addierst?

16 Bilde die größten und die kleinsten Summen- und Differenzwerte.

a) Verwende alle Ziffern und ein Pluszeichen.
b) Verwende alle Ziffern und zwei Pluszeichen.
c) Verwende alle Ziffern und ein Plus- und ein Minuszeichen.
d) Finde selbst weitere Möglichkeiten.

17 Wenn du □ durch + oder – ersetzt hast, sollten die Rechnungen stimmen.
a) 37 □ 12 □ 14 □ 23 = 58
b) 11 □ 38 □ 25 □ 14 = 10
c) 99 □ 25 □ 36 □ 11 = 27
d) 78 □ 31 □ 42 □ 18 = 49
e) 98 □ 49 □ 37 □ 17 = 69

Summen ?!

Der berühmte Mathematiker Carl Friedrich Gauß hatte als sechsjähriger Junge in der Schule die Idee, die Summe aller Zahlen von 1 bis 100 ganz anders zu berechnen. Sein Weg war schneller und leichter als der übliche Rechenweg. Dazu schrieb er die Zahlen so auf:

1	2	3	4	5	6	7	8	9	...
100	99	98	97	96	95	94	93	92	...

- Welche Idee hatte wohl der kleine Carl Friedrich? Erläutere sie deiner Mitschülerin oder deinem Mitschüler.

- Berechne die Summe der Zahlen von 1 bis 100 so wie er.
- Versuche es auch einmal für die Zahlen von 1 bis 1000.
- Welches Ergebnis erhältst du, wenn du nur die geraden Zahlen von 2 bis 100 addierst?
- Bilde eine Summe aus aufeinander folgenden Zahlen, die den Wert 1000 hat.

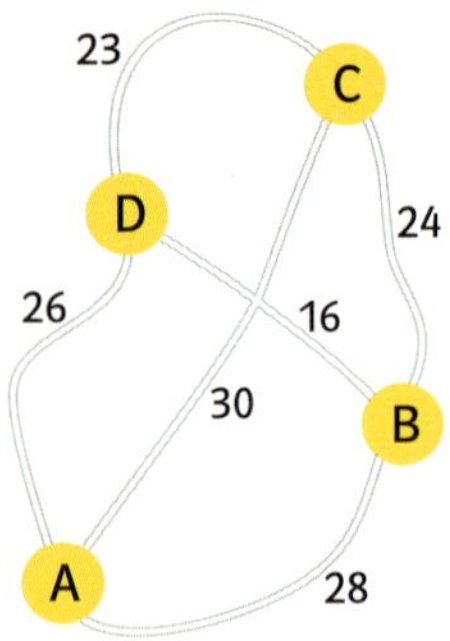

18 Wie lautet die größte und wie die kleinste Zahl, die man mit neun Einsen und zwei Pluszeichen berechnen kann?
Beispiel: 11 + 111 + 1111 = 1233

19 Für eine Radtour sind vier Stationen vorgegeben. Die Länge der Verbindungsstrecken ist bekannt. Von Station A aus sind alle Stationen auf dem kürzesten Weg zu durchfahren. Ziel ist dann wieder die Station A.

Zahlenfolgen

Zahlen, die nach einer bestimmten Regel aneinander gereiht werden, nennt man Zahlenfolgen.

- Setze die Zahlenfolge um fünf weitere Glieder fort. Erkläre auch, wie die Folge entsteht.
14; 19; 24; …
98; 110; 122; …
375; 355; 335; …
73; 107; 141; …
241; 222; 203; …
100; 110; 105; 115; …

- Setze um drei weitere Figuren fort.

Berechne auch die Differenz zweier aufeinander folgender Figuren.
Was fällt dir auf?

- Aus Streichhölzern werden Quadratbänder gelegt.

Wie viele Streichhölzer braucht man für die zehnte Figur, wie viele für die hundertste?

- Diese Folge ist schon etwas schwieriger zu knacken. Wie entsteht sie?
1 1 2 3 5 8 13 21 …

20 Familie Hudelmaier hat monatlich 2852 € zur Verfügung. In den ersten sechs Monaten gibt sie folgende Beträge aus:

2654 €; 2418 €; 2779 €; 2848 €; 2479 €; 2237 €.

Der Rest kommt auf ein Sparkonto.

21 Frau Wohlfahrt ist Omnibusfahrerin. Am Ende der Woche zeigt der Kilometerzähler des Busses 97 436. Von Montag bis Samstag hat sie jeweils den Tageskilometerzähler abgelesen:

362 km	112 km
438 km	241 km
579 km	405 km

a) Wie war der Kilometerstand zu Beginn der Woche?
b) Letzte Woche ist Frau Wohlfahrt 2023 km gefahren.

22 Familie Nagel lässt in ihrem Haus einen Öltank einbauen. Er fasst 6000 Liter. In den neuen Tank werden 5400 Liter Öl eingefüllt. Im Frühjahr lässt Herr Nagel nachfüllen; der Tank wird mit 3200 Litern voll aufgefüllt. Im Winter werden nochmals 2000 Liter nachgetankt.
Nun ist der Tank voll.
Herr Nagel möchte den Ölverbrauch bestimmen.

23 Wenn eine Banane erzählen könnte …

Ich bin weit gereist: Von der Plantage bis zum Lager im Hafen 123 km. Mit dem Schiff von Südamerika nach Hamburg 12 968 km. Von Hamburg zum Großhändler in Stuttgart 668 km. Vom Großhändler zum Supermarkt 172 km. Vom Supermarkt bis zu dir nach Hause 3 km. Und nun isst du mich auf …

Wie weit ist die Banane insgesamt gereist?

24 Bei einem Papierfliegerwettbewerb wurden von den sechs Teilnehmerinnen und Teilnehmern folgende Weiten erzielt.

Anja	8,00 m	Daniel	10,50 m
Lennard	6,50 m	Lisa	1,50 m
Kathrin	9,50 m	Frederik	12,00 m

a) Gib die jeweiligen Unterschiede in den Flugweiten der Teilnehmenden an.
b) Stelle das Ergebnis in einem geeigneten Diagramm dar.
c) Zeichne auch für die Unterschiede ein Diagramm.
d) Führt solch einen Wettbewerb in eurer Klasse durch.

25 Die Schiller-Realschule hatte am Ende des Jahres 2001 insgesamt 233 Schülerinnen und 256 Schüler.
Die Entwicklung der Schülerzahlen in den nächsten drei Jahren kannst du aus der Tabelle ablesen.

Schuljahr	Abgänge		Zugänge	
	Jungen	Mädchen	Jungen	Mädchen
2002	46	39	40	44
2003	43	37	37	47
2004	45	36	38	45

a) Wie viele Schülerinnen und Schüler hat die Schule im Jahr 2004?
b) Wie viele Schülerinnen und Schüler waren es in den einzelnen Jahren?
c) Wie hat sich die Zusammensetzung Jungen/Mädchen in den vergangenen Jahren geändert?
d) Stelle die Veränderungen in unterschiedlichen Diagrammen dar.

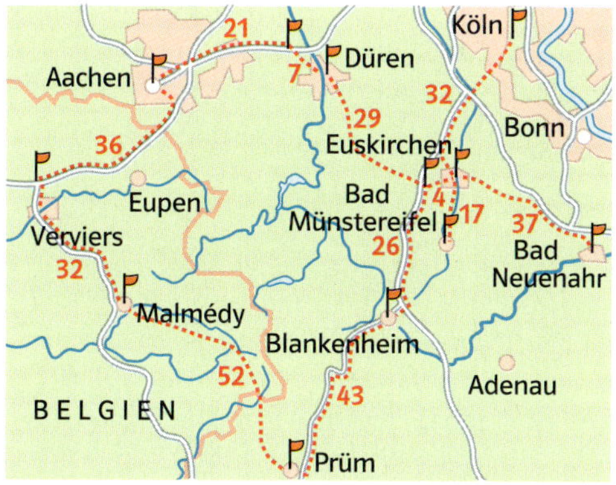

26 a) Familie Mertens aus Aachen ist in die Eifel nach Prüm gefahren. Auf dem Hinweg fuhr sie über Blankenheim, zurück nach Aachen über Malmedy. Um wie viel km unterscheiden sich die Fahrstrecken?
b) Familie Frank aus Düren will einen Tagesausflug nach Bad Neuenahr machen. Sie möchte aber insgesamt nicht mehr als 150 km fahren. Rechne nach.
c) Familie Sommer aus Köln und Familie Rund aus Aachen wollen sich in Bad Münstereifel treffen. Wie lang sind die Fahrstrecken? Wie viel Kilometer legt Familie Rund mehr zurück?

27 In der Entfernungstabelle aus dem Autoatlas sind die kürzesten Entfernungen zwischen den deutschen Großstädten zusammengestellt. Die Angaben sind in Kilometer gemacht. Zwischen Hamburg und Düsseldorf sind es 399 km.
Übertrage die Tabelle in dein Heft und ergänze die fehlenden Angaben.
Nimm den Atlas und stelle verschiedene Deutschlandrundfahrten zusammen.
Eine Tour soll in Düsseldorf beginnen und in Düsseldorf nach einer Gesamtstrecke von etwa 2000 Kilometern enden.

	Stuttgart	Frankfurt	Düsseldorf	Leipzig	München	Hamburg
Stuttgart		217	409	472	222	668
Frankfurt			226	386	393	495
Düsseldorf				536	612	399
Leipzig					425	397
München						775
Hamburg						

Aus der Übersicht kann man die Einwohnerzahlen und Flächengrößen der 16 Bundesländer entnehmen (Stand 2004).

	A	B	C
1	Bundesland	Fläche in km²	Einwohner
3	Baden-Württemberg	35 751	10 601 000
3	Bayern	70 550	12 330 000
4	Berlin	892	33 880 000
5	Brandenburg	29 476	2 593 000
6	Bremen	404	660 000
7	Hamburg	755	172 600
8	Hessen	21 114	6 078 000
9	Mecklenburg-Vorpommern	23 173	1 760 000
10	Niedersachsen	47 616	7 956 000
11	Nordrhein-Westfalen	37 082	18 053 000
12	Rheinland-Pfalz	19 847	4 049 000
13	Saarland	2568	1 066 000
14	Sachsen	18 413	4 384 000
15	Sachsen-Anhalt	20 447	2 581 000
16	Schleswig-Holstein	15 761	2 804 000
17	Thüringen	16 172	2 411 000

- Suche die Bundesländer auf der Karte.

- Ordne die Einwohnerzahlen und die Flächen der Größe nach. Stelle sie in zwei Tabellen dar.

- Zwischen welchen Bundesländern findet man die größten Unterschiede, wo die geringsten?

- Zeichne verschiedene Diagramme für Flächengrößen und Einwohnerzahlen. Wo treten Schwierigkeiten auf?

- Bilde zwei annähernd flächenmäßig gleich große Teile und vergleiche die zugehörigen Einwohnerzahlen.

- Viele Fragen lassen sich schnell und übersichtlich mit einem Tabellenkalkulationsprogramm beantworten.
Vor allem lassen sich aktuelle Änderungen ohne großen Aufwand berücksichtigen.

- Die A7 ist mit einer Länge von 935 km die längste Autobahn Deutschlands. Sie reicht von Füssen (Kilometerstein Null) bis nach Flensburg (Kilometerstein 935). Vervollständige die Tabelle und trage die fehlenden Entfernungen ein.

	Füssen	Ulm	Würzburg	Hannover	Hamburg	Flensburg
Füssen						
Ulm						
Würzburg						
Hannover						
Hamburg						
Flensburg						

- Eine der bekanntesten Straßen der Welt ist die Route 66, die in den USA von Chicago nach Los Angeles führt. Sie hat eine Gesamtlänge von ungefähr 3940 km. Vergleiche mit der A7.

Rückspiegel

1 Berechne möglichst vorteilhaft.
a) 23 + 46 + 31 + 37 + 24
b) 59 + 13 + 44 + 87 + 41
c) 154 + 83 + 29 + 46 + 171

2 Berechne.
a) 74 + 37 − 81 + 27 − 36
b) 76 + 48 − 29 − 32 + 14
c) 84 − 78 + 72 − 66 + 60 − 54

3 Berechne.
a) 92 − 15 − 24 − 35 − 16
b) 243 − 41 − 23 − 59 − 77
c) 444 − 72 − 109 − 128 − 91

4 Berechne.
a) 478 + 5036 + 919 + 790
b) 15 721 + 69 + 706 + 4890
c) 12 845 − 1806 − 947 − 8372

5 Achte auf die Klammern.
a) 84 − (23 + 19) − 32
b) 95 − (23 − 16 + 5) + (54 − 32)
c) 67 − (75 − 69 + 24) − (81 − 54)

6 Berechne.
a) 121 − (83 − (57 − 28))
b) 49 + (62 − (83 − 46) − 12)
c) 86 − (73 − (52 − 43)) − (52 − 38)

7 Bilde mit den vier Zahlen und den drei Rechenzeichen einen Rechenausdruck, dessen Wert

18 − 24 61 85 + −

a) möglichst groß ist.
b) möglichst klein ist.

8 Addiere zur Differenz der Zahlen 58 und 19 die Zahl 35.

9 Für ein Klavierkonzert wurden im Vorverkauf nur 154 von 945 Karten abgesetzt. An der Abendkasse wurden 283 Karten mehr verkauft als im Vorverkauf. Wie viele Plätze bleiben frei, wenn man noch 37 Karten an Studenten verschenkt hat?

1 Berechne möglichst vorteilhaft.
a) 26 + 73 + 108 + 74 + 127
b) 271 + 358 + 407 + 242 + 29
c) 347 + 189 + 222 + 411 + 153 + 378

2 Berechne.
a) 482 − 256 + 98 − 163 − 77
b) 824 − 774 + 724 − 674 + 624 − 574

3 Berechne.
a) 425 − 63 − 18 − 27 − 42
b) 333 − 69 − 117 − 31 − 83 − 30
c) 999 − 34 − 177 − 299 − 166 − 223

4 Berechne.
a) 808 + 73 059 + 6534 + 12 307
b) 53 431 − 89 + 7093 − 39 409 + 284

5 Achte auf die Klammern.
a) 105 − (82 − 15) + (43 − 25)
b) 176 − (105 − 89 + 54) − (97 − 26)
c) (64 − 36 − 16 + 57) − 15 − (78 − 56)

6 Berechne.
a) 425 − ((196 − 11) − (27 + 53))
b) 71 − (616 − (494 − 27) − (78 + 1))
c) 172 − (314 − ((216 − 108) + (104 − 66)))

7 Bilde mit den fünf Zahlen, den vier Rechenzeichen und dem Klammerpaar einen Rechenausdruck, dessen Wert

11 + 57 − 48 14 − + 32) (

a) möglichst groß ist.
b) möglichst klein ist.

8 Um wie viel ist die Differenz aus 482 und 391 kleiner als die Differenz aus 3722 und 2773?

9 Im Jahr 2000 hat ein Verein 2594 Mitglieder. 2001 kamen 164 Mitglieder hinzu. 2002 war der Zuwachs um 87 Personen geringer als 2001. 2003 erhöhte sich die Zahl gegenüber 2002 um 53 Personen.
Wie viele Mitglieder fehlen dann noch zur 3000-Marke?

Multiplizieren einmal anders

Vor etwa 3000 Jahren multiplizierten die Ägypter komplizierte Produkte nur durch Verdoppeln, Halbieren und Addieren.

Alte Bauernstämme übernahmen diese Art zu multiplizieren und einige Bauern rechnen dort noch heute so.

Das ägyptische Verfahren

29 · 154	
~~14 · 308~~	
7 · 616	
3 · 1232	
1 · 2464	
	4466

1. Die linke Zahl wird so oft halbiert, bis man auf die 1 kommt. Tritt beim Halbieren ein Rest auf, so lässt man diesen weg.
2. Die rechte Zahl wird entsprechend oft verdoppelt.
3. Die Zeilen, in denen die linke Zahl eine gerade Zahl ist, streicht man.
4. Die übrig gebliebenen Zahlen addiert man und erhält so das Ergebnis der Multiplikationsaufgabe.

Versuche nun selbst ein paar Multiplikationsaufgaben auf diese Art zu lösen.

Die erste „Rechenmaschine“ der Welt

Der Schotte John Napier (1550–1617) hat Mathematik als Hobby betrieben. Er erfand eine „Rechenmaschine“ zum Multiplizieren. Sie bestand aus Rechenstäben, auf denen man das kleine Einmaleins ablesen konnte. Die Zehner und Einer waren durch einen Schrägstrich getrennt.

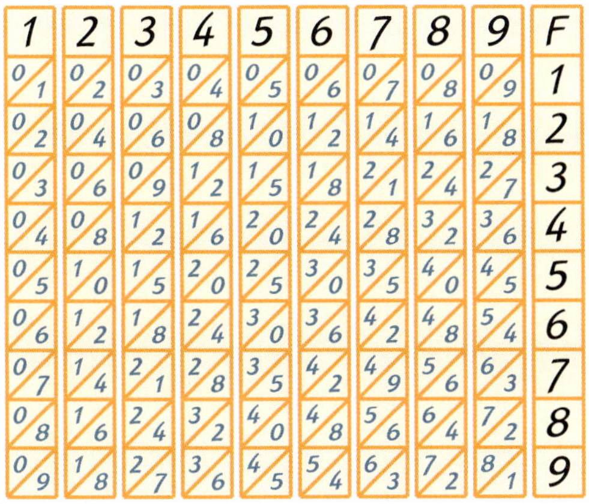

Durch geschicktes nebeneinander legen der Stäbe kann man das Ergebnis von Multiplikationen mit einer einstelligen Zahl sofort ablesen.
Man muss nur noch addieren.

F = Faktor

Du kannst dieses Verfahren auch in deinem Heft versuchen:

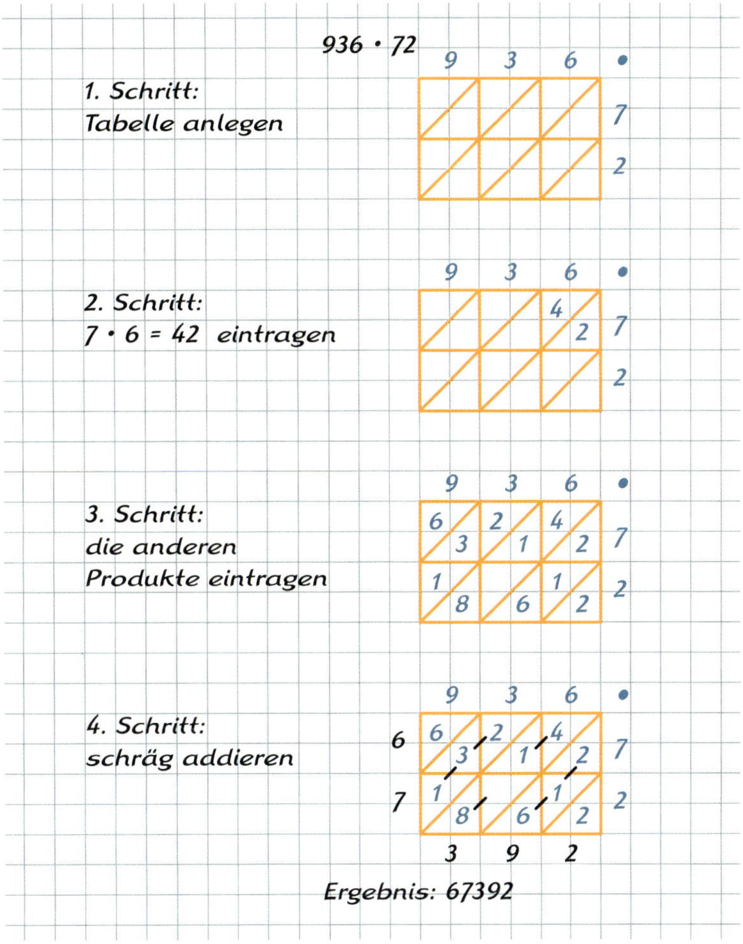

In diesem Kapitel lernst du,

- welche Reihenfolge der Rechenarten zu beachten ist,
- welche Bedeutung Klammern in Rechenausdrücken haben,
- Rechengesetze zum vorteilhaften Rechnen zu nutzen,
- in der Gruppe an der Lösung von Spielproblemen zu arbeiten.

1 Multiplizieren

Sandra ist Sportlerin und macht einen Fitnesstest. Dazu fährt sie auf einem Fahrrad (Ergometer), an das ein Pulsmessgerät angeschlossen ist.
Die ersten beiden Minuten fährt sie Puls 130, das heißt ihr Herz macht pro Minute 130 Schläge.
Die nächsten 5 Minuten fährt sie Puls 150, dann nochmals 3 Minuten Puls 170.

→ Wie oft hat Sandras Herz in den 10 Minuten geschlagen?

→ Timo fährt 8 Minuten lang gleichmäßig Puls 160.

Produkt

$\underbrace{12 \cdot 7}$

1. Faktor *2. Faktor*

Sind alle Summanden einer Summe gleich, dann lässt sich die Addition auch als Multiplikation schreiben: 8 + 8 + 8 = 3 · 8 = 24.

8	8	8
24		

Den Rechenausdruck 8 · 3 bezeichnet man als **Produkt**, sein Ergebnis als Wert des Produkts. 8 und 3 sind die **Faktoren**.
Wenn man bei der Aufgabe 463 · 8 mit den Einern beginnt, kann man das Ergebnis sofort aufschreiben.

	4	6	3	·	8
		3	7	0	4

Sprechweise:

3 mal 8 ist 24	schreibe 4 merke 2
6 mal 8 ist 48 plus 2 ist 50	schreibe 0 merke 5
4 mal 8 ist 32 plus 5 ist 37	schreibe 37

Ist der zweite Faktor auch mehrstellig, muss er zerlegt werden und die Teilprodukte werden entsprechend berechnet.

4	6	3	·	1	2	3
		4	6	3	0	0
			9	2	6	0
			1	3	8	9
		5	6	9	4	9

123 = 100 + 20 + 3

463 · 100 = 46 300

463 · 20 = 9 260

463 · 3 = 1 389

56 949

Schriftliches Multiplizieren

1. Man beginnt bei der Berechnung der Teilprodukte mit der höchsten Stelle des zweiten Faktors.
2. Man berechnet die weiteren Teilprodukte und rückt sie jeweils um eine Stelle nach rechts.
3. Man addiert alle Teilprodukte.

Beispiele

a) 589 · 23
1178
 1767
 11
13547

b) 423 · 206
846
 000
  2538
  1
87138

c) 317 · 240
634
 1268
  000
  1
76080

! Achte auf die Null.

d) Auch im Kopf rechnet man schrittweise durch Zerlegen.

87 · 6 = 80 · 6 + 7 · 6
= 480 + 42
= 522

e) Beim Überschlagen musst du die beiden Faktoren so runden, dass du gut im Kopf rechnen kannst. Die Aufgabe 9748 · 826 kann man so überschlagen:
10 000 · 800 = 8 000 000. Das genaue Ergebnis ist 8 051 848.

Das „Große 1×1"

1 · 11 1 · 12 … 1 · 19
2 · 11 2 · 12 … 2 · 19
3 · 11 3 · 12 … 3 · 19
bis
10 · 11 10 · 12 … 10 · 19

Aufgaben

1 Rechne im Kopf.

a) 2 · 14; 3 · 13; 4 · 12; 5 · 15
b) 3 · 18; 4 · 17; 3 · 19; 6 · 16
c) 7 · 18; 8 · 17; 6 · 19; 9 · 16

2 Rechne vorteilhaft.

a) 3 · 21; 4 · 31; 5 · 41; 6 · 51
b) 3 · 19; 4 · 29; 5 · 39; 6 · 49
c) 21 · 56; 39 · 23; 27 · 19; 54 · 31

3 Schreibe als Produkt mit zwei Faktoren. Manchmal gibt es auch mehrere Möglichkeiten.

Beispiel: 48 = 8 · 6 = 16 · 3 = 12 · 4 = 24 · 2

a) 49; 35; 54; 81; 42; 32; 36; 27
b) 26; 28; 78; 76; 98; 66; 72; 84; 34
c) 128; 162; 114; 108; 136; 112; 104

4 Wenn du zwei Zahlen, die Nullen am Ende haben, miteinander multiplizieren willst, dann hast du es leicht.

7 · 100 = 700 120 · 300 = 36 000
4 · 600 = 2400 500 · 40 = 20 000

Rechne nun geschickt.

a) 3 · 100; 5 · 300; 4 · 120; 50 · 600
b) 7 · 1000; 30 · 40; 60 · 150; 12 · 800
c) 4 · 700; 50 · 300; 1300 · 4; 700 · 80

5 Wähle den ersten Faktor aus der linken Wolke, den zweiten Faktor aus der rechten.

Beispiel: 4 · 20 = 80

Welche Produkte haben denselben Wert?

6 a) Unser Held heißt 600; 2700; 4200; 6300; 2000; 6400; 3000; 10 800; 9600.
b) Seine Lieblingsspeise ist 1000; 1400; 1800; 1600; 1200; 2800; 4500; 14 400.

·	30	50	70	80	120	160
20	B	K	A	O	D	I
40	T	B	T	R	F	U
60	R	N	G	C	M	Y
90	U	E	S	L	N	N

7 Berechne.

a) 231 · 3; 610 · 8; 151 · 6; 311 · 9
b) 8116 · 7; 5103 · 5; 25 036 · 9; 38 013 · 5

8 Berechne die Produkte
108 901 089 · 9
und 109 999 989 · 9
Was fällt dir auf?

2166	E	3283	N
3984	B	4234	G
4416	O	4662	N
4558	G	5452	E
5829	R	6308	E
11448	G	12312	I
13632	T	14049	W
14904	E	15300	E
22218	T	22554	R
78442	S	117288	C
175890	I	203158	H
344223	R	512372	M

10 Berechne.

a) 326 · 70
418 · 80

b) 985 · 16
814 · 17

c) 1236 · 24
2046 · 21

d) 555 · 550
606 · 606

11 Die Lösung steht auf dem Rand.

a) 67 · 87 94 · 58 73 · 58 57 · 38
74 · 63 83 · 48 48 · 92
53 · 86 76 · 83 49 · 67

b) 431 · 182 543 · 216 647 · 314
715 · 246 671 · 513 812 · 631

c) 54 · 212 46 · 324 63 · 223
513 · 24 426 · 32 529 · 42
425 · 36 537 · 42

12 Mache zuerst einen Überschlag.

a) 832 · 320
218 · 450

b) 701 · 512
316 · 801

c) 3628 · 402
4314 · 208
6998 · 706

d) 3043 · 234
4306 · 316
6080 · 179

13 Sonja multipliziert:
12 345 679 · 9
12 345 679 · 18
12 345 679 · 27
Sie hat eine Idee und behauptet:
„Ich kann ohne zu rechnen das Ergebnis von 12 345 679 · 63 angeben."
Hast du auch eine Idee?

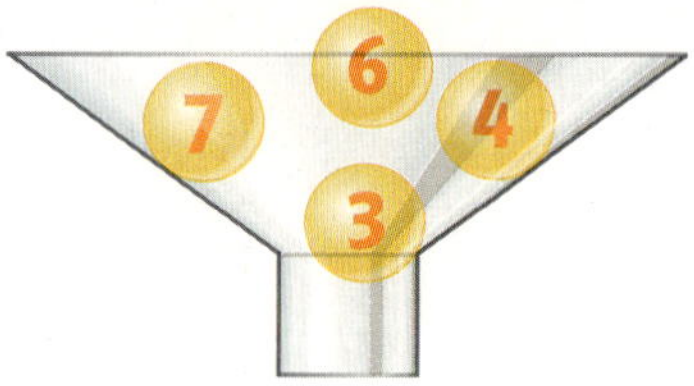

14 Setze die Ziffern 3; 4; 6 und 7 ein.

□ □ · □ □ = ?

a) Wie viele verschiedene Produkte kannst du erzeugen?
b) Wie ergibt sich ein möglichst hoher Produktwert?
c) Wie erhältst du einen möglichst niedrigen Produktwert?
d) Wann hat der Wert des Produkts an der letzten Stelle eine 8?
e) Warum kann die letzte Ziffer keine Null sein?
f) Kannst du den Wert 149 erzeugen?

15 Welche Aufgabe gehört zu welchem Ergebnis? Durch Überschlagen kannst du dir Rechenarbeit sparen.

253 · 78	10 982
578 · 19	19 734
892 · 81	9592
436 · 22	14 784
608 · 64	72 252
1056 · 14	38 912

Rechengesetze

In Produkten dürfen die Faktoren vertauscht werden.
12 · 8 = 8 · 12
Dies ist das **Vertauschungsgesetz** (Kommutativgesetz) der Multiplikation.

In mehrgliedrigen Produkten dürfen Klammern gesetzt oder weggelassen werden.
(3 · 4) · 2 = 3 · (4 · 2) = 3 · 4 · 2
Dies ist das **Verbindungsgesetz** (Assoziativgesetz) der Multiplikation.

Wenn du diese beiden Rechengesetze benutzt, kannst du oft vorteilhaft rechnen. Manchmal ist es besonders hilfreich, beide Regeln gleichzeitig zu benutzen.

Beispiel:
4 · 7 · 25 · 11
= 4 · 25 · 7 · 11 (Vertauschungsgesetz)
= (4 · 25) · (7 · 11) (Verbindungsgesetz)
= 100 · 77
= 7700

16 Berechne.

a) 7 · 4 · 5
5 · 20 · 9
9 · 2 · 50
4 · 25 · 11
6 · 8 · 25

b) 13 · 25 · 4
40 · 25 · 17
19 · 5 · 200
8 · 125 · 7
23 · 4 · 250

17 Fasse geschickt zusammen.

Beispiel: 4 · 25 · 7 · 5 · 12
= 100 · 7 · 60
= 100 · 420 = 42 000

a) 3 · 5 · 2 · 25 · 2
b) 4 · 5 · 12 · 10
c) 14 · 125 · 8 · 50 · 20
d) 25 · 4 · 50 · 2 · 7
e) 8 · 25 · 4 · 50
f) 4 · 5 · 75 · 2 · 250

18 Vertausche und rechne geschickt.

Beispiel: 125 · 6 · 8 · 15 · 3
= 125 · 8 · 6 · 15 · 3
= 1000 · 90 · 3 = 270 000

a) 2 · 7 · 5 · 3
b) 9 · 4 · 8 · 5 · 25
c) 25 · 20 · 4 · 5 · 9
d) 2 · 35 · 5 · 9
e) 3 · 125 · 50 · 8
f) 4 · 3 · 3 · 5 · 5
g) 6 · 25 · 125 · 4 · 4
h) 4 · 7 · 50 · 3

19 Vertausche nicht nur „Nachbarn".

Beispiel: 40 · 6 · 125 · 5 · 50 · 8
= 5 · 6 · 125 · 8 · 50 · 40
= 30 · 1000 · 2000
= 60 000 000

a) 4 · 8 · 5 · 5 · 2 · 25
b) 125 · 50 · 20 · 8 · 4 · 30
c) 30 · 125 · 25 · 8 · 30 · 4
d) 40 · 15 · 75 · 2 · 4 · 20
e) 19 · 5 · 25 · 4 · 5 · 4

20 Manchmal helfen das Verbindungsgesetz und das Vertauschungsgesetz, große Zahlen im Kopf zu multiplizieren.

Beispiele:

36 · 25
= (4 · 9) · 25
= 9 · (4 · 25)
= 9 · 100 = 900

24 · 75
= (6 · 4) · (3 · 25)
= (6 · 3) · (4 · 25)
= 18 · 100 = 1800

a) 32 · 25
b) 48 · 125
c) 75 · 28
d) 125 · 15
e) 28 · 125
f) 175 · 36
g) 325 · 48
h) 24 · 225

Knobelei und Zauberei ?!

■ Falsch geschrieben und trotzdem richtig gerechnet.

666 · 666
36
3636
363636
3636
36
443556

777 · 777
49
4949
494949
4949
49
603729

Kannst du nun 555 · 555 und 5555 · 5555 berechnen?

■ Die Quadratzahlen von 41 bis 49 kannst du mit den „Zauberzahlen" 25 und 50 leicht im Kopf berechnen.
Beispiel:
43^2 = 1849. Prüfe und berechne nun die Quadratzahlen von 41 bis 49.

■ Berechne 111 111 111 · 111 111 111.
Es geht sehr schnell, wenn du die Regel findest, die sich in der folgenden Aufstellung zeigt. Prüfe nach!

1 · 1
11 · 11
111 · 111
1111 · 1111
11111 · 11111
...

Wie geht es wohl weiter?
Vermute und rechne nach.

■ Setze links den Malpunkt richtig.

8 1 1 8 1 = 65 691
6 9 9 6 1 = 42 639
4 2 4 2 4 = 16 968
1 3 1 3 1 = 1703
1 1 1 1 1 = 1111
5 5 5 5 5 = 30 525

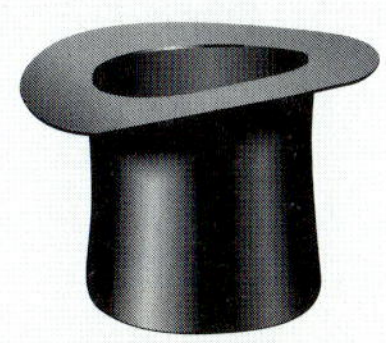

Suche die richtige Stelle mithilfe einer Überschlagsrechnung und prüfe dann durch Rechnung nach.

21 Verteile die Ziffern 1 bis 5 und einen Malpunkt so, dass die Rechnung stimmt.

□ □ □ □ □ □ = 3185

22 Ersetze die Kästchen so, dass das Ergebnis stimmt.

a) 439 · □7
1756
3□73
2□633

b) 2□9 · □□
1045
1□□3
11□13

c) 24□7 · 6□□
□□□41
□□□8
□□□□□
□□□□□□□6

d) 6048 · □□□
1□□□4
□□432
42□□□
□□□□□□56

23 Setze die fehlenden Zahlen und Faktoren ein.

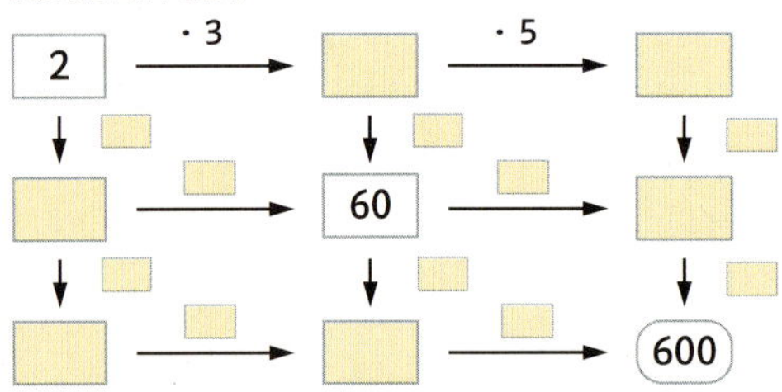

24 a) Wenn man die Werte zweier nebeneinander liegender Steine multipliziert, ergibt sich der Wert im darüber liegenden Stein.

b) Vertausche die Werte in der unteren Reihe. Verändert sich dadurch das Ergebnis? Wie musst du die vier Zahlen anordnen, um das größte Ergebnis zu erhalten? Bei welcher Anordnung erhältst du das kleinste Ergebnis?

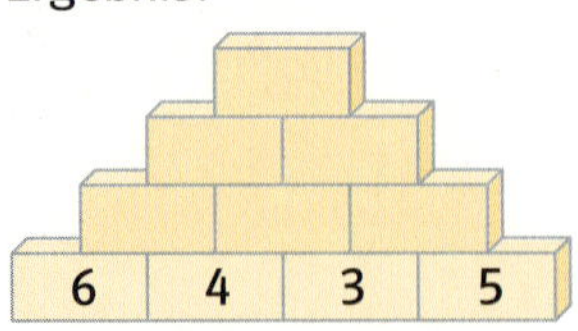

25 Stelle zuerst einen Rechenausdruck auf.
a) Multipliziere die Zahl 21 mit der Zahl 19.
b) Berechne den Wert des Produkts von 30 und 24.
c) Der erste Faktor eines Produkts heißt 12, der zweite 25. Wie groß ist der Produktwert?
d) Beide Faktoren eines Produkts heißen 13. Welchen Wert hat das Produkt?
e) Welche Zahl bekommst du, wenn du zum Produkt aus 12 und 8 die Zahl 200 addierst?
f) Welche Zahl bekommst du, wenn du zu 450 das Produkt der Zahlen 13 und 5 addierst?
g) Was erhältst du, wenn du das Produkt der Zahlen 9 und 12 von 1000 subtrahierst?
h) Wie groß ist die Differenz aus dem Produkt der Zahlen 27 und 20 und dem Produkt der Zahlen 17 und 10?
i) Die Faktoren eines Produkts heißen 11 und 21 und 31. Berechne seinen Wert.

26 Achte auf die Begriffe.
a) Verdopple die Zahlen 16; 33; 257; 7539.
b) Verdreifache die Zahlen 23; 75; 121; 842; 2605.
c) Verdopple das Produkt von 18 und 15.
d) Verdreifache die Summe von 17 und 4.
e) Wie groß ist das Zehnfache der Differenz von 21 und 3?
f) Wie groß ist das Sechsfache der Summe von 12 und 33?
g) Vervierfache die Differenz von 38 und 8.
h) Verdopple die Summe von 13 und 17 und multipliziere das Ergebnis mit dem Dreifachen der Differenz von 41 und 21.

27 Wie ändert sich das Produkt von 16 und 24, wenn man
a) beide Faktoren verdoppelt?
b) einen Faktor halbiert und den anderen verdoppelt?
c) beide Faktoren verdreifacht?
d) den ersten Faktor um 4 verkleinert und den zweiten Faktor um 4 vergrößert?
e) den ersten Faktor verdreifacht und den zweiten Faktor vervierfacht?
f) beide Faktoren jeweils um 6 vermehrt?

Hamburger Hafen

Der Hamburger Hafen zählt zu den größten Häfen der Welt. Beim Güterumschlag liegt er in Europa nach Rotterdam auf Platz 2. Mittlerweile werden die allermeisten Güter in so genannten „20-Fuß-Containern“ (Länge ungefähr 6 Meter) verschifft. Die „Hamburg Express“ kann bis zu 7500 solcher Container laden.

■ Täglich erreichen etwa 40 Seeschiffe sowie 80 Binnenschiffe den Hafen. Rechne diese Angaben auf ein Jahr um.

■ Etwa alle 20 Tage wird die „Hamburg Express“ neu beladen.

■ In einem Container finden ungefähr 250 Computermonitore Platz. Es sollen 150 000 Monitore transportiert werden.

■ Wie lange wird die „Containerschlange“, wenn man alle Container aneinander reiht?

■ Ein Container darf höchstens 24 t schwer sein. Berechne das Gewicht, das auf das Schiff höchstens zugeladen werden kann.

■ Die Tabelle zeigt die wichtigsten Handelspartner des Hamburger Hafens (Anzahl der Container pro Jahr).

Rang	Land	2001	2002
1	VR China	783 000	1 030 000
2	Singapur	413 000	470 000
3	Finnland	298 000	380 000
4	Schweden	247 000	280 000
5	Japan	233 000	275 000
	...	...	...
	Gesamt	4 689 000	5 374 000

Mit welchem Land wurde der größte Zuwachs erzielt? Würden alle aneinander gereihten Container des Jahres 2002 von Hamburg bis nach Peking (7500 km) reichen? Erstelle für die Zahlen des Jahres 2002 ein geeignetes Diagramm.

■ Die Geschwindigkeit von Schiffen wird in Knoten angegeben. Bei einem Knoten legt ein Schiff 1852 m, das ist eine Seemeile, in der Stunde zurück. Die „Hamburg Express“ fährt mit einer Geschwindigkeit von 25 Knoten pro Stunde. Wie lange braucht die „Hamburg Express“ für die ungefähr 6000 km weite Strecke Hamburg – New York? 60 Stunden, 6 Tage oder 60 Tage? Überschlage.

■ Ein Kühl-Containerschiff hat 200 000 Kartons Bananen geladen. Ein Karton wiegt 12 kg. In jedem Karton sind ungefähr 75 Bananen. Wie schwer wird ein beladener Bananencontainer, der ungefähr 450 Kartons beinhaltet und ein Leergewicht von 2,5 t hat? Wie viele Bananen wurden insgesamt geladen?

2 Potenzieren

Auf drei Bildern mit je drei Teilen findest du drei verschiedene Tiere: einen Elefanten, ein Krokodil und einen Pinguin.
Die Köpfe kannst du beliebig vertauschen, ebenso die Bäuche und die Füße.
Dadurch entstehen neue „Tiere“, z. B. ein Kro-le-in.

→ Schreibe einige Beispiele auf.
→ Findest du alle Möglichkeiten?
→ Malt einige Tiere und probiert aus.

Eine Summe aus lauter gleichen Summanden kann kürzer als Produkt geschrieben werden: $3 + 3 + 3 + 3 = 3 \cdot 4$
Auch ein Produkt aus lauter gleichen Faktoren kann kürzer geschrieben werden:
$3 \cdot 3 \cdot 3 \cdot 3 = 3^4$ lies: 3 hoch 4
Diese Rechenart nennt man **Potenzieren**.

Potenz

$\underbrace{5 \cdot 5 \cdot 5}$ $= 5^3 = 125$
Grundzahl Hochzahl

Beim Potenzieren gibt die **Grundzahl** den Faktor an, die **Hochzahl** die Anzahl der Faktoren.
$4 \cdot 4 \cdot 4 = 4^3 = 64$
Den Rechenausdruck 4^3 nennt man **Potenz.**

Beispiele

a) $6 \cdot 6 \cdot 6 = 6^3 = 216$ $2 \cdot 2 \cdot 2 \cdot 2 \cdot 2 = 2^5 = 32$
b) $1^6 = 1 \cdot 1 \cdot 1 \cdot 1 \cdot 1 \cdot 1 = 1$
c) Potenzen mit der Hochzahl 2 heißen **Quadratzahlen**.
$8^2 = 8 \cdot 8 = 64$ $12^2 = 12 \cdot 12 = 144$
d) Potenzen mit der Hochzahl 3 heißen **Kubikzahlen**.
$4^3 = 4 \cdot 4 \cdot 4 = 64$ $5^3 = 5 \cdot 5 \cdot 5 = 125$
e) Potenzen mit der Grundzahl 10 heißen **Zehnerpotenzen**.
$10^2 = 10 \cdot 10 = 100$ $10^4 = 10 \cdot 10 \cdot 10 \cdot 10 = 10\,000$

Es gilt:
$7^1 = 7$
$12^1 = 12$
$888^1 = 888$

Aufgaben

1 Zeichne jeweils das nächste Bäumchen in der Reihe. Wie viele Blätter hat das übernächste Bäumchen?

a)  …

b)  …

2 Nimm ein großes aufgefaltetes Blatt einer Tageszeitung. Falte und zähle jeweils die Lagen nach dem Falten. Wenn du einmal faltest, erhältst du zwei Lagen, wenn du zweimal faltest …
a) Erstelle eine Tabelle.
b) Wann bekommst du beim Falten Probleme?
c) Wie oft müsstest du falten, um mehr als 1000 Lagen zu erhalten?

3 In einem Dorf verbreitet die Marktfrau ein Gerücht. Jede Stunde gibt jeder das Gerücht an eine neue Person weiter.
Wie viele Personen wissen um sechs Uhr abends davon, wenn um 7 Uhr morgens die Marktfrau erstmals davon erzählt?

4 Schreibe die Potenzen als Produkt und berechne ihren Wert.

a) 2^3; 3^2; 3^3
b) 4^2; 2^4; 4^1
c) 2^5; 4^4; 8^2
d) 12^2; 14^2; 15^2
e) 1^5; 10^3; 100^2
f) 9^3; 20^2; 30^2
g) 6^2; 7^2; 13^2
h) 8^2; 9^2; 11^2

5 Berechne die Potenzen und ordne sie nach der Größe.

3^2 2^3 3^3 2^4 3^4 4^3 4^2 2^6

6^2 3^5 2^2 5^3 5^2 2^5 4^4

6 Vergleiche und ersetze das Kästchen durch <, > oder =.

a) 3^2 □ 2^3
b) 4^2 □ 2^4
c) 3^4 □ 9^2
d) 3^3 □ 6^2
e) 10^2 □ 2^6
f) 1^7 □ 1^{12}
g) 4^3 □ 8^2
h) 5^2 □ 2^5
i) 3^2 □ 2^4
j) 3^3 □ 4^2

7 Welche Zahl kannst du an Stelle des Kästchens schreiben?

a) 2^5 = □
b) $2^{□}$ = 64
c) $□^3$ = 1000
d) $3^{□}$ = 81
e) $□^7$ = 1
f) $1^{□}$ = 1

8 Große Zahlen lassen sich geschickt mit Zehnerpotenzen darstellen.
Schreibe als Zehnerpotenz.

a) tausend
b) hunderttausend
c) eine Million
d) zehn Millionen
e) eine Milliarde
f) eine Billion
g) eine Billiarde
h) zehn Billiarden

9 Schreibe als Zehnerpotenz und benenne die Zahlen.

$10 \cdot 10 \cdot 10 \cdot 10$

$10 \cdot 10 \cdot 10 \cdot 10 \cdot 10 \cdot 10$

$10 \cdot 10 \cdot 10 \cdot 10 \cdot 10 \cdot 10 \cdot 10 \cdot 10$

Übrigens:
Eine **Zentillion** ist 10^{600}.

10 Jörg überlegt sich, wie viele Urgroßeltern er hat.

a) Berechne die Anzahl seiner Ur-Ur-Urgroßeltern.
b) Wie viele Vorfahren hatte Jörg vor sechs Generationen?
c) Erstelle einen Stammbaum für deine Familie.
d) Zwischen der Geburt der Eltern und der Kinder liegen etwa 30 Jahre.
Wie viele Vorfahren hattest du dann vor etwa 300 Jahren?

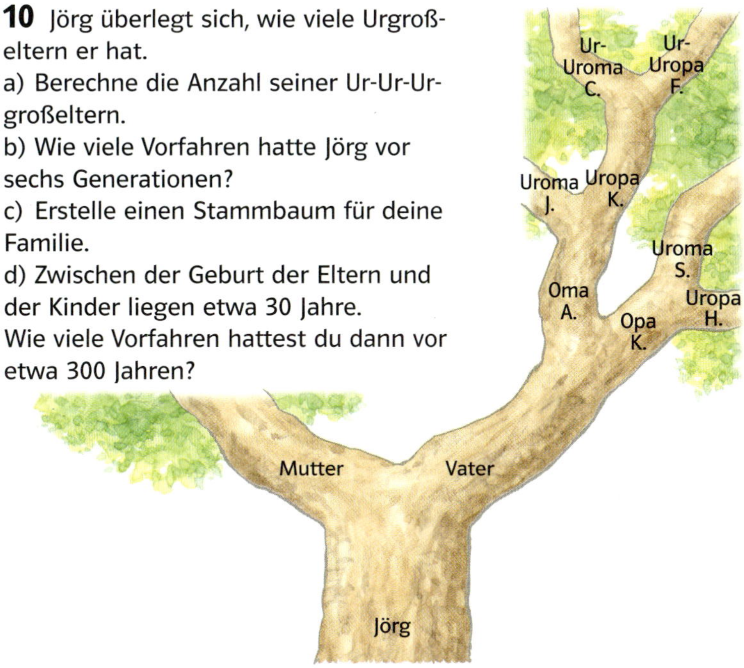

Zahlenzauber ?!

- Zauberei? $7 \cdot 7 = 49$
$67 \cdot 67 = 4489$
$667 \cdot 667 = 444\,889$
…
$666\,667^2 = ?$

- Jede ungerade Quadratzahl lässt sich als Summe aus dem Vielfachen von 8 plus 1 schreiben.

Beispiel: $9^2 = 10 \cdot 8 + 1$

Prüfe andere Quadratzahlen.

- Wenn man 4 aufeinander folgende Zahlen miteinander multipliziert und zum Ergebnis 1 addiert, erhält man immer eine Quadratzahl.
Findet gemeinsam Beispiele und prüft sie nach. Stellt eure Ergebnisse in einem Kurzvortrag der Klasse vor.

- 2^{86} enthält ausgeschrieben keine einzige Null.
Wenn ihr es nicht glaubt, rechnet die Zahl einfach aus.

3 Dividieren

Die Klasse 5 c der Jahn-Realschule hat 28 Schülerinnen und Schüler.

➔ Im Sportunterricht sollen Mannschaften für ein Turnier gebildet werden.

➔ Beim nächsten Mal fehlt ein Schüler.

➔ Was wäre, wenn noch eine Schülerin dazukommen würde?

➔ Denke dir noch andere Situationen aus.

Dividiert man die Zahl 18 durch die Zahl 3, so entsteht der Rechenausdruck 18 : 3.
18 wird dadurch in 3 gleiche Teile geteilt.

18		
6	**6**	**6**

Quotient

18 : 3
Dividend Divisor

Den Rechenausdruck 18 : 3 bezeichnet man als **Quotient**, sein Ergebnis 6 als Wert des Quotienten. 18 ist der **Dividend** und 3 der **Divisor**.
Die Division ist die Umkehrung der Multiplikation. Also ergibt 3 · 6 wieder 18.

```
3682 : 7 = 526
-35
  18
 -14
   42
  -42
    0
```

Sprechweise
7 geht in 3 nicht
7 geht in 36 5-mal
5 · 7 = 35, es bleibt 1
7 geht in 18 2-mal
2 · 7 = 14, es bleibt 4
7 geht in 42 6-mal
6 · 7 = 42

```
3684 : 7 = 526 R 2
-35
  18
 -14
   44
  -42
    2
```

Es bleibt kein Rest. Es bleibt als Rest 2.
Die Multiplikation von 526 mit 7 ergibt wieder 3682. Bei der rechten Divisionsaufgabe muss man noch den Rest zu 3682 addieren, um 3684 zu erhalten.

Schriftliches Dividieren
- Man zerlegt die Zahl, die geteilt werden soll, ziffernweise und dividiert dann.
- Geht die letzte Division nicht auf, enthält das Ergebnis einen Rest.

! *Rechnen mit 1*
7 : 7 = 1, denn 1 · 7 = 7
7 : 1 = 7, denn 7 · 1 = 7

Beispiele

a) Achte auf die Null:

```
4575 : 15 = 305
-45
  07
 - 0
   75
  -75
    0
```

Als Probe multipliziert man das Ergebnis mit dem Divisor.

```
305 · 15
     305
    1525
    4575
```

b) 347 : 18 = 19 R 5
−18
167
−162
5

Probe: 19 · 18
19
152
342

342 + 5 = 347

Hier benötigt man bei der Probe zwei Rechenschritte.
Man multipliziert das Ergebnis mit dem Divisor und muss dann noch den Rest addieren.

! Durch null darf man nicht dividieren! Es gilt zwar: 0 : 3 = 0, denn 0 · 3 = 0. Der Quotient 3 : 0 kann jedoch nicht berechnet werden, weil es keine Zahl gibt, die mit 0 multipliziert 3 ergibt.

Bemerkung
Vor jeder Divisionsaufgabe solltest du einen Überschlag machen. Du musst dazu Dividend und Divisor so runden, dass du leicht im Kopf rechnen kannst.
Die Aufgabe 3103 : 29 kann zum Beispiel so überschlagen werden:
3000 : 30 = 100, das genaue Ergebnis ist 107.

Aufgaben

1 Rechne im Kopf.
a) 45 : 5 36 : 9 63 : 7 56 : 8
b) 72 : 6 90 : 5 119 : 7 128 : 8
c) 72 : 12 84 : 14 144 : 18 91 : 13

2 Dividiere.
a) 48 durch 2; 3; 4; 8; 12 und 16
b) 50 durch 2; 5; 10; 25 und 50
c) 32 durch 2; 4; 8; 16 und 32
d) 100 durch 2; 4; 5; 10; 20 und 25
e) 90 durch 2; 3; 6; 9; 15 und 30

3 Ersetze das Kästchen.
a) 48 : 6 = □ 72 : □ = 9 □ : 5 = 6
b) 350 : □ = 7 □ : 80 = 90 150 : 30 = □
c) 18 · 6 = □ □ · 12 = 144 25 · □ = 175
d) 70 · □ = 560 280 · 30 = □ □ · 90 = 180

4 Übertrage in dein Heft und ergänze.
a)

:	3	6	9	12	36
72					
108					

b)

:	2	3			16
96			16		
	72			12	

5 Setze die fehlende Zahl ein.
a) 72 $\xrightarrow{:9}$ □ 63 $\xrightarrow{:□}$ 9 □ $\xrightarrow{:8}$ 7
b) 108 $\xrightarrow{:12}$ □ 169 $\xrightarrow{:□}$ 13 □ $\xrightarrow{:19}$ 9
c) 125 $\xrightarrow{:□}$ 5 380 $\xrightarrow{:19}$ □ □ $\xrightarrow{:26}$ 4
d) □ $\xrightarrow{:90}$ 8 3200 $\xrightarrow{:20}$ □ 600 $\xrightarrow{:□}$ 50

6 Wenn Dividend oder Divisor Nullen am Ende haben, kannst du leicht rechnen.
420 : 7 = 60
5000 : 25 = 200
4200 : 700 = 6
240 000 : 120 = 2000
Rechne nun geschickt.
a) 3500 : 5 56 000 : 7 720 : 9
b) 5400 : 27 7000 : 35 165 000 : 55
c) 1600 : 80 32 000 : 40 48 000 : 240
d) 3000 : 60 9600 : 3200 13 000 : 650

7 Übertrage das Kreismuster mit Zahlen vom Rand in dein Heft.
a) Suche darin die Zahlen, die sich durch 12 dividieren lassen, und färbe die Felder rot.
b) Suche die Zahlen, die sich durch 15 dividieren lassen, und färbe die Felder blau.

65	84	30	96	100
72	45	18	15	108
27	75	85	150	74
60	90	175	135	120
58	48	105	36	39

8 Rechne schriftlich.

a) 882 : 6	b) 868 : 4	c) 966 : 7
665 : 5	963 : 3	976 : 8
1512 : 8	1536 : 6	3193 : 7
d) 4132 : 6	e) 4819 : 7	f) 5274 : 5
6183 : 9	2534 : 6	6283 : 8
6743 : 7	1128 : 9	5644 : 5
g) 9432 : 12	h) 12 365 : 13	i) 14 310 : 15
3978 : 17	5092 : 18	15 722 : 14
7329 : 16	14 991 : 19	12 032 : 16

H	*C*	*D*	*P*
111	*285*	*325*	*451*
A	*B*	*S*	*K*
484	*509*	*523*	*642*
R	*O*	*A*	*T*
666	*670*	*681*	*728*
W	*E*	*F*	
784	*803*	*912*	

9 Die Lösungen findest du auf dem Rand.

a) 32 949 : 63	b) 54 570 : 85
c) 51 756 : 76	d) 59 696 : 82
e) 53 801 : 67	f) 37 157 : 73
g) 62 980 : 94	h) 31 944 : 66
i) 51 282 : 77	j) 28 600 : 88

10 Berechne und mache die Probe.

a) 7518 : 21	b) 5656 : 23
5148 : 22	2756 : 27
19 747 : 31	16 037 : 35
4914 : 39	5673 : 42
46 436 : 52	58 019 : 61

11 Welche Aufgabe gehört zu welchem Ergebnis? Überschlage bevor du genau rechnest.

64 468 : 71	141
46 184 : 23	303
28 482 : 202	908
70 633 : 37	7862
194 526 : 642	1909
353 790 : 45	2008

12 Die Zettel sind durcheinander geraten. Welcher Zettel gehört auf welche Klammer?

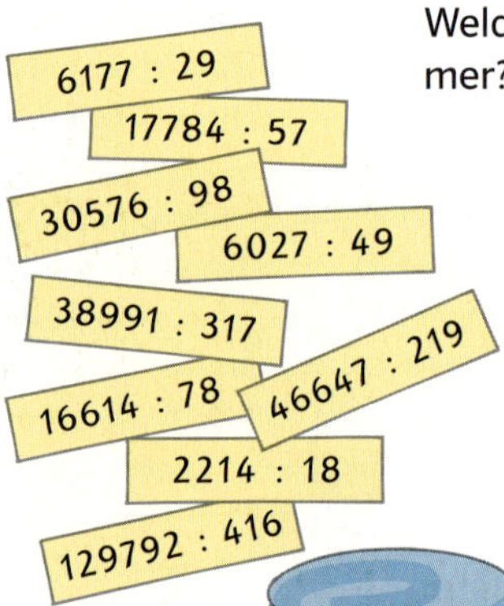

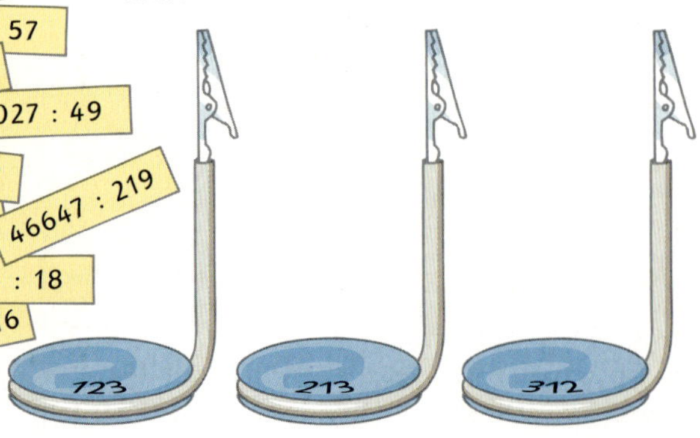

13 In den Rechnungen sind einige Ziffern verloren gegangen.

a) 1□784 : 7□1 = 2□
−1482
29□□
− 2□□4
0

b) 3□6□ : 13 = □3□
−26
4□
− □□
78
− □□
0

c) □□□□ : 24 = □55
−72
13□
−□□□
□2□
− □□□
0

d) 228□□0 : □57 = 8□0
−2□□□
2313
− □□□□
00
− 0
0

14 Bei diesen Aufgaben erhältst du fast immer einen Rest.
Rechne, bis zu der Zahl, bei der sich der Rest wiederholt. Kannst du diese Zahl schon ohne zu rechnen finden?

a) 100 : 7	b) 100 : 11
200 : 7	200 : 11
300 : 7	300 : 11
400 : 7	400 : 11
…	…
usw.	usw.

15 Setze die Ziffern 2, 3, 7 und 9 ein.

□ □ □ : □ = ?

a) Der Wert des Quotienten soll möglichst groß sein.
b) Der Wert soll möglichst klein sein.
c) Der Wert des Quotienten soll 47 sein.
d) Weshalb kann der Wert des Quotienten niemals die Zahl 415 sein?

16 Wo muss links das Divisionszeichen stehen?
Überschlagen hilft dir beim Lösen.

a) 4 0 7 2 8 = 509
b) 6 3 0 3 5 = 18
c) 8 7 1 5 = 5 R 12
d) 8 5 6 2 1 4 = 4
e) 9 6 5 7 9 = 1073
f) 6 2 5 2 1 2 = 521

17 Vervollständige die Rechennetze.

a) Berechne die fehlenden Zahlen.

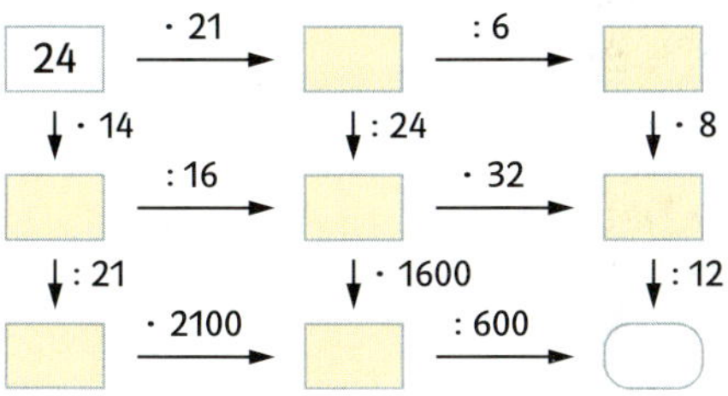

b) Hier kannst du dein Ergebnis kontrollieren.

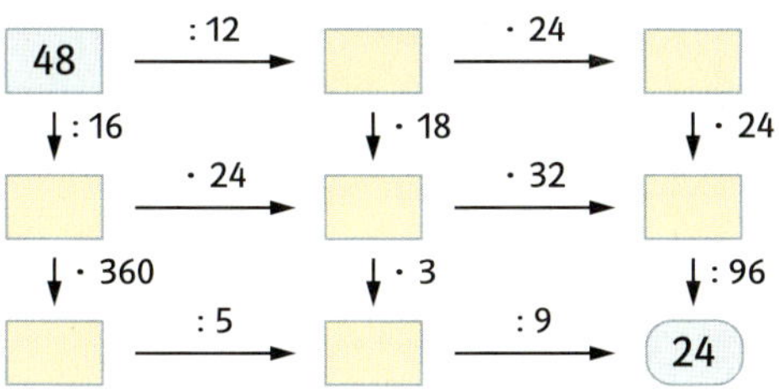

c) Setze verschiedene Zahlen so ein, dass du zur Zielzahl 100 gelangst.
Dabei darfst du multiplizieren und dividieren.

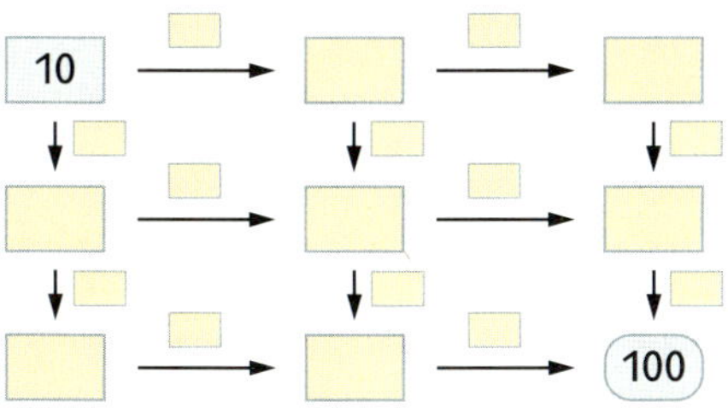

18 Die Zahl 157 hat bei der Division durch 10 den Rest 7 und sie hat auch die Endziffer 7.
Untersuche den Zusammenhang zwischen den Endziffern und dem Rest bei der Division.
Manchmal gibt es mehrere mögliche Endziffern.
Welche Endziffern haben Zahlen, die bei

a) Division durch 10 den Rest 4 ergeben?
b) Division durch 2 den Rest 1 ergeben?
c) Division durch 5 den Rest 3 ergeben?
d) Division durch 25 den Rest 11 ergeben?
e) Division durch 4 den Rest 1 ergeben?
f) Division durch 8 den Rest 3 ergeben?

19 Stelle zuerst einen Rechenausdruck auf.

a) Berechne den Wert des Quotienten der Zahlen 120 und 30.
b) Der Dividend lautet 98, der Divisor 7. Welchen Wert hat der Quotient?
c) Der Wert des Quotienten ist 8, der Dividend ist 120. Wie heißt der Divisor?
d) Bilde den Quotienten aus der Summe von 8 und 4 und der Differenz dieser beiden Zahlen und berechne seinen Wert.
e) Bilde den Quotienten aus dem Produkt der Zahlen 6 und 15 und der Summe der Zahlen 2 und 13 und berechne seinen Wert.

20 Wie verändert sich der Wert eines Quotienten, wenn

a) sowohl Dividend als auch Divisor verdoppelt werden?
b) der Dividend verdoppelt und der Divisor halbiert wird?
c) der Dividend halbiert und der Divisor verdreifacht wird? Manchmal bleibt dann ein Rest. Findest du dafür ein Beispiel?

21 Vervollständige die Zahlenmauer.
Zwei nebeneinander liegende Steine werden multipliziert.

a)

b)

c) Finde eine Lösung.

d) Findest du eine Lösung, sodass die Zahlen in der unteren Reihe die Summe 10 oder 11 ergeben?

? *Setze die Ziffern von 1 bis 5 und das Divisionszeichen so ein, dass die Rechnung stimmt.*

□ □ □ □ □ □

= 878

Interessantes aus dem Tierreich

Viele Tiere üben seit jeher eine ungeheure Faszination auf die Menschen aus. Besonders beeindruckend sind einige „Bestleistungen".

- Das größte und schwerste Tier der Erde ist der Blauwal. Er kann bis zu 165 000 kg wiegen. Das entspricht etwa dem Gewicht von 30 afrikanischen Elefantenbullen. Wie schwer etwa ist ein Elefantenbulle?

- Im Jahr 1996 legte eine Küstenseeschwalbe die 26 000 km lange Strecke von Finnland nach Australien in 6 Monaten zurück. Berechne die ungefähre Tagesleistung.

Interessante Vergleiche

- Eine Weinbergschnecke kriecht mit ihrer Höchstgeschwindigkeit in 4 Stunden über ein 16,80 m langes Grundstück. Wie viele Zentimeter schafft sie in einer Minute? Vergleiche mit dem schnellsten Landtier, dem Gepard, der eine Höchstgeschwindigkeit von 120 Kilometern pro Stunde erreichen kann.

- Ein 3 Millimeter langer Floh macht einen Sprung von 45 cm. Mike Powell ist 1,90 m groß und hält den Weltrekord im Weitsprung mit 8,95 m.

- Die amerikanische Antilope benötigt für die Strecke von 1200 m genau 50 Sekunden. Vergleiche mit dem 800 m-Weltrekord der Männer (1:41 min, Wilson Kipketer 1997).

- Ein Bienenvolk liefert etwa 75 kg Honig im Jahr. Für 150 g Honig sind etwa 20 000 Blütenbesuche notwendig. Berechne die Anzahl der Blütenbesuche für die gesamte Honigmenge. 250 g Honig kosten durchschnittlich 3 Euro. Mit welchen Einnahmen kann der Imker rechnen?

- Die Tabelle zeigt die Fluggeschwindigkeit pro Stunde und die Flügelschläge pro Minute verschiedener Vögel.

Vogelart	Geschwindkeit km pro Stunde	Flügelschläge pro Minute
Sperling	42	630
Turmfalke	75	300
Mauersegler	180	715

Wie viel Meter etwa schafft jeder Vogel pro Flügelschlag?

- Beim Tauchgang, der eine Stunde und 13 Minuten dauerte, erreichte ein Pottwal eine Tiefe von 2100 m. Welche Strecke legte er dabei pro Minute bzw. pro Sekunde zurück? Runde sinnvoll.

- Die Tabelle zeigt einige gemessene Tauchtiefen von Meeressäugern und dem Menschen. Erstelle ein geeignetes Diagramm.

Kaiserpinguin	540 m
Delfin	350 m
Pottwal	2100 m
Seehund	500 m
Seeelefant	880 m
Mensch	120 m

4 Punkt vor Strich. Klammern

Zu den Rechenbäumen gehören die folgenden Rechenausdrücke.

15 + 5 · 2
(15 + 5) · 2
15 · 5 + 2
15 · (5 + 2)

15 − 5 · 2
(15 − 5) · 2
15 · 5 − 2
15 · (5 − 2)

→ Ordne die Rechenbäume richtig zu, ergänze die fehlenden Rechenbäume und berechne.

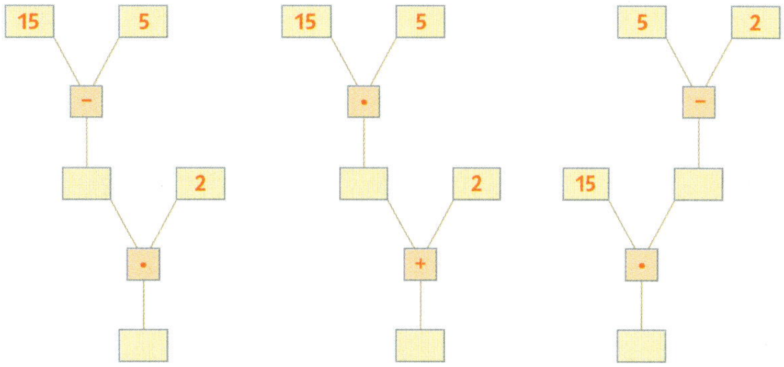

Bei den bereits bekannten Rechenarten unterscheidet man:

Strichrechnungen	und	Punktrechnungen
Addition +		Multiplikation ·
und Subtraktion −		und Division :

Wenn in einem Rechenausdruck Punktrechnung und Strichrechnung vorkommen, muss man darauf achten, dass die Rechenarten in der richtigen Reihenfolge durchgeführt werden. Es sind folgende Regeln festgelegt:

Reihenfolge beim Berechnen von Rechenausdrücken:
- Punktrechnung kommt vor Strichrechnung.
- Berechne zuerst, was in der Klammer steht.

Beispiele

a) Punktrechnung vor Strichrechnung.

16 + 5 · 8
= 16 + 40
= 56

20 − 4 · 3
= 20 − 12
= 8

9 + 15 : 3
= 9 + 5
= 14

15 − 30 : 10
= 15 − 3
= 12

b) Klammer zuerst.

5 · (12 + 4)
= 5 · 16
= 80

3 · (15 − 5)
= 3 · 10
= 30

(27 + 9) : 4
= 36 : 4
= 9

(96 − 12) : 7
= 84 : 7
= 12

c)

38 − (8 + 6 · 12) : 4	Punkt vor Strich in der Klammer
= 38 − (8 + 72) : 4	Klammer
= 38 − 80 : 4	Punkt vor Strich
= 38 − 20	
= 18	

d) In manchen Rechenausdrücken kommen in den Klammern nochmals Klammern vor. Du musst dann zuerst die inneren Klammern ausrechnen.

(3 + 2 · (4 + 5)) : 7	innere Klammer
= (3 + 2 · 9) : 7	Punkt vor Strich in der Klammer
= (3 + 18) : 7	äußere Klammer
= 21 : 7	
= 3	

Aufgaben

1 Rechne im Kopf.

a) $3 \cdot 4 + 5$
$3 \cdot (4 + 5)$
$3 + 4 \cdot 5$

b) $15 \cdot 4 - 3$
$15 \cdot (4 - 3)$
$15 - 4 \cdot 3$

c) $6 + 10 : 2$
$(6 + 10) : 2$
$10 : (3 + 2)$

d) $20 - 4 : 2$
$20 : 4 - 2$
$20 : (4 - 2)$

e) $2 \cdot 3 + 4 \cdot 5$
$2 \cdot (3 + 4) \cdot 5$
$2 \cdot (3 + 4) + 5$

f) $20 : 2 + 8 : 4$
$20 : (2 + 8) + 4$
$20 - 2 + 8 : 4$

2 Schreibe für jeden Rechenbaum den zugehörigen Rechenausdruck und berechne.

a)

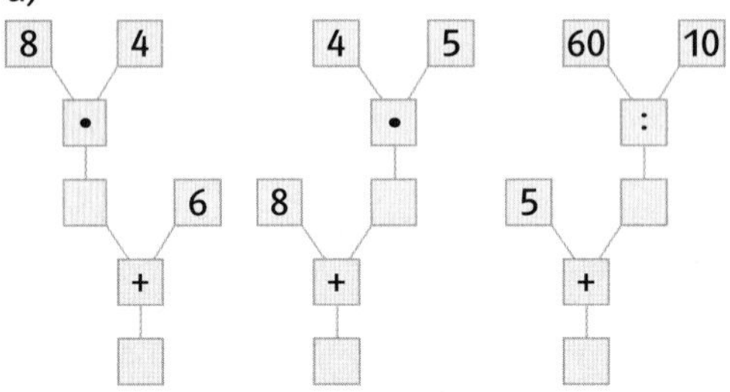

b)

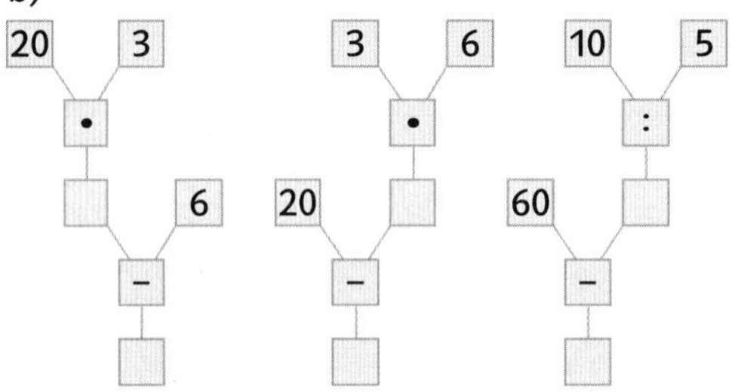

3 Vergleiche.

a) $1 \cdot (2 + 3) \cdot (4 + 5) \cdot (6 + 7) \cdot (8 + 9)$
$(1 + 2) \cdot (3 + 4) \cdot (5 + 6) \cdot (7 + 8) \cdot 9$

b) $9 \cdot (8 - 7) \cdot (6 - 5) \cdot (4 - 3) \cdot (2 - 1)$
$(9 - 8) \cdot (7 - 6) \cdot (5 - 4) \cdot (3 - 2) \cdot 1$

4 Finde verschiedene Rechenausdrücke, in denen die Zahlen 20, 10 und 5 vorkommen.
Zeichne zu jedem Rechenausdruck den entsprechenden Rechenbaum und berechne.

a) Du musst jeweils eine Punkt- und eine Strichrechnung verwenden.

b) Es dürfen auch Klammern vorkommen.

5 In den Rechenausdrücken für diese Rechenbäume musst du auch Klammern verwenden.

a)

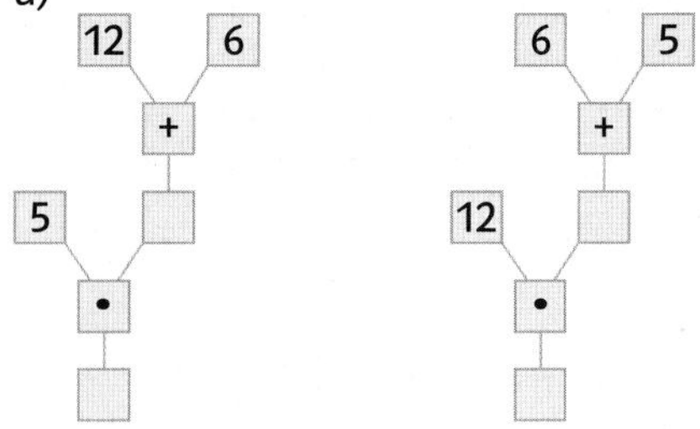

b)

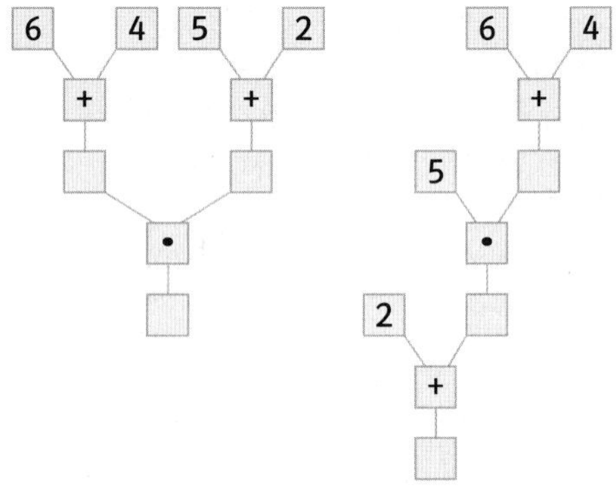

6 Berechne.

a) $15 \cdot 3 + 45$
$15 \cdot 3 - 45$
$45 + 15 \cdot 3$
$45 - 15 \cdot 3$

b) $10 \cdot 5 + 2 \cdot 6$
$10 \cdot 5 - 2 \cdot 6$
$6 \cdot 2 + 10 \cdot 5$
$2 \cdot 6 - 10 : 5$

c) $100 + (10 + 5)$
$100 \cdot (10 + 5)$
$100 + (10 - 5)$
$100 - (10 - 5)$

d) $5 \cdot (10 + 15)$
$5 \cdot (15 - 10)$
$10 : (15 - 10)$
$(10 + 15) : 5$

7 Berechne die Rechenausdrücke. Achte auf eine übersichtliche Darstellung.

Beispiel: $15 + 3 \cdot 21 - 4 \cdot 13$
$= 15 + 63 - 52$
$= 78 - 52$
$= 26$

a) $27 + 8 \cdot 16 + 7$
b) $9 \cdot 11 + 4 \cdot 13 - 17$
c) $8 \cdot 16 - 5 \cdot 12 + 2 \cdot 36$
d) $23 + 18 : 3 - 17$
e) $54 - 12 : 4 + 5$
f) $7 \cdot 8 + 56 : 7 - 120 : 4$
g) $30 : 5 - 30 : 6 + 9 : 3$
h) $72 : 6 + 144 : 12 - 169 : 13$

Drei Würfel, zwei Spiele

15 gewinnt – ein Spiel für mindestens zwei Spieler und drei Würfel
Die Aufgabe besteht darin, aus den drei gewürfelten Zahlen mithilfe von +, −, ·, : und Klammern eine Zahl möglichst nahe an 15 zu bilden oder sogar die Zahl 15 selbst.

Beispiel: 

$2 + 5 + 6 = 13$
$2 \cdot 5 + 6 = 16$
$(6 : 2) + 5 = 8$

Spiel 71 – ein Spiel für zwei Spieler und drei Würfel
Ein Zug besteht darin, aus den drei gewürfelten Zahlen wie im Spiel „15 gewinnt" eine Zahl zu berechnen.
Du würfelst abwechselnd mit deinem Mitspieler, eure Ergebnisse werden nacheinander addiert.
Gewonnen hat, wer zuerst die Zahl 71 erreicht hat. Wer über 71 hinauskommt, hat verloren.

Lisa	Chris	Rechnung	Summe
2,6,3		2·3·6=36	36
	3,5,5	3·5+5=20	56
1,3,3		(3+1)·3=12	68
	1,5,6	6−5+1=2	70
3,3,3		3·(3−3)=0	70
	1,2,5	5−2−1=2	72

- Haben Lisa und Chris korrekt gespielt?
- Kann Chris mit seinem letzten Wurf das Spiel noch gewinnen? Begründe.

8 Bilde mit den 5 Ziffern, den 4 Rechenzeichen und dem Klammerpaar einen Rechenausdruck, dessen Wert
a) möglichst groß ist.
b) möglichst klein ist.
Du musst jedes Kärtchen einsetzen, jedoch jeweils nur einmal.

9 Berechne.
a) $(17 + 33) \cdot 7$
b) $3 + 6 \cdot (25 + 75)$
c) $(18 - 3 \cdot 4) \cdot 15$
d) $4 \cdot 7 + 12 : 2 - (28 - 12)$

10 Berechne.
a) $4 \cdot (12 + 3) - 6 \cdot 2$
b) $9 + 3 \cdot 8 - (14 + 6)$
c) $14 \cdot 3 + 2 \cdot (8 + 4)$
d) $17 \cdot 2 + (8 - 5) \cdot 3$

11 Berechne.
a) $12 \cdot 21 + 2 \cdot (12 + 21) - (21 - 12) \cdot 2$
b) $(21 - 12) \cdot 2 + 21 + 21 \cdot (12 - 2)$
c) $22 \cdot (22 - 2) - 2 \cdot 22 + (22 - 2) \cdot 2$
d) $333 - 33 \cdot 3 + 3 \cdot (33 - 3) - 33$

12 Du hast fünfmal die Ziffer 1 zur Verfügung. Außerdem darfst du alle Rechenzeichen und auch Klammern verwenden. Versuche nun, möglichst viele der Zahlen von 1 bis 20 mit einem Rechenausdruck darzustellen.
Welche Zahlen schaffst du mit der Ziffer 2 oder anderen Ziffern?

$1 + 1 \cdot 1 + 1 \cdot 1 = 3$

? *Zufall?*
$1^3 + 5^3 + 3^3 = 153$

13 Bei welchen Rechenausdrücken kann man die Klammern weglassen?

a) $5 + 4 \cdot (3 + 2)$
$(5 \cdot 4) + (3 \cdot 2)$
$5 + (4 \cdot 3) + 2$
$5 \cdot (4 + 3 \cdot 2)$
$5 \cdot 4 + (3 + 2)$

b) $10 - (3 \cdot 2) - 1$
$10 - (3 \cdot 2 - 1)$
$10 - 3 \cdot (2 - 1)$
$(10 - 3) \cdot 2 - 1$
$10 \cdot 3 - (2 - 1)$

14 „Klammerolympiade“

$(2 \cdot (3 + 4) - (5 - 4) \cdot 3 - 2) \cdot (1 + 2)$
$1 + 2 \cdot (3 + 4 \cdot (5 - 4) + 3 \cdot (2 - 1))$
$(1 + 2) \cdot (3 + 4) + (5 + 6) \cdot 7 + 8 - 9$
$((1 + 2) \cdot 3 - 4) \cdot 5 + 6 \cdot (7 + 8) - 9$
$(((1 + 2) \cdot 3 + 4) \cdot 5) \cdot 6 - 7 + 8 \cdot 9$
$1 + 2 \cdot ((3 + 4) - 5 + 6) \cdot 7 + 8 - 9$
$9 - 8 + (7 \cdot (6 - 5) - 4 : (3 - 2) \cdot 1)$
$9 + (8 - 7 \cdot (6 - 5) + 4) \cdot 3 + 2 \cdot 1$
$((9 - 8) \cdot (7 - 6) + 5) \cdot (4 + 3) - 2 - 1$
$9 \cdot (8 - 7) \cdot (6 - 5) + 4 - 3 \cdot (2 - 1)$

15 Stelle zuerst einen Rechenausdruck auf und berechne dann seinen Wert.

a) Addiere 85 und das Produkt der Zahlen 3 und 15.
b) Addiere 700 und den Quotienten der Zahlen 210 und 30.
c) Subtrahiere von 444 das Produkt aus 22 und 20.

16 a) Subtrahiere den Quotienten aus 42 und 6 von 25.
b) Berechne die Summe der Produkte aus 11 und 8 sowie aus 9 und 12.
c) Wie groß ist die Differenz zwischen dem Produkt aus 12 und 6 und dem Quotienten dieser beiden Zahlen?

? $1^3 + 2^3 = (1 + 2)^2$
$1^3 + 2^3 + 3^3 = (1 + 2 + 3)^2$
...
Prüfe weiter!

17 a) Multipliziere die Summe der Zahlen 43 und 47 mit 20.
b) Dividiere die Differenz der Zahlen 257 und 47 durch 70.
c) Berechne den Quotienten aus 420 und der Summe von 22 und 48.
d) Berechne das Produkt aus 7 und der Differenz von 226 und 17.

18 Der Rechenausdruck

$$(2 + 3) \cdot 12$$

bedeutet in Worten:
„Multipliziere die Summe der Zahlen 2 und 3 mit der Zahl 12.“
Schreibe die Rechenausdrücke in Worten und berechne ihren Wert.

a) $(18 - 12) \cdot 8$
b) $27 - 6 \cdot 4$
c) $(19 + 11) \cdot (19 - 11)$
d) $3 \cdot 8 + 11 \cdot 12$
e) $35 - 2 \cdot (6 + 5)$

19 Schreibe für deinen Nachbarn fünf Rechenausdrücke mit Klammern, in denen fünfmal die Ziffer 5 vorkommt. Kontrolliert gegenseitig eure Ergebnisse.

Beispiel: $5 \cdot ((5 + 5) - 5) + 5 = 30$

Welches Paar findet den Rechenausdruck mit dem größten Wert, welches den mit dem kleinsten?

20 Übertrage die Aufgaben in dein Heft und setze Klammern so, dass die vorgegebenen Ergebnisse richtig sind.

a) $3 + 7 \cdot 5 = 50$
b) $3 + 6 \cdot 11 - 2 = 81$
c) $3 \cdot 3 + 11 \cdot 2 = 40$
d) $5 \cdot 6 + 3 \cdot 2 = 90$
e) $28 - 2 \cdot 5 + 8 = 2$
f) $16 + 5 \cdot 4 - 13 = 71$
g) $36 \cdot 2 + 3 - 2 = 178$
h) $28 \cdot 5 - 56 : 4 = 21$

21 Beim Berechnen der folgenden Rechenausdrücke musst du beachten:

Potenzieren geht vor Punkt- und Strichrechnung!

a) $12 \cdot 3^2 + 4$
$12 + 3 \cdot 4^2$
$12 \cdot 3^2 - 4^2$

b) $36 : 3^2$
$3^3 : 9$
$3 \cdot 2^3$

22 Wenn Klammern in den Rechenausdrücken vorkommen, gilt:

Klammer geht vor Potenzieren!

a) $(2 + 3)^2$
$(3 - 2)^2$
$(1 + 2)^3$

b) $2 \cdot (3 + 4)^2$
$3 \cdot (4 - 3)^2$
$4 \cdot (5 - 2^2)^3$

23 Setze Klammern so, dass das Ergebnis einmal möglichst groß und einmal möglichst klein wird.

a) 9 + 9 + 9 · 9 b) 5 + 5 · 5 + 5
c) 1 + 3 · 5 + 7 d) 36 : 4 + 2 · 3
e) 4 · 3 + 2 − 1 f) 4 + 6 · 8 − 2
g) 24 + 48 : 12 · 3 h) 60 − 18 : 6 + 8

24 Ersetze die Kästchen.

a) 6 · 5 + □ = 40 b) 24 + 4 · □ = 60
c) □ − 3 · 10 = 20 d) 3 · (18 + □) = 75
e) 2 · 5 − 9 : □ = 1 f) 5 · □ − 36 : 12 = 12

25 Setze in die Kästchen die Rechenzeichen +, −, ·, : und wenn nötig zusätzlich Klammern ein.

2 □ 3 □ 4 □ 6 = ?

a) Wie musst du die Zeichen einsetzen, um die größte Zahl zu bekommen?
b) Wie bekommst du die kleinste Zahl?
c) Findest du heraus, wie man auf das Ergebnis 29 kommt?
d) Findest du heraus, wie man auf das Ergebnis 74 kommt?

Übernachtungs- und Eintrittspreise

▪ In den Ferienmonaten Juli und August ist die Pension Waldschenke ganz ausgebucht. In dieser Zeit wird der Preis pro Zimmer um 8 € erhöht.
▪ Kannst du die Einnahmen für einen Tag in einem Rechenausdruck schreiben?

Pension Waldschenke

In ruhiger Lage, mitten in einer herrlichen Waldlandschaft, laden wir ein zum Ferien machen.

16 Einzelzimmer
Übernachtung mit Frühstück 36 €

4 Doppelzimmer
Übernachtung mit Frühstück für zwei Personen 60 €

▪ Im April sind an 14 Tagen 3 Doppelzimmer und 12 Einzelzimmer belegt, an weiteren 8 Tagen 2 Doppel- und 14 Einzelzimmer.
▪ Eine Gruppe bucht im Mai für 5 Tage 2 Doppelzimmer und 8 Einzelzimmer. Sie erhält pro Zimmer und Tag einen Nachlass von 3 €. Stelle für die Berechnung einen möglichst kurzen Rechenausdruck auf.
▪ Stelle selbst Aufgaben zusammen, indem du dir bestimmte Belegungen der „Waldschenke" ausdenkst.

▪ Am Samstag kamen 158 Erwachsene und 412 Kinder ins Freibad.

Eintrittspreise

Erwachsene	6 €
Kinder unter 14 Jahren	4 €

▪ Am Sonntag war Aktionstag „Für alle gelten die halben Preise!"
Es kamen 226 Erwachsene und 452 Kinder. Rechne auf verschiedene Arten.
▪ Im folgenden Jahr soll das Bad verschönert werden. Deshalb sollen die Preise für Erwachsene um 2 € erhöht werden. Rechne mit den Angaben der ersten beiden Teilaufgaben.

5 Ausklammern. Ausmultiplizieren

Martina hat 16 Tütchen, Manuel 24 Tütchen mit Gummibärchen geschenkt bekommen. Sie stellen fest, dass in einem Tütchen 15 Gummibärchen sind.
Darauf rechnen die beiden aus, wie viel jeder hat und addieren die Ergebnisse.
→ Hättest du eine bessere Idee, wie man die Gesamtzahl ermitteln könnte?

Den Rechenausdruck $(50 + 7) \cdot 8$ müsste man nach der Regel „Klammer zuerst" mit $57 \cdot 8$ berechnen. Vorteilhafter rechnet man aber

$$\begin{aligned}(50 + 7) \cdot 8 &= 50 \cdot 8 + 7 \cdot 8 \\ &= 400 + 56 = 456\end{aligned}$$

Diesen Vorgang nennt man **Ausmultiplizieren**.

Bei manchen Rechenvorgängen ist es dagegen vorteilhafter, Klammern zu setzen.

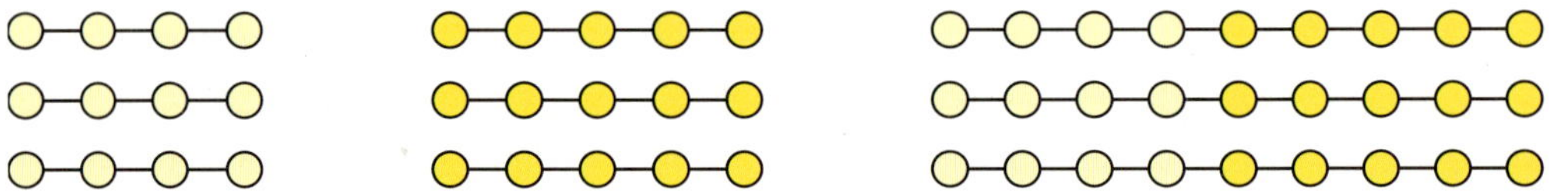

$3 \cdot 4 \quad + \quad 3 \cdot 5 \quad = \quad 3 \cdot (4 + 5)$

Hier spricht man von **Ausklammern**.

Verteilungsgesetz

Ausmultiplizieren

$$\begin{aligned}&7 \cdot (40 + 8) \\ &= 7 \cdot 40 + 7 \cdot 8\end{aligned}$$

Wenn man eine Summe mit einer Zahl multipliziert, kann man jeden Summanden mit der Zahl multiplizieren und die Produkte addieren.

Ausklammern

$$\begin{aligned}&4 \cdot 12 + 4 \cdot 38 \\ &= 4 \cdot (12 + 38)\end{aligned}$$

Wenn in einer Summe ein Faktor mehrmals vorkommt, kann man ihn ausklammern.

Beispiele

a) $27 \cdot (20 + 3)$
$= 27 \cdot 20 + 27 \cdot 3$
$= 540 + 81$
$= 621$
Hier ist Ausmultiplizieren vorteilhafter.

b) $12 \cdot 17 + 12 \cdot 33$
$= 12 \cdot (17 + 33)$
$= 12 \cdot 50$
$= 600$
Mit Ausklammern geht es leichter.

Bemerkung

Du kannst diese Regeln auch bei Differenzen und beim Dividieren anwenden.

c) $(260 - 26) : 13$
$= 260 : 13 - 26 : 13$
$= 20 - 2$
$= 18$

d) $180 : 14 - 40 : 14$
$= (180 - 40) : 14$
$= 140 : 14$
$= 10$

Aufgaben

1 Schreibe einen Faktor als Summe und berechne dann geschickt im Kopf.

Beispiel: $36 \cdot 8 = 30 \cdot 8 + 6 \cdot 8 = 288$

a) $23 \cdot 6$	b) $61 \cdot 12$	c) $102 \cdot 9$
$34 \cdot 7$	$72 \cdot 11$	$203 \cdot 8$
$51 \cdot 9$	$13 \cdot 81$	$7 \cdot 510$

2 Schreibe einen Faktor als Differenz und berechne dann im Kopf.

Beispiel: $49 \cdot 7 = (50 - 1) \cdot 7 = 343$

a) $29 \cdot 8$	b) $39 \cdot 11$	c) $98 \cdot 7$
$39 \cdot 9$	$49 \cdot 12$	$199 \cdot 6$
$48 \cdot 6$	$13 \cdot 59$	$4 \cdot 499$

3 Berechne geschickt.

a) $21 \cdot 8$	b) $49 \cdot 7$	c) $6 \cdot 102$
$31 \cdot 7$	$39 \cdot 8$	$8 \cdot 199$
$6 \cdot 51$	$8 \cdot 49$	$44 \cdot 11$
$62 \cdot 9$	$7 \cdot 99$	$12 \cdot 29$

4 Berechne durch Ausmultiplizieren.

a) $5 \cdot (10 + 7)$ b) $7 \cdot (10 + 8)$
c) $6 \cdot (20 + 6)$ d) $4 \cdot (30 + 9)$
e) $6 \cdot (40 - 1)$ f) $9 \cdot (50 - 3)$
g) $(30 - 3) \cdot 8$ h) $(20 - 2) \cdot 17$

5 Viele Aufgaben kannst du im Kopf rechnen, wenn du die Aufgabe geschickt umformst. Entscheide jeweils, ob Ausklammern oder Ausmultiplizieren besser ist.

a) $5 \cdot 17 + 5 \cdot 33$ b) $9 \cdot (14 + 66)$
c) $89 \cdot 9 - 19 \cdot 9$ d) $(20 + 4) \cdot 8$
e) $(80 + 32) : 16$ f) $14 \cdot 20 + 17 \cdot 20$
g) $17 \cdot (18 + 23 + 9)$
h) $100 \cdot 3 + 100 \cdot 9 + 100 \cdot 8$

6 Schreibe den Rechenausdruck auf und berechne dann seinen Wert geschickt.

a) Multipliziere 9 mit der Summe von 7 und 23.
b) Addiere das Produkt von 17 und 38 und das Produkt von 17 und 12.
c) Subtrahiere den Quotienten von 96 und 12 vom Quotienten von 144 und 12.
d) Subtrahiere das Produkt von 412 und 13 vom Produkt von 662 und 13.

7 Schreibe den Rechenausdruck in Worten und berechne seinen Wert.

a) $7 \cdot (13 + 27)$
b) $(112 - 12) \cdot 31$
c) $18 \cdot 22 + 18 \cdot 28$
d) $13 \cdot 25 - 13 \cdot 21$
e) $37 \cdot 12 + 13 \cdot 12$

8 In den folgenden Aufgaben fehlen die Klammern. Schreibe die Aufgaben mit den richtigen Klammern.

a) $9 \cdot 5 + 6 = 99$
b) $55 - 5 \cdot 4 = 200$
c) $5 + 9 \cdot 10 = 140$
d) $3 \cdot 11 - 7 = 12$
e) $5 + 13 + 12 \cdot 8 = 240$
f) $27 + 22 + 21 \cdot 8 = 560$
g) $29 \cdot 7 + 14 - 11 = 290$
h) $15 \cdot 21 + 37 - 43 = 225$
i) $25 \cdot 16 + 14 - 20 = 730$
j) $26 + 15 \cdot 14 + 36 = 776$

9 Monika bekommt zweimal im Monat Geld für ihre Spardose, einmal 6 € und einmal 14 €. Wie viel Geld hat sie am Ende des Jahres gespart?

10 Anna und Sebastian wollen ein Regal bauen. Dazu müssen sie verschiedene Bretter kaufen.

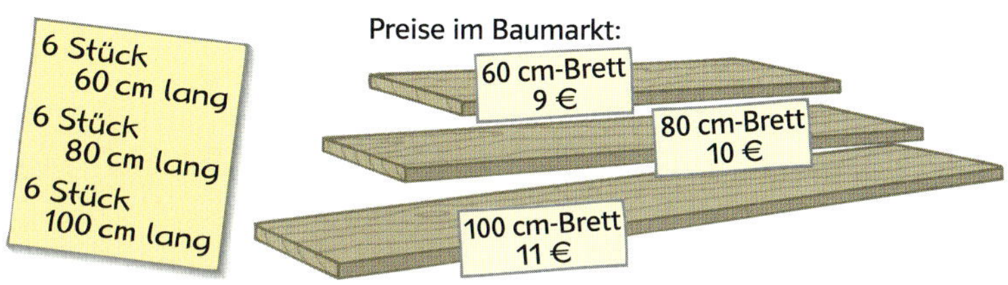

Kannst du die Kosten im Kopf berechnen?

11 Außer den vier Rechenzeichen darfst du auch noch Klammern benutzen.
Aus den vorgegebenen Zahlen sollst du einen Rechenausdruck bilden, der den in der Klammer angegebenen Wert hat.

a) 2; 3; 4; 5 (26)
b) 3; 4; 5; 6 (29)
c) 4; 5; 6; 7 (51)
d) 5; 6; 7; 8 (520)

Zusammenfassung

Multiplizieren

Das Multiplizieren ist Addieren von lauter gleichen Summanden.

$7 + 7 + 7 + 7 + 7 = 5 \cdot 7 = 35$

$$\overbrace{\underset{\text{1. Faktor}}{12} \cdot \underset{\text{2. Faktor}}{8}}^{\text{Produkt}}$$

Dividieren

Die Division ist die Umkehrung der Multiplikation.

$56 : 7 = 8$, da $8 \cdot 7 = 56$

$$\overbrace{\underset{\text{Dividend}}{75} : \underset{\text{Divisor}}{15}}^{\text{Quotient}}$$

Vertauschungsgesetz

In Produkten dürfen **Faktoren** beliebig **vertauscht** werden.

$9 \cdot 12 = 12 \cdot 9$

Verbindungsgesetz

In Produkten dürfen **Klammern beliebig gesetzt** werden.

$4 \cdot (5 \cdot 6) = (4 \cdot 5) \cdot 6$

Schriftliches Multiplizieren bzw. Dividieren

Beim schriftlichen Multiplizieren bzw. Dividieren werden die Zahlen nach den bekannten Verfahren berechnet.

$$\begin{array}{r} 458 \cdot 32 \\ \hline 1374 \\ 916 \\ 1 \\ \hline 14656 \end{array} \qquad \begin{array}{r} 3648 : 57 = 64 \\ -342 \\ \hline 228 \\ -228 \\ \hline 0 \end{array}$$

Potenzieren

Das Potenzieren ist Multiplizieren mit lauter gleichen Faktoren.

$2^5 = 2 \cdot 2 \cdot 2 \cdot 2 \cdot 2 = 32$

2^5: Potenz; Grundzahl: 2; Hochzahl: 5

Verteilungsgesetz

Das Verteilungsgesetz verwendet man zum **Ausklammern** bzw. zum **Ausmultiplizieren**.

Ausklammern

$$\begin{aligned} 32 \cdot 13 + 32 \cdot 7 &= 32 \cdot (13 + 7) \\ &= 32 \cdot 20 \\ &= 640 \end{aligned}$$

Ausmultiplizieren

$$\begin{aligned} 9 \cdot (50 + 6) &= 9 \cdot 50 + 9 \cdot 6 \\ &= 450 + 54 \\ &= 504 \end{aligned}$$

Berechnen von Rechenausdrücken

Punktrechnung geht vor Strichrechnung.

$$\begin{aligned} &\ 95 - 108 : 9 - 72 \\ &= 95 - 12 - 72 \\ &= 11 \end{aligned}$$

Was in Klammern steht, wird zuerst berechnet.

$$\begin{aligned} &\ 35 + (64 - 48 : 4) \\ &= 35 + (64 - 12) \\ &= 35 + 52 \\ &= 87 \end{aligned}$$

Innere Klammer vor äußerer Klammer.

$$\begin{aligned} &\ 36 - (64 - (120 - 13 \cdot 7)) \\ &= 36 - (64 - (120 - 91)) \\ &= 36 - (64 - 29) \\ &= 36 - 35 \\ &= 1 \end{aligned}$$

Üben • Anwenden • Nachdenken

1 Berechne.

a) 832 · 32
634 · 21
213 · 45
657 · 24

b) 721 · 402
316 · 503
416 · 405
774 · 512

c) 2036 · 24
1608 · 21
2036 · 26
7601 · 32

d) 2323 · 232
8091 · 304
9090 · 909
4004 · 111

2 Berechne.
Die Summe aller Ergebnisse beträgt 117.

a) 276 : 23
851 : 37
221 : 17

b) 861 : 41
351 : 39
1755 : 45

3 Achte auf die Nullen.

a) 280 : 70
2800 : 7
2800 : 700

b) 560 : 80
56 000 : 80
5600 : 8

c) 6300 : 9
63 000 : 9000
630 : 90

d) 96 000 : 120
9600 : 12
96 000 000 : 1200

4 Setze in deinem Heft das richtige Rechenzeichen ein.

a) 25 ☐ 74 = 99
b) 90 ☐ 15 = 6
c) 125 ☐ 25 = 100
d) 333 ☐ 666 = 999
e) 99 ☐ 9 = 11
f) 9 ☐ 99 = 891

5 Berechne.

a) (18 − 3 · 4) : 2
b) 123 · (3 + 11 − 4)
c) (2 · 17 − 9) · (11 − 11)
d) 3 · 14 − (42 − 3 · 9)
e) 64 − (2 · (3 + 19))

6 Berechne.

a) 2 · (3 · (4 + 5) + 6)
b) (2 + 3) + (4 + 5) · 6
c) 2 · 3 + (4 + 5 · 6)
d) 2 + 3 · 4 · (5 + 6)

7 Berechne.

a) ((17 · 6 − 3) · 4 − 96) · 5
b) 11 · ((45 − 5 · 8) · 2 − 9)
c) 190 + (6 · (46 + 4 · 8) − 68) · 5
d) 4 · ((5 · (6 · 7) − 7) − 5) − 4

8 Kannst du das Knäuel entwirren? Welche Aufgabe gehört zu welchem Ergebnis?

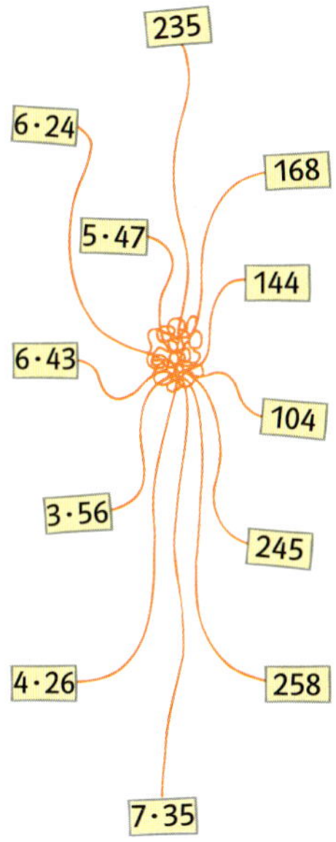

9 Schreibe jedes Mal einen Klammerausdruck auf und berechne ihn.

a) Multipliziere die Summe der Zahlen 83 und 56 mit der Differenz der Zahlen 312 und 85.
b) Multipliziere den Quotient der Zahlen 221 und 13 mit der Summe der Zahlen 713 und 829.
c) Dividiere die Differenz der Zahlen 11 510 und 1214 durch das Produkt der Zahlen 11 und 13.
d) Multipliziere die Differenz der Zahlen 51 und 18 mit 35 und addiere dieses Produkt zum Quotienten aus 1001 und 13.

10 Berechne. Achte auf die Rechenart.

a)

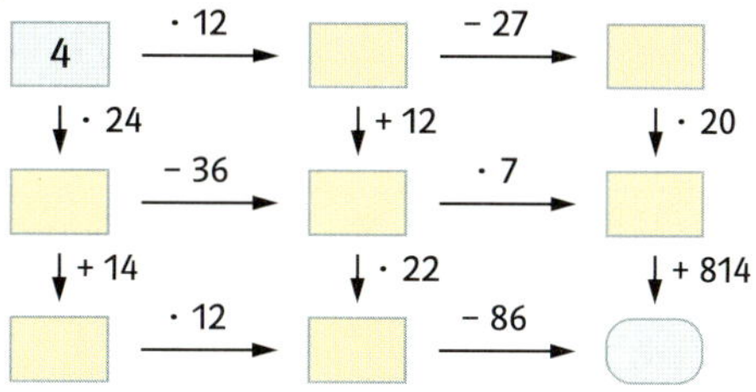

b)

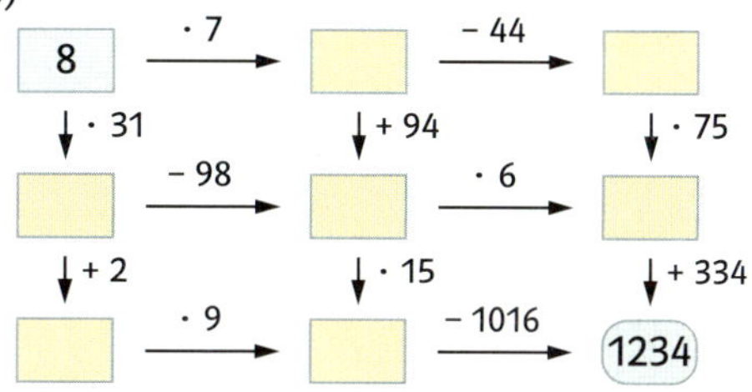

c)

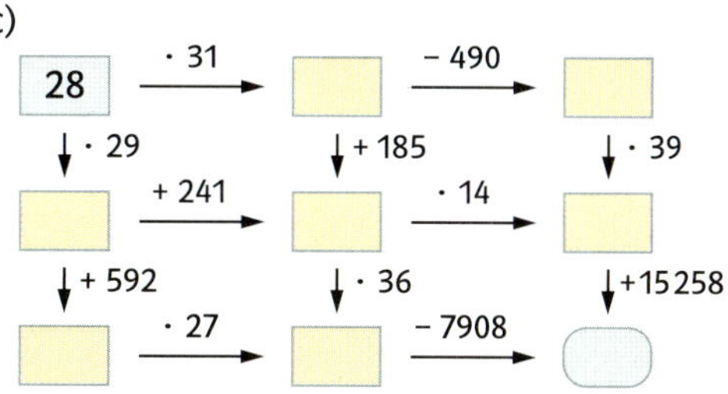

d) Dividiere das Produkt der Zahlen 12 und 17 durch die Summe der Zahlen 78 und 24.

11 In der Mauer soll auf jedem Stein das Produkt der beiden Zahlen stehen, die sich auf den beiden Steinen darunter befinden. Übertrage die Mauer in dein Heft und ergänze die fehlenden Zahlen.

12 Berechne durch Ausklammern.

Beispiel: $7 \cdot 23 + 7 \cdot 17 = 7 \cdot (23 + 17) = 280$

a) $5 \cdot 17 + 5 \cdot 33$ b) $4 \cdot 71 + 4 \cdot 19$
c) $6 \cdot 22 + 6 \cdot 48$ d) $9 \cdot 14 + 9 \cdot 66$
e) $11 \cdot 19 + 11 \cdot 61$ f) $95 \cdot 8 + 105 \cdot 8$
g) $101 \cdot 7 + 7 \cdot 99$ h) $19 \cdot 12 + 18 \cdot 12$
i) $12 \cdot 23 + 27 \cdot 12$ j) $21 \cdot 18 + 22 \cdot 21$

13 Berechne vorteilhaft.

a) $6 \cdot 13 + 6 \cdot 47$
$28 \cdot 7 + 22 \cdot 7$
$8 \cdot 19 + 91 \cdot 8$
$9 \cdot 89 - 9 \cdot 19$
$73 \cdot 4 - 33 \cdot 4$

b) $28 \cdot 11 + 32 \cdot 11$
$37 \cdot 5 - 5 \cdot 18$
$89 \cdot 6 - 78 \cdot 6$
$130 \cdot 12 + 70 \cdot 12$
$211 \cdot 11 - 111 \cdot 11$

14 Ersetze die Kästchen.

a)
```
182 · □7
--------
   1□2
   1□7□
--------
   □0□4
```

b)
```
637 · □□
--------
  1□□4
   44□□
--------
  □7199
```

c)
```
□77 · 5□□
---------
 □8□□
   11□1
     3□16
---------
 2□2□2□
```

d)
```
□□□ · 1□□1
----------
  □□100
      7□1
----------
  □8□□□□
```

e)
```
□8□□□ : □46 = □□
-2□□8
-----
 □□□8
- □9□□
------
     0
```

f)
```
□□0□ : 111 = □□
-□□□
----
  □□5
- □□□
-----
    0
```

g)
```
□7□□□ : □□ = □2□
-2□□
----
 18□
- □30
-----
   □20
 - □□□
------
     0
```

h)
```
□□□□□ : □8 = □□□
-3□0
----
 1□3
- □□□
-----
  □□□
- 2□2
-----
    0
```

3	?	18
?	6	?
?	?	12

In diesem magischen Quadrat musst du multiplizieren.
Wie heißt die „magische Zahl"?

15 Prüfe nach.
$2^3 + 3^3 + 4^3 = 99$

16 Potenzieren kommt vor „Punkt vor Strich".
a) $5 \cdot 3^2 + 3 \cdot 5^2$
b) $32 : 2^4 - 2^4 : 8$
c) $2 + 3^2 + 3 \cdot 2^3$
Klammer kommt immer zuerst!
d) $(5 + 3)^2 + (3 + 2)^3$
e) $(1 + 2)^3 - (2 - 1)^5$
f) $4 + 2 \cdot (5 - 3)^3 + (3 \cdot 2)^2$

17 Achte auf die verschiedenen Rechenarten.

a)	4^3	$4 \cdot 3$	$4 + 3$	3^4
b)	2^5	$2 \cdot 5$	$2 + 5$	5^2
c)	3^3	$3 \cdot 3$	$3 + 3$	
d)	5^1	$5 \cdot 1$	$5 + 1$	1^5

18 Versuche möglichst viele Zahlen mit drei Dreiern oder vier Vierern oder … darzustellen. Du darfst alle Rechenarten und auch Klammern verwenden. Wer findet die größte, wer die kleinste Zahl?

19 Versuche mit den Rechenzeichen +, −, ·, : und den vorgegebenen Zahlen möglichst viele verschiedene Ergebnisse zu bekommen.

Beispiele: 3 6 4

6 : 3 + 4 = 6
4 + 3 · 6 = 22
3 · 4 − 6 = 6

a) 2 8 10
b) 3 5 15
c) 4 4 5 7
d) 6 6 9 9

20 Erstelle aus den Ziffern von 1 bis 5 Rechenausdrücke, die unterschiedliche Ergebnisse haben.

Beispiele: $1 + 2 \cdot 3 + 4 \cdot 5 = 27$
$5 - 2 \cdot (3 - 1) + 4 = 5$

Findest du als Ergebnisse alle Zahlen von 1 bis 10?

21 Schau dir die Aufgabe genau an und überlege bevor du rechnest.

a) $(36 \cdot 37 + 38 \cdot 39) \cdot 0$
b) $1 : (12\,450 - 12\,449)$
c) $27^2 + 199 \cdot 0 - 27^2$
d) $(100 + 99 \cdot 0) \cdot (100 - 99)$
e) $100 : (100 \cdot 0 + 100 \cdot 1)$
f) $237 \cdot (237 - 237) + 237$

22 Setze die Aufgabenreihen fort. Versuche die Ergebnisse vorherzusagen bevor du die nächste Aufgabe berechnest.

a) $1 \cdot 2 + 3$
$2 \cdot 3 + 4$
$3 \cdot 4 + 5$
…

b) $1 + 2 \cdot 3$
$2 + 3 \cdot 4$
$3 + 4 \cdot 5$
…

c) $(1 + 2) \cdot 3$
$(2 + 3) \cdot 4$
$(3 + 4) \cdot 5$
…

d) $1 \cdot (2 + 3)$
$2 \cdot (3 + 4)$
$3 \cdot (4 + 5)$
…

e) $1 \cdot 9 + 1$
$21 \cdot 9 + 11$
$321 \cdot 9 + 111$
…

f) $1 \cdot 9 + 1$
$12 \cdot 9 + 2$
$123 \cdot 9 + 3$
…

g) $1 \cdot 9 + 2$
$12 \cdot 9 + 3$
$123 \cdot 9 + 4$
…

h) $9 \cdot 9 + 7$
$98 \cdot 9 + 6$
$987 \cdot 9 + 5$
…

Ermittle nun den Wert der folgenden Rechenausdrücke mithilfe der obigen Reihen.

i) $8 \cdot 9 + 10$
j) $9 \cdot (10 + 11)$
k) $987\,654\,321 \cdot 9 + 111\,111\,111$
l) $123\,456\,789 \cdot 9 + 9$
m) $9\,876\,543 \cdot 9 + 1$
n) $12\,345\,678 \cdot 9 + 9$

23 Berechne zuerst die Produkte und bilde dann die Differenz.

a) $10 \cdot 10 - 9 \cdot 11$
b) $15 \cdot 15 - 14 \cdot 16$
c) $20 \cdot 20 - 19 \cdot 21$
d) $26 \cdot 26 - 25 \cdot 27$
e) $30 \cdot 30 - 29 \cdot 31$
f) $37 \cdot 37 - 36 \cdot 38$
g) $40 \cdot 40 - 39 \cdot 41$
h) $48 \cdot 48 - 47 \cdot 49$

Erfinde selbst entsprechende Aufgaben und überprüfe deine Vermutung durch eine Rechnung.

24 Es gibt „Rechentricks", mit denen man manche Quadratzahlen im Kopf schneller berechnen kann als schriftlich. Das Quadrat von Zahlen, die kleiner als 100 sind und auf 5 enden, kann man so berechnen:

Beispiel: $75^2 = ?$
Die Zehnerziffer wird mit der um eins größeren Zahl multipliziert, man erhält $7 \cdot 8 = 56$ und schreibt 25 dahinter: 5625.

Probiere es mit anderen Zahlen aus.

Triff die Ikosaederzahl

Das ist ein Spiel für zwei oder mehr Spielerinnen und Spieler. Ihr spielt mit einem Ikosaederwürfel („Zwanzigerwürfel") und drei normalen Würfeln.

Ermittelt eine Zahl mit dem Ikosaederwürfel. Dann würfelt ihr mit den drei normalen Würfeln. Aus diesen Augenzahlen soll jeder einen Rechenausdruck bilden, dessen Wert möglichst nahe an der Ikosaederzahl liegt. Alle Rechenoperationen und Klammern sind erlaubt.

Beispiel:

Chris: $4(1 + 3) = 16$
Lisa: $4 \cdot 3 + 1 =$
Leonie: …

- Jeder schreibt seinen Rechenausdruck auf. Wer die Zahl hat, die am nächsten ist, erhält einen Punkt. Die genaue Ikosaederzahl ergibt sogar zwei Punkte. Sieger ist, wer zuerst 10 Punkte hat.
- Hier seht ihr die Ergebnisse der ersten drei Würfelrunden:

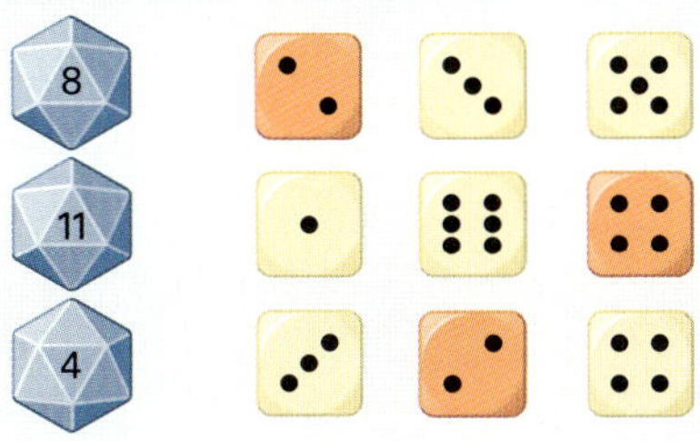

Wie kann der Spielverlauf aussehen?

Der Bodensee – ein Trinkwasserspeicher

Der Bodensee ist eine der attraktivsten Ferienregionen Deutschlands. Neben seiner Funktion als Touristenregion hat er für die Trinkwasserversorgung ebenfalls große Bedeutung. In Sipplingen bei Meersburg werden jeden Tag enorme Mengen Trinkwasser entnommen und in den süddeutschen Raum weitergeleitet.

Wassermenge des Bodensees	50 Billionen Liter
Trinkwasserentnahme	4100 Liter pro Sekunde
Entnahmetiefe	60 m unter dem Wasserspiegel
Wassertemperatur	ca. 5 °C
Abfluss aus dem See in den Rhein	365 000 Liter pro Sekunde

Verwendung Trinkwasser	Liter
Trinken	1
Kochen	4
Geschirrspüler	2
Waschen	9
Zähne putzen	1
Baden	30
Duschen	20
Waschmaschine	20
Wohnung reinigen	3
Toilette	30
Autowäsche	3
Blumen gießen	1
Gartenbewässerung	1

- Wie viel Liter Wasser werden pro Tag zur Trinkwasserversorgung entnommen? Vergleiche mit dem täglichen Wasserabfluss in den Rhein.
Berechne auch die jährliche Trinkwasserentnahme.

- Aus der Tabelle kann man den täglichen Trinkwasserbedarf pro Person entnehmen. Ermittle den täglichen Bedarf einer fünfköpfigen Familie. Erstelle Diagramme, die den Wasserverbrauch der Familie veranschaulichen.

- Reicht die Wasserentnahme aus dem Bodensee, um eine Millionenstadt mit Trinkwasser zu versorgen? Schätze zunächst. Überschlage die Zahlen in geeigneter Weise.

- Das bei Konstanz abfließende Bodenseewasser stürzt am Rheinfall bei Schaffhausen über 23 Meter in die Tiefe. Bei mittlerer Wasserführung sind dies 700 000 Liter, bei Hochwasser bis zu 4 Millionen Liter pro Sekunde. Wie viele Liter sind das in einer Woche?
Eine Badewannenfüllung beträgt 160 Liter. Wie viele Badewannen könnten bei Hochwasser in einer Sekunde gefüllt werden?

- Die deutsche Getränkeindustrie stellt jährlich ungefähr 8500 Millionen Liter Mineralwasser her (Stand 2002). Wie viele Personen konnten im Jahre 2002 mit Mineralwasser versorgt werden? Runde sinnvoll.

Pro-Kopf-Verbrauch von Mineralwasser (in Liter)

- Ein Hersteller produziert jährlich ungefähr 225 Millionen Liter Mineralwasser. Pro Stunde werden 75 000 l abgefüllt. An wie vielen Tagen im Jahr ist die Anlage in Betrieb, wenn sie pro Tag 10 Stunden läuft?

Rückspiegel

1 Berechne.

a) 23 · 41 b) 43 · 26
c) 192 : 12 d) 294 : 14
e) 124 · 36 f) 1352 · 76
g) 5535 : 15 h) 2139 : 31

2 Berechne vorteilhaft.

a) 2 · 17 · 50 b) 2 · 39 · 10
c) 4 · 19 · 2 · 25 d) 25 · 3 · 8 · 11

3 Berechne.

a) 6 · 13 + 2 · 7
b) 12 + 5 · 11 + 3 · 25
c) 35 − 90 : 15 + 12
d) 144 : 6 · 5 − 18 · 4

4 Nutze Rechenvorteile.

a) 38 · 73 + 38 · 27
b) 8 · (50 + 9)
c) 23 · 169 + 49 · 169 + 28 · 169

5 Berechne.

a) 3 − (81 − 225 : 25) : 36
b) (46 + 45 : 9 − 8) · 2 − 84
c) (36 · 27 − 18 · 11) : 3 − 257

6 Bilde mit den vier Ziffern, den drei Rechenzeichen und dem Klammerpaar einen Rechenausdruck, dessen Wert
a) möglichst groß ist.
b) möglichst klein ist.

8 + 5) 6 (− 2 ·

7 Stelle zuerst einen Rechenausdruck auf. Rechne dann.
Addiere zur Differenz der Zahlen 124 und 69 das Produkt der Zahlen 7 und 15.

8 Ein Kühlschiff hat 200 000 Kartons Bananen geladen. In jedem Karton befinden sich etwa 250 Stück. Eine Banane hat ein Gewicht von 120 g.
Berechne das Gesamtgewicht der Bananenladung.

1 Berechne.

a) 69 · 57 b) 184 · 73
c) 782 : 23 d) 4131 : 17
e) 5107 · 231 f) 90 876 · 547
g) 2378 : 58 h) 51 120 : 72

2 Berechne vorteilhaft.

a) 4 · 27 · 2 · 25 b) 8 · 3 · 25 · 12
c) 19 · 4 · 125 · 2 d) 8 · 6 · 2 · 125 · 50

3 Berechne.

a) 94 − 12 · 7 + 18
b) 184 : 4 − 12 · 3
c) 192 : 12 + 11 · 7 − 512 : 8
d) 24 + 72 : 12 − 68 : 17 − 2

4 Nutze Rechenvorteile.

a) 57 · 24 + 57 · 62 + 57 · 14
b) 12 · (250 + 20 + 8)
c) 229 · 713 + 713 · 158 − 287 · 713

5 Berechne.

a) ((48 − 13 · 3) · 11 + 45) : 12 − 10
b) 7 − ($2^5 - 5^2$) : 7
c) (16 · (99 − 96) − 3 · (67 − 61)) : (5 · (148 − 145))

6 Bilde mit den fünf Ziffern, den vier Rechenzeichen und dem Klammerpaar einen Rechenausdruck, dessen Wert
a) möglichst groß ist.
b) möglichst klein ist.

8 + : 5) 6 (− 2 · 3

7 Stelle zuerst einen Rechenausdruck auf. Rechne dann.
Subtrahiere von der Differenz der Zahlen 184 und 122 den Quotienten der Zahlen 364 und 14.

8 Ein Lastkraftwagen hat ein zulässiges Gesamtgewicht von 7500 kg. Sein Leergewicht beträgt 2800 kg. Wie viele Steinplatten mit je 25 kg Gewicht können geladen werden, wenn das Gewicht des Fahrers mit 75 kg berücksichtigt werden muss?

Die Geometrie fängt an!

Faltlinien

Papierbögen haben gerade Kanten. Durch Falten bekommt auch ein Ausriss wieder eine gerade Kante. Wie kannst du erreichen, dass der Ausriss vier gerade Kanten bekommt?

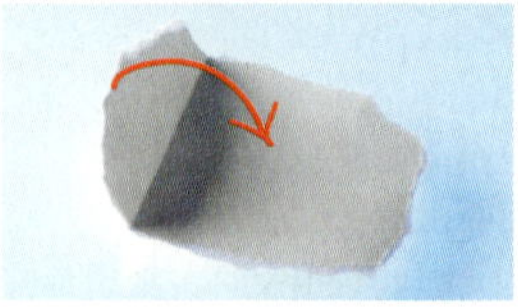

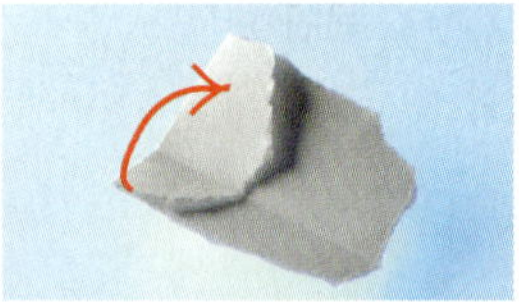

Kreuzungen

Zwei Faltlinien können sich auch überkreuzen. Probiere zwei Arten aus:
einen Bogen
falten – aufklappen – falten – aufklappen
und
einen Bogen falten – falten – aufklappen.

Versuche vorherzusagen, was du nach dem letzten Aufklappen sehen wirst.

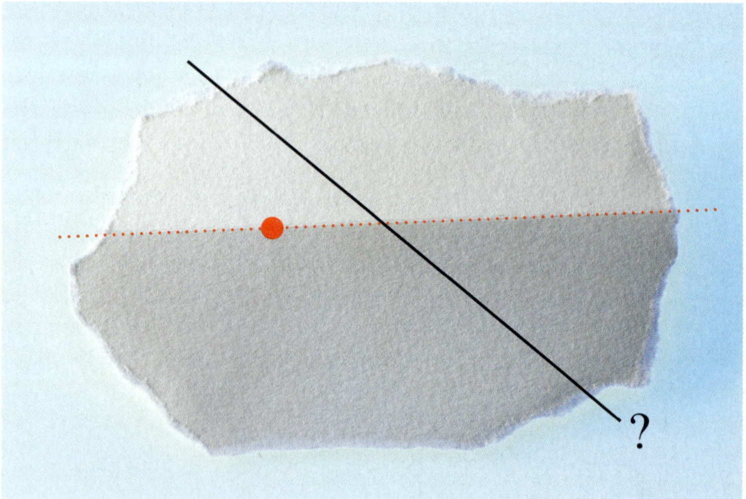

Besondere Kreuzungen

Falte zweimal. Der Punkt auf der ersten Faltlinie soll wieder auf die erste Faltlinie zu liegen kommen.

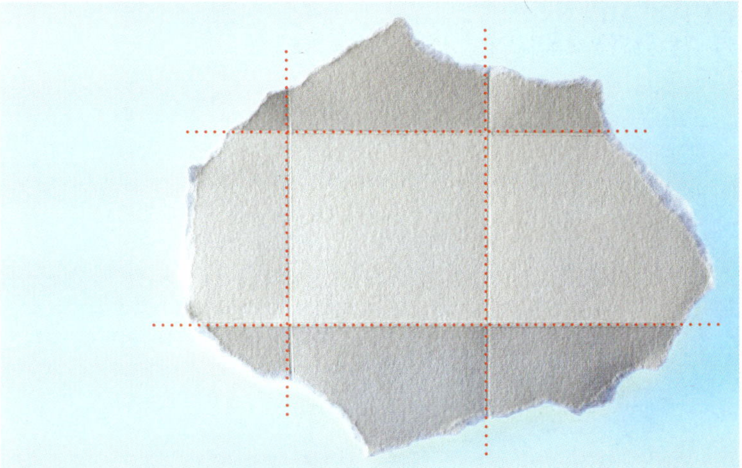

Ausrisse wieder zu Bögen machen

Du sollst aus dem Ausriss einen rechteckigen Bogen machen. Mit Faltlinien wie im Bild geht aber ziemlich viel Papier verloren. Wie geht es besser?

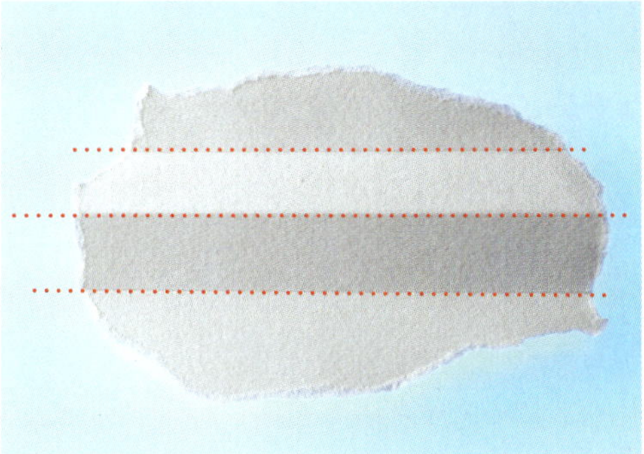

Keine Kreuzung

Falte so, dass sich die Linien nicht kreuzen, auch wenn du sie dir sehr, sehr weit verlängert denkst. Es gibt eine Möglichkeit, die besondere Kreuzung von Faltlinien auszunutzen.

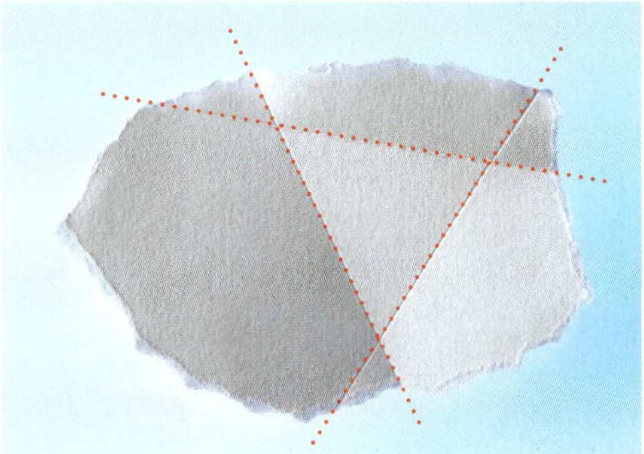

Viele Kreuzungen

Faltlinien unterteilen das Papier in Felder. Besonders viele Felder gibt es, wenn sich alle Faltlinien auf dem Ausriss kreuzen.

Faltlinien	Kreuzungen	Felder
2	?	4
3	?	?
4	?	?
5	?	?

Wie geht es wohl weiter? Zahlen raten kann leichter sein als Falten oder Zeichnen.

In diesem Kapitel lernst du,

- Strecken und Geraden zu unterscheiden,
- wie man Geraden benennt, die sich nicht kreuzen,
- Punkten eine Adresse zu geben,
- wie man Abstände und Entfernungen bestimmt – auch mithilfe von Landkarten,
- wie man schöne symmetrische Figuren zeichnet.

1 Strecken und Geraden

Bahnlinien, Straßen und Wege sind selten geradlinig.

→ Welche Vorteile, welche Nachteile hätten schnurgerade Verbindungen?

→ Welche Stadt liegt auf der geradlinigen Verbindung Gummersbach–Krefeld?

→ Trifft die geradlinige Verbindung Mönchengladbach–Wuppertal auf einen Ort, wenn man sie verlängert?

→ Suche selbst nach drei Orten in Luftlinie.

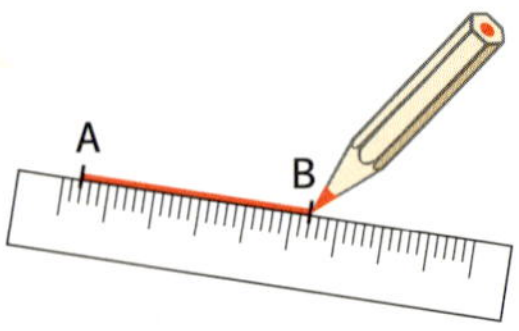

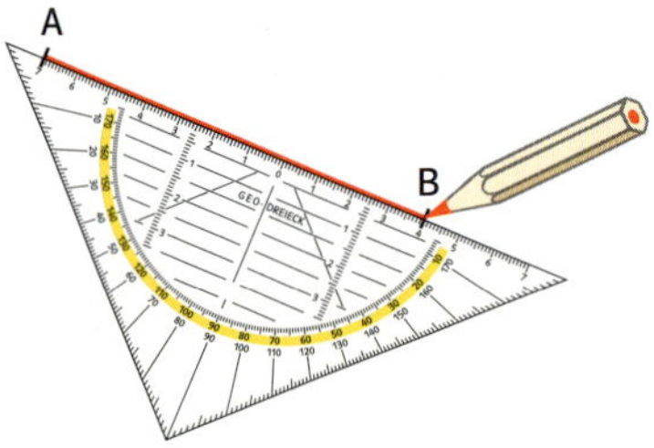

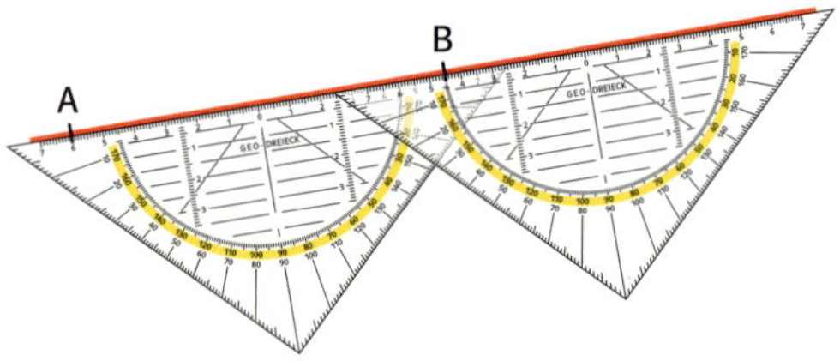

So zeichnet man Strecken und Geraden.

Die geradlinige Verbindung zwischen den zwei Punkten A und B ist die **Strecke**. Sie wird mit $\overline{AB}$ bezeichnet.

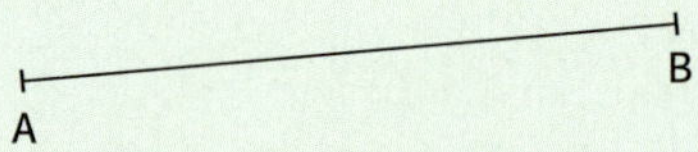

Eine **Gerade** ist eine in beide Richtungen beliebig weit verlängerte Strecke. Geraden werden mit g, h, i, ... bezeichnet.

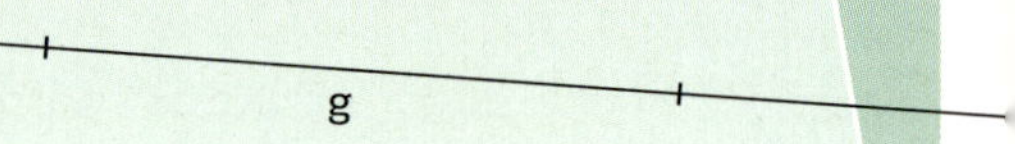

Man sagt:
Zielgerade
linke Gerade
Wanderstrecke
10 km-Strecke
Was sagst du dazu?

Beispiele

a) Jeder der Punkte A, B, C, D und E ist mit allen anderen durch eine Strecke verbunden. Von jedem Punkt gehen also vier Strecken aus und in jedem Punkt enden vier Strecken.

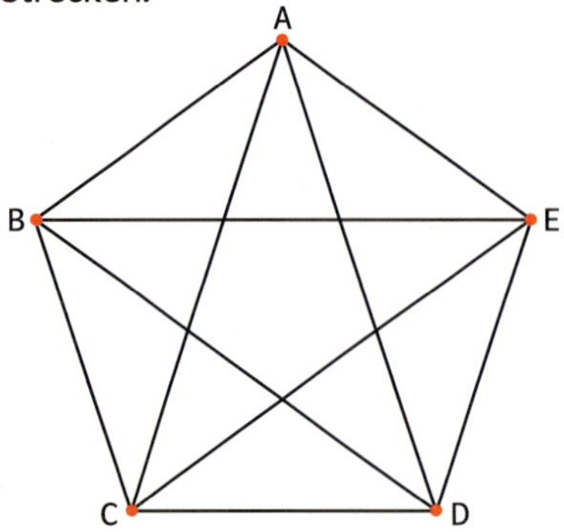

b) Die Strecken $\overline{AB}$ und $\overline{CD}$ haben den **Schnittpunkt** S.
Auch die Geraden g und h haben einen Schnittpunkt. Er liegt aber außerhalb des Zeichenblatts.

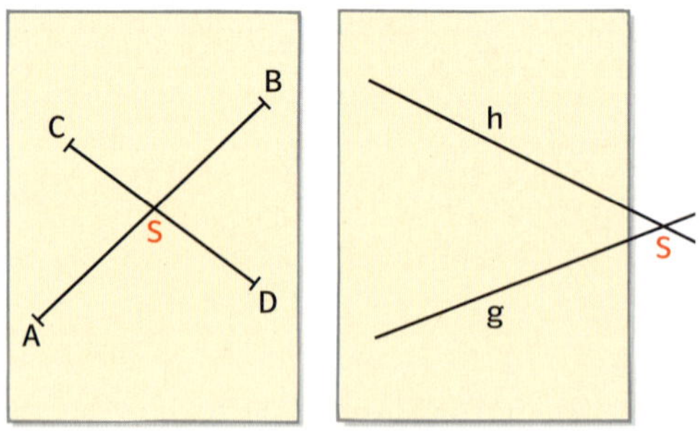

Aufgaben

1 Verbinde alle Punkte und bezeichne die Strecken.

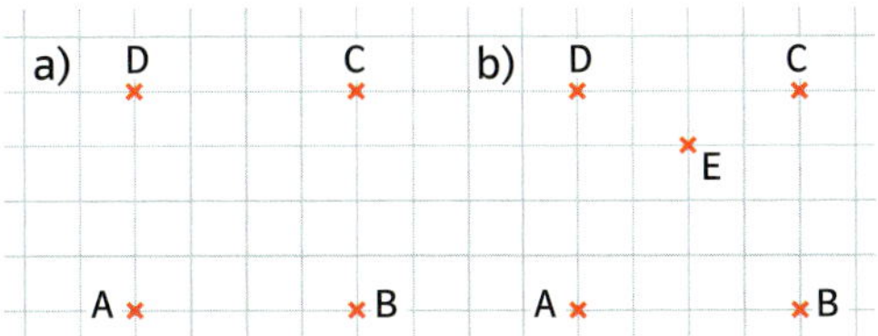

2 Verbinde die Punkte durch Geraden. Zeichne die Geraden bis zum Rand der Heftseite.

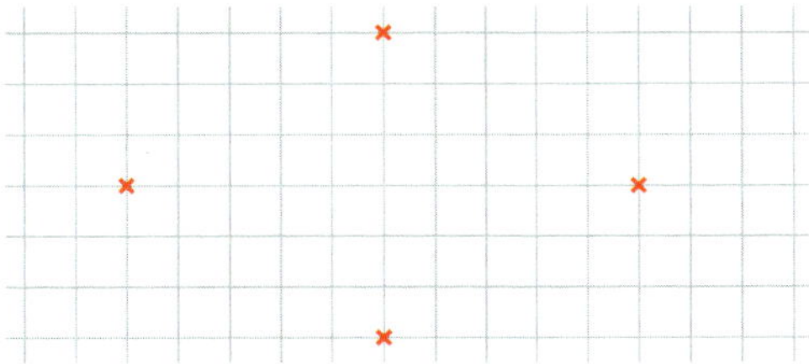

3 Verbinde alle Punkte durch Strecken. Das gibt eine schöne Figur.

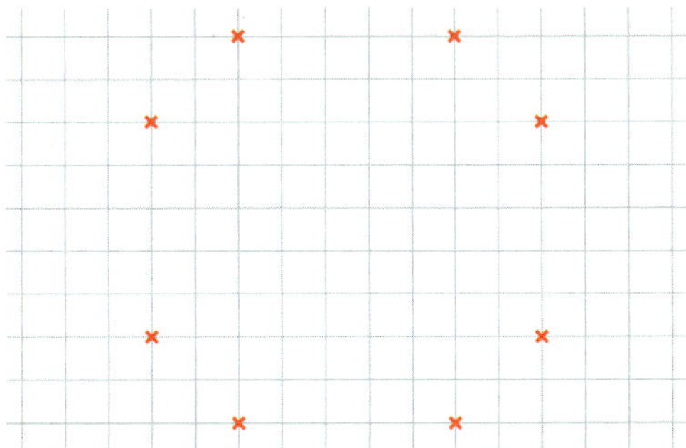

4 Verbinde alle Punkte durch Strecken. Markiere die Schnittpunkte. Verbinde sie wieder durch Strecken.

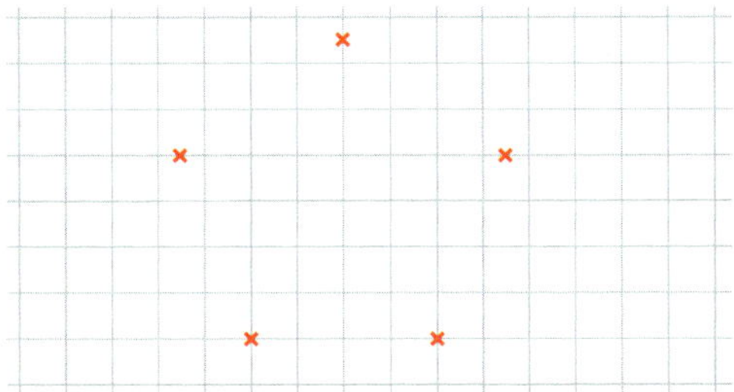

5 Wie viele Geraden und wie viele Strecken findest du?

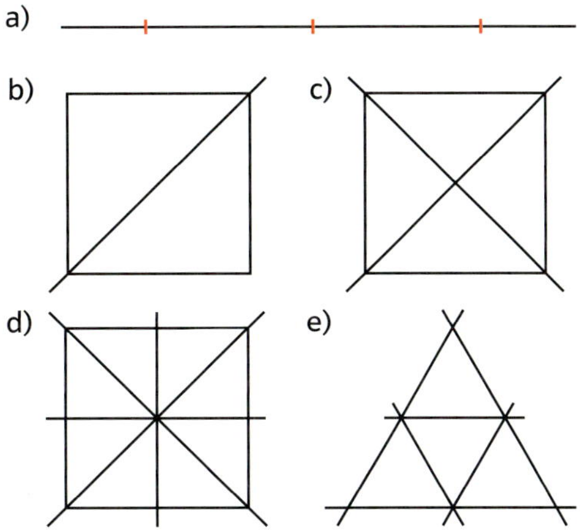

6 Wie viele Strecken enthält die Figur? Zähle mit System!

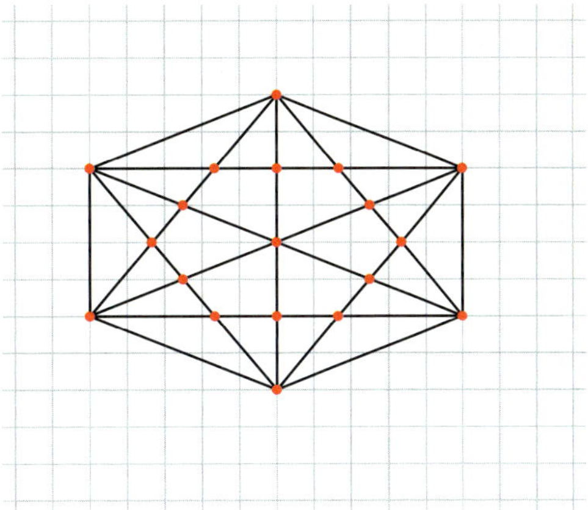

7 a) Vier Geraden aus A und fünf Geraden aus B – wie viele Schnittpunkte gibt das?

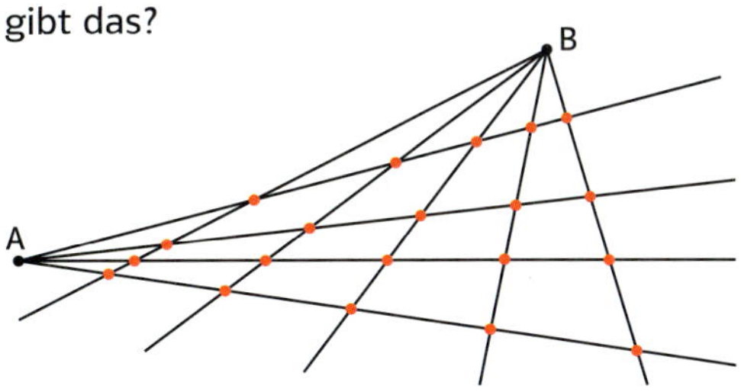

b) Sieben Geraden aus A und fünf Geraden aus B – musst du zeichnen, um die Schnittpunkte zu zählen?

c) Schreibe eine Regel für die Anzahl der Schnittpunkte auf.

Zeichne dieses Häuschen ohne den Stift abzusetzen.

8 Ein Pfannkuchen wird durch drei Schnitte geteilt. Jeder Schnitt läuft geradlinig von Rand zu Rand. Wie viele Stücke kann das geben? Zeichne.
Und wie steht es bei vier oder gar fünf Schnitten?

9 Ist es möglich, in einem Zug vier Strecken so zu zeichnen, dass die neun Punkte auf dem Streckenzug liegen?
Ein Tipp: Die Strecken müssen nicht in den vorgezeichneten Punkten enden.

10 Das Lineal ist gerade, behauptet der Hersteller. Wie kannst du das prüfen?

11 In der Wüste ist es schwer, ein längeres Stück geradeaus zu gehen. Zum Glück hast du einen Partner und zwei Stangen, die ihr in den Sand stecken könnt. Wie kommt ihr auf geradem Weg zur Oase? Wenn ihr nicht immer gemeinsam geht, so teilt den Weg gerecht auf.

Fadenbilder

- Für diese schönen Bilder brauchst du einen Karton, eine Nadel und bunte Fäden. Zeichne die Löcher an, bevor du sie durchstichst.

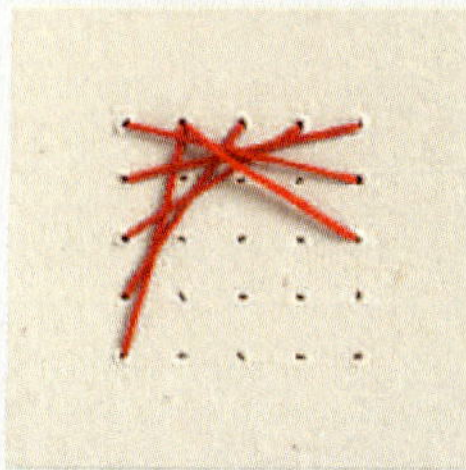

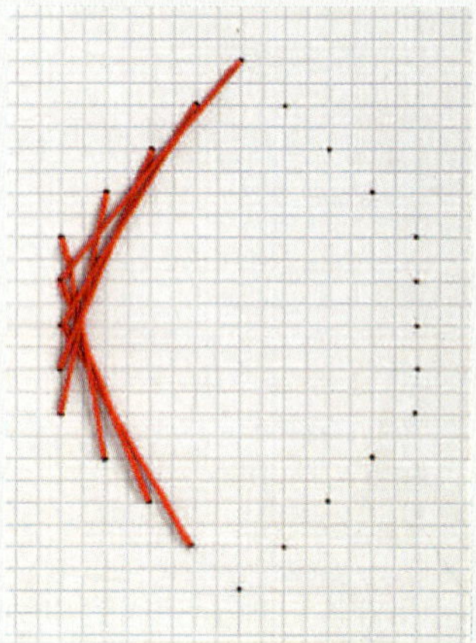

- Entwirf dein eigenes Fadenbild. Stelle es deinen Mitschülerinnen und Mitschülern vor.
- Beschreibe, wie man dein Fadenbild herstellen kann.
- Wähle die Beschreibung einer Mitschülerin oder eines Mitschülers aus. Stelle dann das entsprechende Fadenbild her.

2 Zueinander senkrecht

→ Beschreibe die Figur, die entsteht, wenn du einen Papierausriss faltest, dann quer über die Faltkante nochmals faltest und danach das Papier aufklappst.
→ Wie musst du falten, dass nach dem Aufklappen nur zwei sich schneidende Geraden zu sehen sind?
→ Stelle diese aus zwei Geraden bestehende Figur auch durch Falten, Aufklappen, nochmals Falten und Aufklappen her.
→ Nenne die erste Faltlinie g und die zweite h. Falte jetzt zuerst längs h und dann längs g. Was beobachtest du?

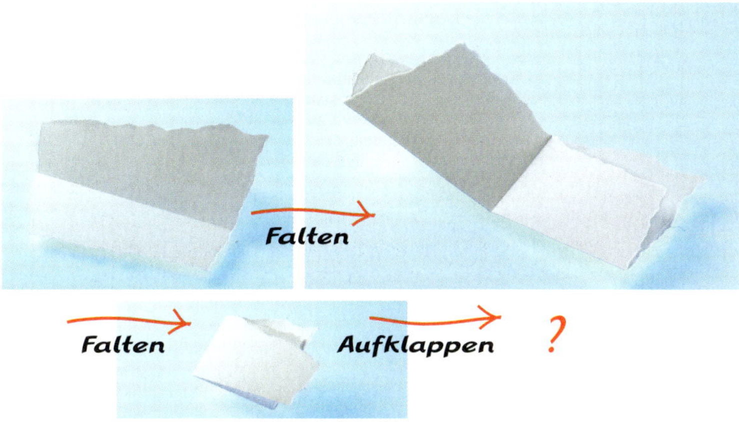

Die zwei Faltlinien liegen genauso zueinander wie die lange Seite und die Mittellinie des Geodreiecks.

Zwei Geraden g und h, die so zueinander liegen wie die lange Seite und die Mittellinie des Geodreiecks, sind **zueinander senkrecht**.
Man schreibt **$g \perp h$**, gelesen „g senkrecht zu h". In Zeichnungen markiert man solche Geraden mit dem Zeichen ⊾.

Bemerkung
Strecken nennt man zueinander senkrecht, wenn sie auf zueinander senkrechten Geraden liegen.

Beispiel
Die Gerade g und der Punkt P sind gegeben. Durch P soll die zu g senkrechte Gerade h gezeichnet werden. Die Abbildung zeigt, wie du das Geodreieck anlegen sollst. In der ersten Figur liegt P auf g, in der zweiten nicht.

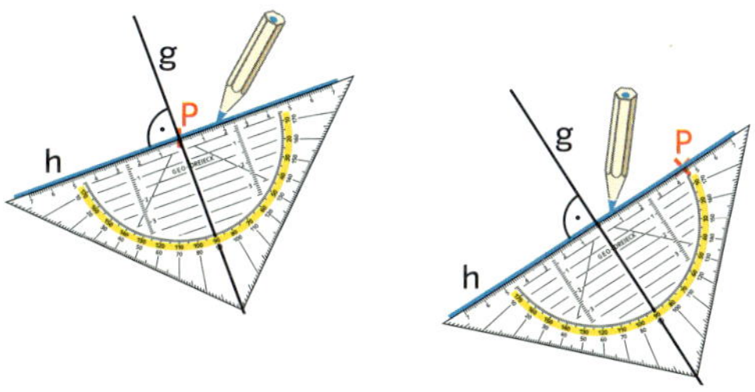

Aufgaben

1 Wo im Klassenzimmer, auf dem Schulhof, auf dem Schulweg siehst du zueinander senkrechte Geraden oder Strecken?

2 Welche der sieben Geraden sind zueinander senkrecht, welche nicht?

	g	h	
g	□	n. s.	…
h	n. s.	□	…

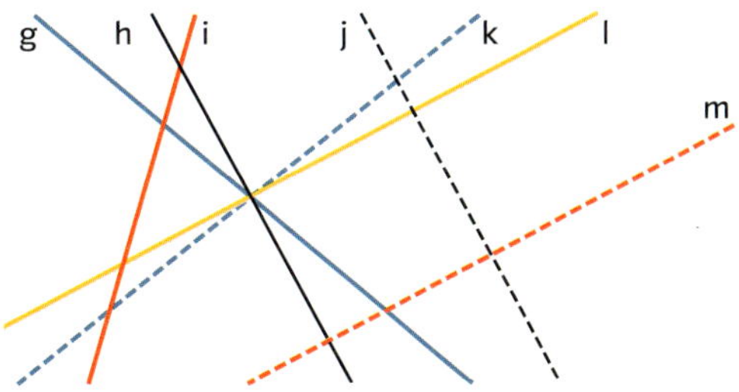

Schreinerlineal

3 Der Streckenzug ist nach einer Regel gezeichnet. Setze ihn möglichst weit fort.

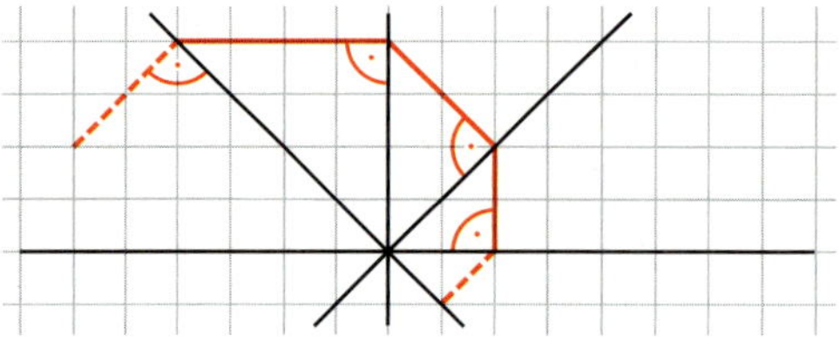

4 a) Zeichne durch den Punkt A die Gerade i, die zu g senkrecht ist.
b) Zeichne durch den Punkt B die Gerade k, die zu h senkrecht ist.

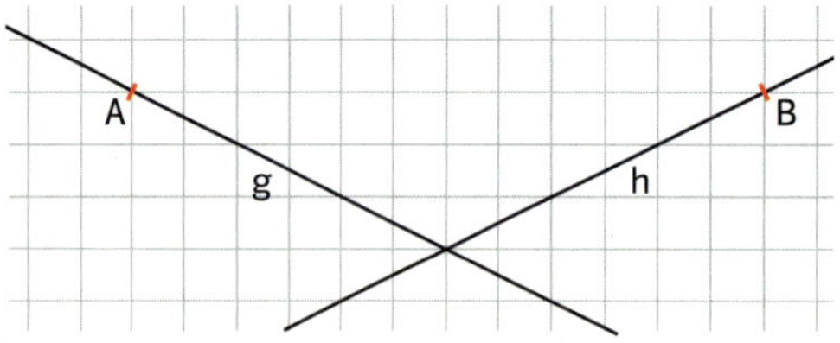

5 Zeichne durch jeden der Punkte P, Q und R die Gerade, die zu g senkrecht ist.

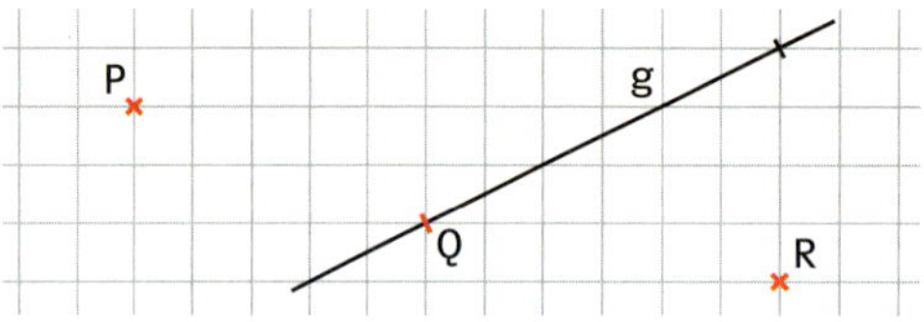

6 Verbinde gegenüberliegende Eckpunkte. Prüfe mit dem Geodreieck, ob die Strecken zueinander senkrecht sind.

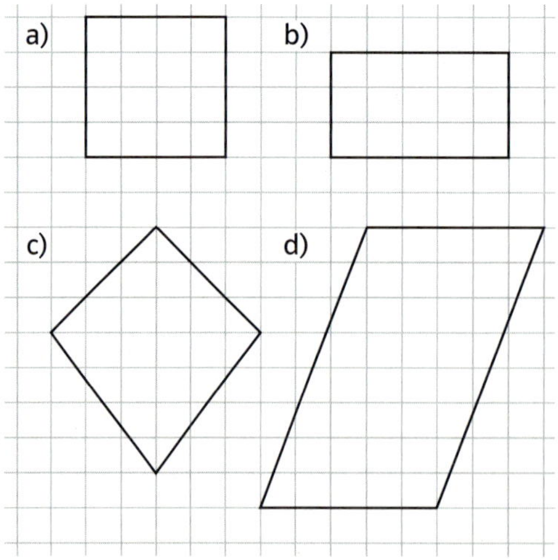

7 Was sagst du zu diesen Situationen?
- Du fährst auf dem Fahrrad aus südöstlicher Richtung geradeaus über die Kreuzung K1.
- Ein Lkw mit Anhänger fährt aus nordwestlicher Richtung in die Kreuzung K1 ein und biegt nach rechts ab.

Erfinde selbst solche Verkehrssituationen auch für die anderen zwei Kreuzungen. Welche Kreuzung macht am wenigsten Probleme und warum?

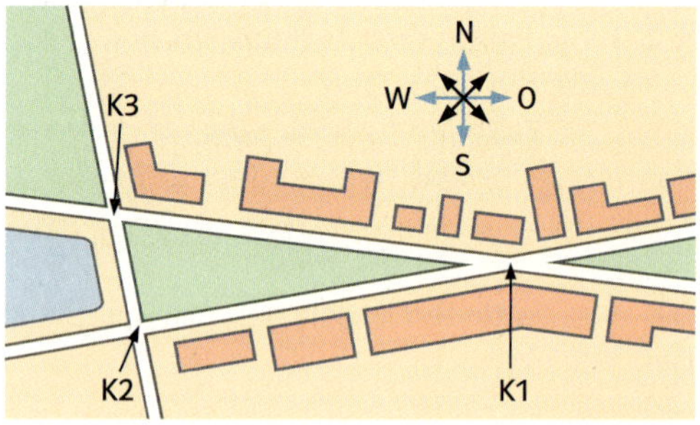

5 × 5-Nagelbrett

Auf dem 5 × 5-Nagelbrett (siehe S. 167) kannst du mit Gummiringen Strecken und Figuren spannen.
- Spanne alle Strecken, die zu der roten Strecke senkrecht sind.
- Probiert gemeinsam aus, ob es zu jeder Strecke eine Senkrechte gibt.
- Welche Nägel musst du als Anfangs- und Endpunkt wählen?

Begründe deine Antwort.

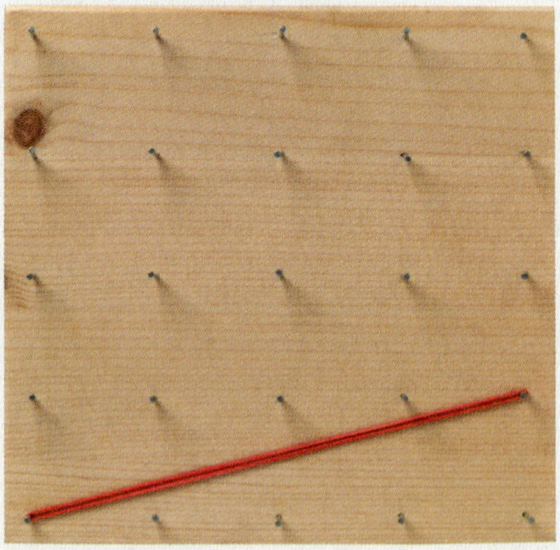

3 Parallel

→ Ein schmaler Papierausriss soll zum Streifen gefaltet werden. Auch die vierte Seite soll gerade sein.
→ Beschreibe, wie die vier Faltlinien nach dem Aufklappen liegen.

Auch wenn man den Streifen sehr lang macht, schneiden sich der obere und der untere Rand nicht. Das kommt daher, dass beide auf dem linken Rand senkrecht stehen.

Zwei Geraden, die auf einer dritten Gerade senkrecht stehen, heißen zueinander **parallel**. Man schreibt $g \parallel h$ und liest „g ist parallel zu h".
Parallele Geraden schneiden sich nicht.

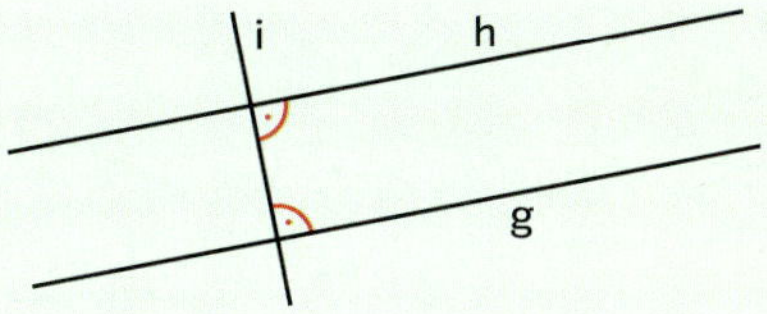

Bemerkung
Zwei Strecken heißen parallel, wenn sie auf parallelen Geraden liegen.
Man schreibt $\overline{AB} \parallel \overline{CD}$.

Beispiele
a) Der Punkt P und die Gerade g sind gegeben. Die Bilderfolge zeigt, wie du durch den Punkt P die Gerade h zeichnen kannst, die zu g parallel ist.

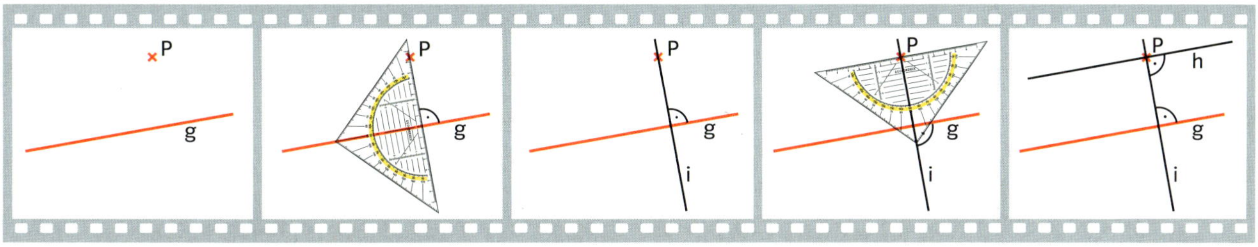

b) Um zu prüfen, ob sich zwei Geraden g und h vielleicht noch weit außerhalb des Zeichenblattes schneiden, kannst du das Geodreieck benutzen:
- Wähle einen Punkt P auf g.
- Zeichne durch P die Senkrechte i zu g.
- Markiere den Schnittpunkt Q von h und i.
- Lege das Geodreieck in Q so an, dass die Mittellinie auf h liegt.
- Prüfe, ob bei Q ein rechter Winkel ist.

Im Bild ist kein rechter Winkel bei Q. Also sind g und h nicht parallel.

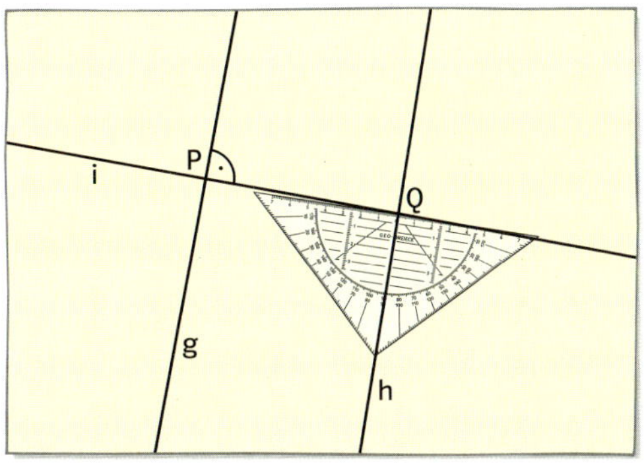

Aufgaben

1 Wo findest du im Klassenzimmer, auf dem Schulweg oder auf dem Sportplatz parallele Strecken?

2 Welche Geraden sind parallel? Wo das Augenmaß nicht reicht, helfen die parallelen Linien auf dem Geodreieck.

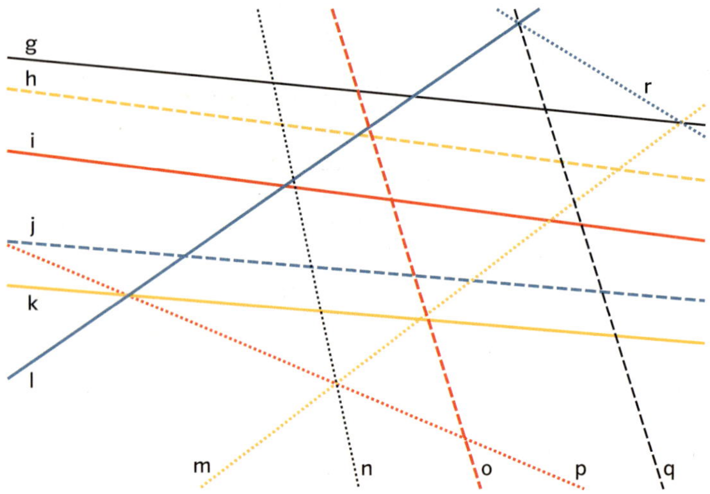

3 Zeichne die Gerade h durch P, die zu g parallel ist.

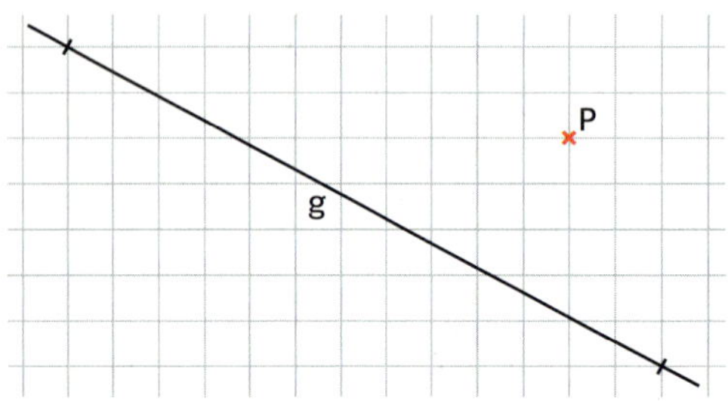

4 Zeichne
- die Gerade i durch P, die zu g parallel ist.
- die Gerade j durch T, die zu h parallel ist.

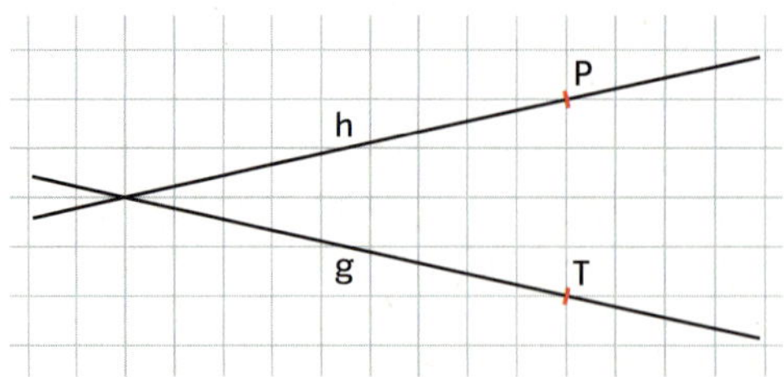

Parallele Geraden?

Was siehst du? Beschreibe. Und was misst du? Erkläre.

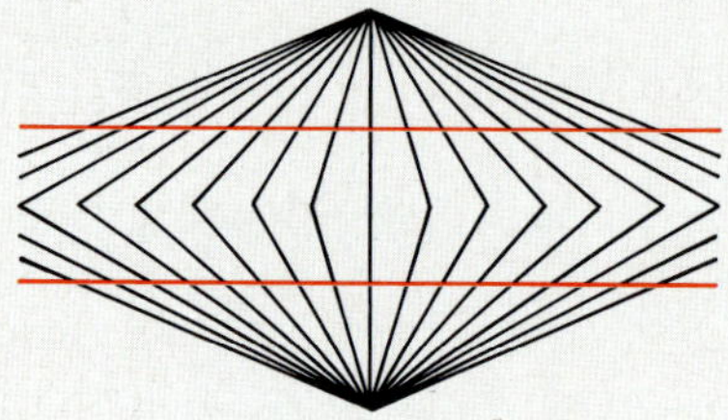

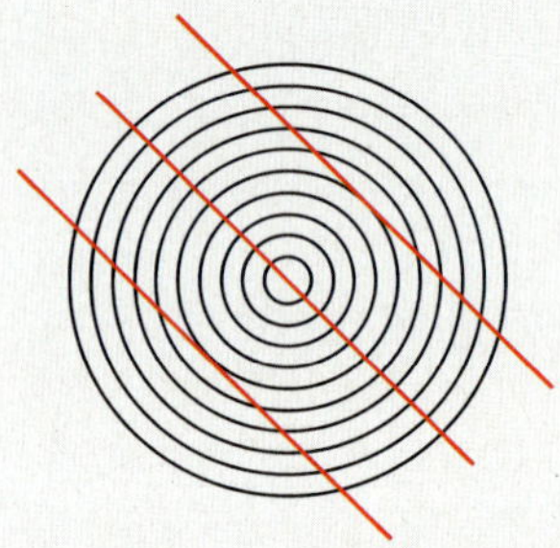

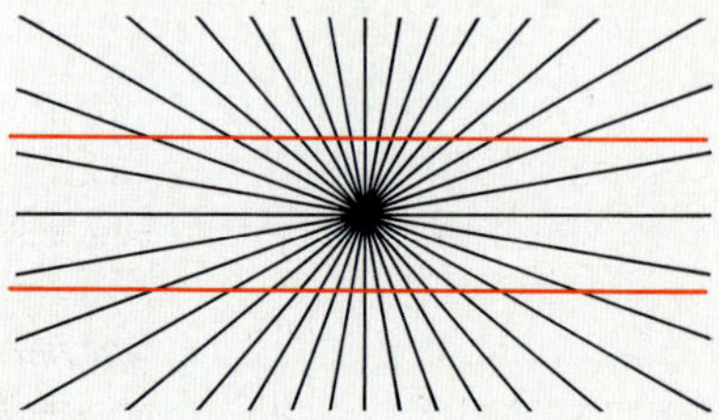

5 Zeichne die Vierecke in doppelter Größe. Verbinde die Mittelpunkte benachbarter Seiten. Was stellst du fest? Versuche dasselbe auch mit anderen Vierecken.

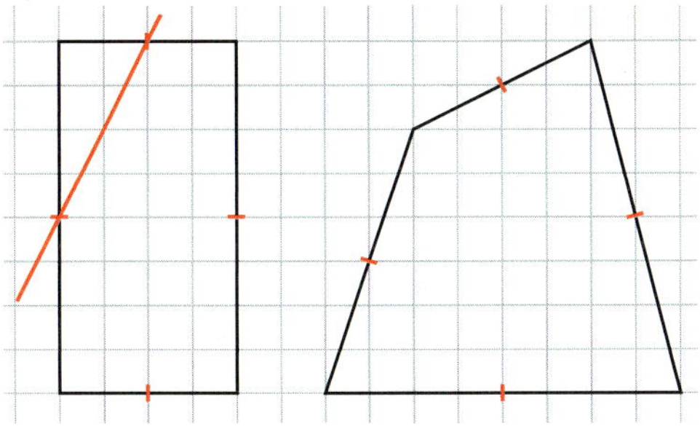

6 Auch mit den parallelen Hilfslinien auf dem Geodreieck kannst du parallele Strecken zeichnen:

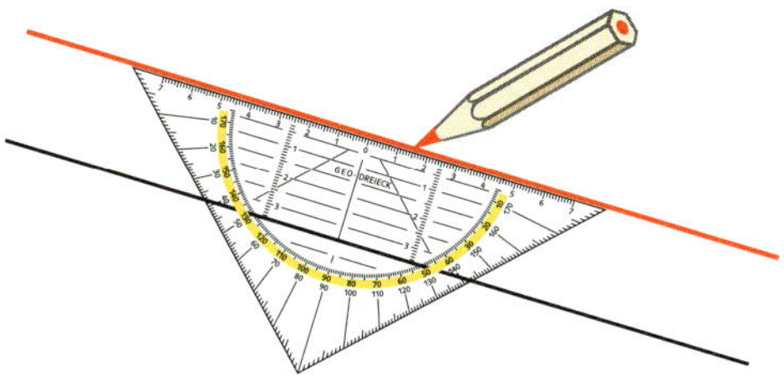

Vier Musterfiguren zum Nachzeichnen – auf die Form der Dreiecke kommt es nicht genau an.

Entwirf eigene Figuren.
Was findest du gut an dieser Art, parallele Strecken zu zeichnen, was nicht?

Senkrecht, lotrecht, waagerecht …

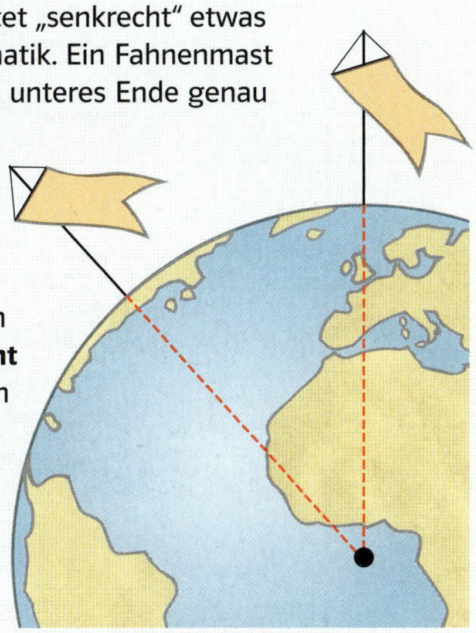

Im täglichen Leben bedeutet „senkrecht" etwas anderes als in der Mathematik. Ein Fahnenmast steht senkrecht, wenn sein unteres Ende genau zum Erdmittelpunkt zeigt. Weil die Erde eine Kugel ist, sind an verschiedenen Orten senkrecht stehende Masten nicht parallel. Statt „senkrecht" in diesem Sinn sagt man auch **lotrecht** oder **vertikal**. Ein Lot ist ein Gewicht, das an einer Schnur nach unten hängt. Linien, die auf einer lotrechten Linie senkrecht stehen, heißen **waagerecht** oder **horizontal**.

Mit der **Wasserwaage** prüft der Maurer, ob eine Mauer gerade oder schief ist. Fehler gleicht er mit Mörtel aus.
Die Wasserwaage hat zwei Röhrchen, die bis auf eine Luftblase mit Alkohol gefüllt sind. Die Oberkante der Mauer ist waagerecht, wenn im Röhrchen an der langen Seite der Wasserwaage die Luftblase genau in der Mitte steht. Für lotrechte Kanten schaut der Maurer auf das andere Röhrchen.

Ein **Lot** kann man aus einer Schnur und einem Gewicht schnell herstellen. Ab jetzt nie mehr unabsichtlich schief aufgehängte Poster!

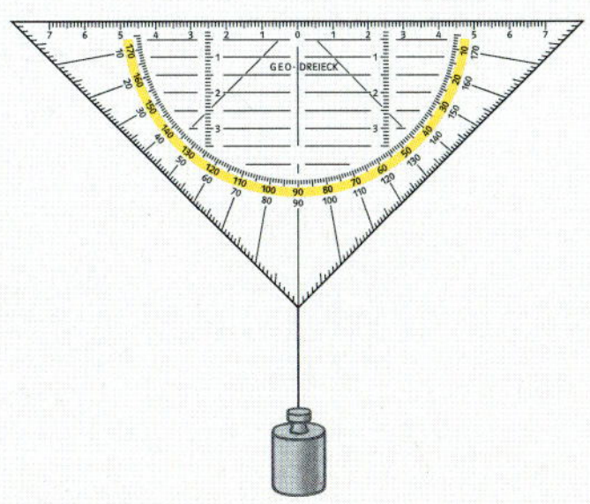

4 Quadratgitter

Neuf-Brisach in Frankreich

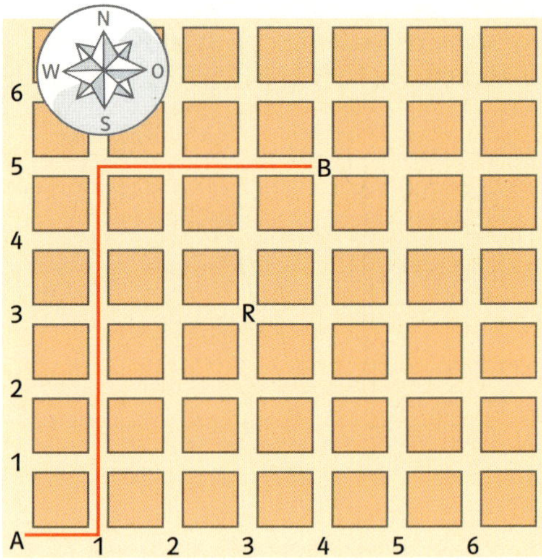

→ In Schachbrett-City brauchen die Straßen keine Namen. Nummern genügen. Wie würdest du die Kreuzungen nummerieren?
→ Von A nach B gibt es einen Weg, der neun Häuserblocks lang ist. Gibt es noch andere ebenso lange Wege von A nach B?
→ Das Rathaus liegt bei R. Von wo aus ist der Weg nach R drei Häuserblocks lang?

Die Kreuzungen bilden ein Quadratgitter. Man kann sie durch zwei Zahlen nummerieren.

Im **Quadratgitter** kann man Gitterpunkte durch zwei Zahlen angeben. Dazu zeichnet man zueinander senkrecht die **Rechtsachse** und die **Hochachse**.
Für den Punkt P mit dem Rechtswert 7 und dem Hochwert 4 schreibt man P(7|4).

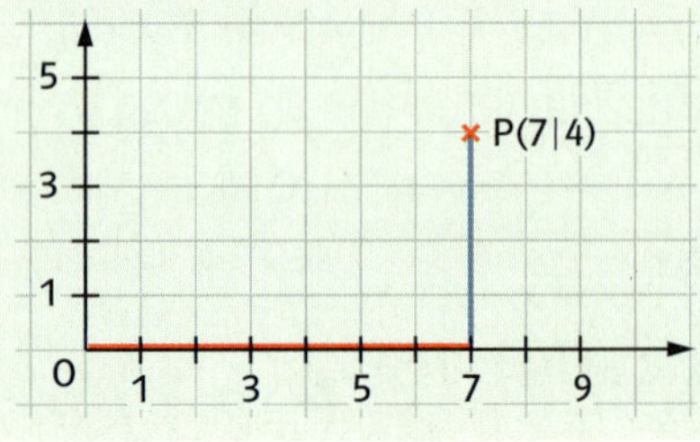

Beispiele

a) Geht man von A(3|2) aus 5 Kästchen nach rechts und 4 Kästchen nach oben, so kommt man zu B(8|6).

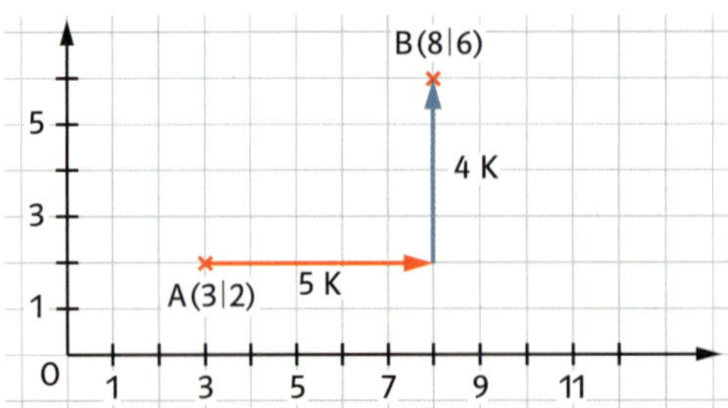

b) Punkt C(3|7) ist ein anderer Punkt als D(7|3).

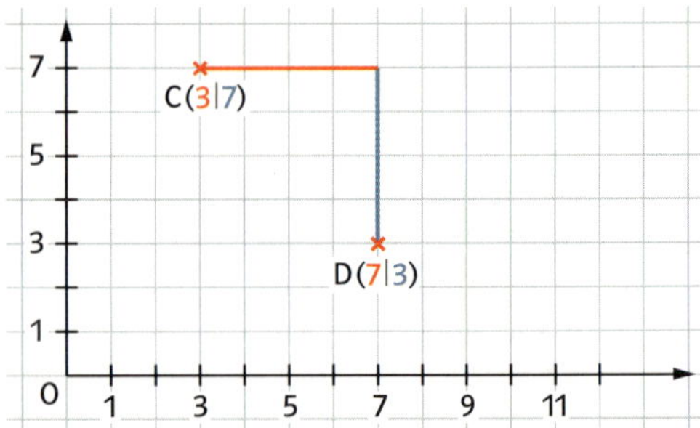

Aufgaben

1 Wie werden Plätze im Fußballstadion und im Kino nummeriert? Wie bezeichnet man die Planquadrate eines Stadtplans?

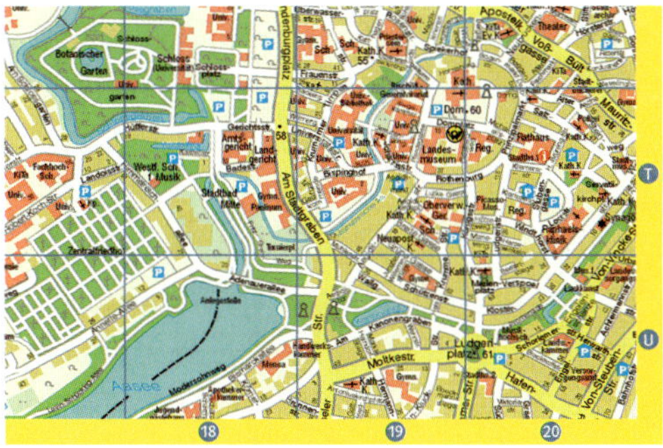

2 Gib die Rechtswerte und die Hochwerte der Punkte an.

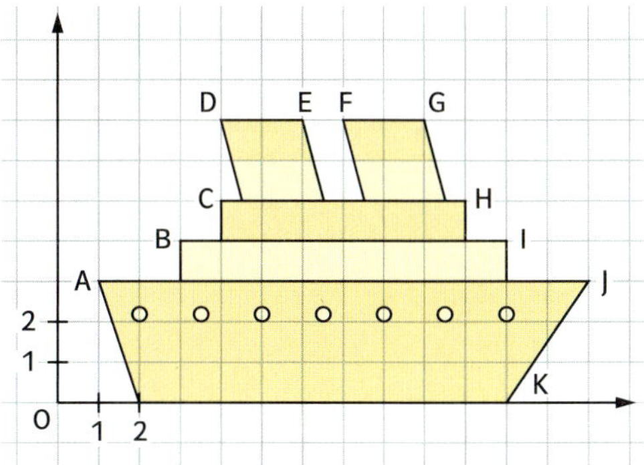

3 Zeichne alle Punkte, deren Rechtswert und deren Hochwert mindestens 1 und höchstens 8 ist. Markiere sie

- rot, wenn der Rechtswert und der Hochwert gerade Zahlen sind,
- blau, wenn der Rechtswert und der Hochwert ungerade Zahlen sind,
- grün, wenn der Rechtswert gerade und der Hochwert ungerade ist,
- gelb, wenn der Rechtswert ungerade und der Hochwert gerade ist.

4 a) Zeichne die Punkte P(2|2), Q(1|7), R(8|6) und S(7|3). Verbinde jeden Punkt mit jedem anderen.
b) Wiederhole dasselbe mit den Punkten A(6|4), B(16|4), C(20|12), D(16|20), E(6|20) und F(2|12).

5 a) Zeichne die Punkte A(6|3), B(12|4) und C(8|7).
b) Gehe von A, B und C je um 9 Kästchen nach rechts und um 4 Kästchen nach oben. So erhältst du die Punkte D, E und F.
c) Zeichne die Strecken
$\overline{AB}$, $\overline{BC}$, $\overline{AC}$, $\overline{DE}$, $\overline{EF}$, $\overline{DF}$, $\overline{AD}$, $\overline{BE}$, $\overline{CF}$.

6 Zeichne die Figur und dazu noch vier Kopien nach folgenden Vorschriften:

- Rechtswerte + 5, Hochwerte + 3
- Rechtswerte + 5, Hochwerte − 3
- Rechtswerte − 5, Hochwerte + 3

Jetzt fehlt nur noch die vierte Kopie.

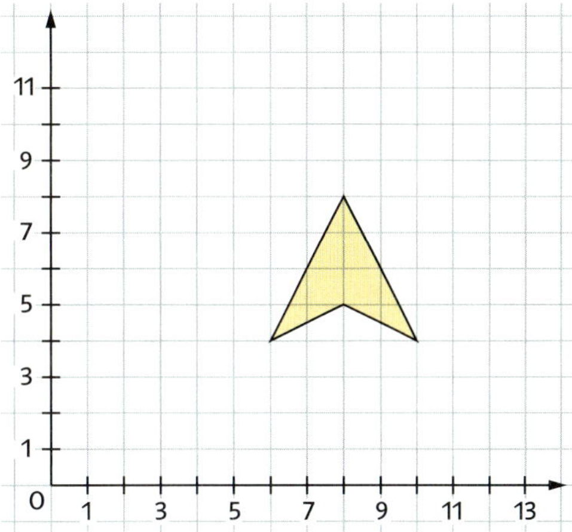

7 In der Figur wurde das Quadratgitter weggelassen. Welchen Rechtswert und welchen Hochwert haben die Punkte D und E?

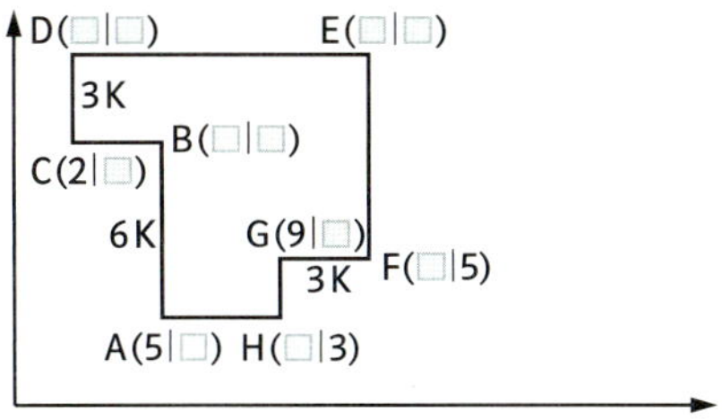

8 a) Zeichne die Punkte A(5|2), B(10|2) und C(15|5). Vertausche Rechts- und Hochwerte und zeichne die Punkte, die dadurch aus A, B und C entstehen.
b) Verbinde die sechs Punkte so, dass eine schöne Figur entsteht. Es gibt viele Möglichkeiten.

9 Auf dem 5×5-Nagelbrett werden die Geraden, die durch zwei Gitterpunkte gehen, Gittergeraden genannt.
Auf dem Nagelbrett kannst du zueinander parallele und senkrechte Strecken spannen.
Besser ist es, das Nagelbrett mit Gittergeraden zu zeichnen.

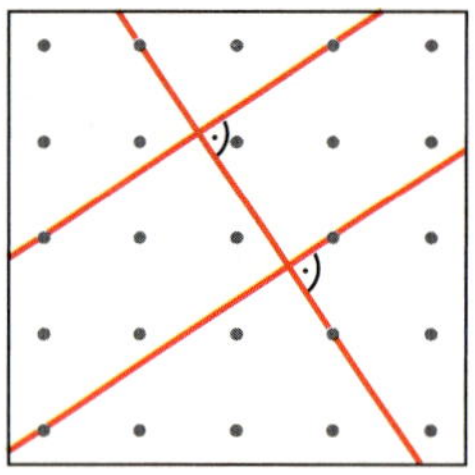

a) Wie findet man parallele Gittergeraden, wie findet man senkrechte Gittergeraden? Schreibe Regeln ins Heft.

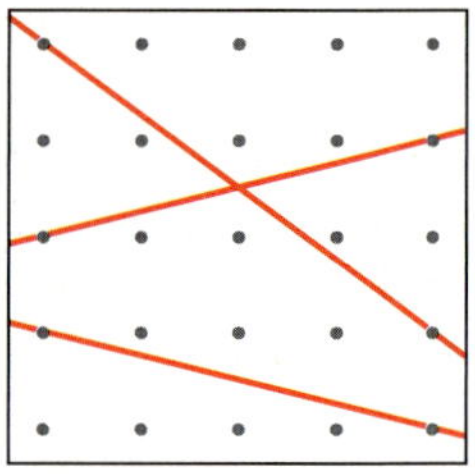

b) Gibt es zu jeder Gittergeraden eine senkrechte Gittergerade? Vielleicht sogar mehrere?
c) Gibt es zu jeder Gittergeraden eine parallele Gittergerade? Oder sogar mehrere?

Gitterspiele

Susanne hat einen Spielplan entworfen.

Der Weg verläuft von einem markierten Punkt zum nächsten geradlinig auf dem Gitter.

Jeder Schritt ist ein Kästchen lang.

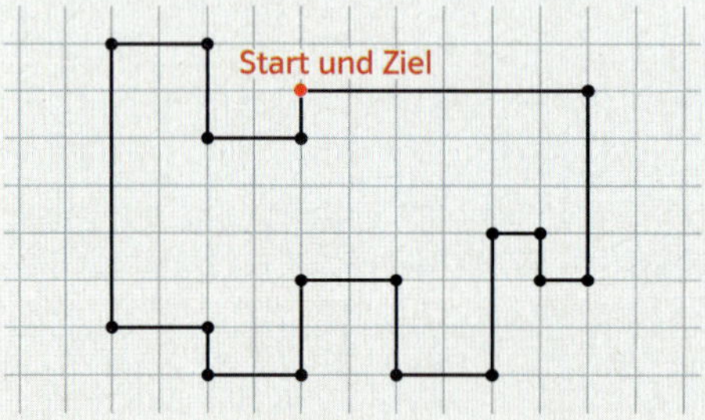

- Wie viele Schritte führt der Weg nach rechts, links, oben, unten?

- Stell dir vor, du wärst ein Spielstein. Wie oft müsstest du nach rechts, wie oft nach links abbiegen?

- Entwirf selbst solche Spielpläne. Zähle Schritte und Richtungswechsel. Erkennst du Regeln? Kannst du sie begründen?

- Suche einen Weg von A nach B, der im Innern des Rechtecks auf Gittergeraden verläuft und keinen markierten Punkt trifft.

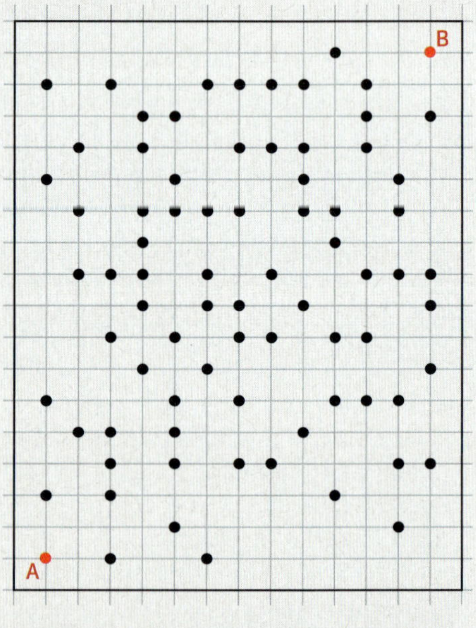

- Entwirf selbst eine solche Labyrinth-Aufgabe und stelle sie deinem Nachbarn oder deiner Nachbarin.
- Wann ist ein solches Labyrinth interessant, wann ist es langweilig?

5 Entfernung und Abstand

→ Im oberen Nagelbrett verdeckt der Nagel P den Nagel Q, wenn man von A aus hinschaut. Wie lang sind die Strecken zwischen A und den von A aus sichtbaren Nägeln? Wie viele Strecken musst du mindestens messen?
→ Im unteren Nagelbrett liegt A unten links. Welche Nägel sind von A aus sichtbar? Wie viele verschiedene Streckenlängen gibt es?
→ Im Nagelbrett rechts liegen auf den Geraden g und h je vier Nägel. Welche Entfernungen kommen zwischen diesen acht Nägeln vor? Untersuche auch die Geraden g und i.

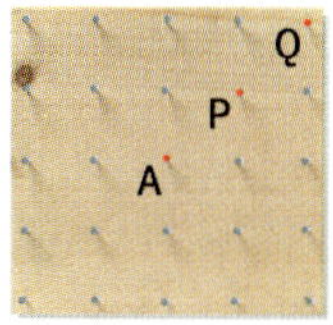

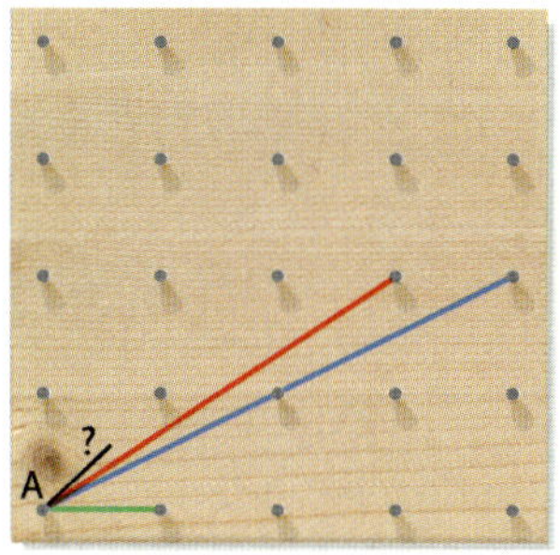

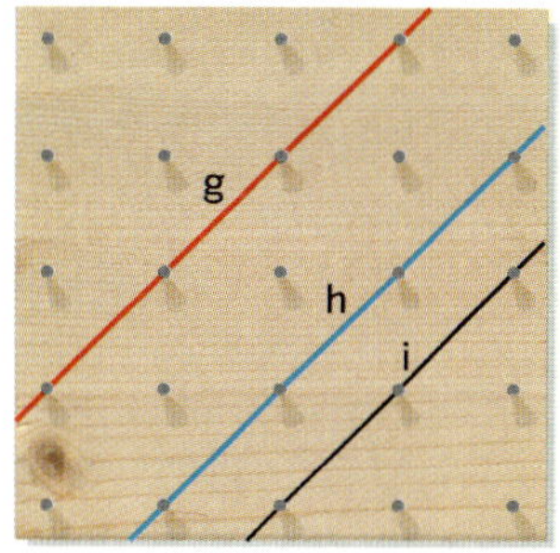

Entfernung von P und Q

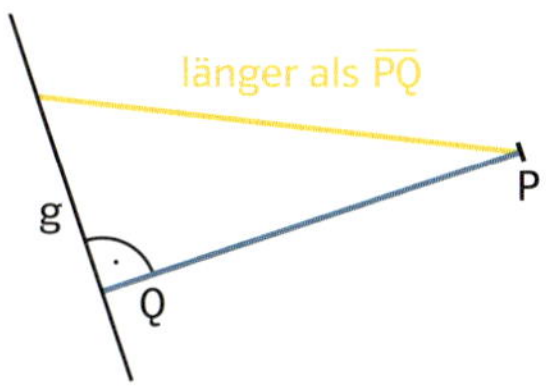

Abstand von P und g

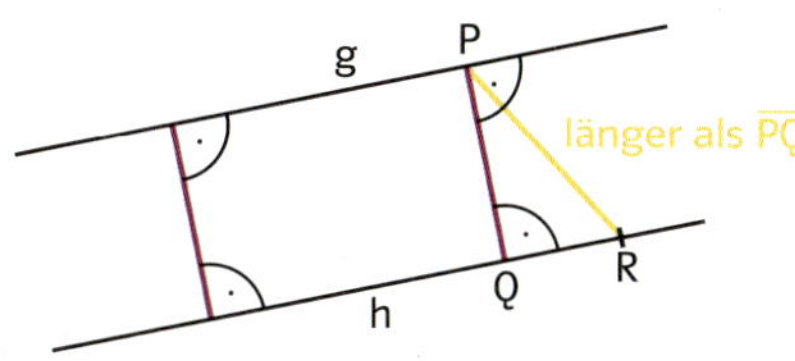

Abstand von g und h

Die Länge der Verbindungsstrecke der Punkte P und Q ist die **Entfernung von P und Q**.
Die kürzeste Entfernung zwischen einem Punkt P und einer Geraden g ist der **Abstand von P und g**. Er ist die Länge der Strecke, die von P aus senkrecht zu g führt.
Die Länge der kürzesten Strecke zwischen zwei parallelen Geraden g und h ist der **Abstand von g und h**. Er kann auf jeder Strecke gemessen werden, die g und h senkrecht verbindet.

Beispiel

Zu einer Geraden g gibt es zwei Parallelen im Abstand 4 cm. Zeichne
- einen beliebigen Punkt P auf g,
- durch P die Senkrechte i zu g,
- auf i die Punkte Q und R im Abstand 4 cm von g,
- durch Q und R die Senkrechten h und j zu i.

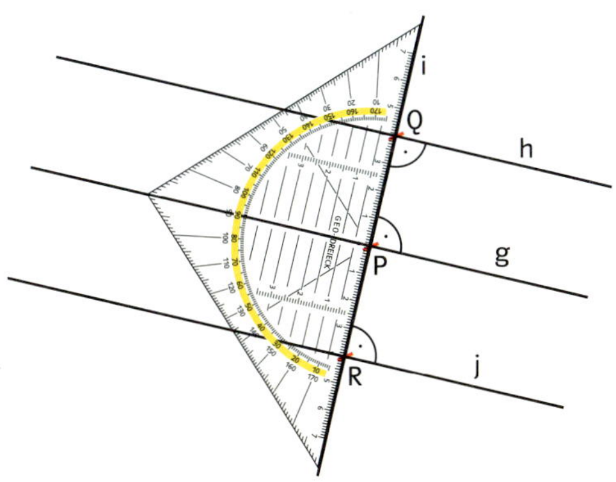

Mit den parallelen Hilfslinien auf dem Geodreieck wird die Zeichnung für große Abstände ungenau.

Aufgaben

1 Trage die Punkte A(2|12), B(13|3), C(13|8) und D(7|6) ins Quadratgitter ein.
a) Miss alle Entfernungen.
b) Ist der direkte Weg von A nach B wirklich kürzer als der Umweg über D?

2 Zwei Punkte, zwei parallele Geraden – miss alle Entfernungen und Abstände. Manche Ergebnisse passen zusammen.

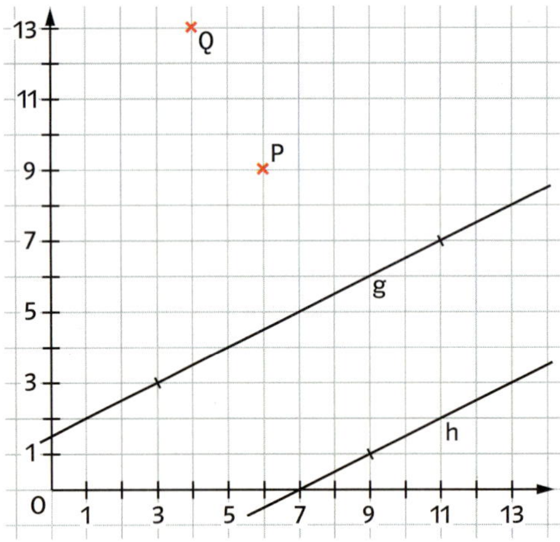

3 Zeichne die Punkte A(16|4), B(4|11) und C(4|1). Verbinde sie geradlinig. Wie groß ist der Abstand zwischen A und $\overline{BC}$, zwischen B und $\overline{AC}$, zwischen C und $\overline{AB}$?

4 Miss die Abstände der Punkte P, Q, R und S von der Geraden g.
Was fällt dir auf? Denke dir die Punktreihe durch einen Punkt T fortgesetzt. Wie groß wäre sein Abstand von g?
Welchen Abstand von g hätte der zehnte Punkt?

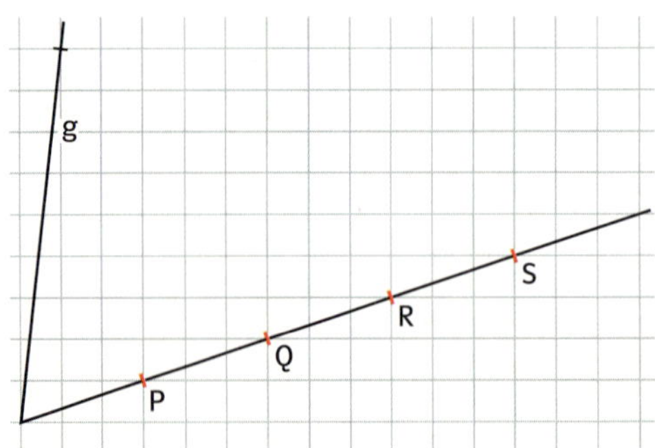

5 Zeichne eine beliebige Gerade g und dazu die parallelen Geraden im Abstand 2 cm, 4 cm und 6 cm.
Wenn du eine Gitterlinie als g wählst, ist das Zeichnen sehr einfach, aber langweilig.

6 Zeichne zwei Geraden, die sich schneiden. Zeichne alle Parallelen zu beiden Geraden, im Abstand 2 cm, 4 cm und 6 cm. Gitterlinien als Geraden gelten aber nicht.

7 Miss alle Abstände zwischen den Punkten P, Q, R, S und den Geraden g und h. Was fällt auf? Erkläre.

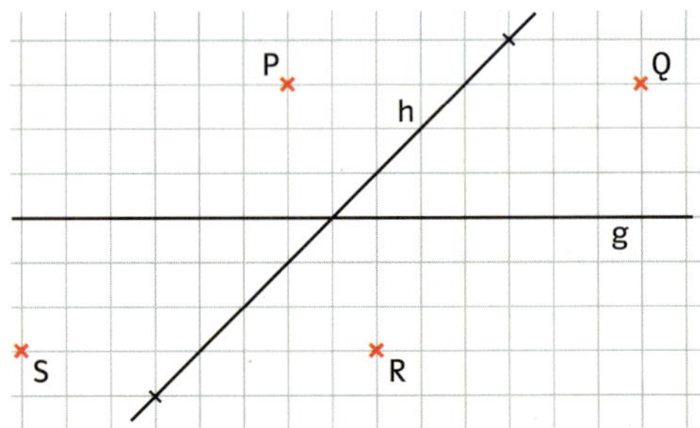

8 a) Suche im 5×5-Nagelbrett die Nägel, die vom unteren linken Nagel genau 15 cm entfernt sind.
b) Gibt es noch mehr Nägel, die genau 15 cm voneinander entfernt sind?
c) Welche Nägel sind von A weiter entfernt als B?
d) Gib fünf Nägel an, die von A weiter entfernt sind als von B.
e) Welche Nägel sind von A und B gleich weit entfernt?

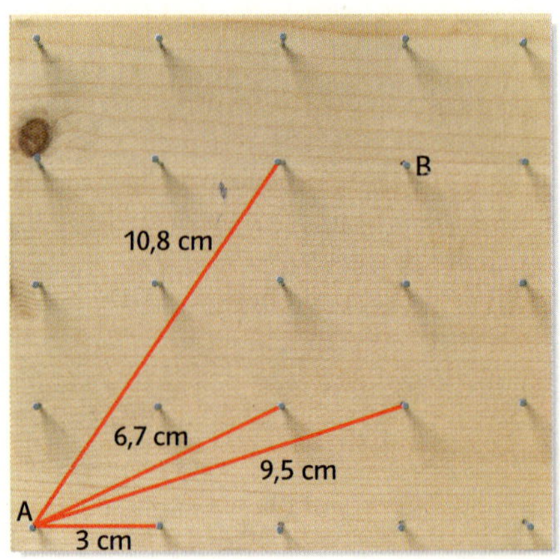

9 Zeichne einen Punkt, der von der Geraden g den Abstand 2 cm und zugleich von der Geraden h den Abstand 3 cm hat.
Gibt es mehr als einen solchen Punkt?

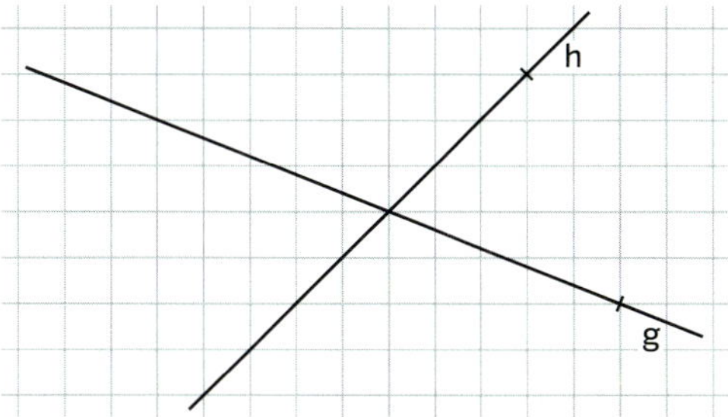

10 Zeichne den Punkt P, der von g denselben Abstand wie A und von h denselben Abstand wie B hat.

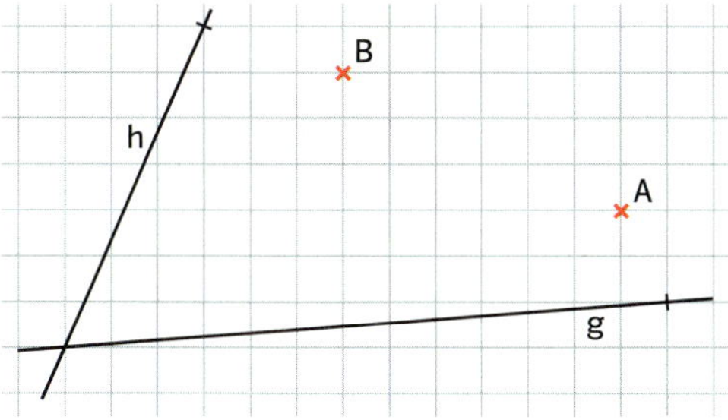

11 a) Alex misst den Abstand zwischen der Geraden g und dem Punkt P längs der roten Strecke. Warum ist das falsch?
Sabine misst den Abstand ohne über das Blatt hinaus zu zeichnen.
Wie geht das?

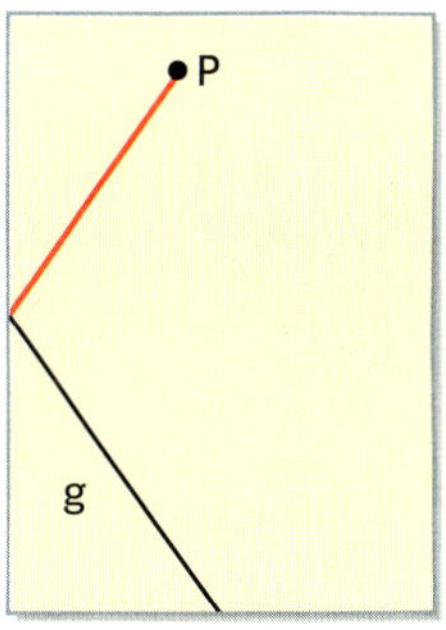

b) Alex lernt schnell. Er misst den Abstand zwischen den zwei parallelen Geraden ohne über den Rand zu zeichnen.

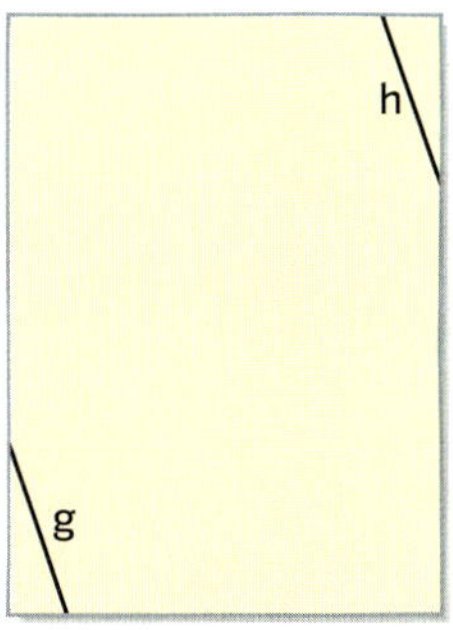

12 Bevor der Hund zum Fressnapf kommt, muss er um die Mauern herum laufen. Suche den kürzesten Weg für den hungrigen Hund.

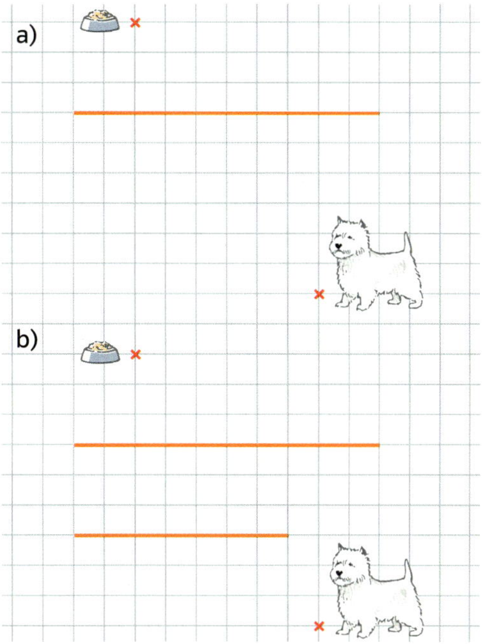

Karten

- Wie weit ist es in Luftlinie von Talhausen nach Bergdorf? Miss von Ortsmitte zu Ortsmitte.
- Wie weit ist es auf der Straße von einem Ort zum anderen? Schätze zuerst und miss dann so gut es geht. Wie groß ist der Umweg gegenüber der Luftlinien-Entfernung?
- Wie weit ist es von Talhausen zur Straße L 111, wenn man geradeaus quer über die Felder und durch den Wald geht?

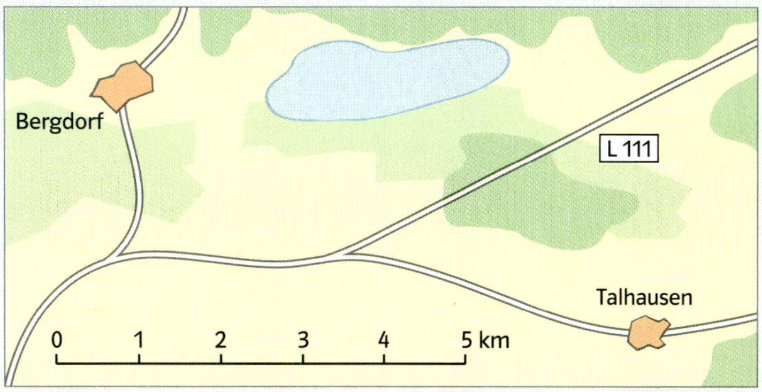

6 Achsensymmetrische Figuren

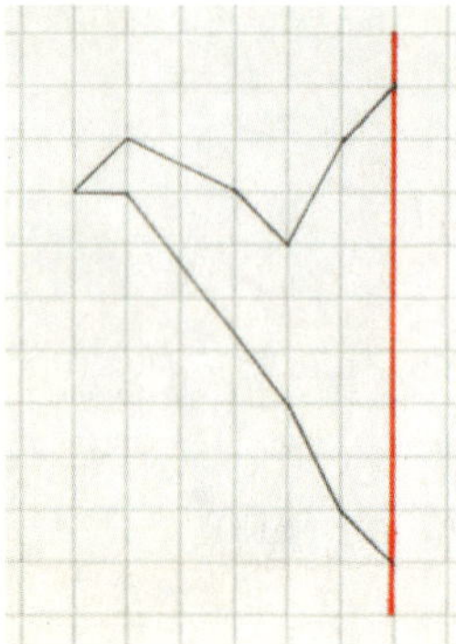

→ Ein Blütenbild kannst du aus Zeichenkarton anfertigen.
Wie viele Spitzen bekommt die Blüte?
Wie erreichst du, dass eine Blüte 6, 8 oder 5 Spitzen hat?
→ Das Klappbild zeigt die Blüte so, wie man sie von vorne sieht. Wie sieht sie von oben aus?
→ Blütenbilder kannst du auch im Quadratgitter zeichnen.
Stelle auch einmal einen Spiegel auf die rote Gerade.

Gegenstände und Figuren aus zwei spiegelbildlichen Hälften kommen in Natur und Technik sehr oft vor. Sie haben einen besonderen Namen.

Eine Figur aus zwei spiegelbildlichen Hälften heißt **achsensymmetrisch**.
Die Trenngerade der zwei Hälften heißt **Symmetrieachse**.
Zwei spiegelbildlich liegende Punkte einer symmetrischen Figur haben den gleichen Abstand von der Symmetrieachse. Ihre Verbindungsstrecke
- steht auf der Symmetrieachse senkrecht,
- wird von der Symmetrieachse halbiert.

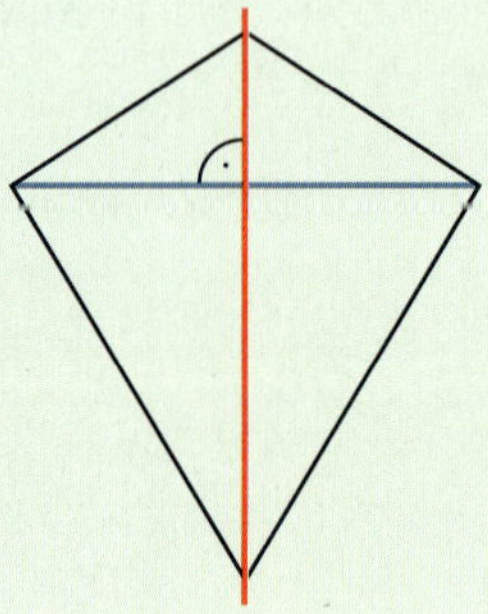

Beispiele

a) Symmetrieachsen können horizontal oder vertikal verlaufen. Beim abgebildeten Pfeil liegt die Symmetrieachse horizontal.

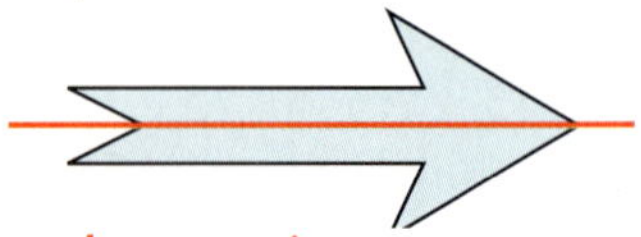

b) Figuren können auch mehr als eine Symmetrieachse haben. Das Quadrat hat sogar vier Symmetrieachsen.
Genau diese Art von Symmetrie findet man beim Blumen-Hartriegel.

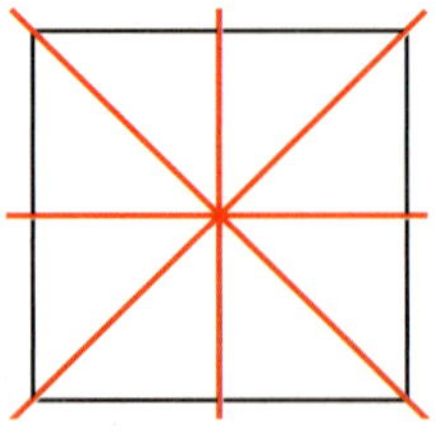

Aufgaben

1 Falte wie im Bild. Schneide Muster in das einmal, zweimal oder dreimal zusammengefaltete Blatt. Wie viele Symmetrieachsen hat das Muster nach dem Auffalten?

Versuche auch mit dem einfach zusammengefalteten Blatt ein Muster mit vier Symmetrieachsen herzustellen.

2 Zeichne alle Symmetrieachsen ein.

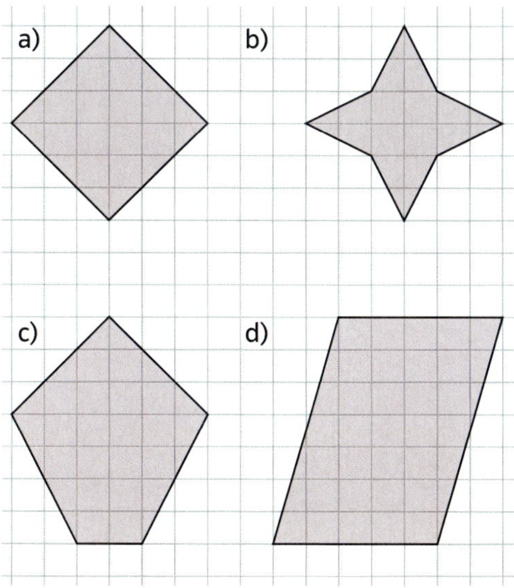

3 Wo liegen die Symmetrieachsen der Blütenbilder?

Knabenkraut

Gelber Enzian

Veilchen

Erdbeere

4 Welche Druckbuchstaben lassen sich so schreiben, dass sie
a) eine b) zwei c) mehr als zwei
Symmetrieachsen haben?

5 a) Zeichne die Symmetrieachsen ein.

b) Entwirf selbst solche achsensymmetrischen Figuren.

ABCDEFGHIJKLMNOPQRSTUVWXYZ

6 So sieht das Gartentor von der Straße betrachtet aus. Zeichne es so, wie es von innen aussieht.

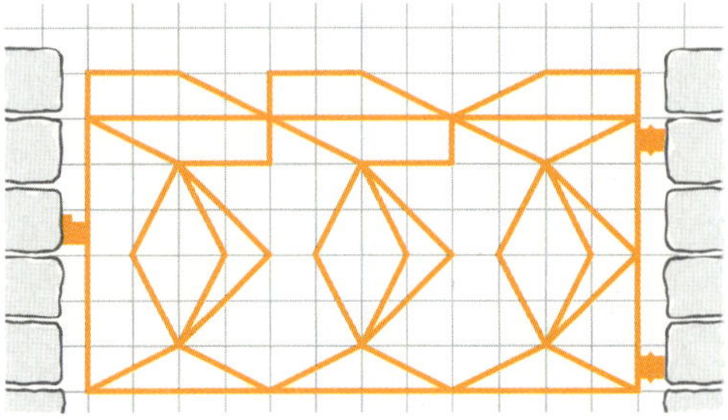

7 Ergänze zur symmetrischen Figur. Beschreibe, wie du die Kästchen gezählt hast.

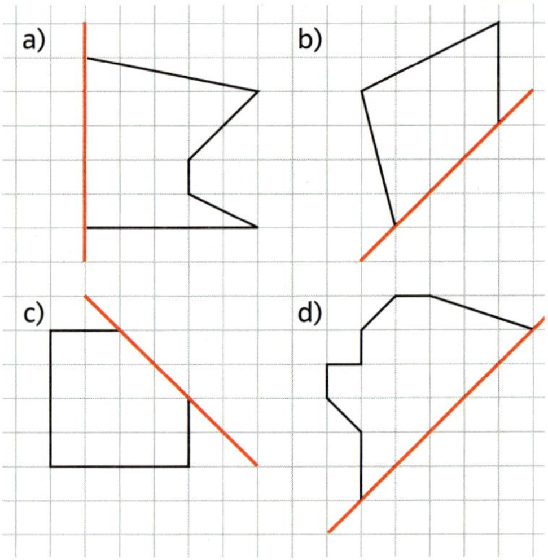

Blätter

Viele Blätter sind achsensymmetrisch. Wenn man aber einen Spiegel anlegt, sieht man kleine Abweichungen von der Symmetrie. Deshalb sind Blätter auch noch reizvoller als ganz genau symmetrisch gezeichnete mathematische Figuren.

- Zeichne die angefangenen Blätter ab und vervollständige sie in deinem Heft.
- Suche selbst Blätter. Prüfe sie auf Symmetrie und versuche sie zu zeichnen.

7 Punktsymmetrische Figuren

→ Ist die Spielkarte symmetrisch?
→ Beschreibe die Regelmäßigkeit.
→ Wie kannst du deine Vermutung überprüfen? Hilft dir eine Stecknadel?
→ Welchen Vorteil haben Spielkarten mit dieser Regelmäßigkeit?
→ Suche weitere Figuren, die dieselbe Eigenschaft haben.

In Natur und Technik findet man viele Gegenstände und Figuren, bei denen man nicht unterscheiden kann, ob sie sich in der Ausgangsposition befinden oder ob sie um die Hälfte gedreht wurden.

Eine Figur, die durch eine halbe Umdrehung in sich selbst überführt werden kann, nennt man **punktsymmetrisch**. Der Punkt, um den die Figur gedreht wird, heißt **Symmetriepunkt**.

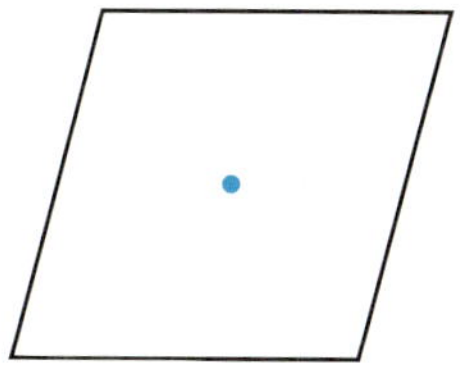

Beispiele

a) Es gibt punktsymmetrische Figuren, die auch Symmetrieachsen haben.

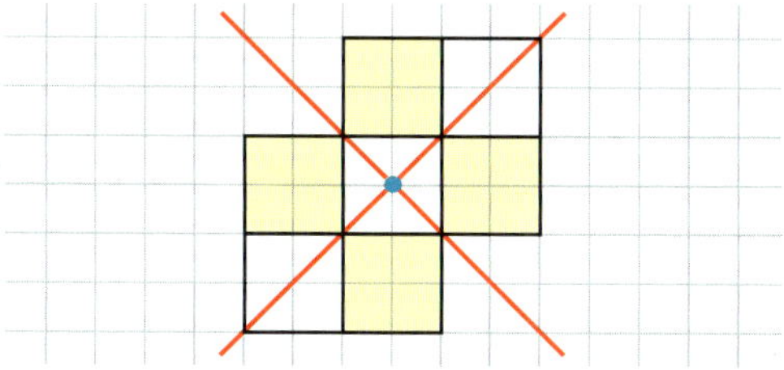

b) Manche punktsymmetrischen Figuren haben keine Symmetrieachse.

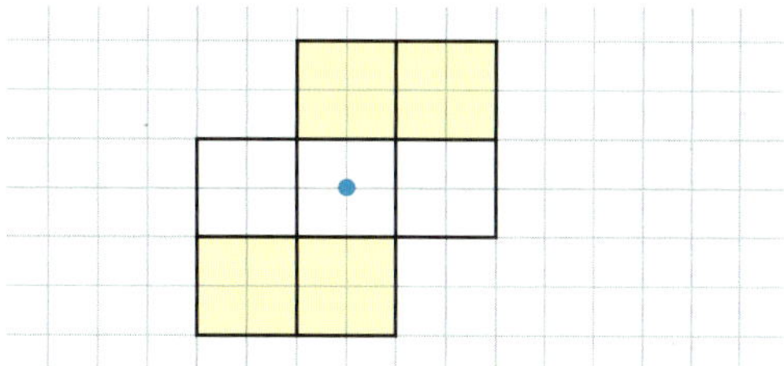

Aufgaben

1 Welche der abgebildeten Schilder sind punktsymmetrisch? Weißt du auch, was sie bedeuten? Suche weitere.

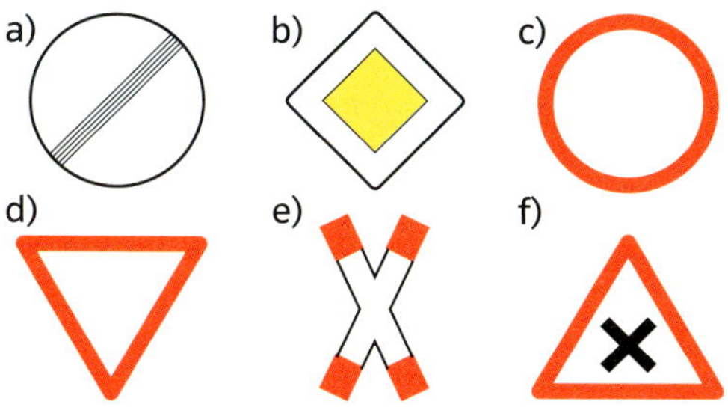

2 Welches Viereck ist punktsymmetrisch? Begründe. Du kannst die Figuren auch abzeichnen und ausschneiden.

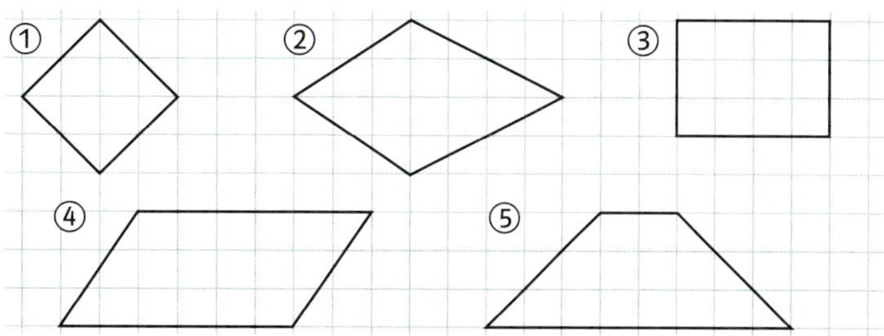

3 Welche Blüten und Blätter sind
a) achsensymmetrisch?
b) punktsymmetrisch?
c) achsen- und punktsymmetrisch?
Erkennst du einen Zusammenhang?

Gelber Enzian

Erdbeere

Kleeblatt

Keimblatt der Buche

Efeu

4 a) Welche der Buchstaben auf Seite 105 sind punktsymmetrisch? Wo ist der Symmetriepunkt?
b) Findest du auch punktsymmetrische Ziffern?

5 a) Welche Sterne sind punktsymmetrisch?

b) Setze die Reihe in Gedanken fort. Findest du eine Regel?

Färbungen

Durch unterschiedliche Färbungen kannst du aus einer Figur einmal eine achsensymmetrische und einmal eine punktsymmetrische Figur erzeugen.
■ Übertrage die Figuren in dein Heft. Experimentiere mit einer, zwei … Farben.

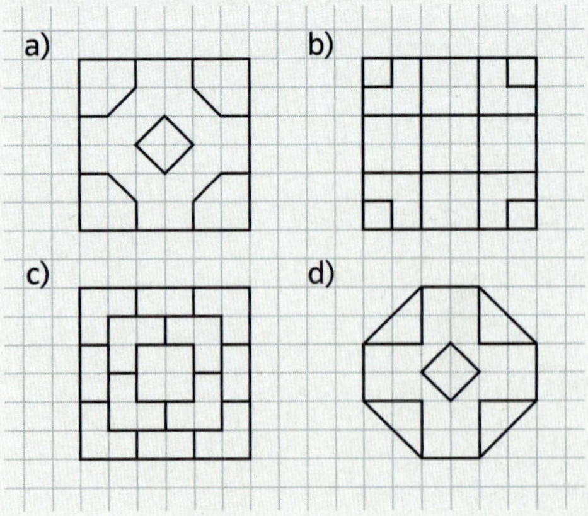

■ Sammelt die Figuren und bereitet eine Ausstellung vor. Sortiert nach Figuren, die
- punkt- aber nicht achsensymmetrisch,
- achsen- aber nicht punktsymmetrisch,
- achsen- und punktsymmetrisch,
- weder achsen- noch punktsymmetrisch sind.

■ Entwirf deine eigene Figur. Gib sie deiner Nachbarin oder deinem Nachbarn und sage, welche Symmetrie du dir wünschst.

■ Luca hat sich Punktsymmetrie gewünscht. Welche Figuren sind gelungen? Wo musst du korrigieren?

Zusammenfassung

Strecken und Geraden

Eine **Strecke** ist die geradlinige und auch kürzeste Verbindung von zwei Punkten.
Eine **Gerade** ist eine in beiden Richtungen beliebig weit verlängerte Strecke.
Geraden und Strecken schneiden sich in **Schnittpunkten**.

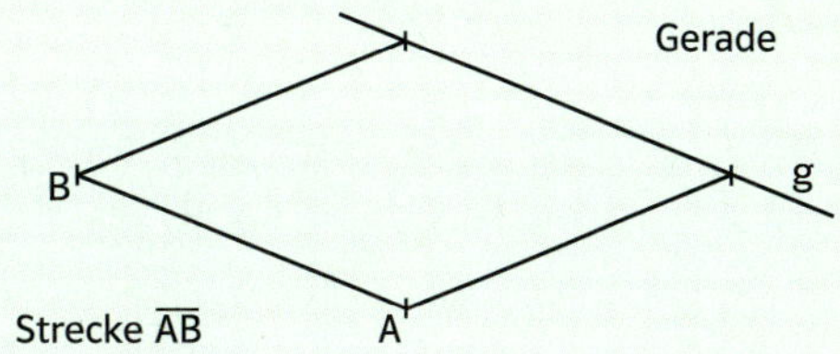

Zueinander senkrecht

Zwei Geraden oder Strecken sind **zueinander senkrecht**, wenn sie so zueinander liegen wie die lange Seite und die Mittellinie des Geodreiecks.

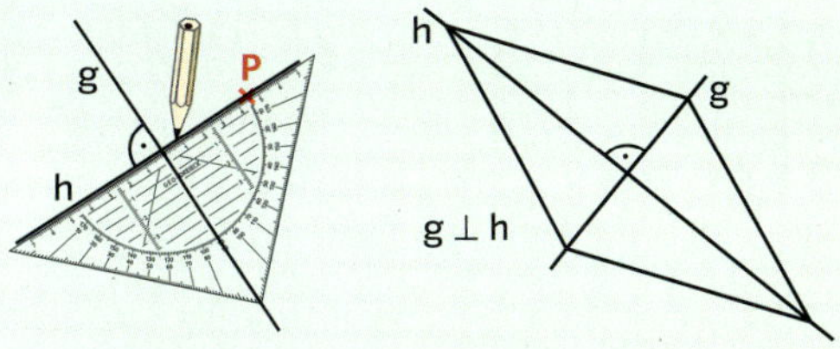

Parallele Geraden und Strecken

Zwei Geraden, die zur selben Geraden senkrecht stehen, sind **parallel**.
Strecken heißen parallel, wenn sie auf parallelen Geraden liegen.

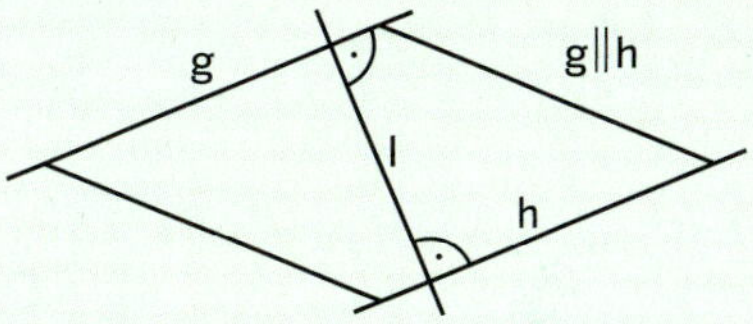

Quadratgitter

Im Quadratgitter kann man Punkte durch Rechts- und Hochwert angeben.

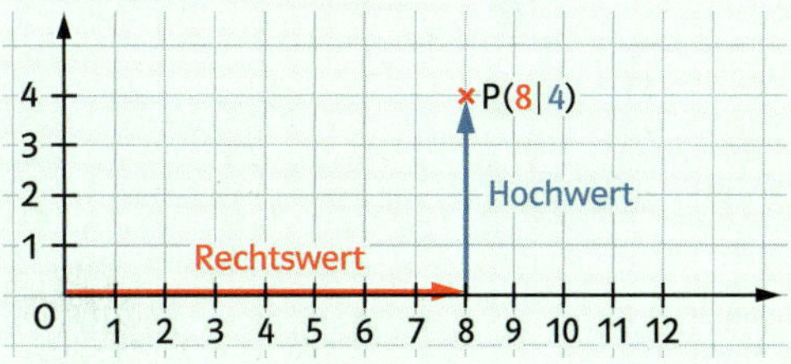

Entfernung und Abstand

Die Länge der Strecke zwischen A und B heißt **Entfernung** von A und B.

Die kürzeste Entfernung zwischen einem Punkt P und einer Geraden g ist der **Abstand von P und g**.

Zwei parallele Geraden haben einen **Abstand**. Man misst ihn auf einer Strecke, die zu beiden Geraden senkrecht steht und diese verbindet.

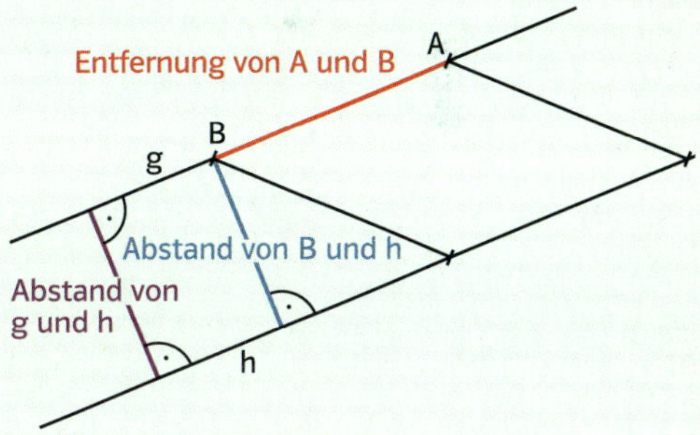

Symmetrische Figuren

Eine Figur mit zwei spiegelbildlichen Hälften heißt **achsensymmetrisch**.
Die Trenngerade der zwei Hälften heißt **Symmetrieachse**.
Eine Figur, die durch eine halbe Umdrehung in sich selbst überführt werden kann, nennt man **punktsymmetrisch**.
Der Punkt, um den die Figur gedreht wird, heißt **Symmetriepunkt**.

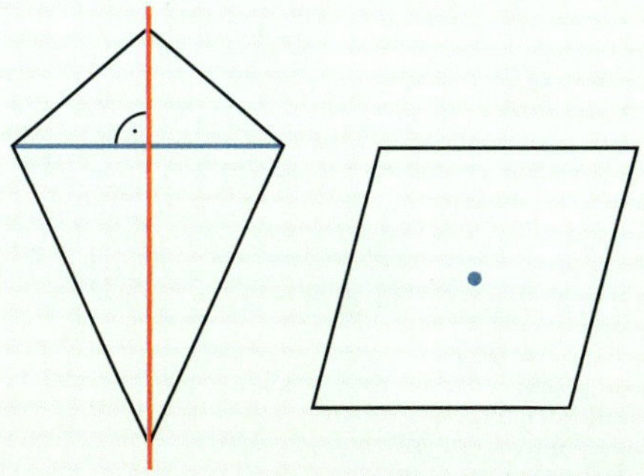

Üben • Anwenden • Nachdenken

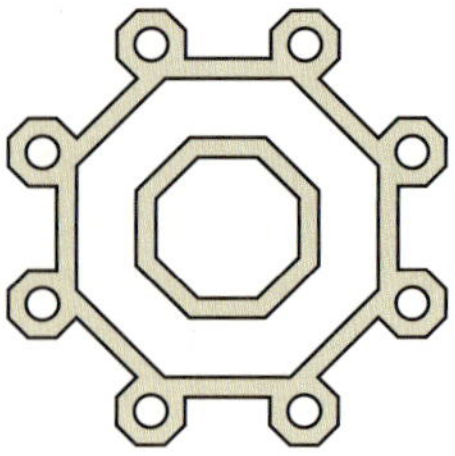

1 Wie viele Symmetrieachsen hat der Grundriss der Stauferburg Castel del Monte in Italien?

2 Miss den Abstand
a) zwischen g und h. b) zwischen i und j.

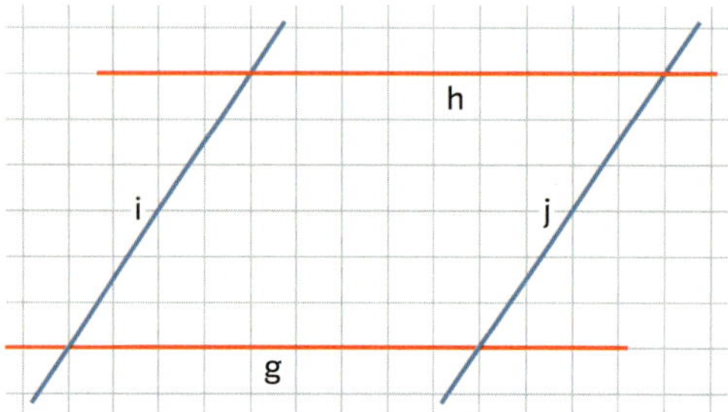

3 Zeichne 4, 5, 6 Geraden so, dass jede Gerade jede andere schneidet. Zähle die Schnittpunkte.

4 Welche Flaggen sind symmetrisch? Welche Symmetrien findest du?
Du kannst entweder auf das Muster allein oder auf das Muster und die Farbe achten. Schau dir auch andere Flaggen an.

Österreich

Japan

Frankreich

Dänemark

5 Zeichne durch jeden der roten Punkte
- die Gerade, die auf der roten Geraden senkrecht steht.
- die zur roten Geraden parallele Gerade.

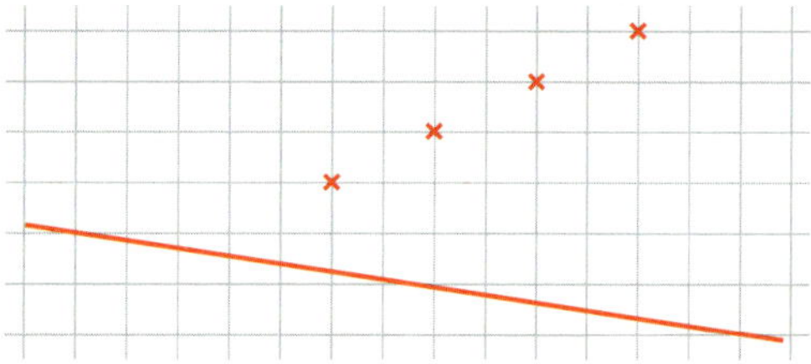

6 Trage ins Quadratgitter ein:
A(2|1); B(4|1); C(6|1); D(8|1); E(10|1);
F(1|2); G(1|4); H(1|6); I(1|8); J(1|10).
Verbinde A mit J, B mit I, C mit H, D mit G und E mit F.

7 a) Setze die Figur nach außen fort.

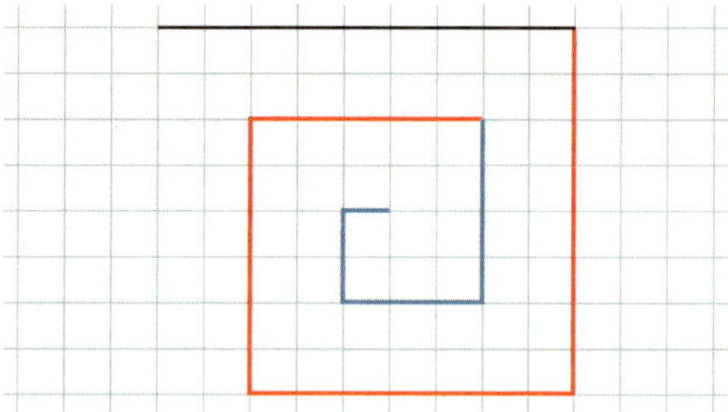

b) Wie viele Kästchen lang sind die einzelnen Runden? Wie viele Kästchen lang sind die ersten 5 Runden insgesamt? Wie lang wären 10 Runden oder sogar 100 Runden, die niemand mehr zeichnen kann?
c) Siljana hat einen 78 Kästchen langen Streckenzug gezeichnet. Wie viele Runden sind das?
d) Tanja ist gerade bei einer Gesamtlänge von 108 Kästchen angekommen.

8 Zeichne die Punkte A(1|2); B(2|4); C(3|8) und D(4|16). Füge die Punkte E, F, G und H hinzu, die aus A, B, C und D durch Vertauschen von Rechts- und Hochwert entstehen. Verbinde die Punkte so, dass eine symmetrische Figur entsteht.

9 Setze die Figur fort. Probiere auch aus, wie die Figur aussieht, wenn du die Geraden g und h anders wählst.

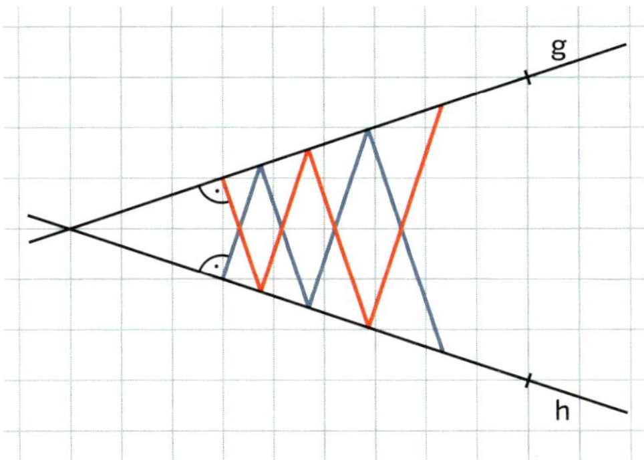

10 a) Miss die Entfernungen der Punkte P, Q, R von den Punkten A, B, C. Das sind neun Entfernungen. Für welchen der Punkte P, Q, R ist die Summe seiner drei Entfernungen am kleinsten?
b) Beantworte Frage a) auch für die Abstände der Punkte P, Q, R von den Verbindungsstrecken $\overline{AB}$, $\overline{BC}$ und $\overline{AC}$.

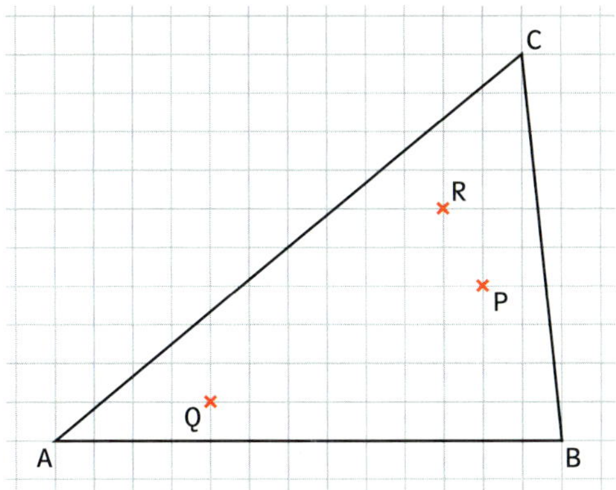

11 Auch die Schnittflächen von Früchten können symmetrisch sein.

Kiwi

Apfel

Blutorange

Wege im Gitter ?!

■ Zeichne im Gitter einen möglichst langen Weg in einem Zug.
Kein Stück darf doppelt gegangen werden.
Der Start ist frei. Findest du einen längeren Weg?

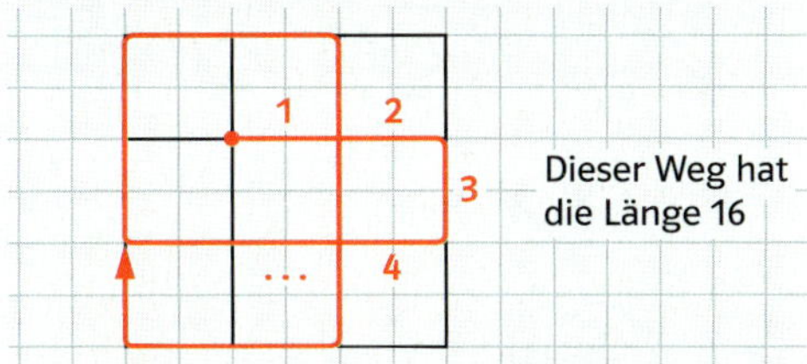

■ Löse die Aufgabe auch für andere Gitter.

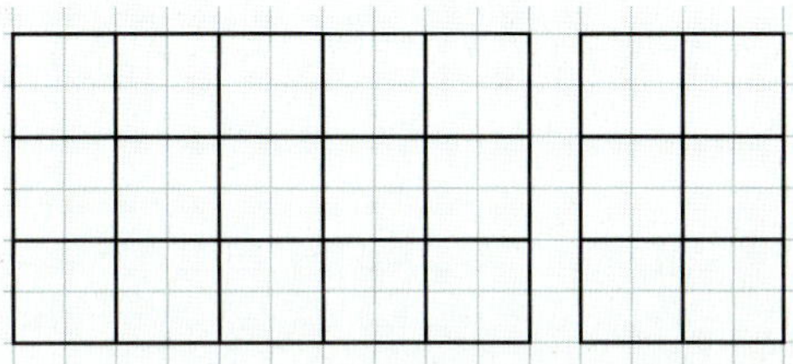

■ Suche einen möglichst kurzen und einen möglichst langen Weg von A nach B, der alle Punkte verbindet, aber durch keinen Punkt mehrmals geht.

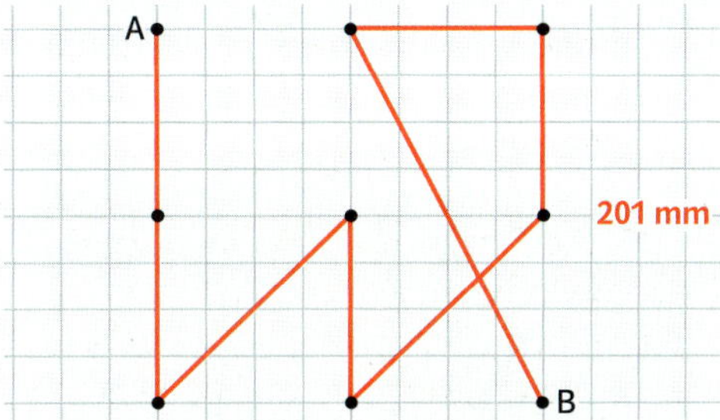

■ Der Gärtnermeister soll im Stadtgarten vier Reihen mit je drei Bäumen bepflanzen. Er hat aber nur sechs Bäume.
Tipp: Zeichne Punkte und Linien auf unliniertem Papier.

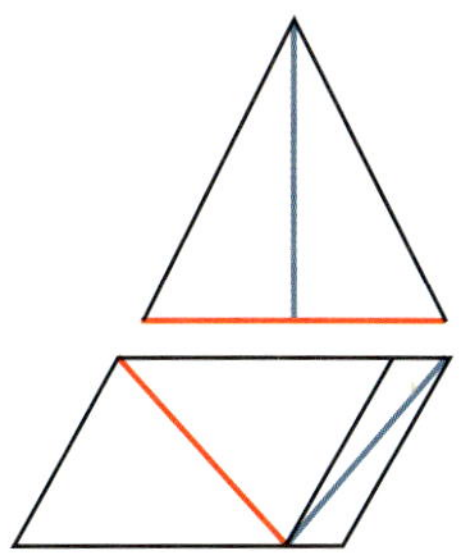

Welche Strecke ist länger, die rote oder die blaue?
Erst schätzen, dann messen!

12 Suche nach
- parallelen Strecken,
- zueinander senkrechten Strecken,
- gleich langen Strecken,
- Symmetrieachsen.

Sind alle Symmetrieachsen eingetragen?

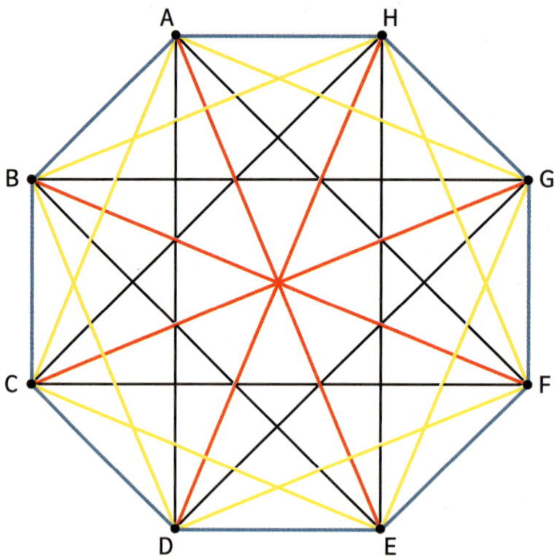

13 a) Wie lang ist die Route der Fähre von Warnemünde nach Gedser?
b) In welchem Abstand passieren die Fähren Warnemünde–Gedser und Travemünde–Helsinki das Feuerschiff?
c) Wie lange könnte die Überfahrt Warnemünde–Gedser dauern?
Sind es 20 Minuten, 2 Stunden oder 20 Stunden?

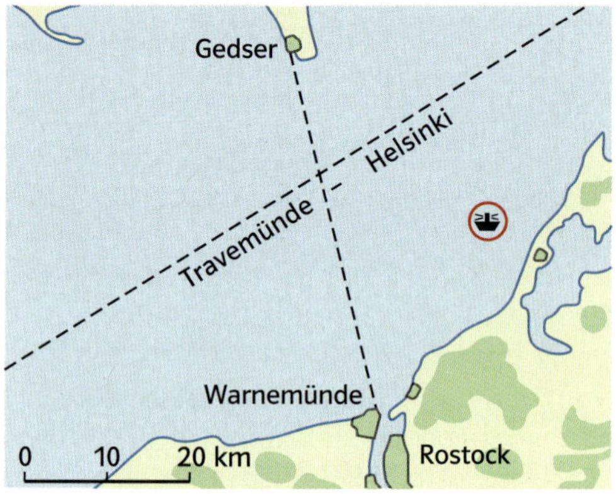

Auf See

Für Landratten:
„Querab backbords" bedeutet „links senkrecht zur eigenen Fahrtrichtung".
„Querab steuerbords" bedeutet dann „rechts ..."
1 sm: 1 Seemeile

Eine Hochseefähre und ein Tanker fahren auf sich schneidenden Kursen.
Die Kapitäne bleiben ganz ruhig, denn sie wissen, dass die Kreuzung ungefährlich ist.

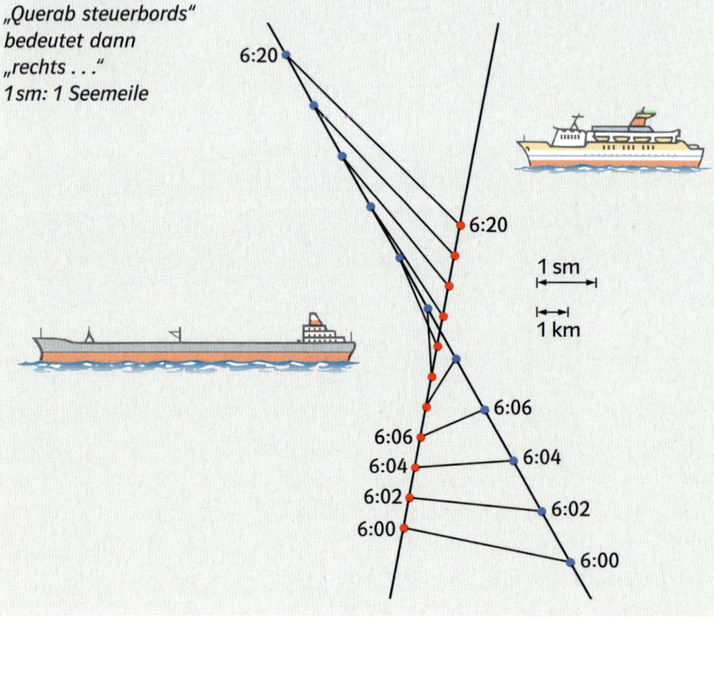

- Kannst du das bestätigen?
Lege eine Tabelle Uhrzeit–Entfernung an. Lies daraus näherungsweise ab, wo sich die Schiffe am nächsten kommen und um wie viel Uhr das passiert.
- Wann etwa sieht der Kapitän der Fähre den Tanker genau querab backbords?
Wann sieht der Tankerkapitän die Fähre querab steuerbords?
- Wie weit sind die Schiffe in dem Augenblick voneinander entfernt, in dem die Fähre den Kurs des Tankers kreuzt?
- Was passiert um etwa 6:13 Uhr?
- Wie schnell fahren die Schiffe?
- Zeichne selbst Schiffsbegegnungen.

Rückspiegel

1 Wie viele Verbindungsgeraden haben diese sechs Punkte? Überlege erst, zeichne dann.

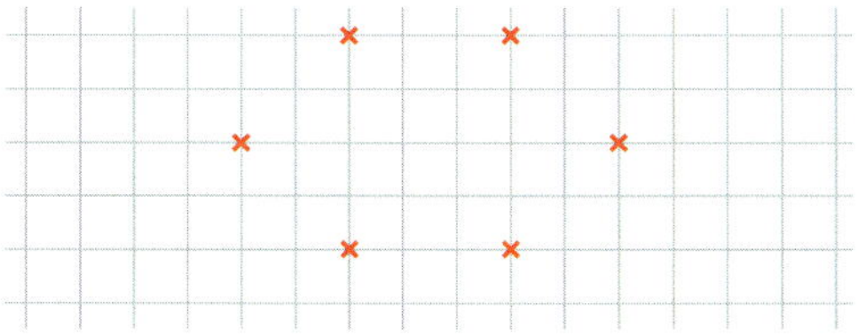

2 Zeichne die Gerade j, die durch P geht und auf g senkrecht steht.
Zeichne auch noch die Geraden k und l, die durch P gehen und auf h bzw. auf i senkrecht stehen.
Welche Symmetrieachsen hat die fertig gezeichnete Figur?

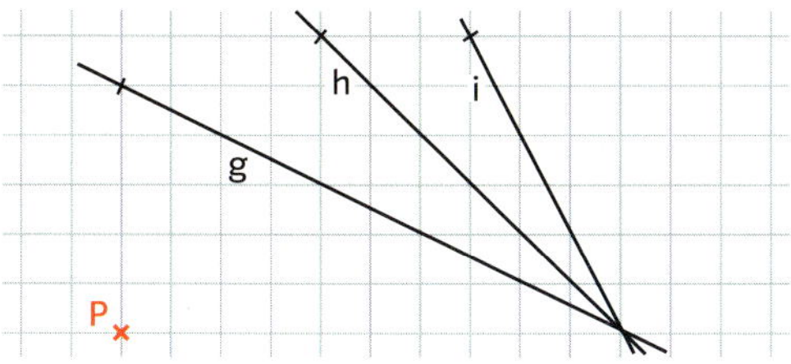

3 Zeichne die Gerade, die durch P geht und zu g parallel ist.
Miss ihren Abstand von g.

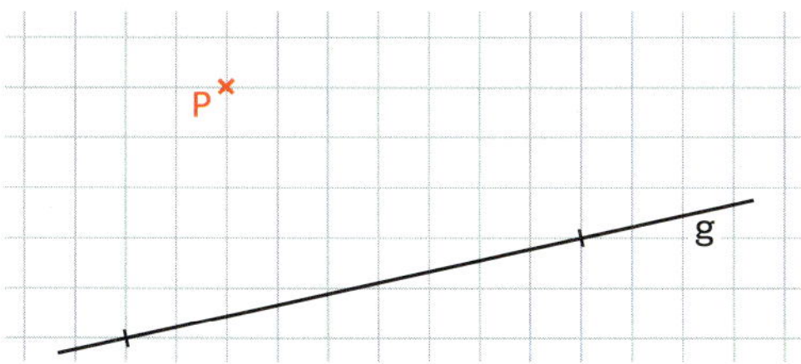

4 Zeichne die Punkte A(6|4), B(10|4) und C(10|8). Durch Vertauschen von Rechtswert und Hochwert bekommst du D, E und F. Verbinde die Punkte so, dass eine symmetrische Figur entsteht.
Welche Entfernungen haben die Punkte voneinander? Überlege erst, wie oft du messen musst.

1 Zeichne ein 5×5-Nagelbrett mit der linken unteren Ecke:

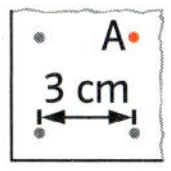

Welche Nägel sind von A aus sichtbar? Verbinde sie mit A.
Wie viele verschiedene Streckenlängen kommen vor?

2 Zeichne die Gerade durch P, die auf g senkrecht steht, und die Gerade durch P, die auf h senkrecht steht.
Zeichne ebenso zwei Geraden durch R.
Welche Symmetrien hat die fertig gezeichnete Figur?

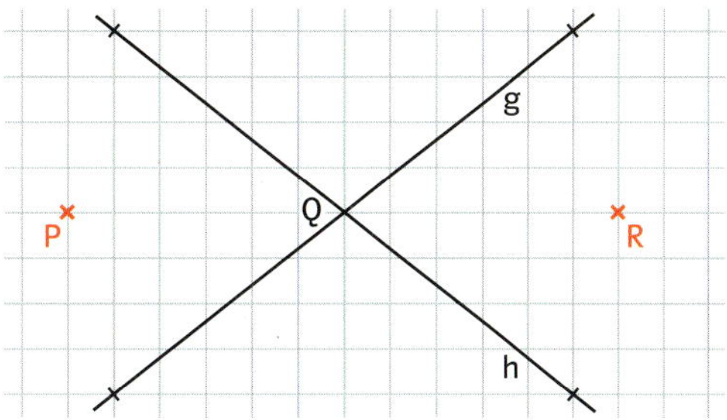

3 Welchen Abstand hat der Punkt P von der Geraden g? Der Punkt Q kann dir helfen. Du darfst nur im Rechteck zeichnen.

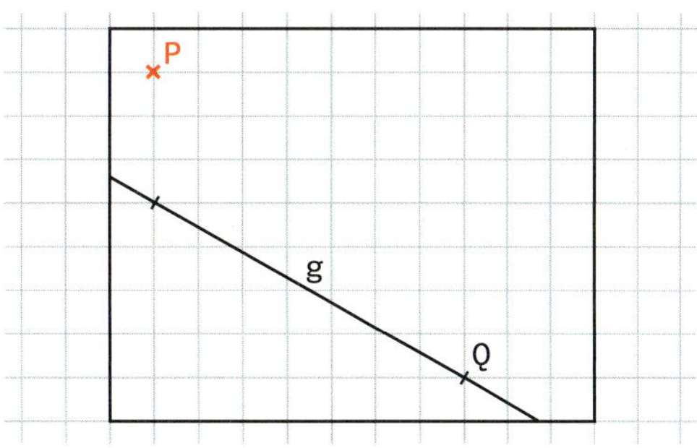

4 Zeichne die Punkte A(9|14), B(13|2), C(16|5) und D(16|11). Trage dazu noch E, F, G, H so ein, dass eine Figur mit zwei Symmetrieachsen entsteht, wenn du die Punkte verbindest.
Wie viele unterschiedliche Entfernungen zwischen den acht Punkten gibt es?

Sechs Quadrate – ein Würfel

Der einfachste aller Körper ist der Würfel. Er zeigt aber schon, was ein Körper haben kann: Flächen, Kanten und Eckpunkte. Zähle sie doch einmal.

Der Würfel hat sechs Flächen.
An jeder Fläche liegen vier Eckpunkte.
6 mal 4 = 24
Also hat der Würfel 24 Eckpunkte.
Wo liegt der Denkfehler?
Der Würfel hat 12 Kanten. An jede Kante grenzen zwei Flächen. Also hat der Würfel … Flächen. Wieder falsch!
Kannst du noch mehr solche Sätze bilden?

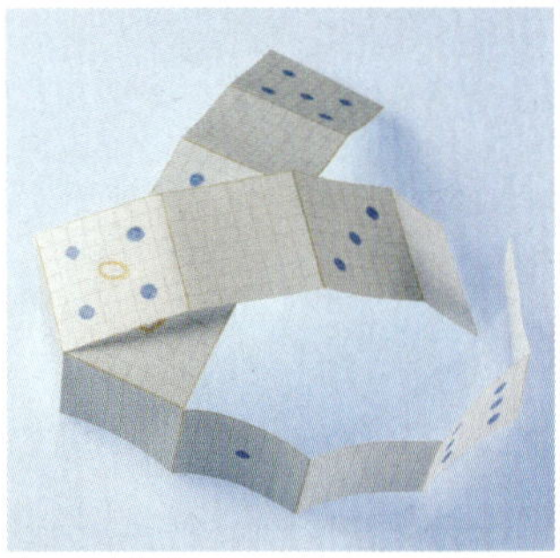

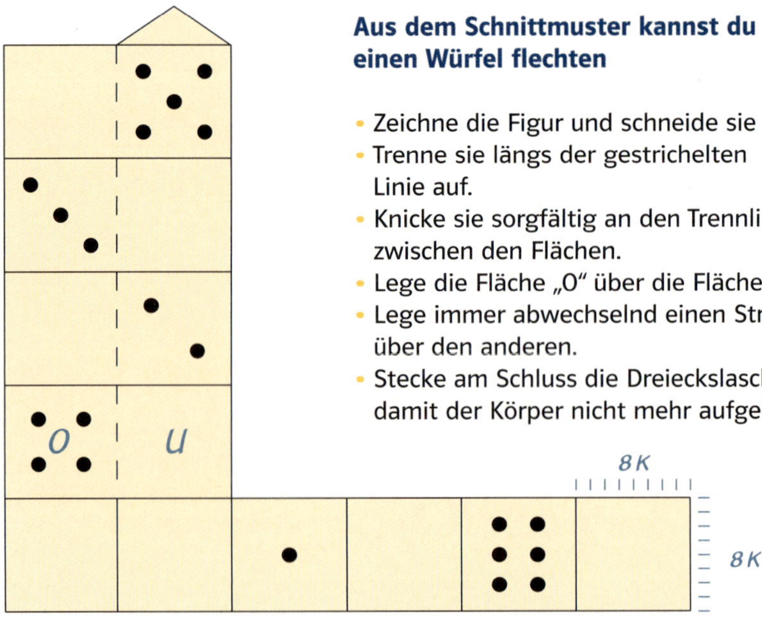

Aus dem Schnittmuster kannst du einen Würfel flechten

- Zeichne die Figur und schneide sie aus.
- Trenne sie längs der gestrichelten Linie auf.
- Knicke sie sorgfältig an den Trennlinien zwischen den Flächen.
- Lege die Fläche „O" über die Fläche „U".
- Lege immer abwechselnd einen Strang über den anderen.
- Stecke am Schluss die Dreieckslasche ein, damit der Körper nicht mehr aufgeht.

Schachteln

Zwei der Figuren sind Schnittmuster einer Schachtel mit Deckel. Welche sind es?

Würfel

Gibt es wirklich zwei verschiedene Arten von Spielwürfeln?

Drei Bilder, zwei Würfel – welcher Würfel ist zweimal abgebildet?

In diesem Kapitel lernst du,

- woran man Quadrate und Rechtecke erkennt,
- dass es neben Quadrat und Rechteck noch andere interessante Vierecke gibt,
- dass man mit dem Würfel mehr anfangen kann als würfeln,
- wie du einen Quader in vielen Lagen zeichnen kannst,
- wie geschicktes Vorgehen beim Zählen hilft,
- wie man Körper und Flächen beschreibt.

1 Rechteck und Quadrat

→ Falte aus einem Papierausriss ein Viereck mit vier rechten Winkeln. Trenne überstehende Teile ab.
→ Warum sind gegenüberliegende Seiten des Vierecks gleich lang?
→ Vier gleich lange Seiten – das wäre Zufall. Du musst ein Stück des Vierecks abtrennen.
→ Erkläre, was du tun musst und warum dann alle Seiten gleich lang sind.

Die Vierecke mit vier rechten Winkeln in den Ecken heißen
Rechteck und Quadrat.

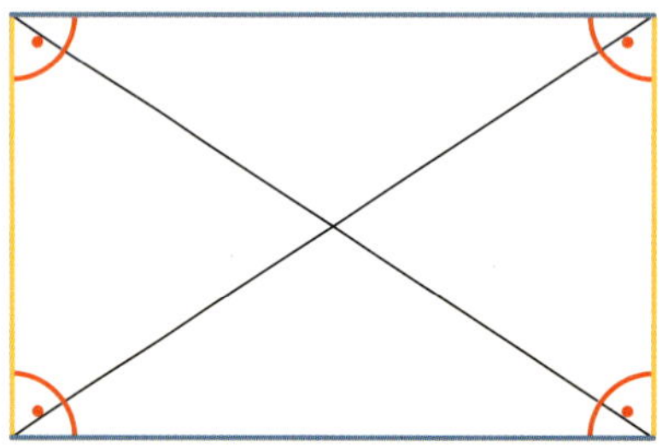

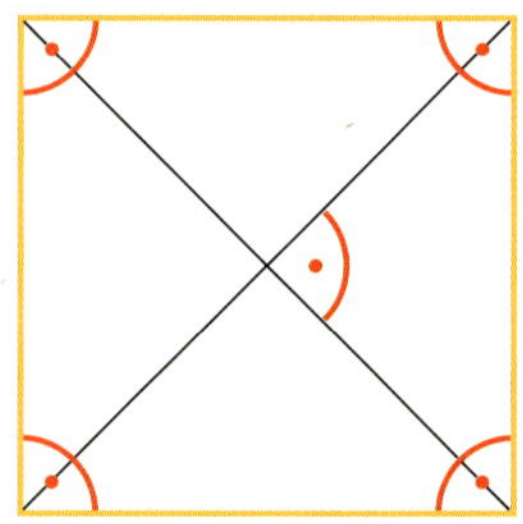

Im **Rechteck**
- sind benachbarte Seiten zueinander senkrecht.
- sind gegenüberliegende Seiten parallel.
- sind gegenüberliegende Seiten gleich lang.

Das **Quadrat** ist ein besonderes Rechteck. Es hat vier gleich lange Seiten.

Die Verbindungsstrecken gegenüberliegender Eckpunkte heißen **Diagonalen**. Im Rechteck sind sie gleich lang. Im Quadrat stehen sie sogar zueinander senkrecht.

Beispiel
Die Abbildung zeigt, wie man in vier Schritten ein Rechteck zeichnet, ohne das Quadratgitter zu Hilfe zu nehmen.
Die Eckpunkte werden meist mit A, B, C, D bezeichnet.

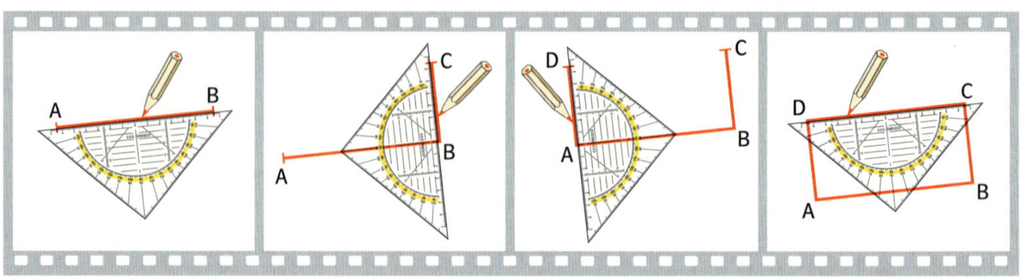

Aufgaben

1 Hier verstecken sich Quadrate und Rechtecke.
Zähle sie, aber mit Köpfchen.

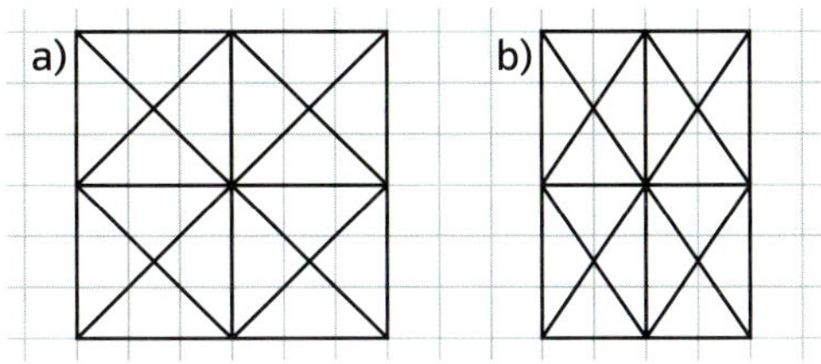

2 Zeichne im Quadratgitter Rechtecke mit den folgenden Seitenlängen.
a) 5 cm und 3 cm b) 9 cm und 4 cm
c) 7,5 cm und 5,5 cm d) 10 cm und 5 mm

3 Zeichne die Rechtecke aus Aufgabe 2, wie im Beispiel (Seite 116), auf weißem Papier. Findest du Symmetrien?

4 Drei Eckpunkte eines Rechtecks sind durch ihre Rechts- und Hochwerte festgelegt. Zeichne und lies den Rechtswert und den Hochwert des vierten Eckpunkts ab.
a) A(4|9); B(4|1); C(12|1)
b) A(2|2); B(10|2); C(10|8)
c) A(4|2); B(14|7); C(12|11)

5 Manche Rechtecke lassen sich auf verschiedene Arten in Quadrate zerlegen. Die Quadrate müssen nicht gleich groß sein. Zerlege Rechtecke mit diesen Seitenlängen.
a) 8 cm und 3 cm b) 9 cm und 3 cm

6 Bauern aus Mosambik in Afrika konstruieren die Grundrisse ihrer Häuser so:
- Ein Seil wird in zwei gleich lange Stücke geschnitten.
- Die Mitten der Stücke werden markiert.
- Die zwei Stücke werden in ihren Mitten verknotet und über Kreuz gelegt.
- Vier Leute spannen die Seile gerade.
- An den Seilenden werden die Eckpfosten eingeschlagen.

Wie sieht der Grundriss aus?
Wie sähe er aus, wenn die Seilstücke verschieden lang wären?

7 Zeichne die Figur. Sie besteht aus lauter Rechtecken. Beginne links unten.

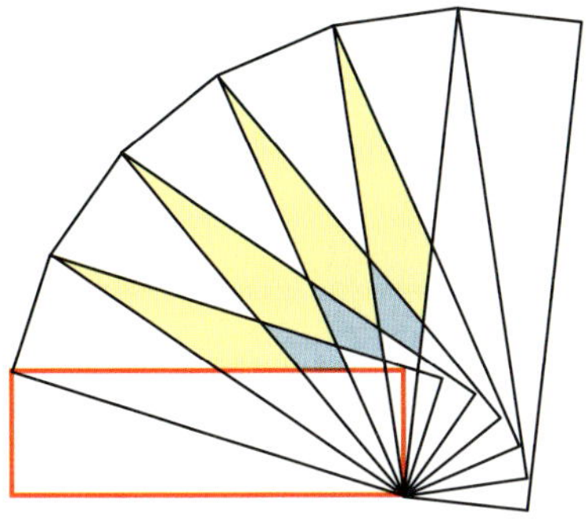

Nimm drei Streichhölzer so weg, dass drei Quadrate übrig bleiben.

Zerlegungen ?!

- Zerlege die Figur
  - in sieben Rechtecke.
  - in vier Quadrate und vier Rechtecke.
  - in sechs Rechtecke.

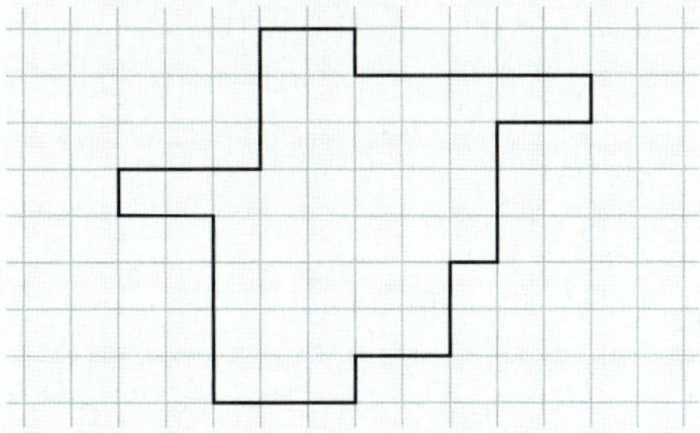

- Das große Rechteck ist aus Quadraten zusammengesetzt. Einige Seitenlängen (in mm) sind verraten, andere nicht.

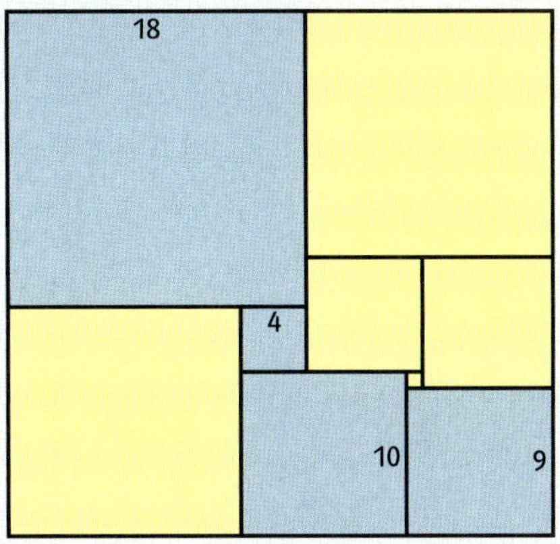

Diese Briefmarke wurde 1998 zum Internationalen Mathematikerkongress in Berlin herausgegeben.

2 Parallelogramm und Raute

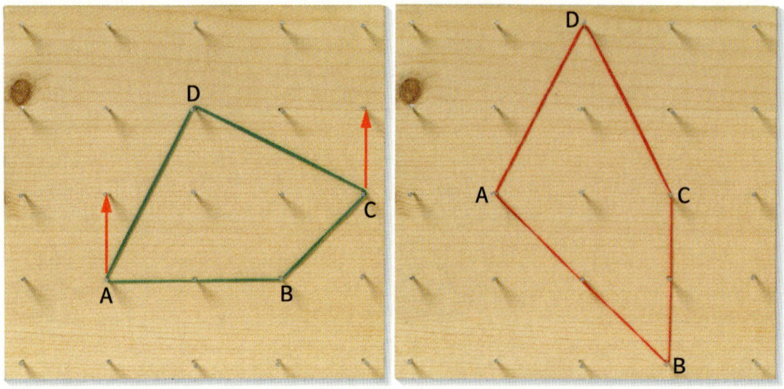

→ Das unregelmäßige Viereck im linken Nagelbrett wird zu einem regelmäßigen Viereck, wenn du statt A oder C einen anderen Eckpunkt wählst.
→ Beschreibe die Eigenschaften der neuen Vierecke.
→ Kannst du solche Vierecke auch bekommen, wenn du B oder D verlegst?
→ Im Nagelbrett rechts ist nicht verraten, wohin du A, B, C oder D verlegen sollst. Ein besonderes Viereck siehst du bestimmt schon.

In manchen Vierecken sind gegenüberliegende Seiten parallel. Solche Vierecke heißen Parallelogramm und Raute.

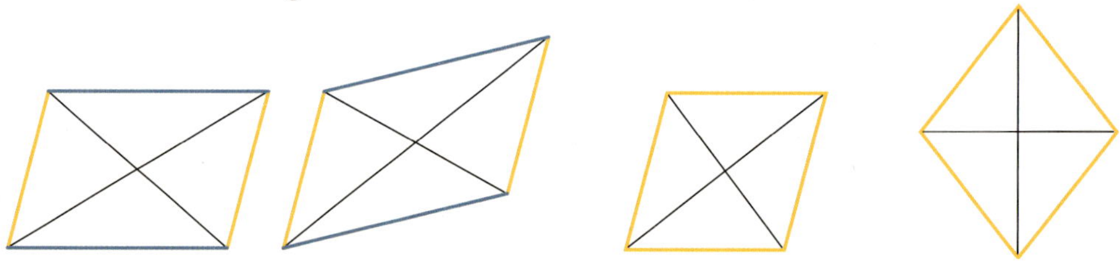

Ein Viereck, in dem je zwei gegenüberliegende Seiten parallel sind, heißt **Parallelogramm**. Je zwei gegenüberliegende Seiten sind gleich lang.
Ein Parallelogramm mit vier gleich langen Seiten heißt **Raute**.

Bemerkung
Das Parallelogramm ist punktsymmetrisch. Raute und Rechteck sind besondere Parallelogramme. Sie sind zudem achsensymmetrisch.
Das Quadrat ist eine besondere Raute, nämlich eine mit vier rechten Winkeln.

Beispiele
a) Die Eckpunkte A, B, C eines Parallelogramms sind gegeben. Den vierten Eckpunkt D kann man im Quadratgitter durch Auszählen von Kästchen (K) finden.
b) Zum Zeichnen der Parallelen mit dem Geodreieck muss man manchmal Hilfsgeraden ziehen.

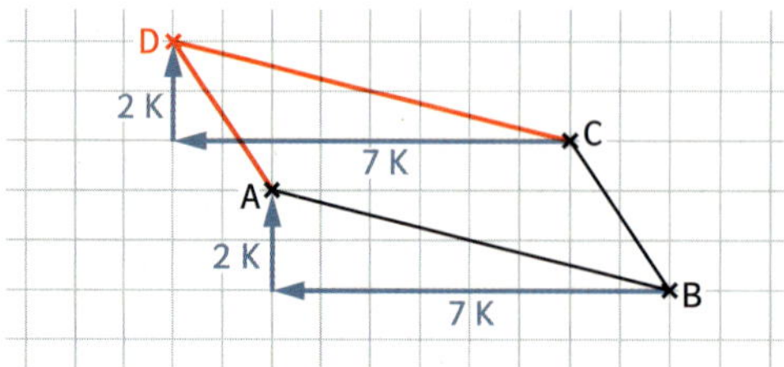

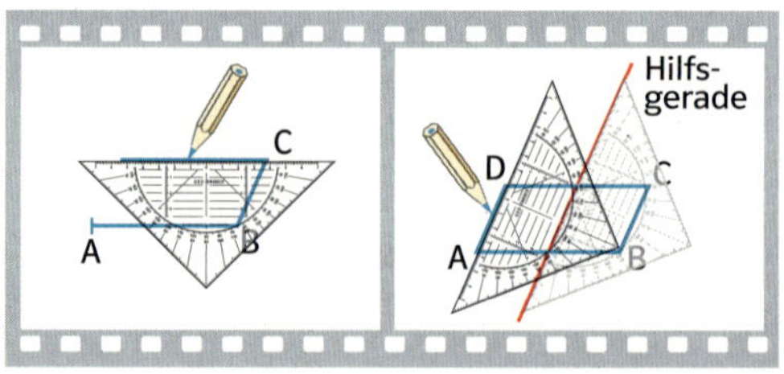

Aufgaben

1 Welche Vierecke sind Parallelogramme? Welche sind sogar Rauten? Findest du auch besondere Parallelogramme oder Rauten?

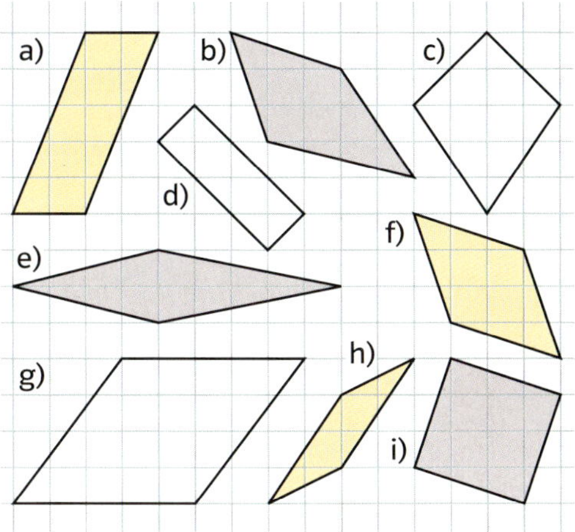

2 Schneide vier solche Dreiecke aus.

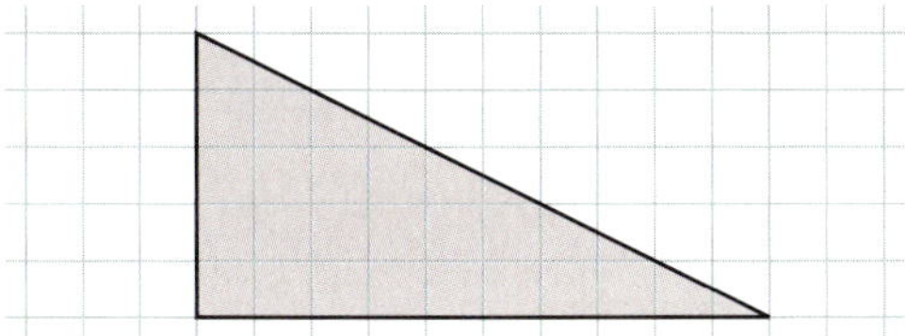

Lege aus ihnen
- ein Quadrat.
- ein Rechteck, das kein Quadrat ist.
- eine Raute, die kein Quadrat ist.
- ein Parallelogramm, das kein Rechteck ist.

Zeichne die Figuren mit ihren Teilungslinien ins Heft.

3 Wie viele Parallelogramme verstecken sich in der Figur? Wie viele davon sind Rauten?

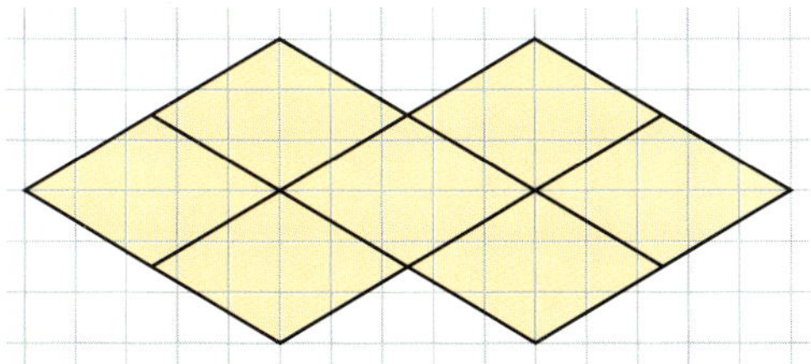

4 Das Parallelogramm hat die Eckpunkte
a) A(3|2); B(14|2); C(16|10).
b) A(4|6); B(15|1); C(14|9).
c) A(4|1); B(14|4); D(7|6).
d) B(7|1); C(11|10); D(10|14).
Welchen Rechtswert und welchen Hochwert hat der nicht angegebene Eckpunkt?

5 Ergänze zum Parallelogramm.

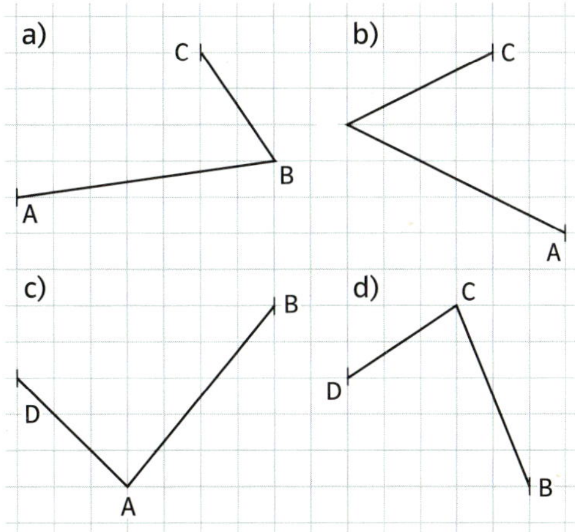

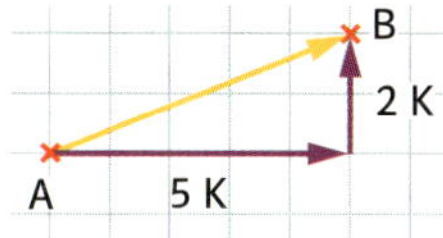

So kommst du sicher von A nach B.

6 Verbinde im Viereck die Mittelpunkte benachbarter Seiten.
Was fällt dir auf?
Vergewissere dich an anderen Vierecken, dass deine Vermutung richtig war.

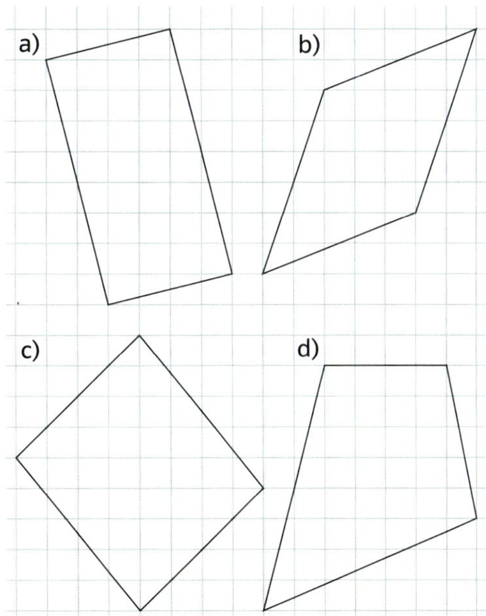

Die Pilatusbahn ist eine Zahnradbahn in der Schweiz. Sie überwindet Steigungen bis 48 %. Entwirf eine Innenansicht. Wie sitzt man?

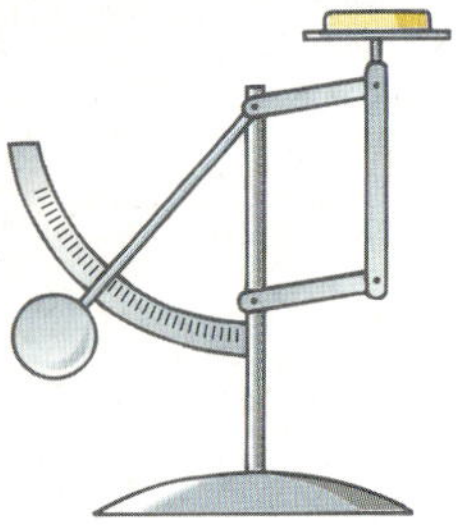

7 In manchen Geräten steuern Parallelogramme mit Gelenken die Bewegungen. Beschreibe, wie dies bei Briefwaage und Schreibtischlampe funktioniert.
Suche mehr solche Geräte.

Aus Pappstreifen und Klammern kannst du ein bewegliches Parallelogramm basteln. Füge die Streifen auch einmal in anderer Reihenfolge zusammen.

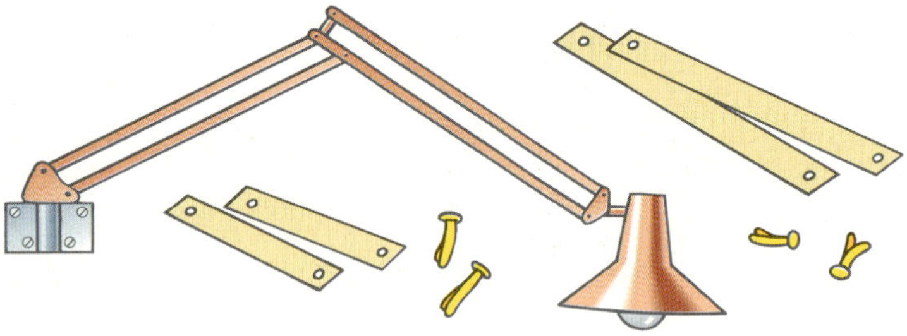

8 Anja behauptet: „Ich kann ein Viereck zeichnen, das zugleich eine Raute und ein Rechteck ist." Hat sie zu viel versprochen?

9 In der Punktwolke verstecken sich die Eckpunkte von vier Parallelogrammen.

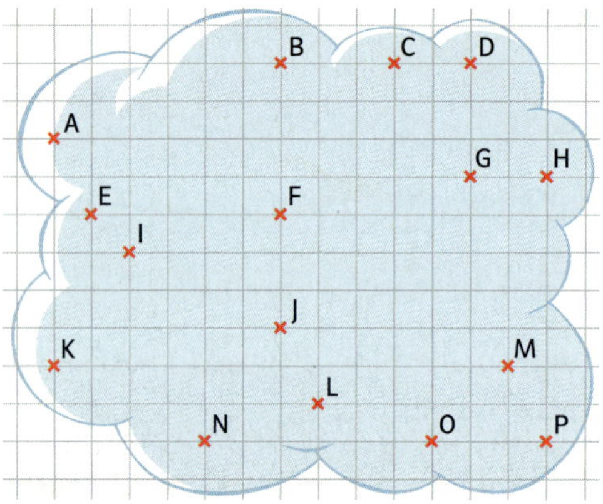

10 Von den Parallelogrammen ABCD sind drei Eckpunkte gegeben.
- A(5|6); B(14|9); C(10|14)
- A(5|6); C(14|9); D(10|14)
- A(5|6); B(14|9); D(10|14)

a) Zeichne jedes Parallelogramm in ein eigenes Quadratgitter.
b) Zeichne die drei Parallelogramme in ein Gitter. Lasse die Bezeichnungen der Eckpunkte weg. Beschreibe die Figur.

11 Beschreibe, welche Geraden Symmetrieachsen sind. Wie liegen sie zueinander? Findest du Symmetriepunkte? Was fällt dir auf?

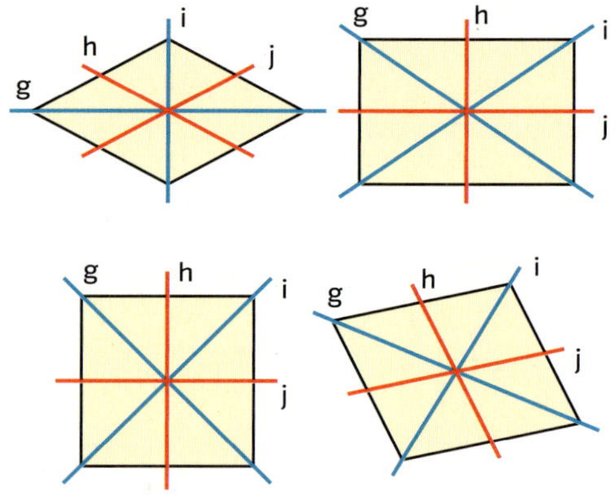

12 Schneide aus einem DIN-A4-Blatt ein Parallelogramm aus. Zeichne die Diagonalen. Falte so, dass A auf C fällt. Falte wieder auf und falte dann B auf D. Wo schneiden sich die Faltlinien? Was kannst du jetzt über die Diagonalen sagen?

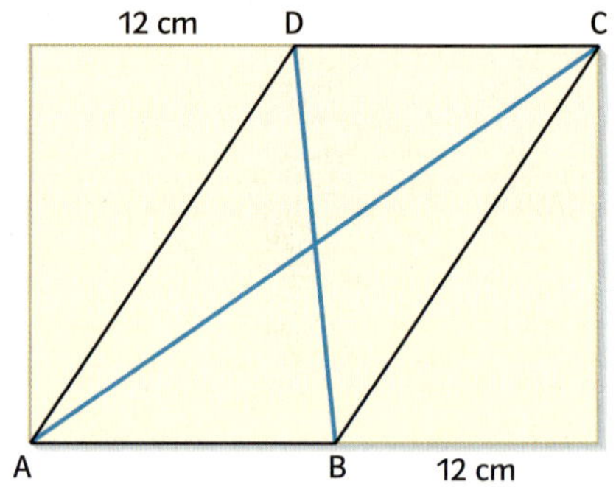

13 Wenn du einen Eckpunkt anders wählst, erhältst du ein Parallelogramm. Es gibt mehr als eine Möglichkeit. Vergleiche die verschiedenen Möglichkeiten.

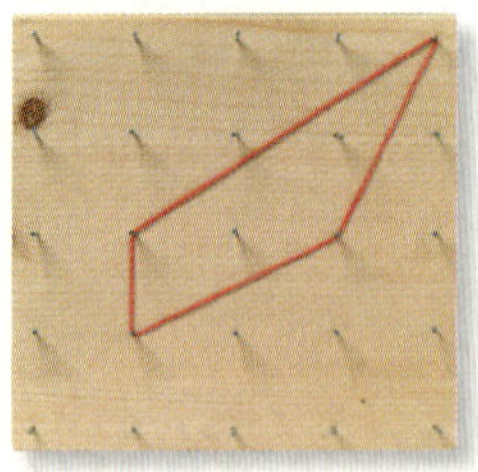

Zeichne auch eigene Figuren ins Heft.

3 Noch mehr Vierecke*

→ Schneide die Parallelogramme aus und zerlege sie.
→ Welche Vierecke kannst du aus den je zwei Teilen legen? Du darfst auch ein Teil wenden.
→ Wie viele Symmetrieachsen haben die Vierecke?

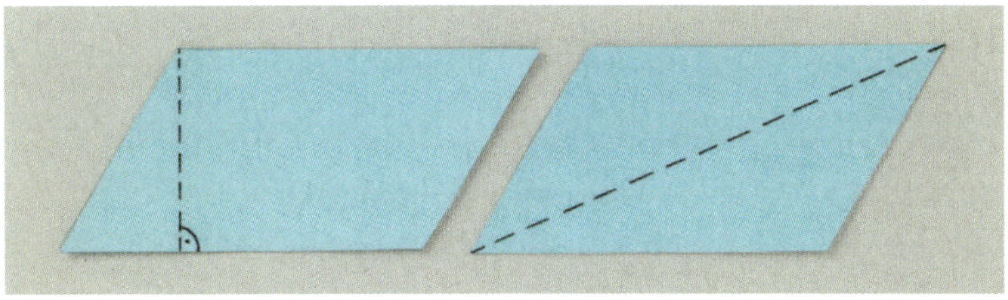

Die Vierecke mit einer Symmetrieachse sind Drachen und symmetrisches Trapez.

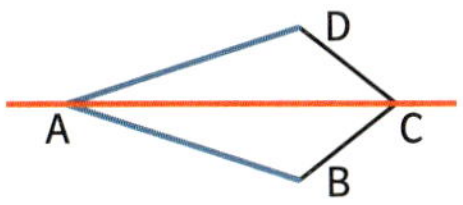

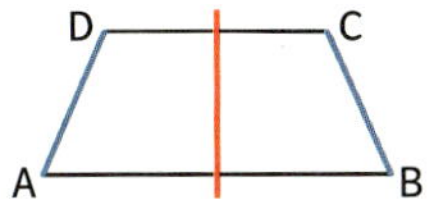

Der **Drachen** hat zwei Eckpunkte, in denen gleich lange Seiten aneinanderstoßen. Diese Eckpunkte liegen einander gegenüber und durch sie geht eine Symmetrieachse.
Das **symmetrische Trapez** hat zwei parallele Seiten. Die anderen zwei Seiten sind gleich lang. Durch die Mittelpunkte der parallelen Seiten geht eine Symmetrieachse.

Beispiel
Drei Punkte A, B, C sind gegeben. Der vierte Eckpunkt des symmetrischen Trapezes ABCD und des Drachens ABCD lässt sich mithilfe der Symmetrieachse finden.

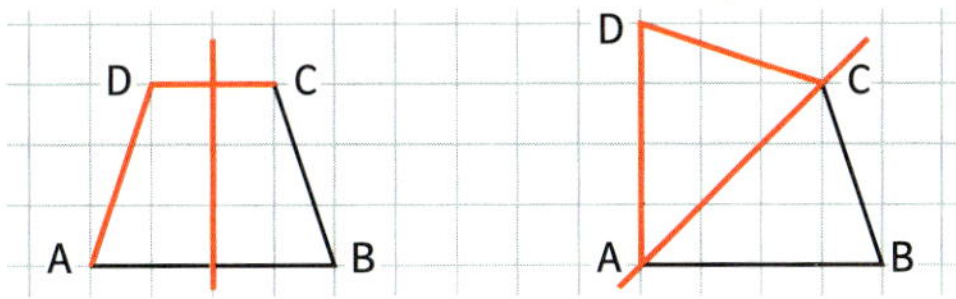

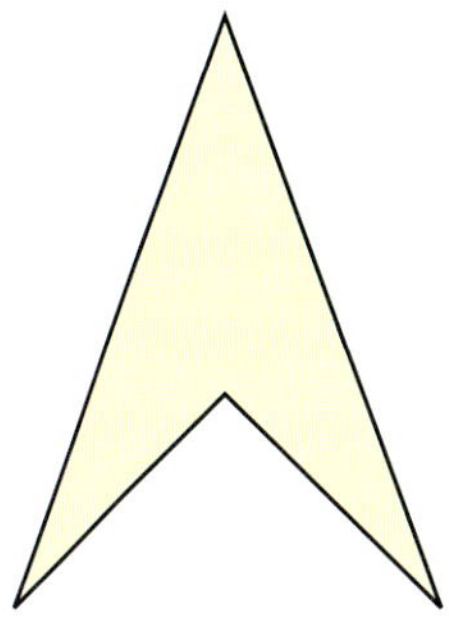

Ist der Pfeil auch ein Drachen?

Aufgaben

1 Zerschneide ein Quadrat in vier Dreiecke. Lege Vierecke. Du darfst auch Teile wenden oder weglassen.

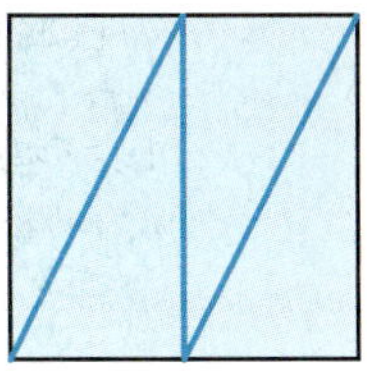

2 Zeichne den Drachen mit der Symmetrieachse durch A und C und den folgenden Eckpunkten.
a) A(5|8); B(14|3); C(18|8)
b) A(7|5); B(16|1); C(15|13)
c) A(3|1); B(10|5); C(9|7)
d) A(2|11); C(20|2); D(6|14)

3 Anja sagt: „Eine Raute ist ein besonderer Drachen". „Ich kann ein Viereck zeichnen, das zugleich ein Drachen und ein symmetrisches Trapez ist."

4 Zeichne das symmetrische Trapez mit der zur Seite $\overline{AB}$ senkrechten Symmetrieachse und den folgenden Eckpunkten.
a) A(5|5); B(20|5); C(16|12)
b) A(8|6); B(20|6); D(10|10)
c) A(6|11); B(14|3); C(13|9).

5 Spanne oder zeichne mehr Drachen, mehr symmetrische Trapeze.

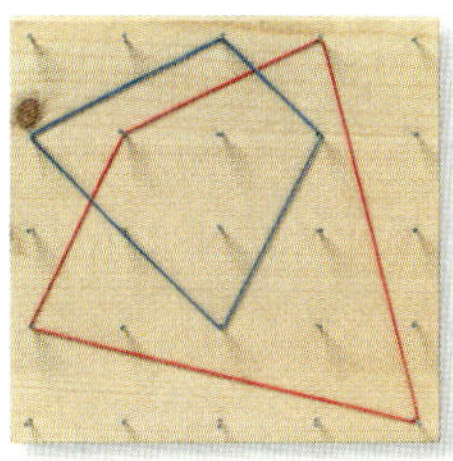

Vierecksparkette

Parkette aus Rechtecken sind leicht zu zeichnen. Schöner als Mauer-Parkette sind Fischgrät-Parkette. Die Steine können 2 cm lang und 1 cm breit sein. Es geht aber auch mit 3 cm × 1 cm-Rechtecken.

■ Welchen Bauplan haben Fischgrät-Parkette?
Zeichne solche Parkette.
Experimentiere auch mit verschiedenen Färbungsregeln.

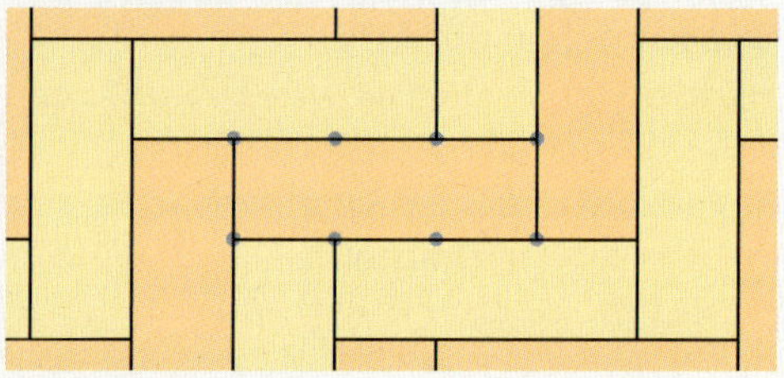

■ Das Drachenparkett (links unten) kannst du sicher selbst abwandeln.
Versuche auch, aus ihm ein Parkett aus Pfeilen (Seite 121) zu machen.

■ Aus welchen Vierecksarten bestehen die anderen beiden Parkette unten?
Beschreibe, wie sie aufgebaut sind.
Zeichne sie ab.

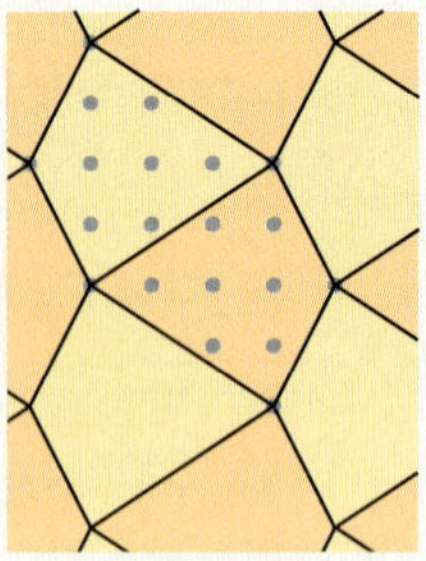

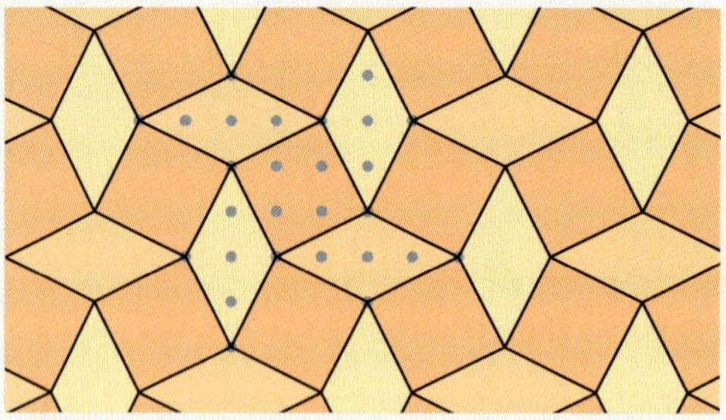

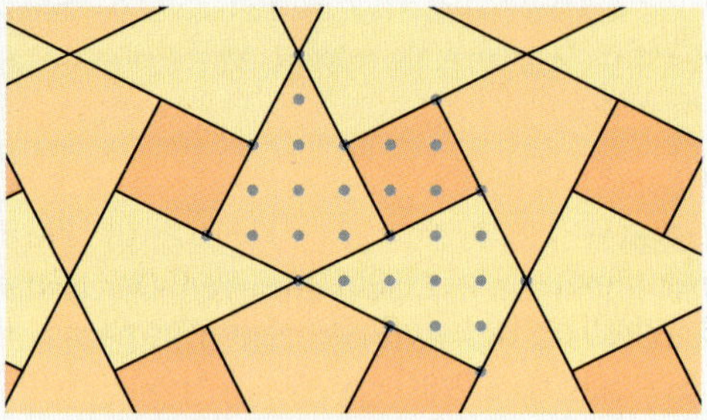

Auch Parallelogramme und symmetrische Trapeze eignen sich für Parkette.
Am einfachsten sind Parkette, die aus parallelen Streifen bestehen. Das rote symmetrische Trapez ist ein besonders vielseitiger Parkettstein.

■ Beschreibe die Baupläne.
Achte darauf, wie viele Steine in den Eckpunkten zusammenstoßen.
■ Du findest bestimmt auch eigene Parkette. Stelle sie deiner Klasse vor.
Erkläre den Bauplan.

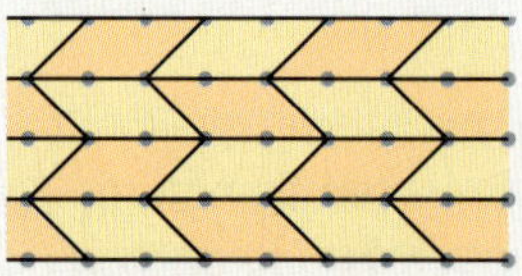

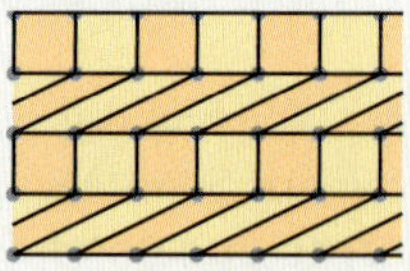

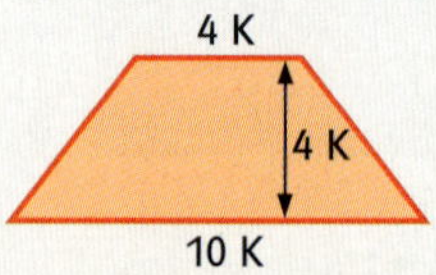

4 Würfel

Sechs Quadrate sind zum Würfel zusammengeklebt.
→ Wie viele Klebelaschen muss man auftrennen, damit man den Würfel flach ausbreiten kann, wie viele bleiben ganz?
→ Wie viele Quadratseiten bilden den Rand des Schnittmusters?
→ Erkläre die Zahlen, die du ermittelt hast. Zähle auch an anderen Würfelnetzen.

Körper werden von **Flächen** begrenzt. Wo zwei Flächen zusammenstoßen, entstehen **Kanten**. Wo Kanten zusammenstoßen, entstehen **Eckpunkte**.
Je vier Kanten begrenzen die Grundfläche und die Deckfläche des Würfels, und vier verbinden die Eckpunkte der Grundfläche mit den Eckpunkten der Deckfläche.

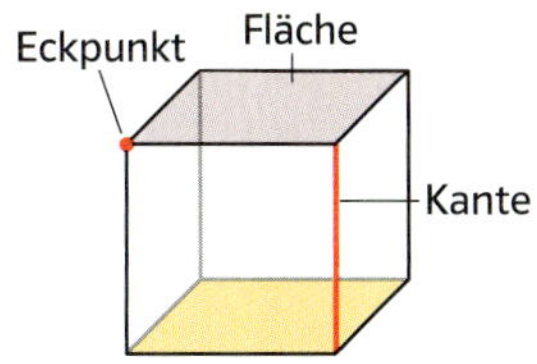

Der **Würfel** hat sechs quadratische Flächen, zwölf Kanten und acht Eckpunkte.
Seine Kanten sind gleich lang.
Je vier Kanten sind zueinander parallel.

Beispiel
Quadratsechslinge, aus denen sich ein Würfel falten lässt, heißen **Würfelnetze**.
Wenn man sich ein Quadrat als Grundfläche (**u**nten) vorstellt, ist festgelegt, welches Quadrat nach dem Zusammenfalten **l**inks, **r**echts, **v**orne, **h**inten, **o**ben liegt.
Nicht jeder Quadratsechsling ist ein Würfelnetz.

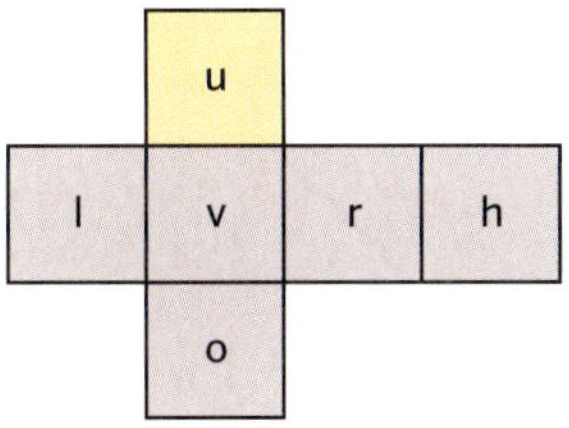

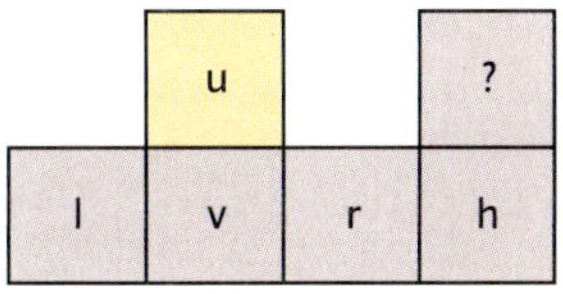

Aufgaben

1 Zeichne das Würfelnetz und falte es zum Würfel. (Seitenlänge: 4 cm).

a)

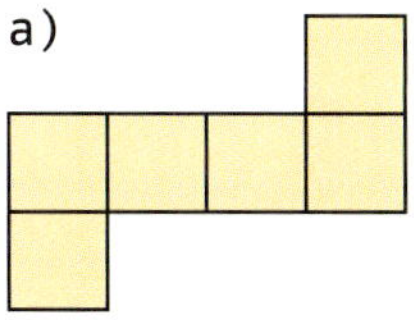

b)

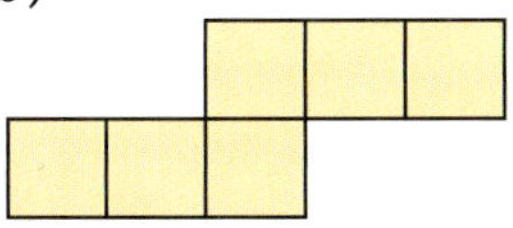

2 Wo überall kann das sechste Quadrat an den lila Quadratfünfling angesetzt werden, damit daraus ein Würfelnetz entsteht?

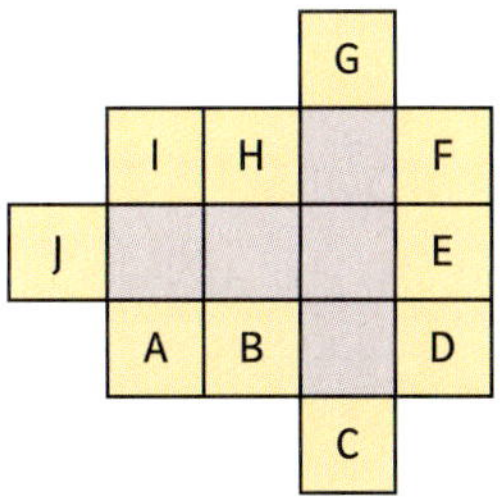

3 a) Die Grundfläche des Würfels ist mit „u" bezeichnet. Zeichne das Würfelnetz in doppelter Größe und trage v, h, l, r, o ein.

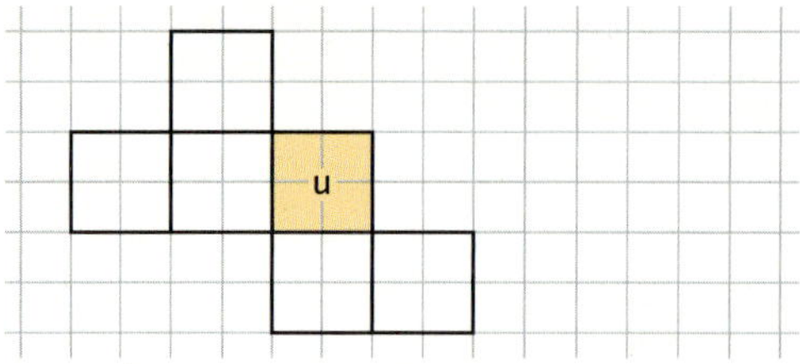

b) Jedes Quadrat im Würfelnetz kann zur Grundfläche des Würfels werden. Wo liegen dann die übrigen Flächen? Markiere eine Grundfläche und zeichne wie in a).

4 Aus welchen Quadratfünflingen könntest du eine oben offene Schachtel falten?

a)

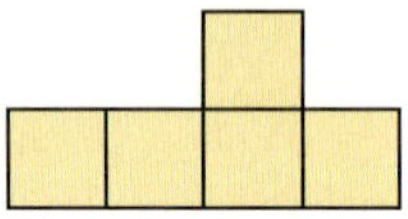

b)

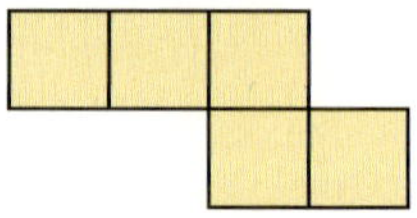

c)

d)

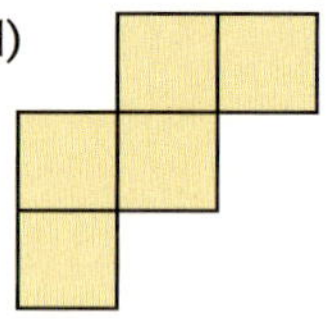

5 Zeichne ein Würfelnetz und trage die roten Linien richtig ein.

a)

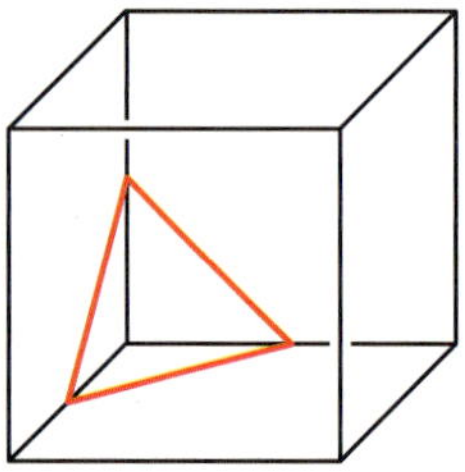

b)

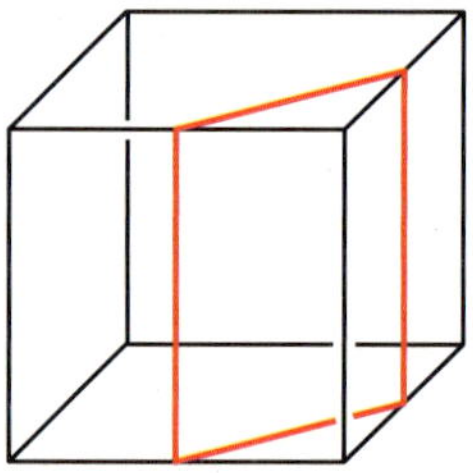

c)

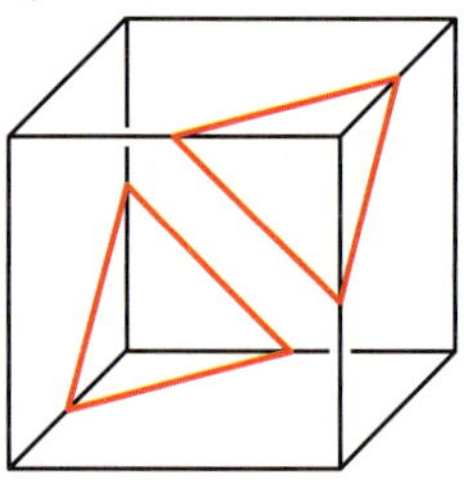

d)

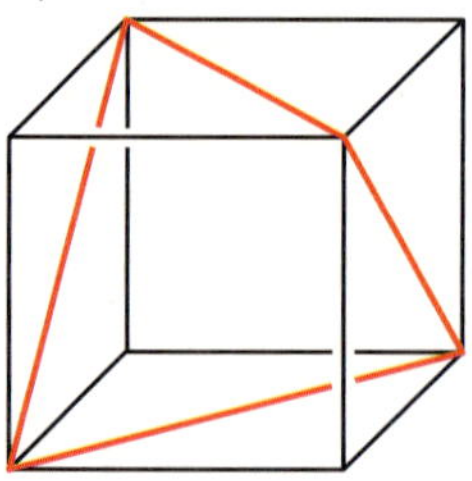

Wie viele Augen liegen auf den Flächen, die du nicht sehen kannst?

6 Zwei Würfel aus Karton werden längs der roten Kanten aufgeschnitten. Welches Würfelnetz passt zu welchem Würfel?

a)

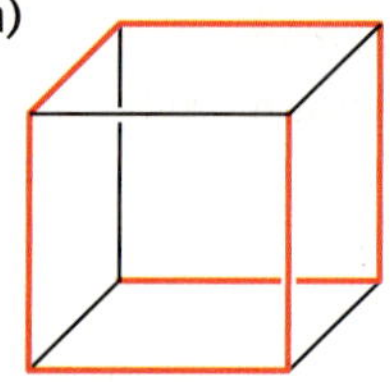

b)

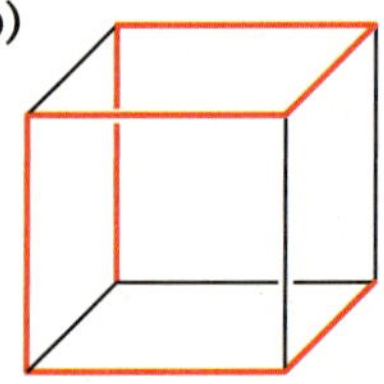

1

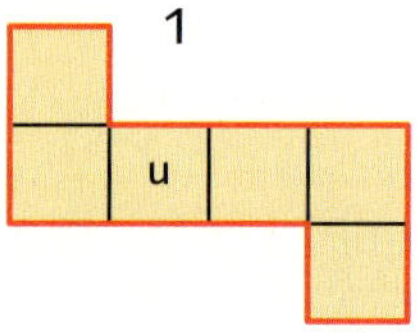

2

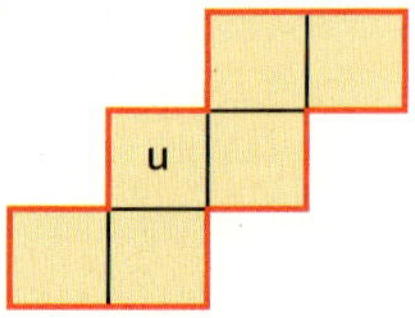

3

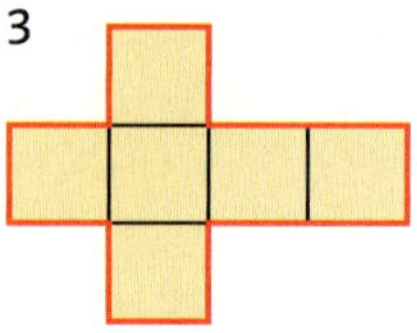

4

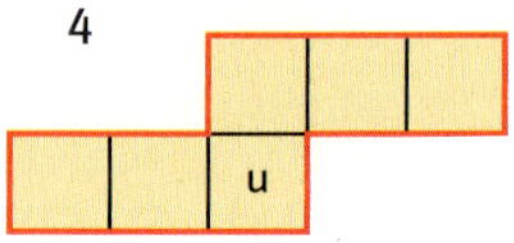

7 Auf dieser und der vorigen Seite sind viele Würfelnetze zu sehen. Zeichne sie alle.
Gibt es noch mehr Würfelnetze? Überlege dazu, dass die längsten geraden Bänder in den Würfelnetzen aus vier, drei oder zwei Quadraten bestehen können.

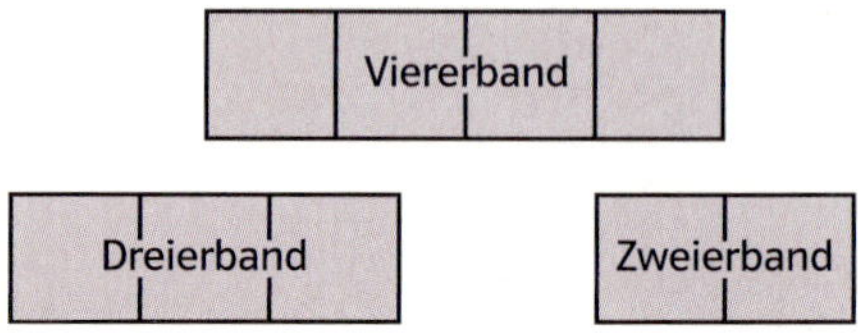

8 Auf manchen Würfelnetzen kann der Würfel abrollen, ohne dass er umkehren muss.
Eines dieser Abrollnetze siehst du unten. Zeichne die drei weiteren möglichen Netze.

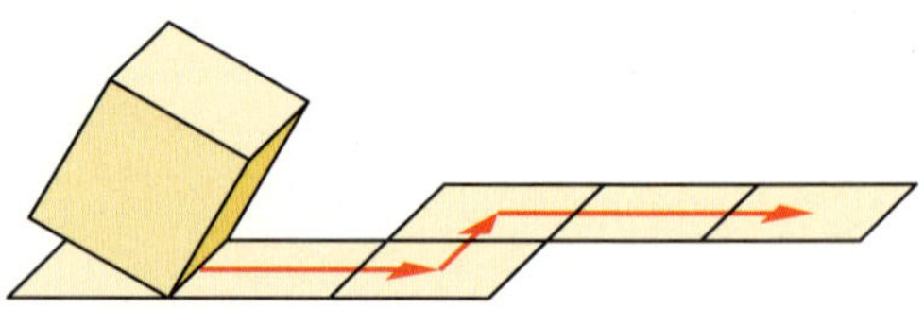

5 Quader

Zwölf Würfel kannst du auf vier Arten zu einem Quader zusammensetzen.
→ Welche Möglichkeiten gibt es mit 6; 8; 18 Würfeln?
Du kannst diese Möglichkeiten sogar ohne Probieren finden. Du musst nur mit den Zahlen arbeiten.
→ Welche Möglichkeiten gibt es mit 100 Würfeln?

Genauso wie der Würfel hat der Quader sechs Flächen, zwölf Kanten und acht Eckpunkte.

Der **Quader** hat sechs rechteckige Flächen.
Je zwei gegenüberliegende Rechtecke sind gleich.
Je vier Kanten sind parallel und gleich lang.

Bemerkung
Quader können auch acht oder zwölf gleich lange Kanten haben.
Der Quader mit zwölf gleich langen Kanten ist der Würfel.

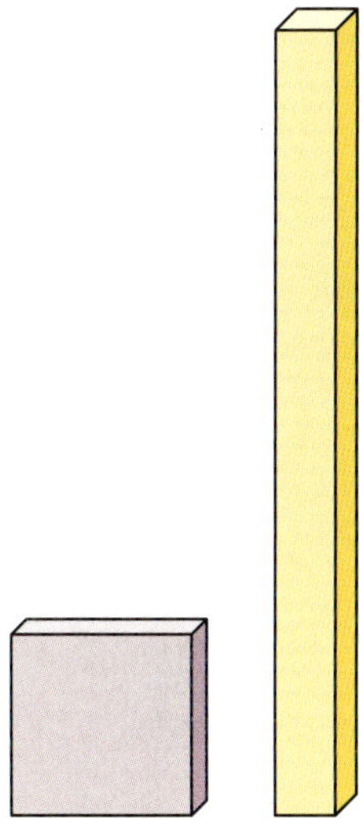

quadratische Platte

quadratische Säule

Beispiel
Es gibt viele Möglichkeiten, einen Quader aus Karton zum Netz auseinander zu falten.

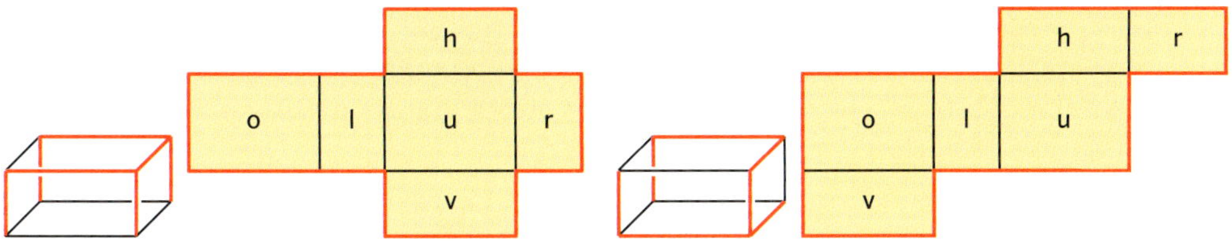

Aufgaben

1 a) Falte zwei Quader mit gleichem Netz. An der Figur siehst du, wo du Klebefalze anbringen kannst.
Lege die Quader zu einem einzigen Quader zusammen. Wie viele Möglichkeiten findest du?
b) Lege mit deinem Partner vier solche Quader zu einem einzigen zusammen.
Wie viele Möglichkeiten gibt es jetzt?
c) Mit sechs Quadern gibt es viele Möglichkeiten.
Beispiel: Kantenlängen 15 K; 14 K; 11 K.

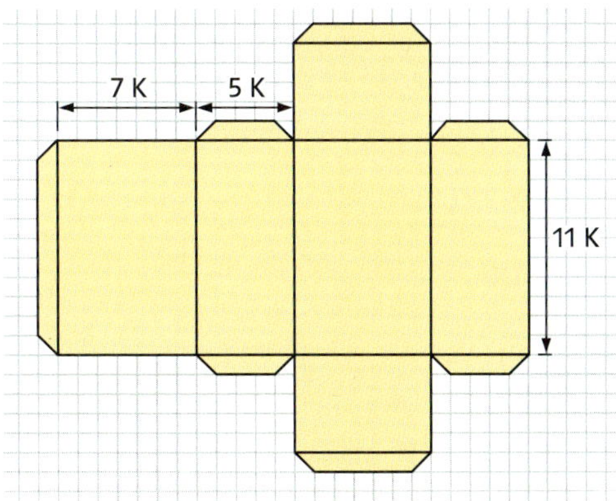

2 Übertrage die Quadernetze in doppelter Größe auf Papier, schneide sie aus und falte sie zu Quadern.

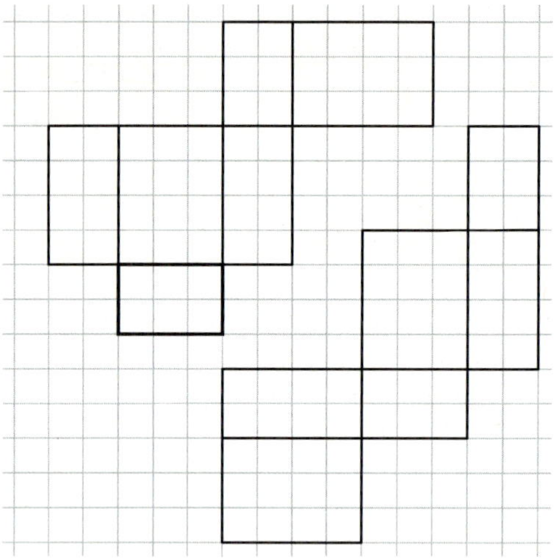

3 Aus welchen Rechtecksechslingen könntest du keinen Quader falten?

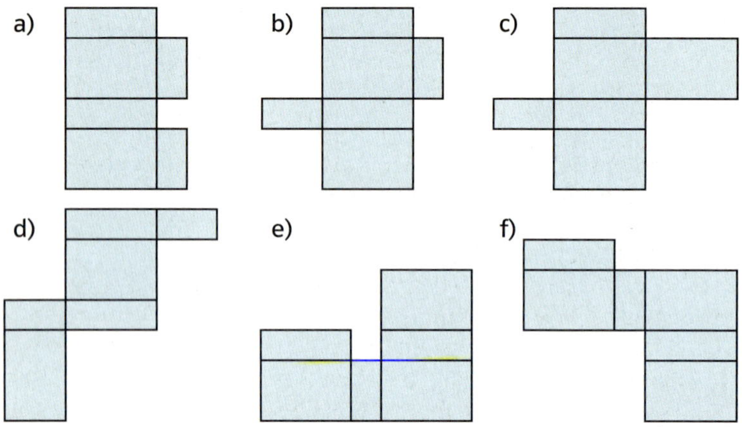

4 Ein Rechteck fehlt im Quadernetz. Wie sieht es aus, wo kann es hingehören?

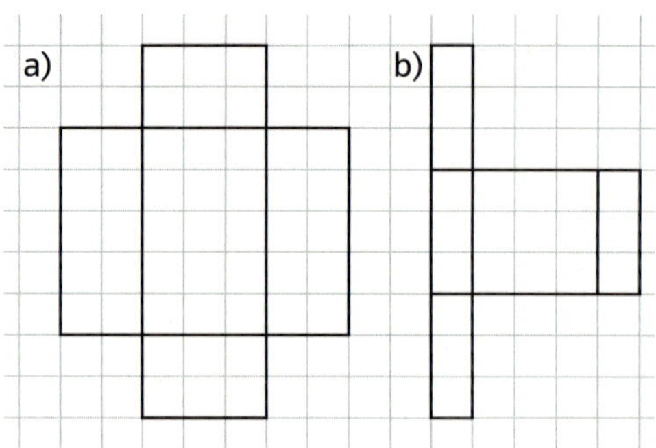

Kopfgeometrie ?!

- Ein Buchstabenwürfel ist in zwei Lagen zu sehen. Welcher Buchstabe liegt dem „H" gegenüber? Erkläre.

- Wie viele abgeknickte „H" entstehen, wenn man das Netz zusammenfaltet? Begründe.

- Wo im Würfelnetz liegen die anderen zwei roten Dreiecke?

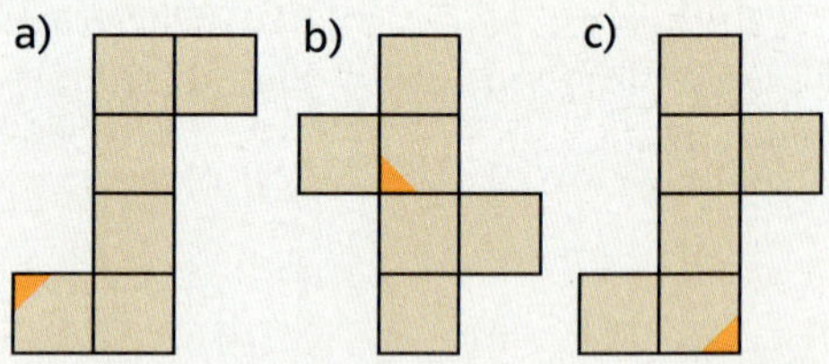

- Bei zwei Würfeln sind die Ecken auf dieselbe Art ausgeschnitten. Welche beiden Würfel können es nur sein?

A B C D

5 Bastle den Umzugskarton im Mini-Format.

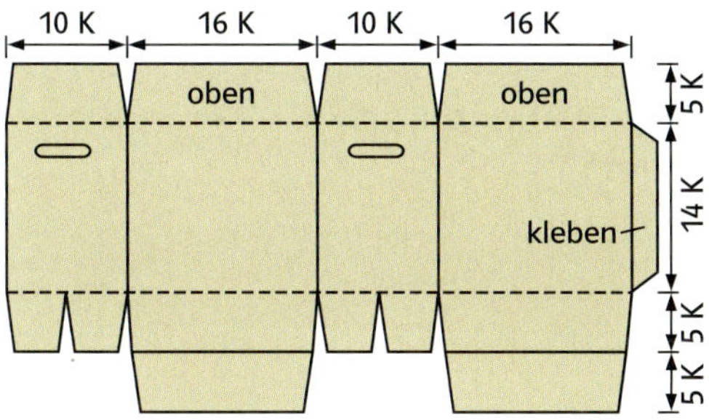

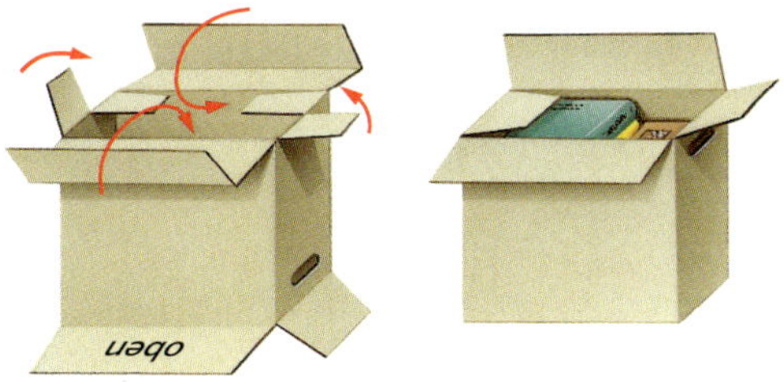

6 Ein Quader aus Karton wird längs der roten Kanten aufgeschnitten. Die schwarzen Kanten bleiben ganz. Zeichne das Quadernetz.

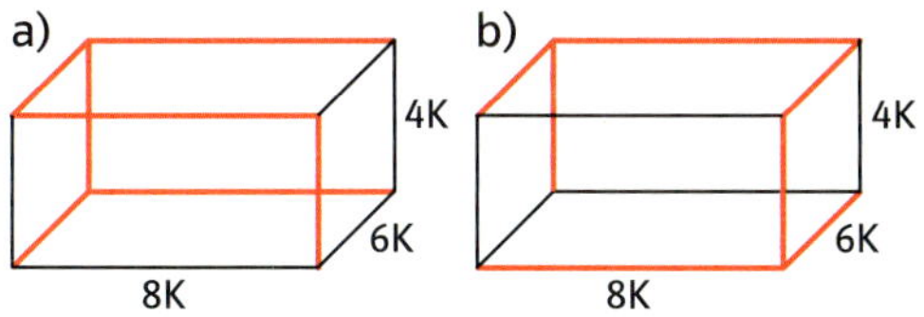

7 a) Skizziere das Quadernetz mit selbst gewählten Maßen. Die gefärbte Fläche ist die Grundfläche. Trage die roten Diagonalen der drei Quaderflächen ein.

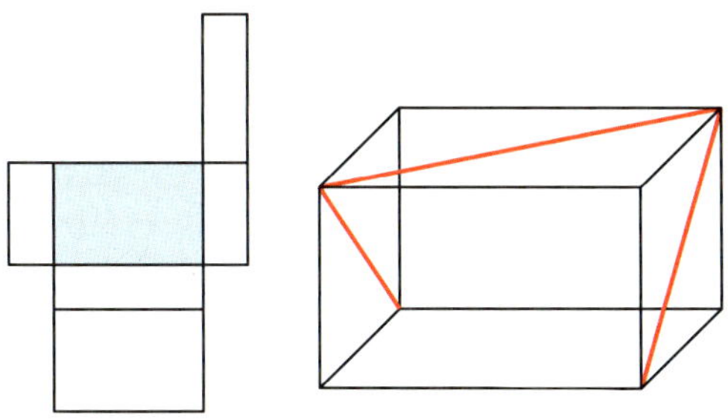

b) Der Quader wird zweimal nach vorne gekippt. Seine Deckfläche wird damit zur Grundfläche. Skizziere wieder das Quadernetz und trage die Diagonalen ein.

Zählen mit Verstand ?!

Würfelteilung

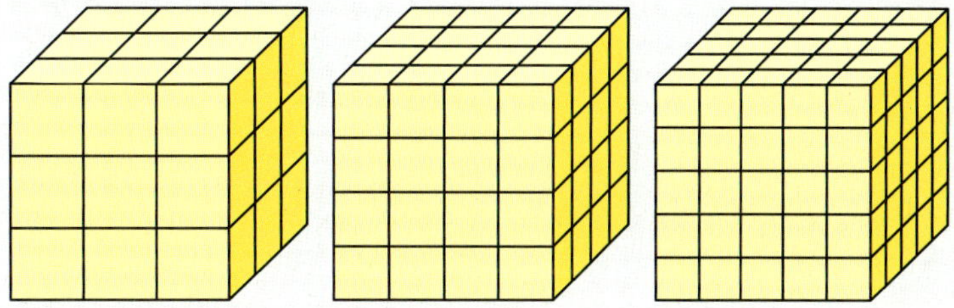

Der gelbe Würfel wird in kleine Würfel zerlegt.
Was könnte man zählen?
Die kleinen Würfel mit

- drei gelben Flächen
- zwei gelben Flächen
- einer gelben Fläche
- keiner gelben Fläche …

… und natürlich alle kleinen Würfel.

Eine Tabelle hilft.

	3 gelbe Flächen	2 gelbe Flächen	1 gelbe Fläche	0 gelbe Fläche	Gesamtzahl der Würfel
3er-Teilung	8	12	6	1	27
4er-Teilung	8	?	24	?	?
5er-Teilung	?	?	?	27	?

Wie zählt man geschickt?
Wenn du das Prinzip verstanden hast, kannst du die Zahlen auch für die 10er-Teilung ausrechnen.

Würfelgerüst

Der Würfel ist jetzt in drei Richtungen von Fläche zu Fläche ausgehöhlt. Nur ein Kantengerüst bleibt übrig.
Es gibt viele Arten, die kleinen Würfel zu zählen. Man muss aufpassen, dass man keine Würfel mehrfach zählt. Wer zu viele Würfel wegnimmt, muss wieder welche dazutun.
Nur zur Sicherheit: Bei 10er-Teilung sind es 104 kleine Würfel.

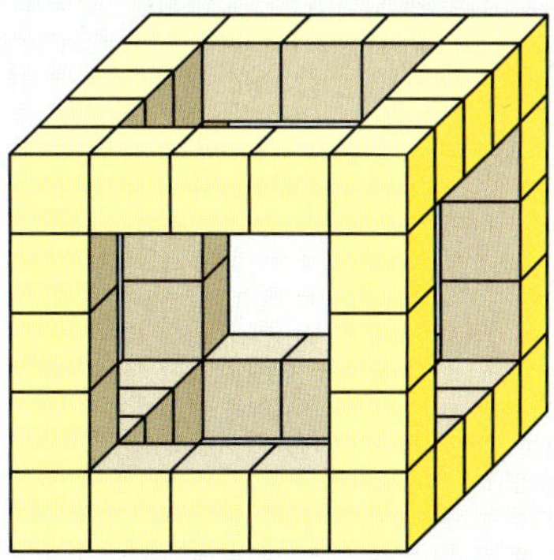

6 Würfel und Quader im Schrägbild

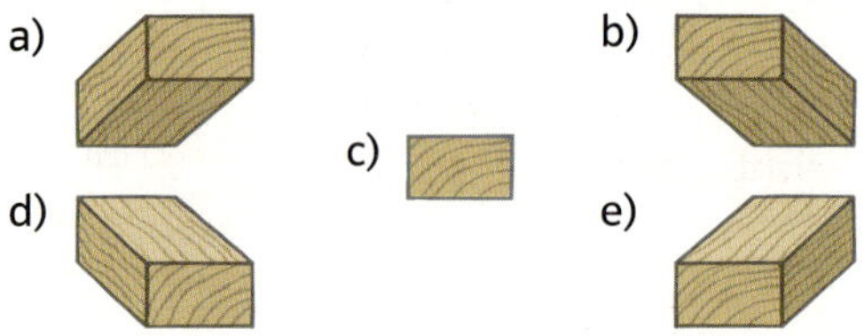

→ Von wo aus musst du schauen, um einen Quader so zu sehen, wie es die fünf Bilder zeigen? Von oben oder unten, rechts oder links?
→ Von wo aus siehst du den Quader so wie im mittleren Bild?

Körper zeichnet man im **Schrägbild**, um einen räumlichen Eindruck zu bekommen. Schrägbilder werden nach bestimmten Regeln hergestellt. Damit lassen sich die wichtigsten Maße des Körpers ins Bild übertragen. Am einfachsten ist der Quader zu zeichnen.

So zeichnet man einen Würfel.

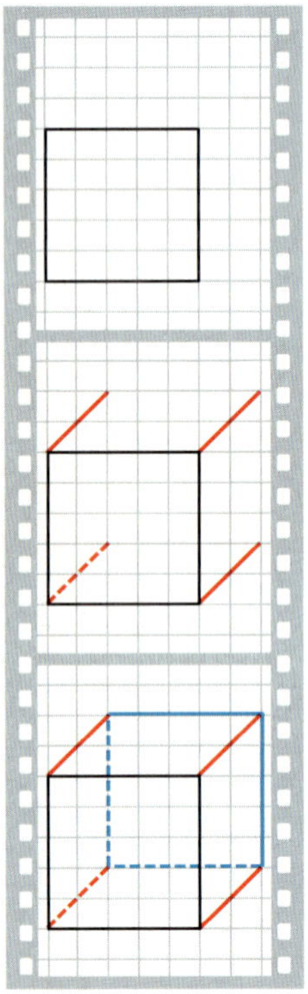

Schrägbild eines Würfels oder Quaders: Zeichne
- die Vorderfläche mit den gegebenen Maßen.
- die nach hinten laufenden Kanten in halber Länge schräg nach rechts oben.
- die hintere Fläche mit den gegebenen Maßen.
- verdeckte Kanten gestrichelt.

Bemerkungen

Wenn man nur das Kantengerüst eines Quaders zeichnet, sind alle Kanten sichtbar. Sie werden also durchgezogen.
Der Einfachheit halber darf man die schrägen Kanten so verlängern oder verkürzen, dass sie im nächsten Gitterpunkt enden.

Beispiele

Ein Quader mit den Kantenlängen 6 cm; 4 cm; 2 cm kann in unterschiedlichen Lagen gezeichnet werden.

a) Vorderfläche 6 cm; 4 cm
Grundfläche 6 cm; 2 cm

b) Vorderfläche 4 cm; 6 cm
Grundfläche 4 cm; 2 cm

c) Vorderfläche 4 cm; 2 cm
Grundfläche 4 cm; 6 cm

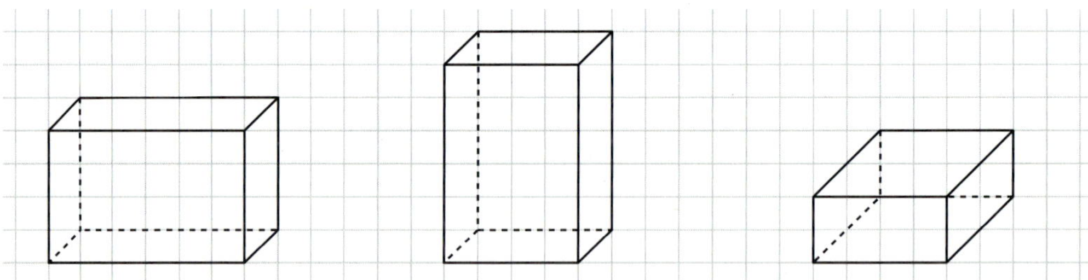

Aufgaben

1 Zeichne ein Schrägbild des Quaders.
a) 7 cm; 6 cm; 4 cm b) 10 cm; 6 cm; 3 cm
c) 8 cm; 4 cm; 2 cm d) 10 cm; 3 cm; 3 cm
e) 5 cm; 5 cm; 5 cm f) 14 cm; 14 cm; 2 cm

2 Das Beispiel zeigt drei Lagen, in denen man den Quader mit den Kantenlängen 6 cm; 4 cm; 2 cm zeichnen kann.
Es gibt noch drei weitere Lagen.

3 Zeichne eine 12 cm lange, 2 cm breite und 1 cm dicke Platte so, dass die vier kurzen Kanten im Schrägbild
a) waagerecht verlaufen.
b) senkrecht verlaufen.
c) schräg verlaufen.

4 Aus Würfeln kannst du Buchstaben legen.
a) Zeichne T und E im Schrägbild.
b) Zeichne auch andere Buchstaben so.

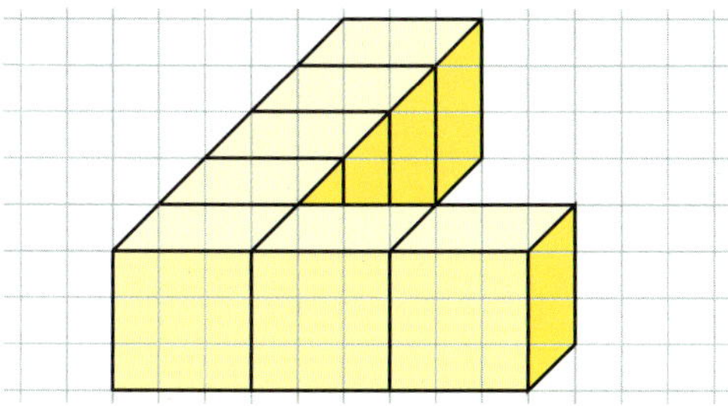

5 Ein Quader hat vier Raumdiagonalen. Wähle selbst die Maße eines Quaders. Zeichne ihn und trage alle Raumdiagonalen ein. (Das Bild auf dem Rand hilft dir.)

6 Zeichne die Schrägbilder und trage alle verdeckten Kanten gestrichelt ein.

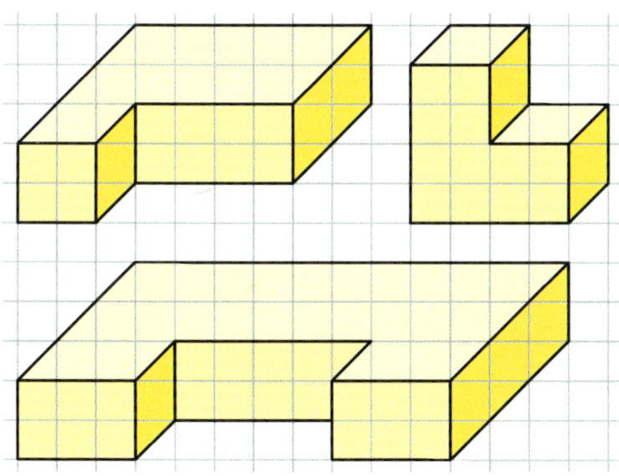

7 Schräg verlaufende Kanten kann man auch in andere Richtungen als nur nach rechts oben zeichnen. Zeichne einen Quader auf vier Arten. Die dritte Kantenlänge soll 8 cm sein.

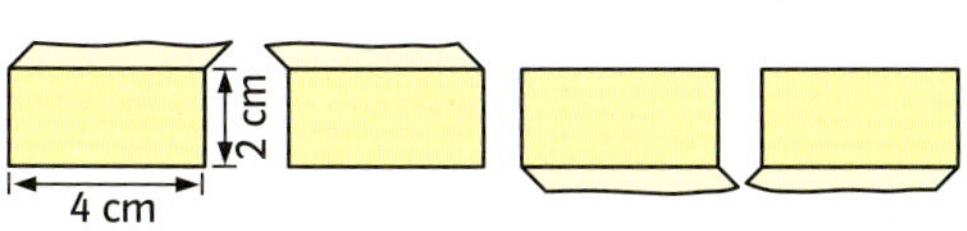

Schrägbilder auf Dreieckspapier

Schrägbilder kann man auch auf Dreieckspapier zeichnen.
Kanten in den drei Hauptrichtungen behalten die gegebene Länge.

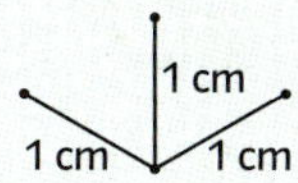

■ Von wo aus schaut man auf diese Körper?

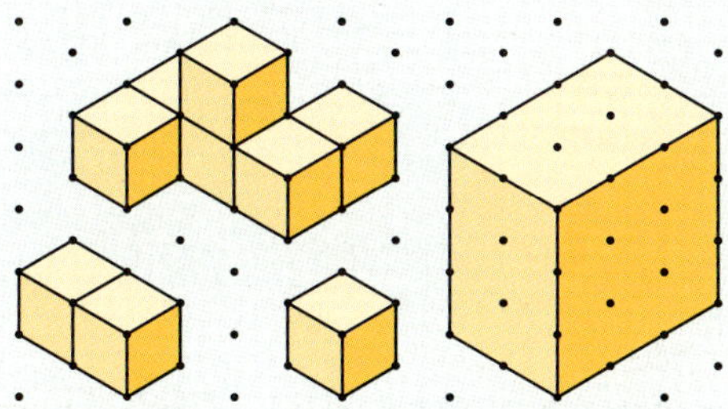

■ Zeichne Quader aus drei Würfeln in verschiedenen Lagen.

■ Du kannst einen Quader mit den Kantenlängen 6 cm, 3 cm, 1 cm in sechs Lagen zeichnen, auch mit freier Hand.

■ Aus wie vielen Würfeln bestehen die Mauerecken? Erkennst du in der Zahlenreihe eine Regel? Wie viele Würfel bräuchte man für die zehnte Mauer in der Reihe?

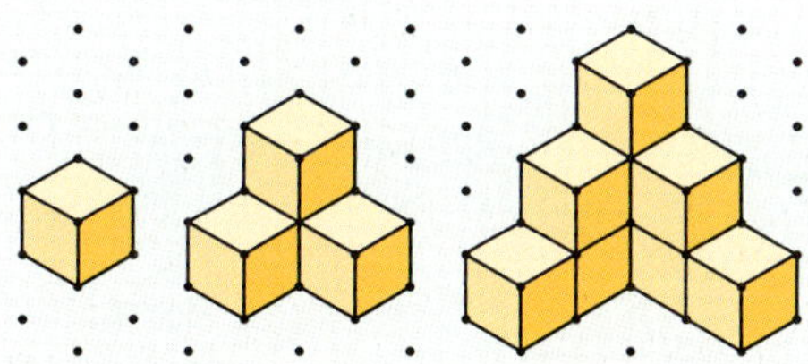

■ Zeichne die Treppe und zähle sie aus.

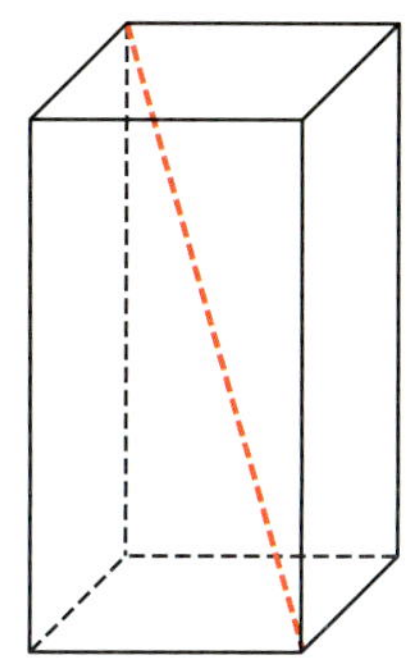

Zu Aufgabe 5

Zusammenfassung

Flächen

Rechteck — Das **Rechteck** hat vier rechte Winkel. Gegenüberliegende Seiten sind parallel und gleich lang.

Quadrat — Das **Quadrat** ist ein Rechteck mit vier gleich langen Seiten.

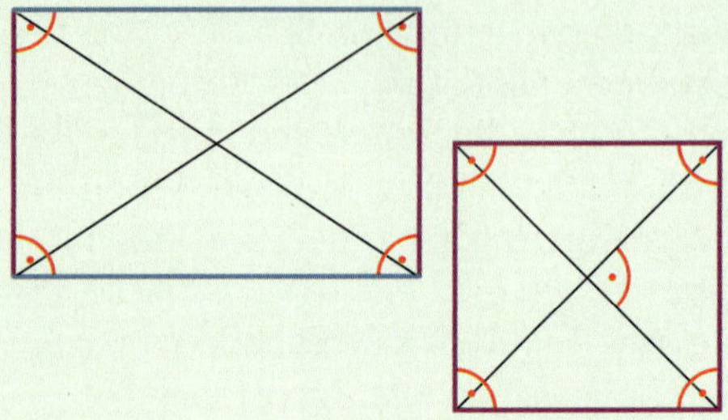

Parallelogramm — Das **Parallelogramm** hat parallele und gleich lange gegenüberliegende Seiten.

Raute — Die **Raute** ist ein Parallelogramm mit vier gleich langen Seiten.

Drachen — Der **Drachen** hat zwei Eckpunkte, in denen gleich lange Seiten aneinander stoßen. Diese Eckpunkte liegen einander gegenüber und durch sie geht eine Symmetrieachse.

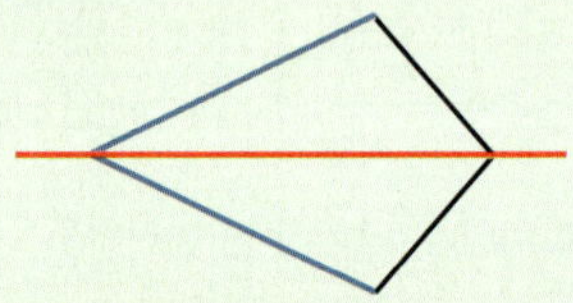

Symmetrisches Trapez — Das **symmetrische Trapez** hat zwei parallele Seiten. Die anderen zwei Seiten sind gleich lang. Durch die Mittelpunkte der parallelen Seiten geht eine Symmetrieachse.

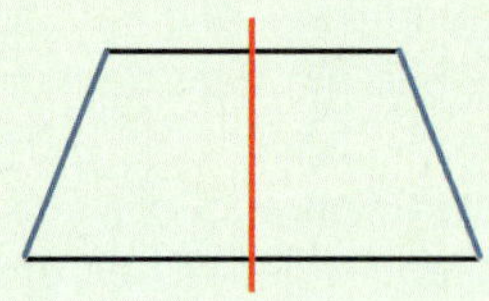

Körper

Würfel — Der **Würfel** hat sechs quadratische Flächen, zwölf Kanten und acht Eckpunkte. Seine Kanten sind gleich lang. Je vier Kanten sind zueinander parallel.

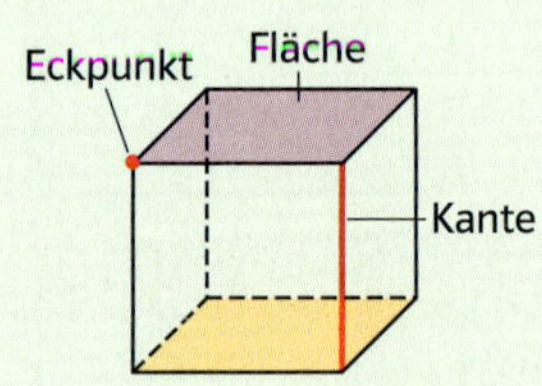

Quader — Der **Quader** hat sechs rechteckige Flächen. Je zwei gegenüberliegende Rechtecke sind gleich. Je vier Kanten sind parallel und gleich lang.

Schrägbild — Im **Schrägbild** werden die Kanten an der Vorder- und der Hinterfläche mit den angegebenen Maßen gezeichnet. Die nach hinten laufenden Kanten werden in halber Länge schräg nach rechts oben gezeichnet.

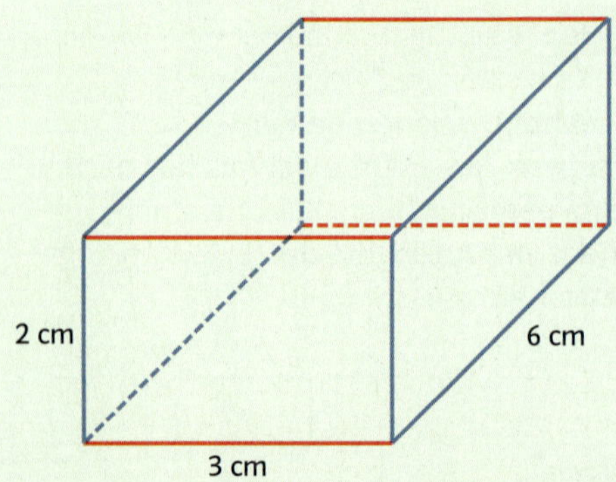

Üben • Anwenden • Nachdenken

1 Ein Quadrat, ein Rechteck, eine Raute, ein Parallelogramm, ein Drachen und ein symmetrisches Trapez wurden in je ein lila und ein oranges Teil zerlegt. Wie haben sie zusammengehört?
Abzeichnen und Ausschneiden ist nicht nötig. Begründen ist besser.

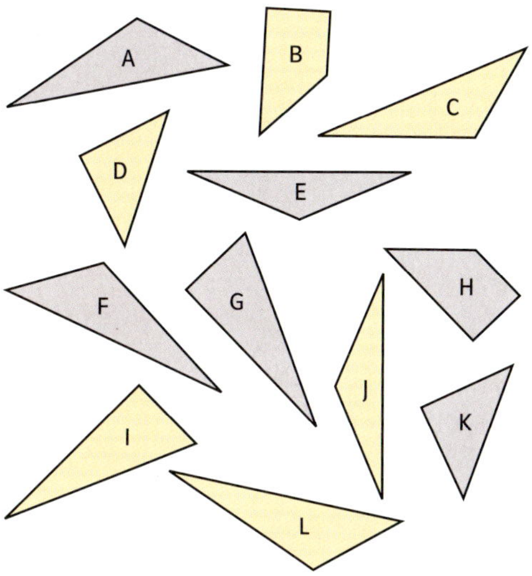

2 a) Schneide zwei Quadrate mit der Seitenlänge 8 cm aus. Zerlege das erste so, dass sich seine Teile mit dem zweiten Quadrat zu einem größeren Quadrat zusammenlegen lassen.
b) Mach auf diese Weise aus zwei Parallelogrammen eines.
c) Welche Vierecke bekommst du, wenn du dasselbe mit zwei Rechtecken oder zwei Rauten ausführst?

3 Zeichne eine quadratische Säule mit den Kantenlängen 10 cm; 2 cm; 2 cm
a) aufrecht.
b) liegend mit einer quadratischen Fläche als Vorderfläche.
c) liegend mit einer nicht quadratischen Fläche als Vorderfläche.

4 Zeichne eine quadratische Platte mit den Kantenlängen 10 cm; 10 cm; 2 cm in drei verschiedenen Lagen.

5 Zerlege das Parallelogramm in drei Rauten.

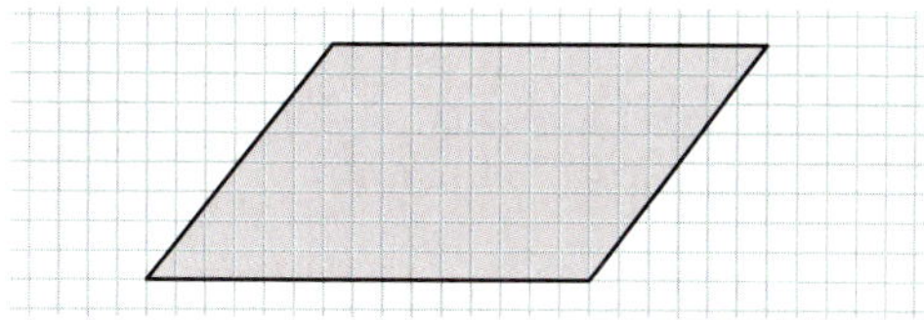

6 Zeichne das Würfelnetz mit 4 cm langen Quadratseiten. Die farbige Fläche ist die Grundfläche.
Trage die roten Diagonalen ein.

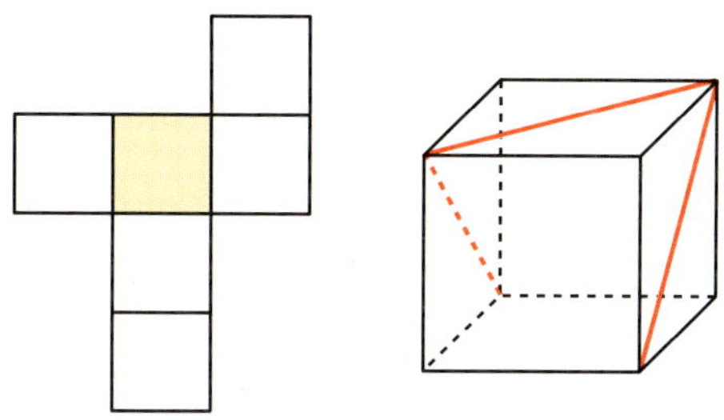

7 Beim Zusammenfalten von Würfelnetzen vereinigen sich bestimmte Ecken zum selben Würfeleckpunkt.
Bezeichne die Eckpunkte im Netz.
Als Beispiel ist ein „B" schon dreimal eingetragen.

a)

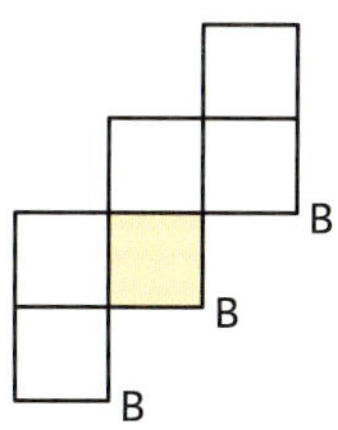

b)

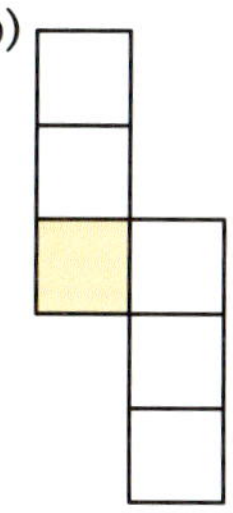

c)

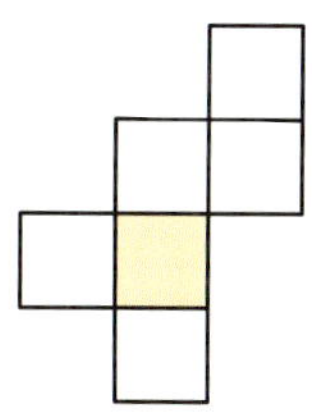

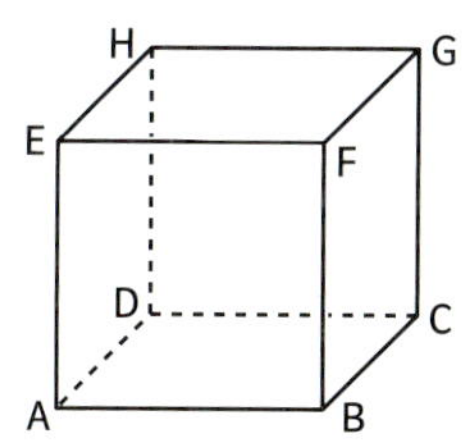

8 Drei Quader haben die Kantenlängen
6 cm; 5 cm; 3 cm;
7 cm; 5 cm; 3 cm;
13 cm; 5 cm; 4 cm.
a) Wie lassen sie sich zu einem einzigen Quader zusammensetzen?
b) Zeichne den großen Quader mit seinen drei Teilquadern im Schrägbild.

9 In das Würfelgerüst ist ein Körper eingebaut. Seine Eckpunkte sind die Mittelpunkte der Würfelkanten.
Beschreibe den Körper. Versuche ihn nachzuzeichnen. Dabei ist es günstig, die Würfelkanten erst mit Bleistift vollständig zu zeichnen und ihre verdeckten Teile am Schluss wegzuradieren.

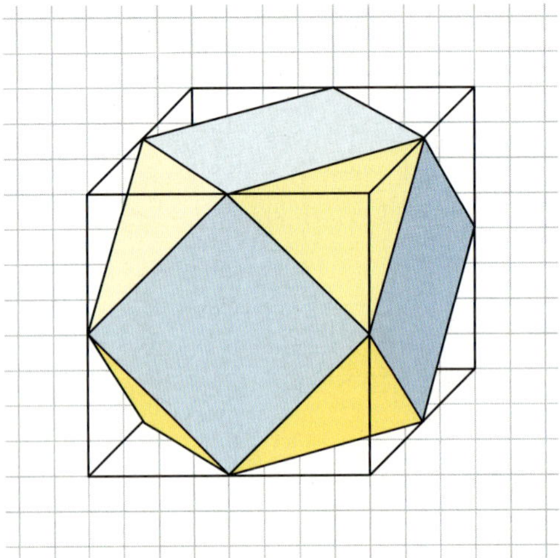

10 Wenn man das Kantenbild eines Quaders schön zeichnen will, ist es gut, die hinten liegenden Kanten zu unterbrechen. Wenn man das falsch macht, bekommt man eine andere Art von Schrägbild oder sogar unmögliche Quader. Zeichne diese Quader, übe auch mit freier Hand.

11 Aus welchen Quadern ist der große Quader zusammengesetzt?

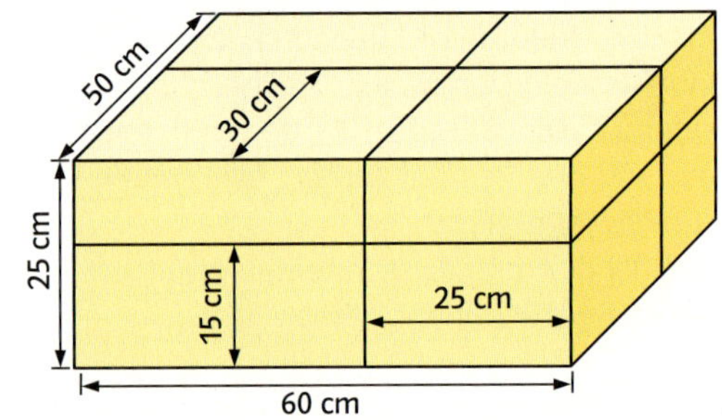

12 a) Zeichne in dasselbe Quadratgitter das Parallelogramm ABCD und das symmetrische Trapez ABCD mit den Eckpunkten A(7|2), B(17|12), C(12|14).
Die Symmetrieachse des Trapezes soll auf der Strecke $\overline{AB}$ senkrecht stehen.
b) Zeichne in dasselbe Quadratgitter das symmetrische Trapez ABCD und den Drachen ABCD mit den Eckpunkten A(7|5), B(19|5), C(15|13).
Die Symmetrieachse des Trapezes soll auf $\overline{AB}$ senkrecht stehen und die Symmetrieachse des Drachens soll $\overline{AC}$ sein.

13 a) Zeichne ein Rechteck mit den Seitenlängen 8 K und 5 K. Trenne ein möglichst großes Quadrat ab.
Wiederhole das immer wieder am übrig gebliebenen Rechteck.
b) Zeichne das nächstgrößere Rechteck, das sich auf diese Art zerlegen lässt.
Und jetzt noch eine Nummer größer?
c) Nach welcher Regel entstehen die Seitenlängen dieser Rechtecke?

14 Wie viele Dreiecke, Rauten und symmetrische Trapeze siehst du?

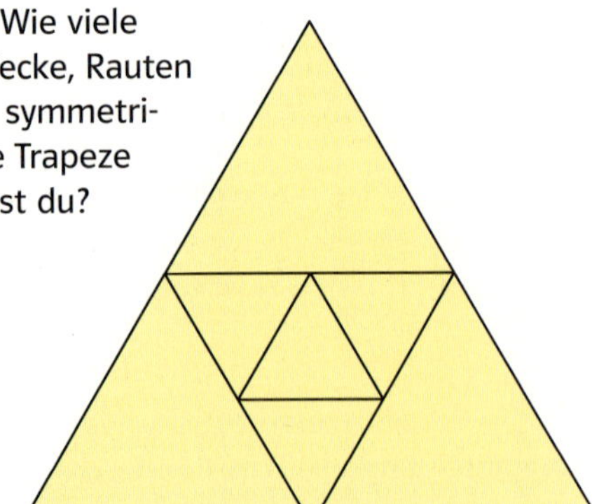

Vierecke auf dem Nagelbrett

Zwei Rechtecke ohne Überlappung

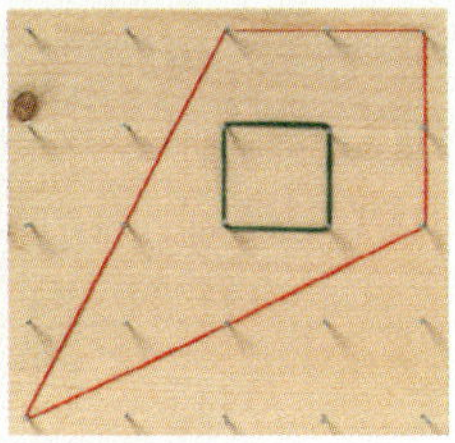
Quadrat im Drachen

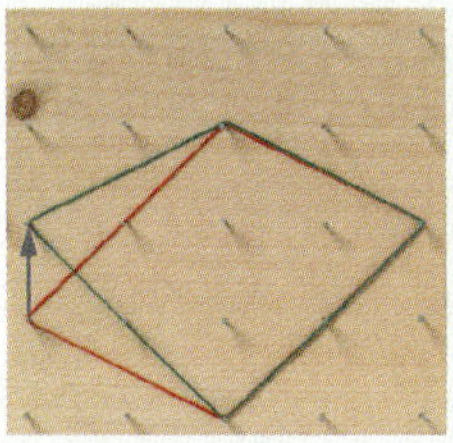
Parallelogramm → Drachen

Parallelogramm mit zwei Nägeln innen

■ Versuche es jetzt selbst:
- Drei verschieden geformte Rauten
- Acht Quadrate unterschiedlicher Größe
- Drachen, Raute und Rechteck ohne Überlappung
- Drachen, Raute, symmetrisches Trapez und Quadrat ohne Überlappung
- Parallelogramm → Rechteck
- Parallelogramm in einem Parallelogramm
- Quadrat → Drachen → Raute → Drachen → Quadrat
- Symmetrisches Trapez mit drei Nägeln innen
- Quadrat → Drachen → Parallelogramm → symmetrisches Trapez
- Drachen im symmetrischen Trapez
- Ein möglichst großes Parallelogramm ohne Nagel innen

■ Denke dir ähnliche Aufgaben aus. Deine Nachbarin oder dein Nachbar kann sie lösen.

15 Zeichne …
- das Viereck mit den Eckpunkten A(2|14), B(14|2), C(14|10), D(10|14).
- die Mittelpunkte E, F, G, H der Seiten $\overline{AB}$, $\overline{BC}$, $\overline{CD}$, $\overline{DA}$.
- das Viereck mit den Eckpunkten E, F, G, H.
- die Mittelpunkte I, J, K, L der Seiten $\overline{EF}$, $\overline{FG}$, $\overline{GH}$, $\overline{HE}$.
- das Viereck mit den Eckpunkten I, J, K, L.

Welche Art von Vierecken erkennst du?

16 Wie sehen die Würfelhäuser von hinten, von links, von rechts aus?
Zeichne die Schrägbilder der anderen Ansichten.

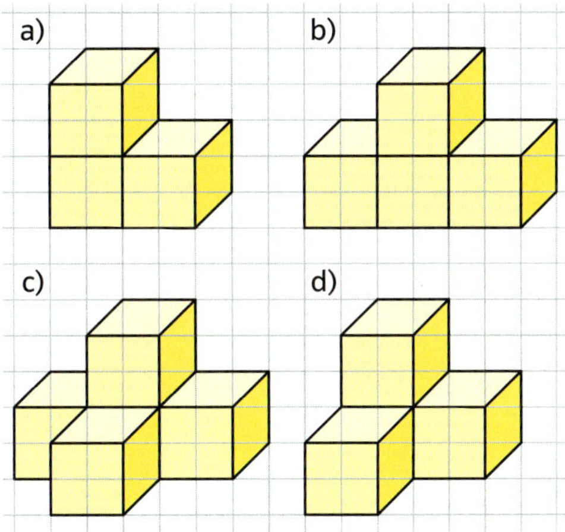

17 Wie viele verschiedene Körper zeigen die sechs Schrägbilder?

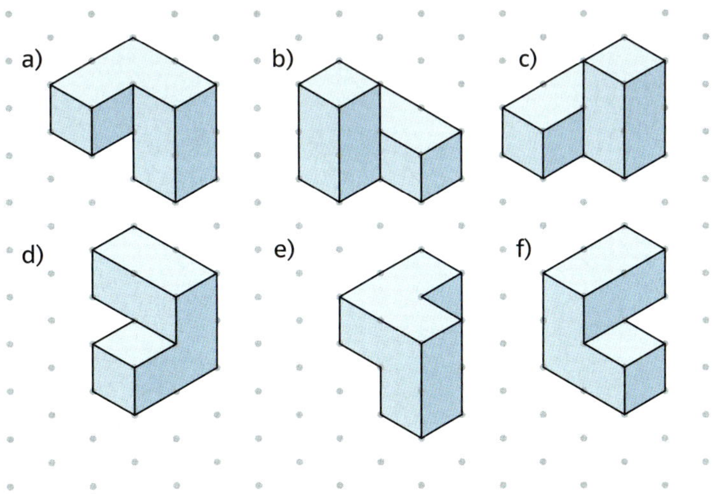

Körpernetze

Körpernetze kann man auch aus anderen Vierecken als nur aus Quadraten und Rechtecken aufbauen.

- Welche Vierecke sind bei diesem Netz verwendet? Beschreibt den Körper, bevor ihr ihn anfertigt.
Manche Maßangaben sind weggelassen. Wie müssen sie lauten – und warum?

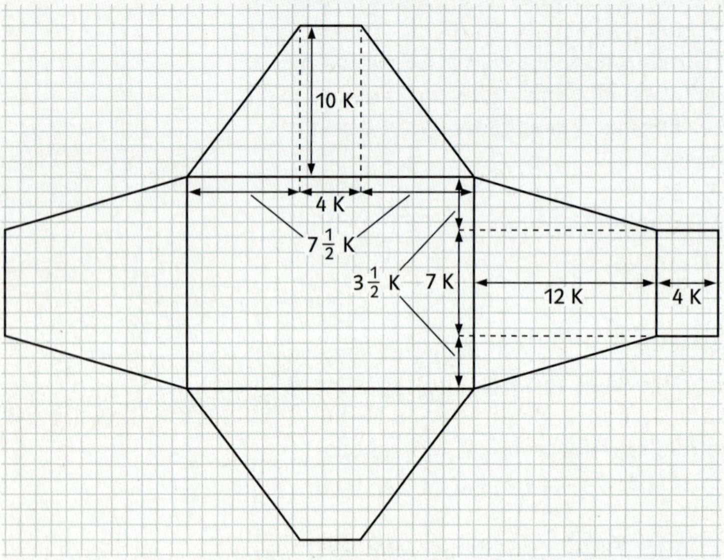

- Aus welcher Art von Vierecken besteht dieses Netz?
Beschreibt den Körper, bevor ihr ihn anfertigt.
Ein Netz in doppelter Größe lässt sich besser zusammenfalten.

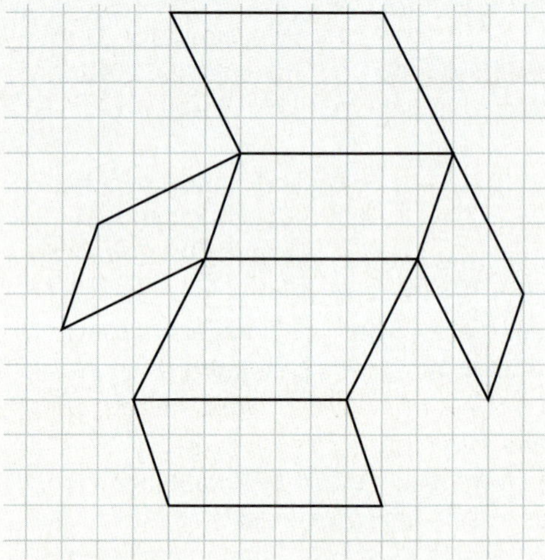

- Ein Flechtquader lässt sich nach dem gleichen Rezept herstellen wie der Flechtwürfel.

Was wird wohl aus den blauen Linien?

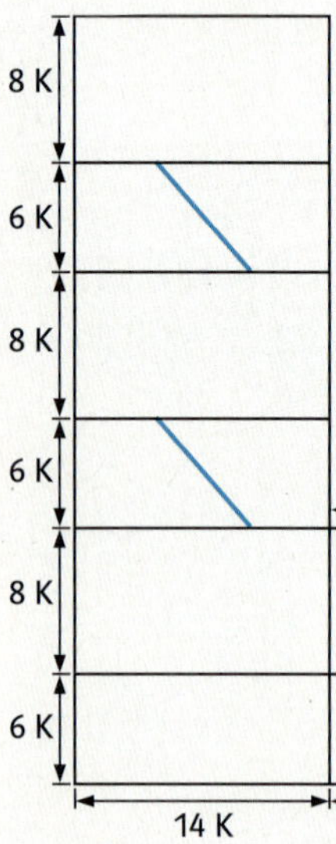
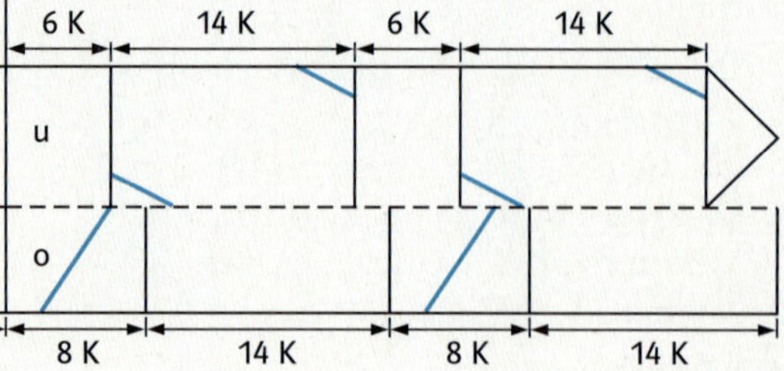

- Wie wird dieser Körper aussehen? Zeichnet das Netz, klebt es zusammen. Das Netz lässt sich auch einfacher zeichnen, sogar symmetrisch.

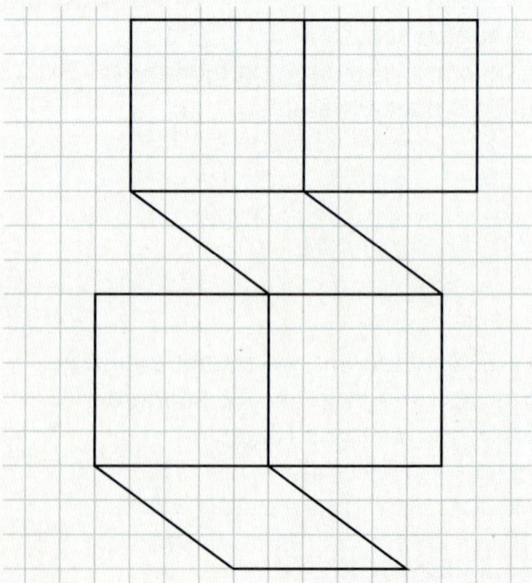

Rückspiegel

Rückspiegel

1 Zeichne das Rechteck ABCD mit den Eckpunkten A(3|8), B(13|2), C(16|7).
Gib den Rechtswert und den Hochwert des Eckpunkts D an.

2 a) Zeichne das Parallelogramm ABCD mit den Eckpunkten A(5|7), B(16|3), C(20|6). Welchen Rechtswert und Hochwert hat D?
b) Zeichne das Parallelogramm ABCD mit den Eckpunkten A(5|7), B(20|6), C(16|3). Welchen Rechtswert und Hochwert hat D?

3 Zeichne den Drachen ABCD mit den Eckpunkten A(6|7), B(11|2), C(20|7).
Die Symmetrieachse soll die Verbindungsgerade von A und C sein.

4 Spanne auf dem Nagelbrett
a) ein symmetrisches Trapez, auf dessen Rand genau acht Nägel liegen.
b) ein möglichst großes Parallelogramm, das keine Nägel umschließt.

5 „Eine Raute ist zugleich ein Parallelogramm und ein Drachen."
Stimmt das? Begründe.

6 Übertrage das Netz ins Heft.
Auf welche Fläche des Würfelnetzes gehört die Augenzahl „5"?
Trage auch die übrigen Augenzahlen auf die entsprechenden Flächen ein.

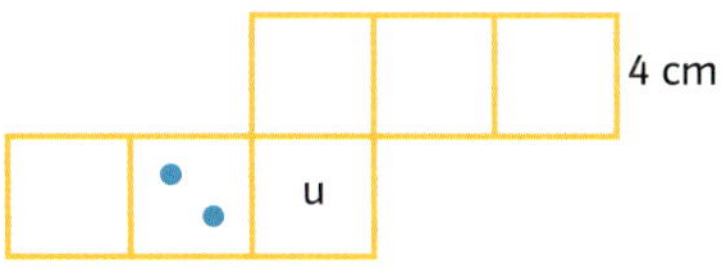

7 Zeichne einen Quader mit den Kantenlängen 8 cm; 4 cm; 3 cm im Schrägbild in zwei verschiedenen Lagen.

1 Zeichne ein Rechteck mit den Seitenlängen 8 cm und 5 cm, ohne das Quadratgitter zu benutzen.

2 a) Zeichne die Parallelogramme ABCD, von denen drei Eckpunkte gegeben sind:
A(6|6); B(13|5); C(18|10)
A(6|6); B(18|10); C(13|5)
A(18|10); B(6|6); C(13|5).
Ist ein besonderes Parallelogramm dabei?
b) Zeichne die drei Parallelogramme in einer einzigen Figur.

3 Zeichne das symmetrische Trapez ABCD mit A(2|2), B(18|6), C(12|13).
Die Symmetrieachse soll auf der Seite $\overline{AB}$ senkrecht stehen.

4 Spanne auf dem Nagelbrett ein Rechteck, ein Parallelogramm und ein symmetrisches Trapez, die sich nicht überlappen und einen möglichst großen Teil des Nagelbretts umschließen.

5 „Ein Rechteck ist zugleich ein symmetrisches Trapez und ein Drachen."
Stimmt das? Begründe.

6 Aus dem Netz wird ein Würfel gefaltet.
a) Welche Seiten des Netzes liegen dann am Würfel links oben?
b) Was wird aus den blauen Linien?

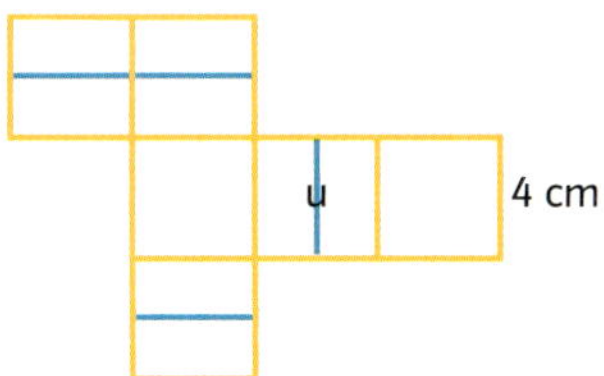

7 Vier Quader haben die Kantenlängen
12 cm; 6 cm; 5 cm, 12 cm; 5 cm; 2 cm,
9 cm; 8 cm; 4 cm, 8 cm; 4 cm; 3 cm.
Wie kann man sie zu einem großen Quader zusammensetzen?
Zeichne den Quader mit den Teilquadern im Schrägbild.

Pakete, Gebühren, Kosten

Ständig stößt man im Alltag auf Situationen, die man durch mathematisches Überlegen klären muss.

- Wie hoch ist die Paketgebühr?
- Wie lange dauert der Transport?
- Wie hoch sind die Benzinkosten?

Paketgebühren innerhalb Europas

Zustellung ab Deutschland		1. Zone	2. Zone	3. Zone
	bis 5 kg	18,75 €	47,25 €	77,00 €
über 5 kg	bis 6 kg	19,00 €	49,00 €	80,00 €
über 6 kg	bis 7 kg	19,50 €	51,50 €	86,00 €
über 7 kg	bis 8 kg	20,00 €	54,00 €	92,00 €
über 8 kg	bis 9 kg	20,50 €	56,50 €	97,00 €
über 9 kg	bis 10 kg	21,00 €	59,00 €	102,00 €
über 10 kg	bis 12 kg	22,50 €	62,75 €	107,00 €
über 12 kg	bis 14 kg	25,00 €	67,75 €	112,00 €
über 14 kg	bis 16 kg	27,50 €	72,75 €	117,00 €
über 16 kg	bis 18 kg	30,00 €	77,75 €	122,00 €
über 18 kg	bis 20 kg	32,50 €	82,75 €	127,00 €

1. Zone: 300 km Luftlinie
2. Zone: 600 km Luftlinie
3. Zone: 1000 km Luftlinie
4. Zone: über 1000 km; 18,00 € je kg

Paketgebühren

Der Paketdienst liefert von Frankfurt/Main aus Pakete innerhalb Europas bis 10.30 Uhr des folgenden Tages beim Empfänger an. Gib die Zustellgebühr an

- von einem Paket zu 11 kg von Frankfurt/Main nach Berlin
- von einem Paket zu 15 kg von Frankfurt/Main nach Freiburg
- von zwei Paketen zu 16,1 kg von Frankfurt/Main nach Kopenhagen.

Stellt euch gegenseitig ähnliche Aufgaben. Lohnt es sich, ein schweres Paket in leichtere aufzuteilen?

Zeit und Treibstoff

Berechne die Transportzeit und die Treibstoffkosten (zum derzeit gültigen Literpreis) des „Traffix“ auf der Fahrt von
- Frankfurt/Main nach Brüssel
- Frankfurt/Main nach Wien
- Frankfurt/Main nach Rom.

Berechne eigene Beispiele.

Schnelltransporter „Traffix“
Höchstgeschwindigkeit: 180 km/h
durchschnittl. Transportgeschwindigkeit: 70 km/h
zulässiges Ladegewicht: 2,8 t
Verbrauch (Diesel): 9 l/100 km

In diesem Kapitel lernst du,

- wie sich Größen aus Maßzahl und Maßeinheit zusammensetzen,
- wie man Größen in verschiedene Einheiten umrechnet,
- wie man mit Größen wie Geld, Zeit, Gewicht und Länge rechnet,
- wie man mithilfe von Vergleichsgrößen Größen schätzen kann,
- wie man mit Maßstabsangaben umgeht,
- wie man in Sachsituationen mathematische Fragen stellt und beantwortet.

1 Geld

→ Mit wenig Berechnung bekommst du heraus, dass 12 € zum Bezahlen ausreichen. Wie kannst du dich vergewissern?
→ Reichen aber auch 10 €?
→ Kannst du zusätzlich noch 6 Chipstüten zum Preis von je 1,49 € kaufen, wenn du mit einem 20-Euro-Schein bezahlst?
→ Welche Banknoten und Münzen sind dir bekannt?

Kennst du Länder in Mitteleuropa mit anderen Währungen?

Die Werte von Waren lassen sich durch Geldbeträge angeben und vergleichen. Seit dem 1. Januar 2002 gilt in den Ländern der Europäischen Währungsunion die Währung Euro.

In allen Ländern der Europäischen Währungsunion werden als Einheiten für **Geld** benutzt:
Euro (abgekürzt € bzw. EUR)
Cent (abgekürzt ct)

Für die Umwandlung gilt: 1 € = 100 Cent.

5,60 €
5 € 60 ct
560 ct

Beispiele

a) Wenn der Preis einer Ware mit 5,60 € ausgezeichnet ist, heißt dies, dass man 5 € und 60 ct dafür bezahlen muss.
b) Geldbeträge addiert man, indem man die einzelnen Beträge so untereinander schreibt, dass stets Komma unter Komma steht. Dann wird spaltenweise addiert.
c) Kleinere Beträge kann man auch addieren, indem man sie in Cent-Beträge umwandelt.

```
     3,25 €
+   11,99 €
+    8,85 €
    1 2 1
-----------
    24,09 €

     0,81 €  =    81 ct
+    1,45 €  =   145 ct
     1            1
-----------------------
     2,26 €  =   226 ct
```

Aufgaben

1 Schreibe in € und ct.

a)	b)	c)
776 ct	9,36 €	999 ct
984 ct	8,04 €	9,09 €
1570 ct	10,01 €	990 ct
3807 ct	12,12 €	9,90 €

2 Schreibe in Cent.

a)	b)	c)
5 €	2 € 18 ct	3,48 €
8 €	16 € 38 ct	10,26 €
15 €	70 € 12 ct	0,51 €
245 €	20 € 2 ct	0,01 €

3 Schreibe mit Komma.

a)	b)	c)
870 ct	5 € 36 ct	99 ct
1435 ct	12 € 75 ct	9 ct
709 ct	10 € 2 ct	50 ct

4 Wandle zuerst in Cent um.
a) 0,99 € + 1,25 € + 2,89 €
b) 3,89 € + 0,05 € + 1,49 €
c) 1,79 € + 2,55 € + 0,76 € + 3,19 €

5 Berechne, indem du mit Komma untereinander schreibst.
a) 5,36 € + 12,32 € + 9,18 €
b) 202,58 € + 58 € 22 ct
c) 99,99 € + 999 ct + 9 € 9 ct

Überschlagsrechnungen ?!

Beim Einkaufen ist es oft wichtig, dass man mit gerundeten Zahlen schnell die ungefähre Summe berechnen kann.
Eine Rechnung mit **gerundeten Zahlen** heißt **Überschlagsrechnung**.
Man rundet dabei so, dass man leicht im Kopf rechnen kann.
Beispiel:

Milch 1,09 €
Margarine 0,59 €
Napoli-Sauce 0,39 €
Jogurt 0,89 €
Orangen-Saft 1,99 €

Überschlag:
2 € + 0,50 € + 1 € + 1 € + 0,50 € = 5 €

- Überschlage auf volle Euro.
a) 2,98 € + 3,14 € + 7,08 €
b) 0,89 € + 1,73 € + 2,28 €
c) 6,13 € + 6,99 € + 1,03 €
d) 29,34 € + 12,14 € + 11,98 €

- Mehr oder weniger als 100 €?
a) 27 € + 45 € + 38 €
b) 56 € + 5 € + 17 € + 28 €
c) 16 € + 20 € + 24 € + 18 € + 12 €

- Reicht das Geld?
a) 10 €: 4,17 € + 3,69 € + 1,19 €
b) 20 €: 8,59 € + 6,99 € + 6,19 €

6 Tim richtet sich sein Aquarium neu ein. Mit seiner Mutter kauft er bei ZOO-Raabe ein. Überschlage zuerst.

Pflanzen 12,34 €
Fische 12,90 €
Schnecken 4,85 €
Sand 2,99 €
Fische 18,60 €
Fische 15,40 €

7 Paul soll beim Bäcker fünf Brötchen, ein Stück für 35 Cent, und ein Brot für 3,20 € holen. Er bezahlt mit 5 €.

8 a) Susanne hat 4 Hefte zu je 0,70 € und 3 Bleistifte zu je 0,85 € gekauft. Sie bezahlt mit einem 20-Euro-Schein.
b) Matthias kauft ein Buch für 6,80 € und 6 Postkarten zu je 0,65 €. Er bezahlt mit zwei 5-Euro-Scheinen und einem 2-Euro-Stück.

9 Stelle den Geldbetrag mit möglichst wenig Scheinen und Münzen zusammen.

a)	b)	c)
3,25 €	426 €	12 € 52 ct
17,68 €	2650 €	1011 € 19 ct
112,30 €	600,04 €	998,50 €

10 Geldbeträge kann man auf viele Arten mit Scheinen und Münzen bezahlen. Gib einige Arten an.
a) 9,33 € b) 17,82 € c) 26,45 €

11 Ein Wechselgeldautomat in einem Parkhaus wechselt Geldscheine auf Wunsch in Münzen zu 50 ct, 1 € und 2 € um.
a) Zakir lässt einen 20-Euro-Schein in 11 Münzen umwechseln. Welche Münzen hat er erhalten?
b) Sabine lässt sich einen 10-Euro-Schein in 5 Münzen umwechseln.
c) Denke dir selbst Münzkombinationen für 5-€- und 50-€-Scheine.

An der Rückseite von Euro-Münzen erkennst du das Herkunftsland.

2 Zeit

→ Was weißt du über die einzelnen Uhren?

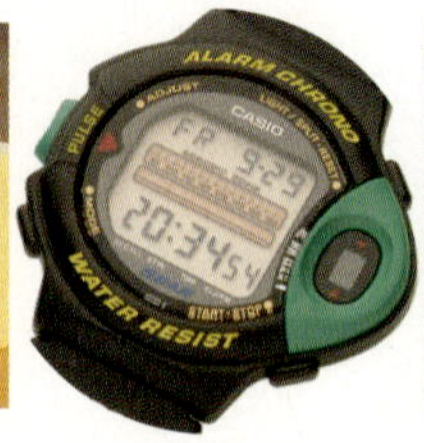

Bei der Zeitmessung unterscheidet man zwischen **Zeitpunkten** und **Zeitspannen**.
Nach einem **Zeitpunkt** fragt man mit **wann** oder **um wie viel Uhr**.
Nach einer **Zeitspanne**, die zwischen zwei Zeitpunkten liegt, fragt man mit **wie lange**.
Die gebräuchlichsten Zeiteinheiten sind **Sekunden**, **Minuten**, **Stunden**, **Tage** und **Jahre**.

Die Abkürzung h kommt vom lateinischen „hora" (englisch: „hour"), die Abkürzung d kommt vom lateinischen „dies" (englisch: „day").

Die Zeiteinheiten sind:

Sekunde	s				
Minute	min	1 min = 60 s	**Tag**	d	1 d = 24 h
Stunde	h	1 h = 60 min	**Jahr**	a	1 a = 365 d

Ausnahme: Ein Schaltjahr hat 366 Tage. Der 29. Februar heißt Schalttag.

Beispiele

a) Umwandeln von Zeitspannen in eine andere Einheit

5 min 36 s = 5 · 60 s + 36 s = 336 s

444 min = 7 · 60 min + 24 min = 7 h 24 min

b) Startet man zu einer zweistündigen Fahrt mit 15 Minuten Pause um 14:55, so kommt man um 17:10 Uhr an.

$$14{:}55 \xrightarrow{+\,2\,h} 16{:}55 \xrightarrow{+\,15\,min} 17{:}10$$

c) Zwischen 13:07 Uhr und 14:55 Uhr liegt die Zeitspanne 1 h 48 min.

$$13{:}07 \xrightarrow{+\,53\,min} 14{:}00 \xrightarrow{+\,55\,min} 14{:}55$$

$$\xrightarrow{53\,min\,+\,55\,min\,=\,108\,min\,=\,1\,h\,48\,min}$$

d) Der Zug fährt um 13:21 Uhr. Der Weg zum Bahnhof dauert 45 Minuten. Man muss also um 12:36 Uhr das Haus verlassen.

$$\xrightarrow{-\,45\,min}$$

$$13{:}21 \xrightarrow{-\,21\,min} 13{:}00 \xrightarrow{-\,24\,min} 12{:}36$$

Aufgaben

1 Ordne zu.

Eine Schulstunde	1 s
einmal niesen	1 h
ein Ei weichkochen	45 min
100 km Autobahnfahrt	15 min
Flug rund um die Welt	3 min
1 km Gehen	40 h

2 Wandle um.

a) in **s**: 7 min; 12 min; 20 min
b) in **min**: 3 h; 5 h; 9 h; 11 h; 37 h
c) in **h**: 2 d; 5 d; 8 d; 11 d; 49 d
d) in **min**: 240 s; 720 s; 1080 s
e) in **h**: 180 min; 420 min; 660 min
f) in **d**: 48 h; 72 h; 120 h

3 Wandle um.
a) in **min**: 300 s; 540 s; 1140 s; 3300 s
b) in **h**: 480 min; 720 min; 1380 min
c) in **d**: 48 h; 72 h; 120 h; 360 h

4 Schreibe in anderen Einheiten.
a) 75 min; 115 s; 310 min; 930 s; 200 s
b) 1 h 20 min; 180 min; 9000 s; 600 min

5 Wie viel fehlt bis zur nächstgrößeren Einheit?
a) 57 min; 38 s; 1 min; 10 s; 59 min
b) 59 min 59 s; 12 min 8 s; 23 min 23 s

6 Berechne die Zeitspanne.
a) von 8:05 Uhr bis 9:30 Uhr
b) von 7:55 Uhr bis 10:35 Uhr
c) von 13:35 Uhr bis 17:10 Uhr
d) von 8:22 Uhr bis 10:07 Uhr
e) von 20:50 Uhr bis 1:25 Uhr

7 Gib den Zeitpunkt an.
a) 15 min nach 13:20 Uhr
b) 38 min vor 22:12 Uhr
c) eine halbe Stunde vor 18:05 Uhr
d) zweieinhalb Stunden nach 16 Uhr
e) viereinhalb Stunden vor 13:15 Uhr
f) zwölf Stunden nach 14:07 Uhr

8 Gib das Ergebnis in der größeren Einheit an.
a) 25 min + 47 min; 18 min + 54 min
b) 23 s + 43 s; 51 s + 56 s
c) 12 h + 13 h; 20 h + 17 h
d) 1 h 30 min + 2 h 40 min;
90 min + 2 h 45 min
e) 3 min 4 s + 6 min 58 s;
1 min 55 s + 2 min 55 s

9 Betrachte die Uhren auf dem Rand.
a) Wie spät ist es bei uns, wenn es in Sydney 10:00 Uhr ist?
b) Wie spät ist es in New York, wie spät in Sydney, wenn es bei uns 12:30 Uhr ist?
c) Warum sollte Angela ihre Brieffreundin in New York nicht um 10 Uhr morgens aus Stuttgart anrufen?
d) 2000 wurden die Olympischen Spiele in Sydney ausgetragen. Um 18:00 Uhr begann dort die Eröffnungsfeier.

10 Fabian sieht übers Wochenende fern:

Fr:	16:15 – 17:00	Wunderbare Welt
	17:30 – 18:00	Unter uns
	19:40 – 20:15	GZSZ
Sa:	15:55 – 17:00	Tour de France
	18:45 – 19:40	Inseln Spaniens
	20:15 – 22:30	Wetten dass!
So:	17:10 – 18:05	Sportschau
	18:30 – 19:15	Formel 1

a) Vergleiche, ob du mehr fernsiehst als Fabian.
b) Durchschnittlich sieht der deutsche Fernsehzuschauer täglich 205 Minuten fern.
c) Manchmal schaltet Fabian zwischen den Sendungen nicht ab. Um wie viele Minuten erhöht sich die Fernsehzeit?

11 a) Wie lange fährt der RE 11598 von Herzogenrath nach Erkelenz?

Linie	RE 11598	RE 10411	RB 11065	RE 10413	RB 11058
Aachen Hbf	06:52	07:14	07:38	08:14	08:38
Aachen Schanz	06:55	07:18	07:41	08:18	08:41
Aachen West	06:58	07:21	07:43	08:21	08:43
Kohlscheid			07:49		08:49
Herzogenrath	07:06	07:29	07:53	08:29	08:53
Übach-Palenberg	07:11	07:35	07:58	08:35	08:58
Geilenkirchen	07:15	07:39	08:02	08:39	09:02
Lindern	07:21	07:45	08:07	08:45	09:07
Brachelen			08:10		09:09
Hückelhoven-Baal	07:26	07:50	08:13	08:50	09:13
Erkelenz	07:33	07:56	08:18	08:56	09:18
Herrath			08:26		09:21
Wickrath			08:30		09:25
Rheydt Hbf	07:41	08:05	08:32	09:05	09:29
Mönchengl. Hbf	07:45	08:10	08:35	09:10	09:35

RE - Regionalexpress
RB - Regionalbahn

b) Welche Fahrt dauert mit der RB 11065 länger, Kohlscheid–Herrath oder Aachen Hbf–Brachelen?
c) Wie lange fährt der RE 10413 von Aachen West nach Mönchengladbach?
d) Herr Walter kommt um 7:30 Uhr in Kohlscheid auf den Bahnhof. Wann kann er in Rheydt sein?
e) Erstelle selbst weitere Aufgaben mit dem Fahrplan.
f) Welcher Zug hält in Rheydt Hbf am längsten?

Erkundige dich, bei welchen Sportereignissen die Zeit in Zehntel-, Hundertstel- oder gar Tausendstelsekunden gemessen wird.

12 min 36 Sekunden 14 Hundertstelsekunden

9,82 s ist um 2 Zehntel- und 3 Hundertstelsekunden kürzer als 10,05 s.

Sydney 22:00

Stuttgart 12:00

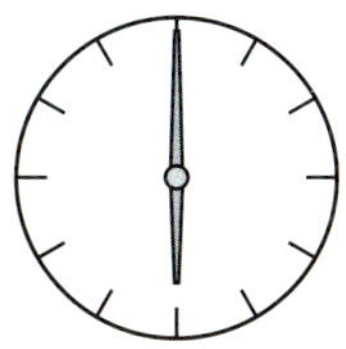

New York 6:00

Annette von Droste-Hülshoff (12.1.1797 – 24.5.1848) Dichterin

Hildegard Knef (28.12.1925 – 1.2.2002) Schauspielerin und Schriftstellerin

Esther von Kirchbach (26.5.1894 – 19.2.1946) Publizistin und Dichterin

12 Die Briefmarken zeigen einige berühmte Frauen. Wie alt sind sie geworden?

13 Gib dein heutiges Alter in verschiedenen Zeiteinheiten an.

14 Gib das Alter in Jahren an. Überschlage zuerst.
a) Julia ist 1000 Wochen alt.
b) Turgay ist 10 000 Tage alt.
c) Silvia ist 1 000 000 000 Sekunden alt.

15 a) Kevin ist am 2. Mai 1994 und Aishe am 17. November 1994 geboren. Wie viele Tage ist Kevin älter als Aishe?
b) Angelika ist am 13.12.1993 und Stefan am 17.5.1994 geboren. Wie viele Tage ist Stefan jünger als Angelika?

16 Sara, Mareen, Tim und Ali beschreiben ihr Alter etwas ungewöhnlich:
Wer ist am ältesten, wer ist am jüngsten?

Ali: „Ich bin 1 Jahr, 120 Monate und 90 Tage alt."

Mareen: „Ich bin 138 Monate alt."

Sara: „Ich bin in 8 Jahren 19 Jahre alt."

Tim: „Ich bin 4350 Tage alt."

17 Wie viele Tage sind es noch bis zum Jahresende
a) vom 8. Dezember?
b) vom 2. Oktober?
c) vom 7. Juli?
d) vom 19. Mai?

18 Hier sind die Namen einiger Jugendbuchautoren mit ihren Lebensdaten aufgelistet.

Enid Blyton	1896–1968
Erich Kästner	1899–1974
Astrid Lindgren	1907–2002
Jack London	1876–1916
R. L. Stine	geb. 1943
Joanne K. Rowling	geb. 1965

a) In welcher Reihenfolge wurden die Autoren geboren?
b) Ordne die Autoren nach dem Alter mithilfe eines Diagramms.

19 Beim Eishockey beträgt die reine Spielzeit eines Drittels 20 Minuten. Die Pausen dauern jeweils 10 Minuten.
a) Wann endet ein Spiel, das um 19:30 Uhr begann und bei dem es insgesamt 34 Minuten Spielunterbrechung gab?
b) Wann wurde ein Spiel angepfiffen, das mit insgesamt 41 Minuten Spielunterbrechung um 21:17 Uhr abgepfiffen wurde?

20 Aus der Zeitung vom 31.12.1999:

Postkarte kommt 234 Monate verspätet an

a) Wie viele Jahre war die Karte unterwegs?
b) Wie alt war der heute 43-jährige Absender, als er die Karte abgeschickt hat?
c) Berechne den Monat und das Jahr, in dem die Karte geschrieben wurde.

Systematisches Probieren ?!

Susannes Mutter ist dreimal so alt wie sie selbst. Zusammen sind sie 48.

Solche Aufgaben kann man durch systematisches Probieren lösen:

Alter von Susanne	10	20	15	12
Alter der Mutter	30	60	45	36
Alter von beiden	40	80	60	48

- Ahmet ist 12 Jahre alt. Wäre er zwei Jahre älter, so wäre er doppelt so alt wie Florian.

- Vor drei Jahren war der Vater viermal so alt wie sein Sohn heute ist.
Nach 19 Jahren ist der Vater gerade doppelt so alt wie sein Sohn.

- Julia sagt zu Kerstin: „In drei Jahren wirst du gerade doppelt so alt sein wie ich." Darauf Kerstin: „Vor fünf Jahren war ich sogar sechsmal so alt wie du!"

21 a) Wie viele Stunden und Minuten Unterricht hast du insgesamt in einer Woche?

Mo	Di	Mi	Do	Fr
D	M	D	Rel	Bio
Rel	E	E	Kunst	Mu
M	Mu	Erdk	E	
Sp	D	M		

b) Wie lange dauern bei deinen Unterrichtszeiten alle Pausen zusammen?
c) Wie lange brauchst du für deinen Schulweg?
d) Wie lange bist du insgesamt von zu Hause weg?
e) Kannst du die Ergebnisse auf das ganze Schuljahr hochrechnen?
f) Stelle selbst weitere Aufgaben.

22 Auf Kalenderblättern ist häufig der Sonnenaufgang und der Sonnenuntergang angegeben.

Datum	16.1	27.2.	3.4.	22.5.	10.7.	29.8.	10.10.
SA	8:20	7:12	5:54	4:22	4:17	5:30	6:37
SU	16:45	17:59	18:58	20:16	20:37	19:15	17:40

a) Vergleiche und ordne.
b) Zeichne ein Säulendiagramm.
c) Wann sind Tag und Nacht gleich lang?

23 Nathalie verdient 9,65 € pro Arbeitsstunde.
a) Wie viel verdient sie in der Woche bei einem achtstündigen Arbeitstag?
b) Nach der Lohnerhöhung bekommt sie 408 € in der Woche.

24 Im Parkhaus „Innenstadt" gelten folgende Gebühren.
- für die erste Stunde 2,– €
- bis zu 5 Stunden für jede weitere angefangene halbe Stunde 1,– €
- über 5 Stunden für jede weitere angefangene halbe Stunde 1,50 €
- Tageshöchstgebühr 15,– €

Stelle eine Kostentabelle für verschieden lange Parkzeiten auf.

Kalender

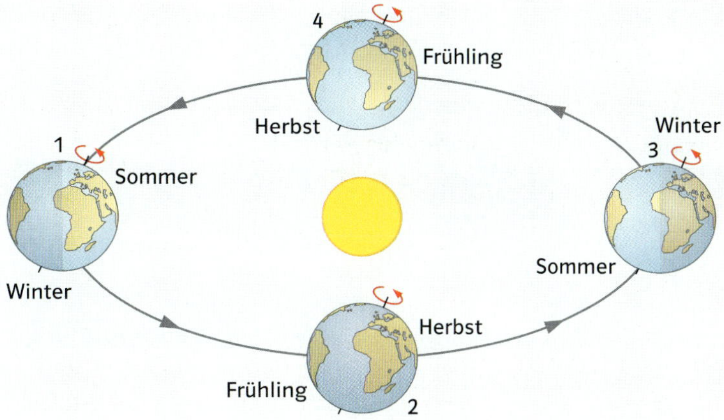

- Erkläre mit dem Bild, wodurch der Wechsel von Tag und Nacht entsteht.
- Kannst du auch die Entstehung der Jahreszeiten erklären?
- Wann sind die Nächte lang, wann sind sie kurz?
- Wann sind Tag und Nacht gleich lang?

Julius Cäsar (100 – 44 v. Chr.) ließ den Vorläufer des heute gültigen Kalenders aufstellen. Ein Jahr hatte 365 Tage, jedes vierte Jahr einen Schalttag.
- Mit welcher durchschnittlichen Jahreslänge rechnete Cäsar? Bestimme den Unterschied zur genauen Dauer eines Jahres: 365 d 5 h 48 min 46 s.

Die letzte Veränderung am Kalender wurde von Papst Gregor XIII. durchgeführt.
Er ließ den 29. Februar in den Schaltjahren ausfallen, deren Jahreszahl sich durch 100, aber nicht durch 400 teilen lässt. Mit den vorherigen Informationen kannst du dies erklären.
- In welchem der Jahre 1600, 1700, 1800, 1900 und 2000 gab es den 29. Februar?

Um die seit etwa 1600 Jahren aufgelaufenen Abweichungen des julianischen Kalenders wieder auszugleichen ließ Papst Gregor XIII. zehn Tage ausfallen.
Auf den 4. Oktober 1582 folgte sofort der 15. Oktober 1582.

3 Gewicht

Sechs Nilpferde wiegen so viel wie fünf Elefanten.
180 Elefanten wiegen so viel wie drei Blauwale.

→ Müssen das so viele Wale und Elefanten sein?
→ Wiegen vier Strauße und eine Meeresschildkröte schon so viel wie ein Walross?
→ Ein Nilpferd wiegt so viel wie ???
→ Suche noch mehr Sätze über schwere Tiere.

Im täglichen Leben gibt man Gewichte in der Grundeinheit **Kilogramm** an. Als weitere Einheiten verwendet man Milligramm, Gramm und Tonne.

„milli" bedeutet „durch 1000"
1 mg = 1 g : 1000

„kilo" bedeutet „1000-mal"
1 kg = 1 g · 1000

Die Gewichtseinheiten sind:

Milligramm	mg		**Kilogramm**	kg	1 kg = 1000 g
Gramm	g	1 g = 1000 mg	**Tonne**	t	1 t = 1000 kg

Die Umrechnungszahl für Gewichtseinheiten ist die Zahl 1000.

$$1\,\text{mg} \xrightarrow{\cdot\,1000} 1\,\text{g} \xrightarrow{\cdot\,1000} 1\,\text{kg} \xrightarrow{\cdot\,1000} 1\,\text{t}$$

Bemerkung

Für die Umwandlung von Gewichtsangaben in andere Gewichtseinheiten oder in die **Kommaschreibweise** eignet sich die Darstellung in einer Tabelle.

t			kg			g			mg		
100	10	1	100	10	1	100	10	1	100	10	1
		3,	7	6	2						
				4	2,	1	8	5			
								7,	0	5	8

3,762 t = 3 t 762 kg = 3762 kg
42,185 kg = 42 kg 185 g = 42 185 g
7,058 g = 7 g 58 mg = 7058 mg

Größen wie 5 kg, 27 €, 4 h usw. bestehen aus einer Maßzahl und einer Maßeinheit:
5 kg → Maßzahl, Maßeinheit

Beim **Rechnen mit Größen** wandelt man Größen derselben Art so um, dass sie dieselbe Maßeinheit haben.
Dann werden die Maßzahlen addiert, subtrahiert, mit einer Zahl multipliziert oder durch eine Zahl dividiert.
Beim Dividieren von zwei Größen erhält man eine Anzahl.

Beispiele

a) 3 kg + 250 g = 3000 g + 250 g = 3250 g = 3,250 kg
b) 2 t – 1350 kg = 2000 kg – 1350 kg = 650 kg
c) 6 Pkw mit jeweils 1275 kg Gewicht auf einem Transporter: 1275 kg · 6 = 7650 kg = 7 t 650 kg
d) Eine 200-g-Tafel Schokolade in 8 gleiche Teile geteilt: 200 g : 8 = 25 g
e) Ein Transporter mit 7,5 t Tragfähigkeit soll 30 t Stahlmatten verteilen. Dazu muss das Fahrzeug viermal fahren: 30 000 kg : 7500 kg = 4

Aufgaben

1 Welche Maßeinheiten und welche Waagen verwendet man für das Gewicht folgender Gegenstände?
Buch, Lokomotive, Fußball, Brotlaib, Vogelfeder, Flugzeug, Briefmarke, Apfel, Fahrrad

2 Die Gewichtsangaben wurden durcheinander gebracht.

Meise	4 t	Blauwal	700 kg
Elefant	1 g	Gorilla	10 g
Pferd	180 t	Fliege	300 kg
Katze	30 kg	Hund	6 kg

3 a) Ein Hühnerei wiegt etwa 60 g. Überschlage das Gewicht von 5 Lagen zu jeweils 25 Eiern.
b) Zehn Büroklammern wiegen etwa 5 g. Wie schwer ist ein Paket mit 10 Tausender-Packungen Büroklammern?

c) Eine 0,75-Liter-Flasche Mineralwasser wiegt etwa 1 kg. Wie viel wiegt ein Kasten mit 12 Flaschen ungefähr?

4 Wandle um.
a) in **g**: 6 kg; 700 mg; 700 kg; 5 kg 625 g; 7 kg 80 g; 3 kg 3g
b) in **kg**: 2 t; 50 000 g; 908 000 g; 8 t 436 kg; 9 t 90 kg; 1t 1 kg
c) in **mg**: 4 g; 40 g; 2 kg; 17 g 425 mg; 65 g 50 mg; 6g 6mg
d) in **t**: 5000 kg; 63 000 kg; 210 000 kg; 22 000 000 g; 3 500 000 g

5 Schreibe in einer kleineren Einheit.
a) 5 t; 8 kg; 7 g; 555 g; 4200 g; 36 000 g
b) 5 kg 800 g; 4 t 940 kg; 170 kg 70 g
c) 8 t 100 kg; 8 t 10 kg; 8 t 1 kg; 8 t 100 g

Schätzen ?!

■ Schätze das Gewicht der drei Angler.

Eine ungefähre Vorstellung von einer Anzahl oder einem Maß erhält man durch Schätzen. Dazu braucht man Erfahrung und Vergleichsgrößen.

Von Vergleichsgrößen zu Gewichten
1 g – zwei Büroklammern
2 g – ein Kolibri
10 g – ein Füller oder ein Esslöffel voll Weizenkörner
100 g – eine Tafel Schokolade oder ein neu geborener Hund
1000 g – eine Packung Zucker oder ein erwachsenes Meerschweinchen

■ Nenne zehn Gegenstände aus deiner Umgebung, die sich im Gewicht möglichst stark unterscheiden und schätze das Gewicht. Mit welcher Waage könntest du die geschätzten Größen nachprüfen?

■ Wie viel wiegt …? Übertrage in dein Heft. Schätze zuerst und ordne dann.

Art	geschätzt	tatsächlich
Blauhai		
Blaumeise		
Brieftaube		
Feldmaus		
Hamster		
Igel		
Storch		

Die größte Glocke der Welt wiegt 200 t; sie befindet sich in Moskau.

7 Schreibe mit Komma.
a) in **g**: 7845 mg; 54 638 mg; 111 111 mg; 9045 mg; 14 g 736 mg
b) in **kg**: 4732 g; 3038 g; 8400 g; 1 kg 800 g; 5 kg 78 g; 15 kg 5 g
c) in **t**: 12 800 kg; 99 999 kg; 4 t 707 kg; 9 t 9 kg; 100 t 100 kg

8 Berechne.
a) 1 kg + 1365 g; 3,1 kg + 380 g; 2,5 t + 8 kg; 2,5 kg + 280 g; 1,05 kg + 150 g; 3 kg + 2 t
b) 15 t + 18 kg; 5 t − 495 kg; 3,2 t + 32 kg; 17,8 t − 900 kg; 4,1 kg − 3675 g; 1 kg − 1 mg

9 Berechne. Wandle wenn notwendig vorher in eine andere Einheit um.

a) 5,500 kg · 3
6,875 kg · 6

b) 12,650 kg · 12
24,500 kg · 26

c) 1,750 kg : 5
12,3 kg : 10

d) 1,750 kg : 7
27,189 kg : 9

e) 8 t : 500 kg
5 t : 8

f) 900 kg : 12 kg
100 kg : 500 g

10 Vorsicht! Ein 4,2 t schwerer Lastkraftwagen soll mehrere 140 kg schwere Kisten transportieren.
Sein Weg führt über eine Brücke mit zulässiger Höchstlast von 5,5 t.

11 Während eines Jahres verursachten die ca. 82 Mio. Bundesbürger insgesamt 35 478 000 t Hausmüll.

12 a) Stelle mit den Gewichtsstücken des abgebildeten Wägesatzes zusammen:
128 g; 340 g; 498 g; 1768 g; 603 g; 823 g; 1 kg 7 g; 956 g; 2109 g; 1 kg 999 g
b) Der Gewichtssatz für eine Feinwaage enthält die folgenden Gewichtsstücke:
50 g; 20 g; 10 g; 10 g; 5 g; 2 g; 2 g; 1 g; 500 mg; 200 mg; 200 mg; 100 mg; 50 mg; 20 mg; 20 mg; 10 mg.
Stelle damit diese Gewichte zusammen:
8 g 250 mg; 85 g 140 mg; 101 g; 101 g 90 mg; 4220 mg; 16 340 mg; 100 230 mg; 43 210 mg

13 David (47,5 kg), Svenja (51 kg), Turan (49 kg) und Lisa (48 kg) wollen zu Herrn Leicht (74 kg), der gerade 24 Päckchen Fliesen zu je 5,5 kg Gewicht transportiert, in den Fahrstuhl steigen. Geht das gut?

14 In den vier Rhein- und Neckarhäfen wurden in einem Jahr folgende Gütermengen umgeschlagen (ein- und ausgeladen):

Heilbronn	5 300 000 t
Karlsruhe	5 500 000 t
Mannheim	7 800 000 t
Duisburg	70 000 000 t

a) Beschreibe die Größenverhältnisse in Worten.
b) Zeichne ein Diagramm.

15 Wie viel würde ein Lottogewinn von 1 000 000 € wiegen, wenn er in 50-Cent-Münzen (7 g) ausbezahlt würde? Würde der Kofferraum eines Pkw die Last fassen?

16 Vom Verkauf eines halben Pfundes Kaffee der Marke „help" gehen 50 ct direkt an die Landarbeiter in Lateinamerika. Wie viele Packungen Kaffee müssen verkauft werden, bis 100 000 € zusammenkommen? Welches Gewicht haben die Kaffeepackungen zusammen?

17 Eine Tageszeitung wiegt etwa 150 g und kostet pro Ausgabe 1,50 €. In einem Jahr erscheint die Zeitung an rund 300 Tagen.
a) Welches Gewicht haben die Zeitungen von einem Jahr? Überschlage zuerst.
b) Was kosten sie in diesem Zeitraum?

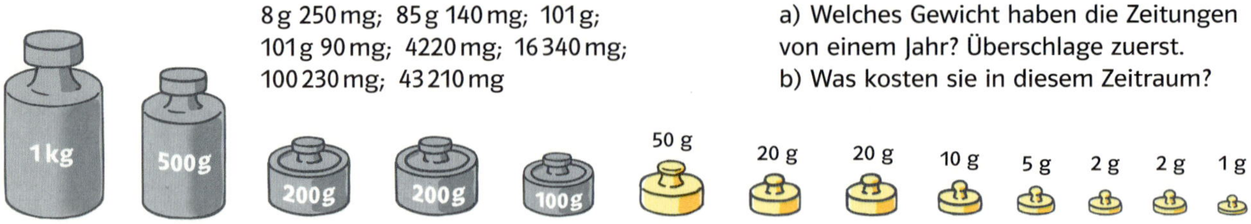

4 Länge

→ Benutze deine Arme, Füße oder Hände zum Messen von beliebigen Längen im Klassenzimmer.
→ Schätze die Länge und Breite deines Klassenzimmers. Überprüfe dein Ergebnis zunächst durch Abschreiten.

1 Klafter
= 4 Ellen
= 6 Fuß
= 8 Spannen
= 24 Handbreiten
= 96 Fingerbreiten

Früher gab es beim Messen von Längen häufig Schwierigkeiten, weil sich die verwendeten Längeneinheiten von Region zu Region unterschieden. Deshalb haben sich viele Länder im Jahre 1799 darauf geeinigt, das **Meter** als 40millionsten Teil des Erdumfangs als Grundmaß zu verwenden. Das damit bestimmte Urmeter aus Metall kann man heute noch in Sèvres bei Paris besichtigen. Heute ist das Meter als Vielfaches einer bestimmten Lichtwellenlänge festgelegt.

Die Längeneinheiten sind:

Millimeter	mm				
Zentimeter	cm	1 cm = 10 mm	**Meter**	m	1 m = 10 dm
Dezimeter	dm	1 dm = 10 cm	**Kilometer**	km	1 km = 1000 m

Beim Umrechnen von Längeneinheiten verwendet man die Zahl 10. **Vorsicht** bei **km**!

„dezi" bedeutet „durch 10"
1 dm = 1 m : 10

„zenti" bedeutet „durch 100"
1 cm = 1 m : 100

Bemerkung

Entfernungsangaben auf Wegweisern und Verkehrsschildern findest du häufig in **Kommaschreibweise**. Für die Umwandlung von Längenangaben in andere Längeneinheiten oder in die Kommaschreibweise eignet sich die Darstellung in einer Tabelle.

km			m			dm	cm	mm
100	10	1	100	10	1			
		2,	5	0	0			
		2,	0	5	0			
	2	0,	0	5	0			
					4,	3	2	

2,500 km = 2 km 500 m oder kurz 2,5 km
2,050 km = 2 km 50 m = 2050 m
20,050 km = 20 km 50 m = 20 050 m
4,32 m = 4 m 32 cm = 43,2 dm = 432 cm = 4320 mm

Beispiele

a) 3200 mm = 320 cm = 32 dm = 3 m 2 dm = 3,2 m
b) 905 cm = 90 dm 5 cm = 9 m 0 dm 5 cm = 9,05 m
c) 12,052 km = 12 km 52 m = 12 052 m
d) 43,2 m = 43 m 2 dm = 432dm

Wandle in die kleinste Einheit um.
4 dm 8 cm + 15 mm
= 48 cm + 15 mm
= 480 mm + 15 mm
= 495 mm

Aufgaben

1 Schätze und ordne nach der Länge: Ein Pkw, ein Heft, ein Bleistift, ein Bett, ein Lkw, ein Radiergummi.

2 Welche Einheiten sind zum Messen folgender Längen geeignet?
- Dicke eines Buchs
- Größe eines Säuglings
- Weltrekord im Weitsprung
- Beinlänge einer Spinne
- Entfernung der Erde von der Sonne

Ergänze Endnullen und achte auf das Komma.
3,5 km + 0,48 km + 1,062 km + 2 km

3,500 km
+ 0,480 km
+ 1,062 km
+ 2,000 km
7,042 km

3 Wandle um.
a) in **mm**: 5 cm; 2 dm; 4 m; 7 cm 8 mm
b) in **cm**: 7 dm; 13 dm; 32 m; 5 m 5 cm
c) in **m**: 3 km; 300 cm; 350 dm; 3 km 5 m

4 Wandle in die kleinere Einheit um.
a) 5 m 6 cm; 4 dm 8 cm; 57 m 8 dm
b) 5 km 987 m; 6 km 75 m; 2 km 8 m
c) 26 m 8 cm; 400 m 40 cm;

5 Schreibe ohne Komma.
4,25 m = 4 m 25 cm = 4 m 2 dm 5 cm
a) 3,5 cm; 13,24 m; 2,342 km
b) 3,02 m; 5,070 km; 33,004 km
c) 3,04 m; 13,005 m; 45,01 dm

6 Setze das Zeichen >, < oder =.
a) 14 dm 8 cm 2 mm ▢ 1482 mm
b) 6 m 18 dm 1 cm ▢ 6181 cm
c) 2 m 6 dm 2 cm ▢ 26,02 dm
d) 4 km 5 m ▢ 4,05 km

7 Ordne aufsteigend.
a) 4 m 6 dm; 4,06 m; 466 cm
b) 1030 m; 1 km 3 m; 10 km 30 m
c) 0,85 m; 8 dm 50 cm; 85 dm
d) 1,21 dm; 1,12 m; 1 m 2 dm
e) 4 m 44 dm; 40 m 4 dm; 44,44 m

8 Berichtige die Fehler.

5 m 5 cm = 5,5 m
2 km 20 m = 2,20 km
550 mm = 5,5 m
30 m 30 dm 30 mm = 30,303 m
18 cm 18 mm = 18,18 cm
7 km 77 m = 7,077 km
5 dm 5 mm = 0,505 m

9 Erst umwandeln, dann rechnen.
a) 43 dm + 25 cm
72 dm + 75 cm
b) 3 dm + 50 mm
2 m + 35 mm
c) 13 km − 550 m
99 km − 1350 m
d) 16 m − 5 mm
99 m − 99 mm

10 Peter hat die Ergebnisse vom Weitsprung merkwürdig notiert.

Anke	2630 mm	Daniel	0,002 km
Bernd	24 dm 6 cm	Elise	258 cm
Christa	2,62 m	Frank	1 m 16 dm 4 cm

Welche Reihenfolge ergab sich aus den erreichten Weiten?

11 Berechne in der Kommaschreibweise.
a) 12,5 m + 0,38 m
3,02 m + 7,69 m
b) 45,1 m − 34,75 m
108,6 m − 56,88 m
c) 3,4 dm + 79,6 cm
35,7 m + 2,08 km
d) 2,08 m − 6,3 dm
75,1 cm − 0,8 dm

12 Gamal und David haben die Länge der Schulwege ihrer Klassenkameraden notiert:

Nadine	5,5 km	Adam	3500 m
Gamal	3 km	David	4 km 700 m
Melanie	2700 m	Elena	3 km 50 m

Vergleiche mithilfe eines Diagramms.

13 Ende 2002 waren in Deutschland 44,4 Mio. Pkw zugelassen. Wie lang wäre die Autoschlange, wenn alle Pkw hintereinander ständen?
Wie oft würde diese Schlange in Nord-Süd-Richtung durch Deutschland reichen? Reicht sie um den Äquator oder gar bis zum Mond?

14 Berechne. Wandle wenn nötig um.

a) 5,50 m · 4
9,20 m · 8

b) 1,27 m · 4
2,19 m · 7

c) 3,90 m · 15
45,80 m · 21

d) 8,26 m · 17
7,77 m · 77

e) 672 mm : 12
1869 km : 21

f) 325 m : 13
9801 cm : 99

15 Michael notiert sich jeweils am Montag und Freitag den Tachostand am Fahrrad.

Woche	Montag	Freitag
1. Woche	76,45	86,97
2. Woche	86,99	100,56
3. Woche	112,86	123,39
4. Woche	123,39	134,67

Was kann er mit diesen Daten berechnen?

16 Ein Woll-Pullover wiegt 800 g. Der Faden eines 50-g-Knäuels Wolle ist 85 m lang.
a) Wie viel Meter Wolle wurden verbraucht?
b) Ein langer Schal aus der gleichen Wolle wiegt 250 g.

17 Das Licht legt in einer Sekunde etwa 300 000 km zurück.
a) Berechne die Lichtgeschwindigkeit in Kilometern pro Stunde.
b) Die Erdkugel hat am Äquator einen Umfang von 40 000 km. Wie oft könnte das Licht in einer Sekunde diese Strecke zurücklegen?
c) Ein Lichtjahr ist die Strecke, die das Licht in einem Jahr zurücklegt. Gib diese Entfernung in Kilometern an.

Alte Maße

Das Meter ist zwar schon 200 Jahre alt, aber dennoch sind in vielen Bereichen die alten Maße recht beharrlich.

Moderne ICE-Züge fahren auf einer Spurweite von 4 **Fuß** und 8,5 **Zoll** (1435 mm), Piloten fliegen ihre Jets in 10 000 Fuß Höhe, Schiffe fahren in **Knoten** – Seemeilen (1852 m) pro Stunde, Felgendurchmesser beim Fahrrad und beim Auto werden in Zoll angegeben.
Diese Maße waren allerdings selten einheitlich. So schwankte die Länge des Fußes zwischen 25 cm und 35 cm.

Das heute noch gebräuchliche Fuß wurde vor 1000 Jahren von König Edgar (943 – 975) festgelegt: „36 der Länge nach aneinander gelegte Gerstenkörner aus der Mitte der Ähre".

1 Fuß oder – englisch – 1 foot beträgt heute 30,48 cm.

Die im Sport häufig anzutreffende Längeneinheit **Yard** wurde von Heinrich I. (1068 – 1135) als die Länge seines Armes festgelegt – etwa 91 cm.

1 Yard = 3 Feet = 36 Inches.
Inch (engl.): Zoll: 2,54 cm

1 Fuß betrug früher in …

Baden	30 cm
Bayern	29,2 cm
Dresden	28,3 cm
Rheinland	31,4 cm
Paris	32,5 cm
Düsseldorf	28,74 cm

4 Fuß = 1 m

16 Fuß = 1 Rute

5 Maßstab

Die Klasse 5a hat den geplanten Ausflug auf einer Karte eingetragen. Unten siehst du den Maßstab der Karte.

→ Wie viele Kilometer ist die geplante Wanderung ungefähr lang?

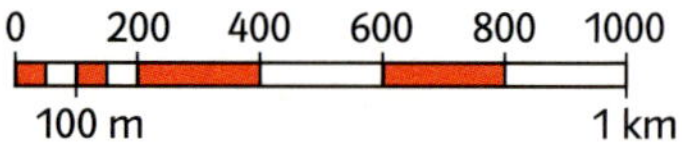

Straßenkarten, Wanderkarten, Lagepläne und Baupläne geben die Wirklichkeit verkleinert wieder. Alle Strecken sind im angegebenen **Maßstab** verkleinert.

Der **Maßstab** gibt an, wievielmal größer als auf der Karte eine Strecke in Wirklichkeit ist. Ein Maßstab 1:20 000 (sprich 1 zu 20 000) bedeutet: 1 cm auf der Karte entspricht 20 000 cm in der Wirklichkeit, also 200 m.

Beispiele

a) Auf einer Wanderkarte mit dem Maßstab 1:20 000 ist ein Straßenstück 15 mm lang. Es ist also in Wirklichkeit $20\,000 \cdot 15\,\text{mm} = 300\,000\,\text{mm} = 300\,\text{m}$ lang.

b) Ein Schulhof ist auf einem Gebäudeplan 3 cm lang, in Wirklichkeit aber 30 m. Dann hat der Plan den Maßstab 1:1000, denn: $30\,\text{m} = 3000\,\text{cm} = 1000 \cdot 3\,\text{cm}$.

c) Bei einem Maßstab von 1:25 000 wird 1 km als 4 cm lange Strecke dargestellt, denn: $1\,\text{km} = 100\,000\,\text{cm}$ und $100\,000\,\text{cm} : 25\,000 = 4\,\text{cm}$.

Aufgaben

1 In welchem Maßstab werden die einzelnen Karten und Pläne üblicherweise dargestellt? Ordne richtig zu.
1:200 000; 1:7500; 1:200;
1:60 000 000; 1:12 500 000;
1:25 000; 1:100; 1:3 000 000

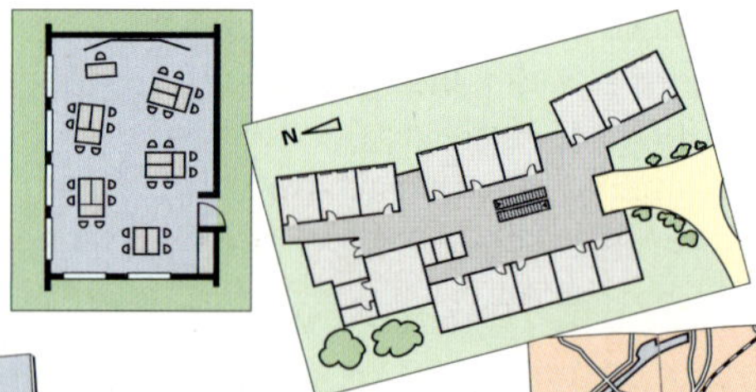

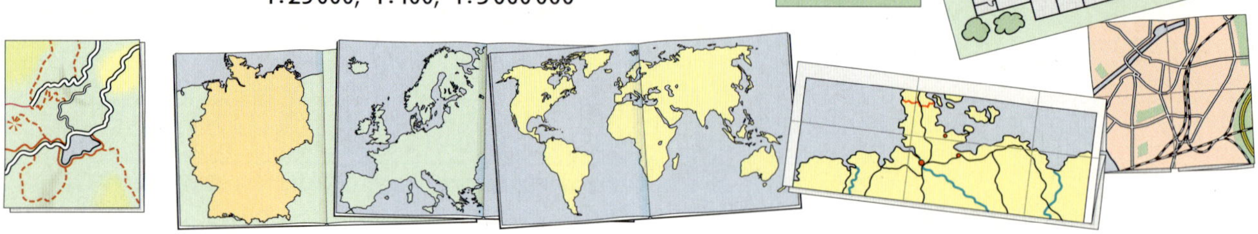

2 Im Maßstab 1:250 000 entspricht 1 cm auf der Karte 250 000 cm = 2,5 km in der Wirklichkeit. Bilde denselben Satz für den Maßstab

a) 1:50 000. b) 1:10 000.
c) 1:5000. d) 1:100 000.
e) 1:200 000. f) 1:1 000 000.

3 Wie lang ist die Strecke im angegebenen Maßstab in Wirklichkeit?

a) 5 cm (1:10 000); 12 cm (1:100 000)
b) 6,3 mm (1:50 000); 9,8 cm (1:150 000)
c) 18 mm (1:25 000); 49 mm (1:75 000)

4 Wie lang ist die Strecke im angegebenen Maßstab auf der Karte?

a) 10 km (1:100 000); 50 m (1:1000)
b) 38 km (1:500 000); 220 km (1:750 000)
c) 5,8 m (1:50); 12,8 km (1:25 000)

5 Wie lang sind die Strecken in der Natur?

a) 1 cm im Maßstab
1:10; 1:50; 1:750; 1:25 000
b) 5 cm im Maßstab
1:100; 1:250; 1:1500; 1:40 000

6 Modelleisenbahnen der Spurweite H0 sind im Maßstab 1:87 verkleinert.

a) Die Spurweite (Breite der Schienen) beträgt in Wirklichkeit 1435 mm. Wie groß ist die Spurweite der Modelleisenbahn?
b) Die abgebildete Dampflok hat in H0 eine Gesamtlänge von 135 mm.
c) Erkundige dich, was die Spurweiten I, 0, T, N, Z bedeuten.

7 Ermittle den zugehörigen Maßstab.

	Zeichnung	Wirklichkeit
a)	5 cm	5 km
b)	12 cm	2400 km
c)	15 mm	45 m

8 Dies ist der Lageplan eines Schulgeländes. Eine Kästchenlänge entspricht 12 m in der Wirklichkeit.

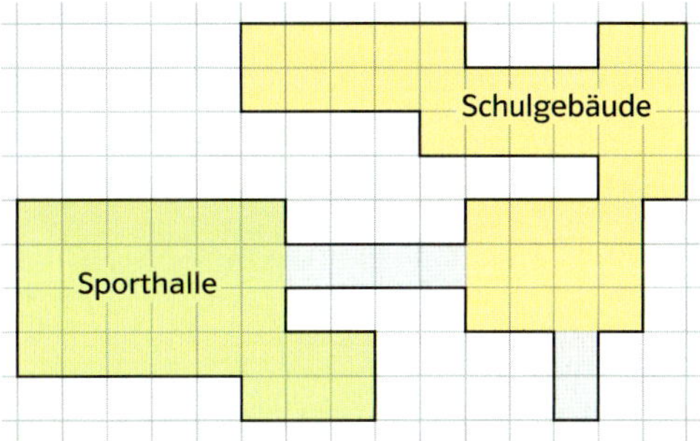

a) Übertrage den Plan in dein Heft.
b) Berechne alle Längen in Wirklichkeit.

9 Vom nördlichsten Punkt Deutschlands bis zum südlichsten sind es ungefähr 1100 km. Welchen Maßstab müsstest du wählen, um eine Karte in dein Heft zeichnen zu können?

10 Die Entfernung von Bonn nach Berlin (Luftlinie) beträgt rund 480 km.
Welche der drei Karten hat welchen Maßstab?

1 : 5 000 000 1 : 15 000 000
1 : 10 000 000 1 : 20 000 000
1 : 12 000 000 1 : 25 000 000

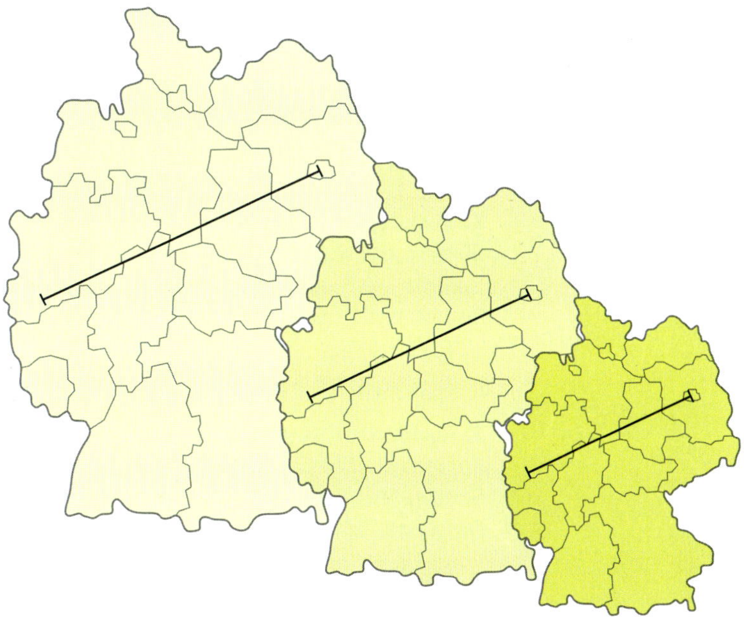

6 Sachaufgaben

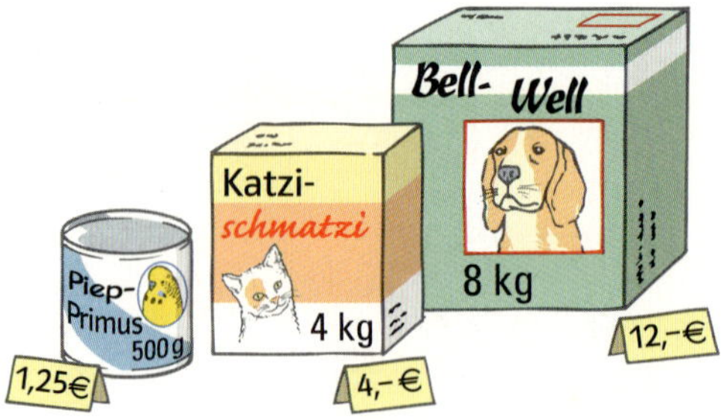

Anna und Patrick wollen die gesamten täglichen Futterkosten für ihren Wellensittich, ihre Katze und ihren Hund berechnen. Der Vogel frisst täglich 20 g, die Katze 200 g und der Hund 800 g pro Tag.
→ Lege eine Tabelle an, aus der die Kosten für mehrere Tage und auch für mehrere Wochen ablesbar sind.

Im Alltag muss man oft Informationen aus Angeboten entnehmen und über Berechnungen zu Ergebnissen oder Vergleichen kommen. Oft helfen dabei Tabellen. Ganz wichtig ist eine übersichtliche Darstellung und die Reihenfolge der Rechenschritte.

Lösungsplan für Sachaufgaben
1. Lies zunächst die ganze Aufgabe sorgfältig durch.
2. Entnimm Informationen über gegebene und gesuchte Größen.
3. Erstelle einen Plan über die Reihenfolge der Rechenschritte.
4. Schätze das Ergebnis mit einem Überschlag ab.
5. Führe die Rechenschritte durch.
6. Vergleiche Ergebnis und Überschlag und formuliere einen Ergebnissatz.

Beispiel

1. Text und Tabelle lesen
Familie Fröhlich mietet das Ferienhaus „Strandzauber" während der Hauptsaison für zwei Wochen. Ein Jahr lang haben die Eltern jeden Monat 200 € in die Urlaubskasse gelegt. Jedes der vier Kinder hat 52 € dazuverdient. Die Fahrtkosten betragen rund 220 €. Wie viel Geld bleibt für Verpflegung und Taschengeld übrig?

Ferienhäuser in Dänemark		
	„Horizont" (max. 4 Pers.)	
	1 Wo	ab 2 Wo
Vorsaison	500 €	450 €
Hauptsaison	600 €	550 €
Nachsaison	550 €	500 €
	„Strandzauber" (max. 6 Pers.)	
	1 Wo	ab 2 Wo
Vorsaison	720 €	700 €
Hauptsaison	800 €	770 €
Nachsaison	750 €	720 €

2. Informationen über gegebene und gesuchte Größen entnehmen
Gegeben: • gespartes Geld der Eltern und der Kinder
• Kosten für die Unterbringung und die Fahrt.
Gesucht: • Höhe des Taschengeldes als Unterschied zwischen Gespartem und Kosten

3. Rechenplan erstellen
Summe der Kosten für die Unterkunft (zweimal 770 €) und die Fahrt (220 €) bilden. Summe des Ersparten aus 12 Monaten (je 200 €) und Verdienst der Kinder ($4 \cdot 52$ €) berechnen. Abschließend die Differenz aus beiden Zwischenergebnissen ermitteln.

4. Ergebnis überschlagen
Kosten etwa 1700 €; Erspartes etwa 2600 €. Somit bleiben etwa 900 € als Taschengeld.

5. Rechenschritte durchführen
Kosten: $2 \cdot 770$ € + 220 € = 1760 € Erspartes: $12 \cdot 200$ € = 2400 €; $4 \cdot 52$ € = 208 €
Summe des Ersparten: 2400 € + 208 € = 2608 €
Differenz: 2608 € − 1760 € = 848 €

6. Ergebnis
Es bleiben für Verpflegung und Taschengeld noch 848 € übrig.

Aufgaben

1 Zahlen und Angaben aus Tabellen

Typ	Cache	Überschreiben	Lesen
-RW-Brenner extern	2 MB	10 x	32 x
CD-R/CD-RW DVD-Kombi	2 MB	24 x	48 x
interner CD-RW-Brenner	2 MB	24 x	52 x
externer Mini-CD-RW-Brenner	2 MB	10 x	24 x

Handball Bundesliga

Pl. Mannschaft	Sp	S	U	N	Tore
1.TBV Lemgo	29	27	0	2	991:802
2.SG Flensburg-Handewitt	29	24	0	5	923:760
3.SC Magdeburg	29	22	1	6	924:807
4.TuSEM Essen	29	20	3	6	837:769
5.HSG Nordhorn	29	17	1	11	872:837
6.VfL Gummersbach	29	15	3	11	859:817
7.THW Kiel	29	13	4	12	817:783
8.HSV Hamburg	29	13	3	13	765:770
9.SG Wallau/Massenheim	29	11	6	12	847:956
10.TV Großwallstadt	29	9	7	13	741:760
11.HSG D/M Wetzlar	29	10	4	15	720:782
12.FA Göppingen	29	8	5	16	745:792
13.THSV Eisenach	29	10	1	18	762:816
14.HV Wilhelmshaven	29	9	2	18	742:814
15.GWD Minden	29	8	2	19	768:835
16.VfL Pfullingen	29	7	4	18	732:839
17.TuS N-Lübbecke	29	7	2	20	750:838

a) Weißt du, was die Zahlen bedeuten?
b) Erkläre die Tabellen oder frage nach.
c) Suche weitere Tabellen in Zeitungen, Zeitschriften, Katalogen usw.

2 Liste der Weiten beim Schlagballwurf der Klasse 5b:

Mädchen	Jungen
23 m; 17 m; 30 m; 14 m; 15 m; 32 m; 12 m; 21 m; 29 m; 26 m; 22 m	19 m; 20 m; 28 m; 32 m; 23 m; 11 m; 27 m; 12 m; 16 m; 15 m; 21 m; 9 m; 38 m; 39 m; 18 m; 34 m; 40 m

a) Stelle die Ergebnisse übersichtlich dar.
b) Vergleiche die Leistungen. Was kannst du alles daraus folgern?

3 Aus dieser Tabelle kannst du die Entfernung (in km) zwischen fünf großen deutschen Städten entnehmen.

	Berlin	Frankf./M.	Hamburg	München	Stuttgart
Berlin	–	555	294	585	634
Frankfurt/M.	555	–	495	400	217
Hamburg	294	495	–	782	668
München	585	400	782	–	220
Stuttgart	634	217	668	220	–

a) Lies einige Entfernungen ab.
b) Schreibe die für dich interessantesten auf.
c) Welche Stadt lässt sich von allen anderen aus am günstigsten, welche am ungünstigsten erreichen?
d) Stelle eine Route auf, bei der du alle Städte nacheinander anfahren kannst.

4 Die Währung in Dänemark ist die dänische Krone (dkr).
a) Wie viel dkr sind 3 €; 12 €; 8 €; 0,50 €; 1,20 €; 100 €; 153 €?
b) Wie viel Euro bekommt man für 100 dkr; 200 dkr; 1,50 dkr; 58 dkr; 9,30 dkr?

Euro	dkr	dkr	Euro
0,10	0,71	0,10	0,01
1	7,10	1	0,13
2	[illegible]	[illegible]	[illegible]26
5	[illegible]	[illegible]	[illegible]
10	[illegible]	[illegible]	[illegible]

5 Ein 2-Euro-Stück wiegt knapp 10 g.
a) Wie viele Münzen wiegen 50 kg?
b) Was wiegt eine Million Euro in 2-Euro-Stücken?
c) Schätze zuerst und berechne dann, wie schwer deine Schultasche voll gefüllt mit 2-Euro-Münzen wäre.

6 Eine Schachtel enthält 12 Bleistifte, ein Karton 50 Schachteln. Über den Verkauf wird Buch geführt.

Monat	Jan.	Feb.	März	Apr.	Mai	Juni
Kartons	2	3	4	2	3	3
Schachteln	1	2	0	18	1	2
Stifte	3	11	5	9	10	9

a) Was sagen dir die Zahlen?
b) Im Juli wurden 2412 Stifte verkauft. Wie könntest du die Liste ergänzen?
c) Im September wurden besonders viele Stifte verkauft. Erfinde eigene Zahlen.

Ein eigenes Pferd?

Melissa und ihre Freundin Anja wohnen am Stadtrand in der Nähe eines Reiterhofes. Sie erkundigen sich, welche Anschaffungs- und Unterhaltskosten für ein eigenes Pferd auf sie zukämen.

Laufende Kosten (jährlich)

Versicherung	110,- €
Steuern	95,- €
Reitplakette	30,- €
Hufschmied (pro Beschlag ca. 3-mal im Jahr)	70,- €

Mietstall und Futter (jährlich) 1800,- €

Reitkleidung

Reithose	99,- €
Reitstiefel	102,50 €
Kappe	32,- €
Gerte	19,50 €

a) Wie hoch sind die gesamten laufenden Kosten pro Jahr? Im Monat?
b) Wie hoch sind die reinen Anschaffungskosten für ein Pferd und die zugehörige Reitkleidung? Vergleiche mit deinem Taschengeld.
c) Könnten Melissa und Anja die laufenden Kosten gemeinsam tragen, wenn jede ihr monatliches Taschengeld von 25 € und dazu den elterlichen Zuschuss von 50 € pro Monat einbringen würde?
d) Welcher tägliche und wöchentliche Zeitaufwand für Fütterung und Pflege wäre von jedem Mädchen zu leisten? Vergleiche diesen Zeitaufwand mit dem für deine Hausaufgaben. Was meinst du?
e) Auf dem Reiterhof kann man sich auch für 12,50 € pro Stunde ein Pferd zum Reiten mieten (10 Stunden im Monat 85 €). Wie hoch wären für Anja oder Melissa die monatlichen Kosten, wenn sie drei Stunden in der Woche ausreiten würden?
f) Vergleiche die Vor- und Nachteile eines Pferdes in eigenem Besitz.

Anschaffungen für das Pferd

Kaufpreis	mind. 2000,- €
Sattel	mind. 400,- €
Zaumzeug	60,- €
Steigbügel	75,- €
Pflegegerät (Striegel)	65,- €

Zeitlicher Aufwand

Pflege	1 h täglich
Fütterung	$\frac{1}{2}$ h täglich
Stallreinigung	2 h wöchentlich
Ausführen u. Reiten	6 h wöchentlich

7 Die SMV veranstaltet ein Hallenfußballturnier. Es nehmen die Klassen 5a, 5b, 5c, 6a, 6b und 6c teil.
Es soll jede Mannschaft gegen jede spielen. Die Spielzeit beträgt pro Spiel zweimal 5 min. Zwischen den Spielen sind 2 min Pause zum Wechseln.
a) Erstelle einen Zeitplan, wenn das erste Spiel um 14:00 Uhr angepfiffen werden soll.
b) Kann die Spielzeit auf zweimal 7 min verlängert werden, wenn die Halle vier Stunden zur Verfügung steht?

8 Michaela, Simon, Paul und Julia kaufen für ein Klassenfest ein.

Für gemeinsame Ausgaben wurde in den zurückliegenden 20 Schulwochen 25 ct pro Kopf eingesammelt. 28 Schülerinnen und Schüler besuchen die Klasse 5a.
Michaela hat für 15 Flaschen Saft je 1,40 € bezahlt. Simon besorgte 8 Tüten Salzgebäck zu je 1,90 €. Paul kaufte 10 Packungen Süßigkeiten zu je 1,70 € und Julia besorgte Material für Spiele und Dekoration für 6,10 € und 8,10 €.
a) Die gesamten Kosten werden aus der Klassenkasse bestritten.
b) Um die Klassenkasse aufzubessern, verkaufen Lisa und Olga selbst gefertigte Glückwunschkarten zu 0,40 € das Stück. Bei Abnahme einer größeren Anzahl ist jeweils die fünfte Karte kostenlos. Für den Verkaufstisch stellen sie eine Preisliste in Tabellenform her.

Wasserstraße Rhein

Der Rhein ist mit dem Streckenabschnitt von Rotterdam nach Basel die wichtigste Schifffahrtsstraße Europas. Dabei spielt Rotterdam als größter Hafen der Welt eine bedeutende Rolle. In Rotterdam wird die Überseefracht auf kleinere Lastschiffe umgeladen und an die rheinaufwärts liegenden Binnenhäfen wie Duisburg, Mannheim, Karlsruhe oder Basel verteilt.

Obwohl der Transport mit dem Schiff gegenüber dem Flugzeug, der Eisenbahn und dem Lastwagen länger dauert, hat die Schifffahrt einen großen Vorteil: Sie ist viel umweltfreundlicher, weil ein Schiff im Verhältnis zum Frachtaufkommen weniger Energie verbraucht.

- Das Frachtschiff „Kapstadt" legt in Rotterdam an. An Bord hat es 150 000 Schachteln Ananas aus Südafrika. Eine Schachtel wiegt 30 kg und enthält durchschnittlich 25 Ananas. Ein Binnenmotorschiff hat eine Tragfähigkeit von 3000 t, ein Güterwaggon kann 25 t laden. Was könntest du berechnen?

- Im Jahr 2002 legten im Rheinhafen Karlsruhe 4985 Schiffe an. Wie viele sind dies etwa in einem Monat, wie viele durchschnittlich am Tag?

- 1996 wurden in Basel etwa 3 200 000 t Güter mit Lastwagen weitertransportiert, 3 000 000 t mit der Eisenbahn. Ein Güterwaggon fasst 25 t und ist 11 m lang. Ein Lkw mit Anhänger misst 18 m und kann 16 t Waren transportieren. Berechne die Länge des Güterzuges und der Lastwagenkolonne, wenn alles auf einmal verladen würde.

- Von Rotterdam bis Karlsruhe legen die Schiffe 650 km zurück. Die Dauer der Fahrt beträgt durchschnittlich 26 Stunden. Wie weit kommen die Schiffe pro Stunde?

- Von Karlsruhe (112 m über NN) bis Basel (252 m über NN) beträgt die Entfernung etwa 200 Flusskilometer. Um wie viel steigt der Rhein durchschnittlich pro km an?

Zusammenfassung

Größe

Eine Maßzahl zusammen mit einer Maßeinheit nennt man Größe.

7 m
Maßzahl — Maßeinheit

Geld

Die Maßeinheiten unseres Geldes sind der Euro (€) und der Cent (ct).
1 € = 100 ct

8,68 €
= 8 € 68 ct
= 868 ct

Zeit

Die gebräuchlichsten Zeiteinheiten sind:

Tage	d	1 d = 24 h
Stunden	h	1 h = 60 min
Minuten	min	1 min = 60 s
Sekunden	s	

3 d = 3 · 24 h = 72 h
320 min = 5 · 60 min + 20 min = 5 h 20 min

Gewicht

Die gebräuchlichsten Gewichtseinheiten sind:

Tonne	t	1 t = 1000 kg
Kilogramm	kg	1 kg = 1000 g
Gramm	g	1 g = 1000 mg
Milligramm	mg	

3,762 t = 3 t 762 kg = 3762 kg
42,185 kg = 42 kg 185 g = 42185 g

t			kg			g		
100	10	1	100	10	1	100	10	1
		3,	7	6	2			
				4	2,	1	8	5

Längen

Die gebräuchlichsten Längeneinheiten sind:

Kilometer	km	1 km = 1000 m
Meter	m	1 m = 10 dm
Dezimeter	dm	1 dm = 10 cm
Zentimeter	cm	1 cm = 10 mm
Millimeter	mm	

Im Alltag wird bei Längenangaben meist die Kommaschreibweise benutzt.

4,032 km = 4 km 32 m = 4032 m
70,01 m = 70 m 1 cm = 7001 cm

km			m			dm	cm	mm
100	10	1	100	10	1			
		4,	0	3	2			
				7	0,	0	1	

Rechnen mit Größen

Beim Addieren, Subtrahieren und Dividieren von Größen müssen die Maßeinheiten gleich sein.

4 kg + 25 g = 4000 g + 25 g = 4025 g
12 m : 3 m = 4
2 € − 18 ct = 200 ct − 18 ct = 182 ct

Maßstab

Der Maßstab gibt an, wievielmal größer als auf der Karte eine gezeichnete Strecke in Wirklichkeit ist.

Maßstab 1 : 100 000
4 cm auf der Karte entsprechen
400 000 cm = 40 000 dm = 4000 m = 4 km
in der Wirklichkeit.

Sachaufgaben

Beim Lösen von Sachaufgaben geht man planmäßig vor.

1. Aufgabe sorgfältig lesen
2. Informationen entnehmen
3. Rechenplan aufstellen
4. Ergebnis abschätzen
5. Rechenschritte durchführen
6. Nach Ergebnisprüfung Antwortsatz formulieren

Üben • Anwenden • Nachdenken

1 Rechne wie im Beispiel.
Beispiel: 4575 kg = 4 t 575 kg
a) 7851 kg; 9466 g; 22 340 kg; 11 976 mg
b) 44 044 g; 2035 kg; 92 006 mg; 100 001 g

2 Wandle um.
a) in **min**: 2 h; 5 h; 24 h; 120 s; 1 h 12 min; 3 h 54 min; 6 h 6 min
b) in **s**: 9 min; 15 min; 60 min; 7 min 45 s; 15 min 15 s; 1 h 5 min
c) in **h**: 180 min; 720 min; 360 min; 75 min; 1 h 45 min; 1 d 1 h

3 Wie viele Minuten fehlen noch bis zur nächsten vollen Stunde?
a) 14:45 Uhr; 1:36 Uhr; 9:54 Uhr; 1:04 Uhr
b) halb zwei; viertel vor drei; 10 nach vier

4 Schreibe in € und ct.
a) 776 ct; 984 ct; 1570 ct; 3807 ct
b) 9,36 €; 8,04 €; 12,12 €
c) 999 ct; 9,09 €; 990 ct; 9,90 €
d) 1818 ct; 8080 ct; 8008 ct

5 Wandle um.
a) in **mm**: 3 cm; 2 dm; 4 m; 5,2 cm; 7,1 dm; 9 cm 3 mm; 5 m 5 mm
b) in **cm**: 8 dm; 20 mm; 2,6 dm; 4,80 m; 3,4 m; 2 dm 5 cm; 1,05 m
c) in **m**: 60 dm; 400 cm; 2 km; 450 dm; 2,8 km; 2,08 km

6 Wandle in die kleinere Einheit um.
a) 5 m 6 cm; 4 dm 8 cm; 57 m 7 cm
b) 8 km 985 m; 6 km 34 m; 13 km 7 m
c) 6 kg 120 g; 1 kg 80 g; 1 t 50 kg
d) 32 g 32 mg; 5 kg 5 g; 80 t 2 kg
e) 3 € 75 ct; 9 € 9 ct; 10 € 1 ct
f) 3 h 15 min; 5 min 38 s; 1 h 6 min
g) 2 d 3 h; 2 h 360 s; 1 d 50 h

7 Schreibe mit Komma.
a) 24 m 25 cm; 3 kg 300 g; 2 € 50 ct
b) 4 km 850 m; 5 t 200 kg; 75 ct
c) 9 € 5 ct; 3 dm 2 cm; 1 kg 25 g
d) 4 kg 3 g; 12 € 1 ct; 8 cm 2 mm
e) 2 m 5 cm; 6 kg 200 mg; 3 km 3 m

8 Wandle wenn notwendig in die kleinere Einheit um und gib das Ergebnis dann wieder in gemischter Schreibweise an.
a) 5 € 78 ct + 25 € 11 ct + 12 €
b) 35 kg + 12 kg 500 g + 13 kg 750 g
c) 3 m + 30 cm + 5 m + 85 cm
d) 40 cm + 13 mm + 2 dm
e) 777 ct + 888 ct + 999 ct
f) 33 kg 50 g − 11 kg 10 g − 10 kg
g) 5 km − 800 m − 1250 m
h) 14 t 900 kg − 750 kg − 10 550 kg
i) 436 € 44 ct − 342 € 79 ct

9 Ein langes Haar wiegt etwa 1 mg. Ein Mädchen hat ungefähr 120 000 Haare. Gib das Gesamtgewicht in g und in kg an.

10 Ein Aufzug hat eine Tragfähigkeit von 1200 kg oder 16 Personen.
a) Mit welchem Gewicht pro Person wird hier gerechnet?
b) Wie viele Schüler eurer Klasse könnten mitfahren, wenn der Platz reichen würde?

11 In vier Geschäften wird das gleiche Katzenfutter in Dosen angeboten.

3 Dosen zu 3,81 €	5 Dosen zu 6 €
6 Dosen zu 7,50 €	4 Dosen zu 4,76 €

12 Der kleinste Seefisch ist die Zwerggrundel. Sie wird etwa 9 mm lang. Der größte ist der Walhai mit einer Länge von 13 m. Wie viele Zwerggrundeln müssen hintereinander schwimmen, um die Länge des Walhais zu erreichen?

13 Berechne die wirkliche Länge.

	Maßstab	Länge in der Zeichnung
a)	1:10 000	25 cm
b)	1:250 000	20 cm
c)	1:500	13 cm
d)	1:87	4 cm

14 Welcher Maßstab wurde verwendet, wenn ein 15 m langes Haus auf der Bauzeichnung eine Länge von 7,5 cm hat?

15 Ortspläne haben häufig den Maßstab 1:15 000.
a) Ortsanfang und Ortsende sind in Ost-West-Richtung auf dem Plan 26 cm von einander entfernt. In Nord-Süd-Richtung sind es 34 cm. Wie groß sind die Entfernungen in Wirklichkeit?
b) Zwei Freunde wohnen in Luftlinie 4,5 km voneinander entfernt. Wie lang ist diese Strecke auf dem Plan?

16 Ein Meter feiner Golddraht, wie man ihn in der Elektronik verwendet, wiegt etwa 1 mg. Ein Hersteller hat einen 25 kg schweren Goldbarren.

Sonderangebot!

Baumwolle
1 Knäuel, 50 g 2,80 €

Angorawolle
1 Knäuel, 50 g 7,90 €

Wolle mit Seide
1 Knäuel, 50 g 3,60 €

17 Wie viel musste für die einzelnen Kleidungsstücke bezahlt werden?
a) Christian strickt sich einen Schal aus Angorawolle. Er benötigt 4 Knäuel.
b) Susanne braucht für einen Pullover 14 Knäuel Baumwolle.
c) Für ihre Jacke benötigt Frau Seiter 21 Knäuel Wolle mit Seide.

18 Veranschauliche die Zahlenangaben und werte sie aus.
Beschreibe in Worten, was dir auffällt.

Stadt	Einwohner 1994 in Tsd.	Einwohner 1999 in Tsd.
Berlin	3472	3400
Stuttgart	561	551
München	1290	1315
Halle	327	253
Köln	967	1015
Frankfurt/M.	617	645
Mannheim	305	320
Leipzig	550	490
Hamburg	1566	1705

19 Jens hat eine Woche lang seine Zeit vor dem Fernsehgerät festgehalten:

Montag	90 Minuten
Dienstag	2 Stunden
Mittwoch	45 Minuten
Donnerstag	2 Stunden
Freitag	140 Minuten
Samstag	$3\frac{1}{2}$ Stunden
Sonntag	2 Stunden

a) Stelle die Angaben übersichtlich dar.
b) Was liest du aus den Angaben heraus?
c) Stelle eine Übersicht deiner eigenen Fernsehzeiten gegenüber.

20 Ein Güterzug besteht aus einer Lokomotive und 36 Wagen. Das Gewicht der Lokomotive beträgt 100 t, ein Wagen wiegt leer 15 t.
a) Berechne das Gesamtgewicht des Zuges.
b) Wie ändert sich das Gesamtgewicht, wenn auf jedem Wagen noch 19 t Ladung transportiert werden?
c) Die Lokomotive kann einen 1700 t schweren Zug ziehen.

21 Das Gewürz Safran wird aus einer Krokusart gewonnen, die im Mittelmeerraum angebaut wird.
Ein Tütchen mit 10 mg kostet 49 Cent.
a) Wie viele Tütchen ergeben 1 kg?
b) Was würde ein Kilogramm Safran kosten? Schätze zuerst. Ein Kilogramm Gold hat den Wert von 11 000 Euro.

22 Welche Informationen kannst du dem Schaubild entnehmen?

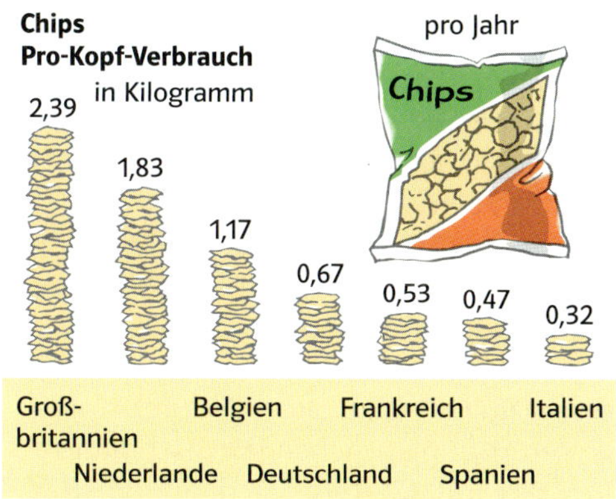

23 Die Biomasse ist das Gewicht aller Lebewesen. Daten über die Biomasse liegen für die belgische Stadt Brüssel vor.

alle Pflanzen:	750 000 t
1 075 000 Einwohner	59 000 t
Regenwürmer	8000 t
andere Tiere	5000 t
100 000 Hunde	1000 t
250 000 Katzen	750 t

a) Ziehe Vergleiche. Was fällt dir auf?
b) Kannst du die Angaben zur Biomasse veranschaulichen?

24 Ein Auto hat ein zulässiges Gesamtgewicht von 1650 kg. Sein Leergewicht beträgt bei vollem Tank 1240 kg. Wie viel kg Gepäck darf zugeladen werden, wenn vier Personen mit einem Durchschnittsgewicht von 60 kg im Auto sitzen?

25 Im Rhein schwimmen täglich als Belastung mit: 40 000 t Kochsalz, 2200 t Öle und Fette, 18 400 t chemische Schadstoffe und 300 t Eisen.
Ein Güterwaggon fasst 20 t und ist etwa 15 m lang.
Veranschauliche die Belastung des Rheins.

26 Stelle fest, wie weit deine Wohnung von deiner Schule entfernt ist.
Schätze und versuche dann so genau wie möglich herauszubekommen, welche Strecke du insgesamt während eines Schuljahres auf dem Schulweg zurücklegst.

27 Ina hat eine Woche lang die Außentemperaturen aufgeschrieben.
a) Entwirf ein Diagramm.
b) Suche die höchste und tiefste Tagestemperatur sowie die größte und kleinste Tagesschwankung.

	Mo	Di	Mi	Do	Fr	Sa	So
morgens:	8°	6°	11°	4°	9°	7°	5°
abends:	15°	18°	23°	20°	18°	14°	13°

28 Die ICE-Bahnstrecke von Frankfurt am Main nach Köln, die 2002 in Betrieb ging, ist etwa 200 km lang. Ihr Bau kostete rund 6 Milliarden Euro.
Für einen Streckenkilometer wurden 1560 Gleisschwellen verlegt. Eine Gleisschwelle wiegt 260 Kilogramm. Ein 1 Meter langes Gleisstück aus Spezialstahl wiegt 60 Kilogramm.

a) Welche Aufgaben kannst du zu den Angaben stellen?
b) Ein ICE legt auf einem Streckenabschnitt in einer Minute etwa 4 Kilometer zurück. Wie viele Kilometer fährt er dann in einer Stunde? Wie lange würde er bei gleich bleibender Geschwindigkeit von Frankfurt nach Köln brauchen?
c) Die Bahn AG wirbt für den ICE mit dem Motto: „Doppelt so schnell wie das Auto, halb so schnell wie das Flugzeug." Erkläre.
d) Ein IC braucht für eine gleich lange Strecke ohne Zwischenhalt zwei Stunden und 20 Minuten. Mit welcher Durchschnittsgeschwindigkeit ist er unterwegs?
e) Ein RegionalExpress fährt mit durchschnittlich 75 Kilometern in der Stunde. Wie lange braucht er für diese Strecke?

29 a) Welche Informationen erhältst du?

b) Welches Angebot würdest du zum Streichen deines Zimmers auswählen? Begründe.
c) Wie würdest du Kunden beraten, wenn du Fachverkäufer wärst?

30 Die Tabelle zeigt dir wichtige Daten der neun Planeten unseres Sonnensystems.

Planet	mittlere Entfernung zur Sonne in km	Durchmesser in km	Umlaufzeit	Zahl der Monde
Merkur	57 900 000	4878	88 Tage	0
Venus	108 200 000	12 104	225 Tage	0
Erde	149 600 000	12 756	365 Tage und 6 Stunden	1
Mars	227 900 000	6794	1 Jahr und 11 Monate	2
Jupiter	779 000 000	142 796	11 Jahre und 10 Monate	16
Saturn	1 432 000 000	120 000	29 Jahre und 6 Monate	23
Uranus	2 888 000 000	52 900	84 Jahre	5
Neptun	4 509 000 000	48 600	164 Jahre und 11 Monate	3
Pluto	5 966 000 000	2284	248 Jahre und 6 Monate	1

a) Stelle die mittlere Entfernung der Planeten zur Sonne in einem Diagramm dar.
b) Der Jupiter ist mehr als zehnmal so groß wie die Erde und mehr als doppelt so groß wie der Uranus. Stelle mehr solcher Vergleiche an.
c) Beachte die Umlaufzeiten. Was würde es bedeuten, auf einem anderen Planeten zu wohnen? Schreibe eine Fantasiegeschichte.

31 Aus einem undichten Wasserhahn tropfen in einer Minute 50 Tropfen Wasser. 4000 Tropfen ergeben einen Liter.
a) Wie viele Tropfen sind dies an einem Tag, in einer Woche, …?
b) Wie lange dauert es, bis eine Badewanne, die 300 Liter fasst, überläuft? Schätze zuerst.
c) Wie viele tropfende Wasserhähne könnte es in einer Stadt mit 500 000 Einwohnern geben? Wie groß wäre der Wasserverbrauch und was würde er bei einem Preis von 3 € pro 1000 Liter Wasser kosten? Übrigens gehen durchschnittlich 10 % des Trinkwassers durch Rohrschäden verloren!

32 Die Tabelle zeigt die durchschnittliche Körpergröße von Jungen und Mädchen in Abhängigkeit vom Lebensalter.

Alter in Jahren	Mädchen Größe in cm	Jungen Größe in cm
14	158	161
13	154	153
12	149	147
11	142	143
10	138	138
9	133	133
8	128	128
7	122	122
6	116	117
5	109	110
4	102	104
3	95	96
2	87	87
1	75	77

a) Veranschauliche das unterschiedliche Wachstum in einem Schaubild.
b) Vergleiche die Angaben und schreibe einen Bericht, in dem du deine wichtigsten Erkenntnisse schilderst.
c) Folgere, wie groß 15-Jährige sind.

Rückspiegel

1 Wandle in die angegebene Einheit um.
a) 12 € (ct); 8 kg (g); 5 h (min); 15 min (s); 170 cm (dm); 25 m (cm); 3 m (mm)
b) 4 € 2 ct (ct); 5 kg 40 g (g); 6 min 10 s (s); 9 m 9 dm (cm); 9 km 99 m (m)
c) 6,05 € (ct); 29,85 t (kg); 0,75 m (cm); 8,7 dm (cm); 10,03 km (m)

2 Wandle um und berechne.
a) 4 kg 500 g + 12 kg 780 g + 307 kg 99 g
b) 4 h 31 min + 7 h 54 min + 3 h 15 min
c) 12,26 € − 4,38 € + 1,74 €
d) 5 m 3 dm + 2 m 25 cm + 1 m 3 cm

3 In einem Regal stehen drei Kartons mit jeweils 600 g schweren Dosen.
In einem Karton sind 25 Dosen enthalten.

4 Herr Baumann hat Gartenerde bekommen und muss sie mit dem Schubkarren zu den Pflanzbeeten fahren.
a) Wenn er jedesmal 60 kg lädt, muss er 28-mal fahren. Wie viel hat er bekommen?
b) Für eine Fahrt benötigt er ungefähr 9 Minuten. Er beginnt um 14 Uhr mit der Arbeit. Wann ist er fertig?

5 Christinas Zug fährt um 8:07 Uhr.
Für den Weg zum Bahnhof braucht sie 20 Minuten.
Aufstehen, Waschen und Frühstück erledigt sie in 45 Minuten.
Sie will 10 Minuten vor Abfahrt des Zuges am Bahnhof sein.

6 Zeichne ein Balkendiagramm in geeignetem Maßstab und vergleiche die Längen.

Tauern-Tunnel (A)	8,5 km
Simplon-Tunnel (CH)	19,8 km
Arlberg-Tunnel (A)	10,3 km
Gotthard-Tunnel (CH)	15,0 km
Mt. Cenis-Tunnel (F)	13,7 km
Mosel-Tunnel (D)	4,2 km
Dai-Shimizu-Tunnel (JP)	22,2 km
Lötschberg-Tunnel (CH)	14,6 km

1 Wandle in die angegebene Einheit um.
a) 65 € (ct); 4,5 kg (g); 2 kg (mg); 8 h (min); 3 km (dm); 63 dm (mm)
b) 7 € 7 ct (ct); 9 kg 5 g (g); 2 h 16 min (s); 8 m 80 cm (dm); 25 km 12 m (dm)
c) 0,09 € (ct); 1,06 kg (g); 5,008 t (kg); 0,01 km (m); 3,07 dm (mm); 0,009 m (mm)

2 Wandle um und berechne.
a) 3 t 40 kg + 11 t 220 kg + 86 t 5 kg
b) 3 h 57 min + 12 h 35 min − 10 h 6 min
c) 0,89 € + 11,59 € − 29 ct − 4,09 €
d) 6,2 m + 15 m 9 dm − 33 dm − 2 m 10 cm

3 Ein Lastwagen mit einem Leergewicht von 8200 kg muss auf den Fahrten zur Baustelle eine Brücke überqueren, die 12 t Höchstlast hat.
a) Wie viele Betonröhren mit 150 kg Gewicht kann er laden?
b) Am nächsten Tag werden 230 kg schwere Röhren gebraucht.

4 Ein Briefträger legt täglich eine Strecke von etwa 8 km zurück. Er trägt seine Post an 275 Tagen im Jahr aus.
a) Er ist seit 20 Jahren im Dienst.
b) Die Erde hat einen Umfang von ungefähr 40 000 km.
c) Eine Schuhbesohlung reicht 2000 km und kostet 12 €.

5 Ergänze die Tabelle.

Beginn	8:23 Uhr	10:12 Uhr	9:13 Uhr
Ende	9:18 Uhr	□	□
Zeitdauer	□	25 min	58 min
Beginn	2:13 Uhr	13:13 Uhr	□
Ende	11:09 Uhr	□	9:11 Uhr
Zeitdauer	□	12 h 20 min	5 h 2 min

6 Stelle die Angaben übersichtlich dar und vergleiche.
Bernd: 1,52 m; 12 Jahre; 46,2 kg
Renate: 1,54 m; 13 Jahre; 43,2 kg
Tim: 12 Jahre; 48,1 kg; 1,51 m
Caroline: 1,48 m; 12 Jahre; 41,8 kg

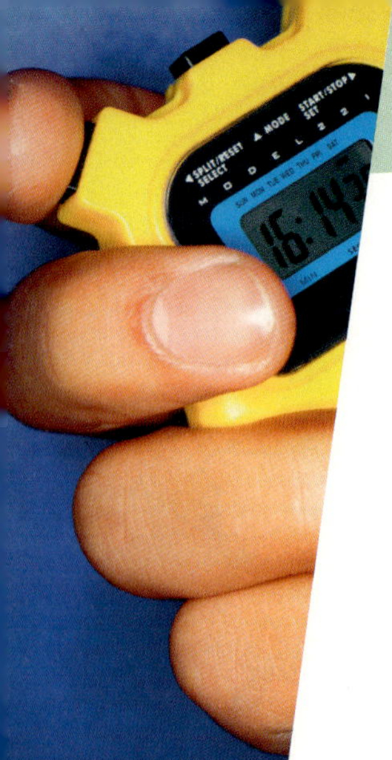

Brüche im Alltag

Orangensaft-Pudding

Zutaten für 4 Personen:

$\frac{3}{4}$ Liter Orangensaft
150 g Zucker
1 Dose Mandarinen
$\frac{1}{2}$ Liter Sahne
2 Päckchen Vanille-Puddingpulver

Orangensaft und Saft der Mandarinen mit Zucker aufkochen. Puddingpulver mit etwas Wasser verquirlen, in den heißen Saft einrühren und nochmals gut aufkochen lassen. Vom Herd nehmen und Mandarinen vorsichtig unterheben. In Schüsselchen abkühlen lassen und mit geschlagener Sahne verzieren.

Mengenangaben

Erkläre die Mengenangaben
$\frac{3}{4}$ Liter; $\frac{1}{2}$ Liter; 150 g.

Wie kannst du diese Mengen abmessen? Erkundige dich, in welchen Mengen Flüssigkeiten wie Wasser, Milch, Cola, Bier, Wein usw. abgefüllt sind.

Welche Mengen musst du bereitstellen, wenn du den Pudding für 2 Personen, 8 Personen, 6 Personen herstellen willst?

Flüssigkeiten

Erkläre die Skala auf dem Messbecher.

Aus dem vollen Messbecher wird Flüssigkeit in das Trinkglas eingefüllt. Wie viel Flüssigkeit verbleibt im Messbecher? Anschließend wird die Schüssel gefüllt. Wie viel Flüssigkeit ist jetzt noch im Messbecher?
Die restliche Flüssigkeit aus dem Messbecher wird nun in die Vase geschüttet. Wie kannst du sie vollständig auffüllen?

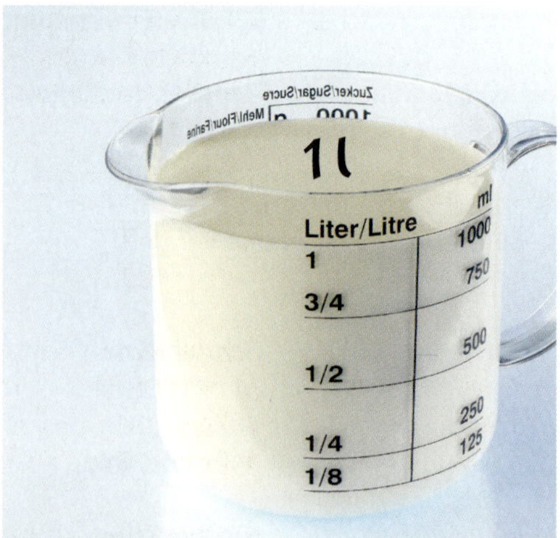

Erfinde weitere Aufgaben.

Geldbeträge

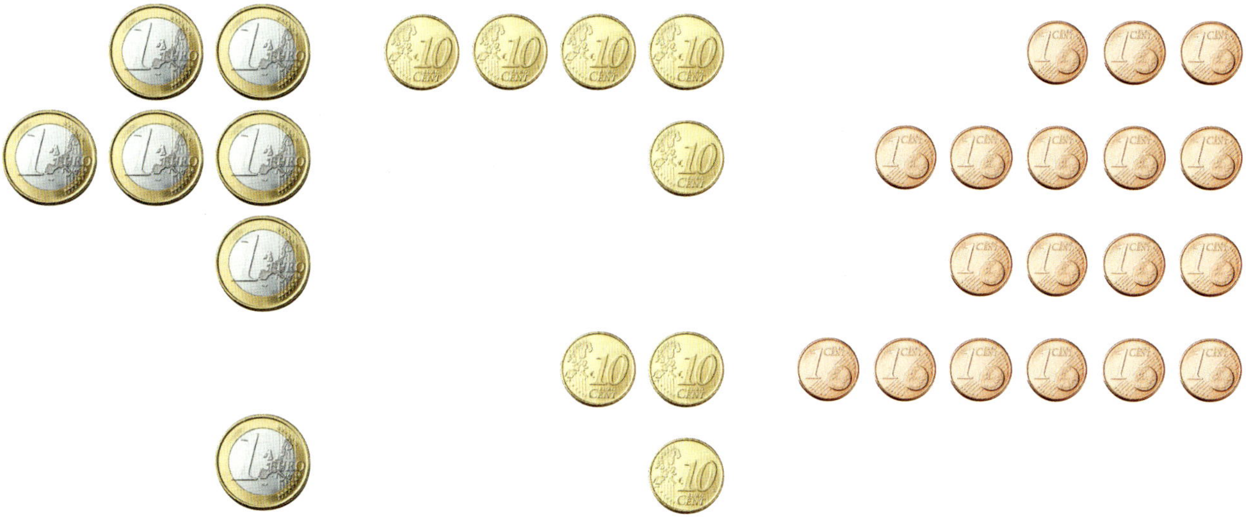

Welcher Geldbetrag ist abgebildet? Schreibe den Betrag in Ziffern.

Stelle folgende Geldbeträge mit geeigneten Münzen nach:
4,27 €; 81 ct; 3,06 €;
142 ct; 17 ct; 0,80 €.

Jetzt benötigst du neben Münzen noch geeignete Geldscheine.
35,27 €; 1281 ct; 421,63 €;
305,02 €; 2010 ct

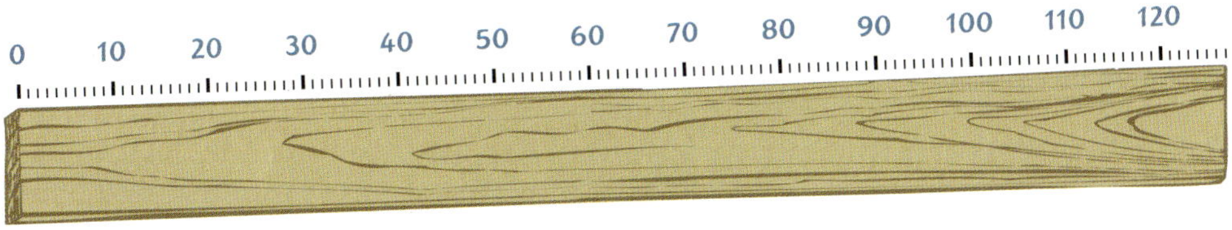

Maßangaben mit Kommasetzung

Die Holzlatte ist 127 mm lang.
Willst du die Länge in cm oder dm angeben, so musst du ein Komma an die richtige Stelle setzen.

Zur Erinnerung:
1 cm = 10 mm
1 dm = 10 cm = 100 mm
1 m = 10 dm = 100 cm = 1000 mm

dm	cm	mm	
1	2	7	127 mm
1	2 ,	7	12,7 cm
1 ,	2	7	1,27 dm

Schreibe mit Komma.
Manchmal gibt es mehrere Möglichkeiten.
387 cm; 531 mm; 7932 mm; 503 cm;
440 mm; 28 cm; 5 m; 1 cm

Schreibe ohne Komma:
3,25 m; 2,7 dm; 28,4 cm; 7,021 m;
0,83 dm; 0,05 m.

In diesem Kapitel lernst du,

- Bruchteile eines Ganzen darzustellen,
- wie man Brüche schreibt,
- Bruchteile von Größen umzuwandeln,
- wie man Größen in Dezimalschreibweise angibt.

1 Bruchteile erkennen und darstellen

Ein Blatt Papier wird gefaltet.
Durch das Falten entstehen Felder.
→ Welche Felder haben gleich große Flächen? Begründe.
→ Nimm ein Blatt Papier und teile es durch Falten in 16 gleich große Teile. Es gibt mehrere Möglichkeiten.
→ Versuche nun ein Blatt in drei und anschließend in 12 gleich große Felder aufzuteilen.

Wird ein Ganzes in 2, 3, 4, 5, … gleich große Teile zerlegt, so erhält man Halbe, Drittel, Viertel, Fünftel, … Ein Viertel, drei Viertel, fünf Achtel, … sind Bezeichnungen für **Bruchteile** eines Ganzen. Man nennt sie **Brüche**.

$\frac{2}{5}$ — 2: **Zähler**, —: **Bruchstrich**, 5: **Nenner** } Bruch   Lies: „zwei Fünftel"

Der Nenner gibt an, in wie viele gleich große Teile zerlegt wird.
Der Zähler gibt an, wie viele dieser Teile jeweils ausgewählt werden.

Beispiele

a) ein Sechstel $\frac{1}{6}$ fünf Sechstel $\frac{5}{6}$

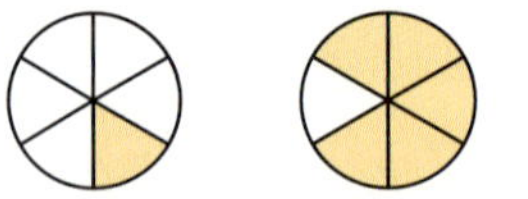

b) ein Achtel $\frac{1}{8}$ drei Achtel $\frac{3}{8}$

c) ein Zwölftel $\frac{1}{12}$ sieben Zwölftel $\frac{7}{12}$

Bemerkung

Der Bruch $\frac{5}{6}$ kann durch Bruchteile unterschiedlich dargestellt werden.

Aufgaben

1 a) Schreibe als Bruch:
ein Halbes, ein Drittel, zwei Drittel, drei Achtel, sieben Zehntel.
b) Schreibe mehrere Brüche auf, die den Nenner 7 haben.
c) Schreibe mehrere Brüche mit dem Zähler 3 auf.

2 In wie viele Teile ist das Quadrat jeweils zerlegt? Wie heißt ein solcher Teil?

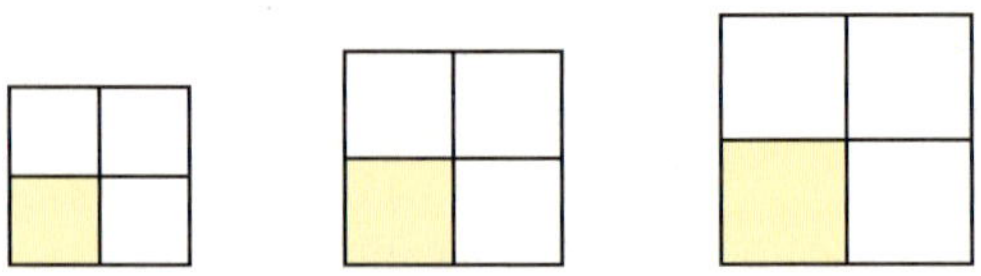

Falten und Schneiden

Gleiche Bruchteile können auf mehrere Arten entstehen. Beispiel:

Die beiden Teile sind gleich groß, auch wenn sie verschieden aussehen.

- Begründe.

- Falte und schneide auf zwei Arten. Erkläre deine Vorgehensweise.
$\frac{1}{4}$; $\frac{1}{8}$; $\frac{1}{3}$; $\frac{1}{6}$.

- Schneide aus und begründe ausführlich, dass die beiden Teile gleich groß sind.

a) 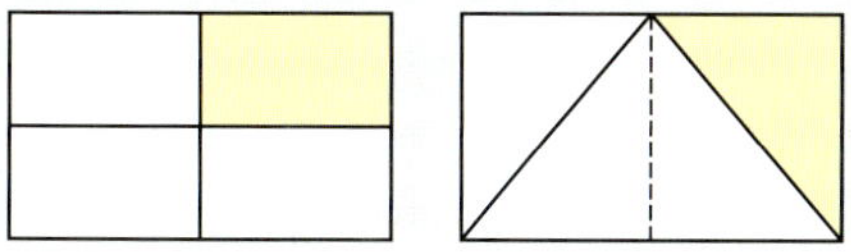

b) 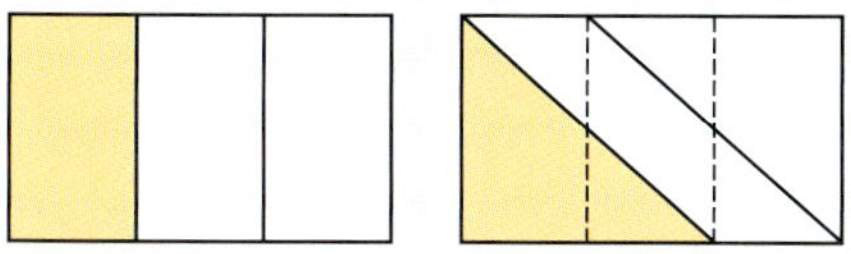

c) 

- Stelle dir weitere Aufgaben und erkläre deinen Mitschülerinnen und Mitschülern, wie du vorgegangen bist. Stelle deinen Lösungsweg der Klasse vor.

3 Erkläre die Aussagen.
a) Wir machen halbe-halbe.
b) Lünern ist ein Viertel von Unna.
c) Im zweiten Drittel fiel das Tor.

4 Selvi geht einkaufen.
Welche Bruchteile hat sie gekauft?

5 In wie viele gleich große Teile ist das Ganze zerlegt?
Wie heißt der gefärbte Bruchteil?

a) 

b) 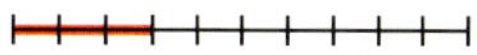

c) 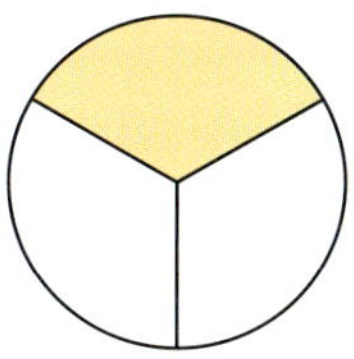

d) 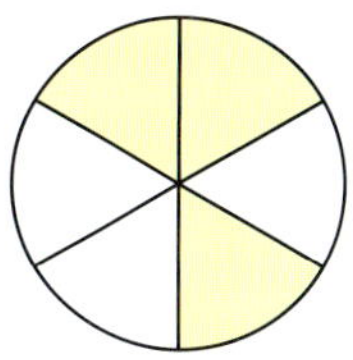

e) 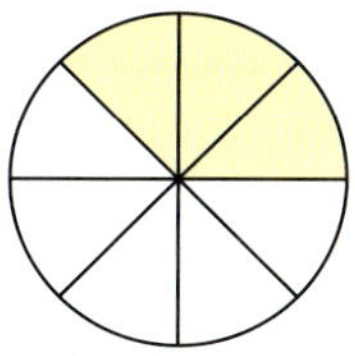

f) 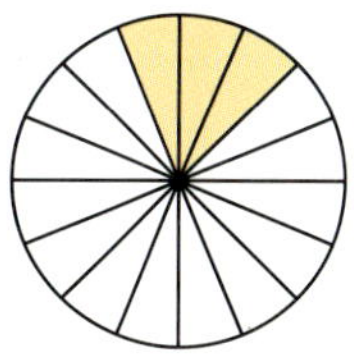

g) 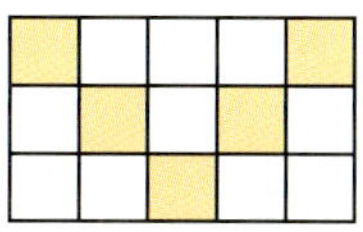

h) 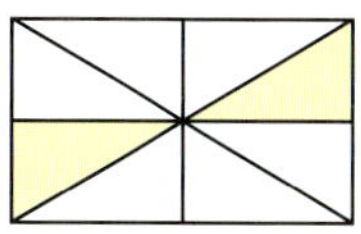

i) 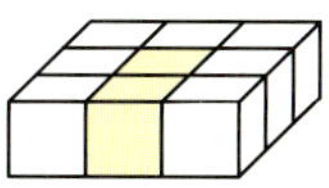

j) 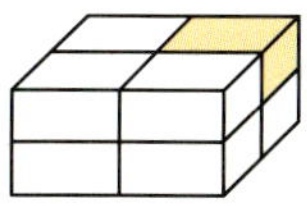

6 Welchen Bruchteil der Gesamtfläche macht der Buchstabe aus?

a)

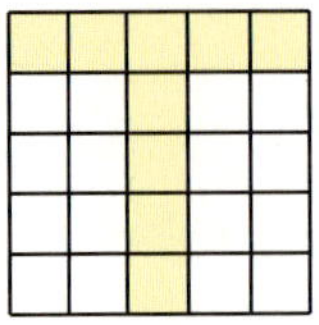

b)

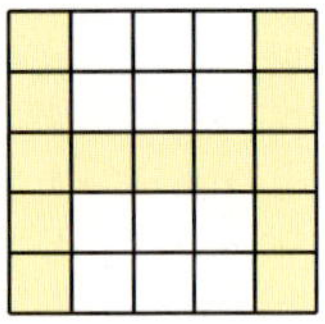

c) Schreibe weitere Buchstaben und gib an, welchen Bruchteil der Gesamtfläche sie einnehmen.

7 Welcher Bruchteil ist dargestellt?

a)

b)

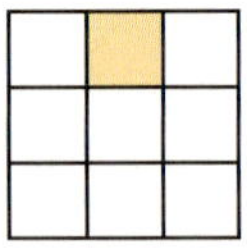

c)

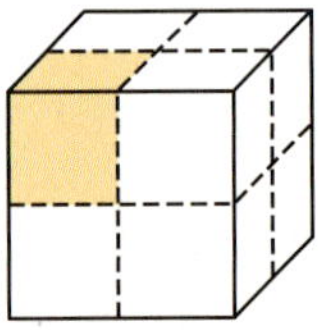

d)

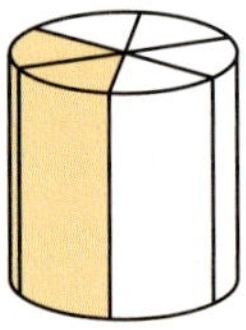

8 Wie viele Kästchen des Rechtecks musst du färben, um die Bruchteile $\frac{1}{2}$; $\frac{1}{3}$; $\frac{1}{4}$; $\frac{1}{6}$; $\frac{1}{8}$; $\frac{1}{12}$; $\frac{1}{24}$ darzustellen?

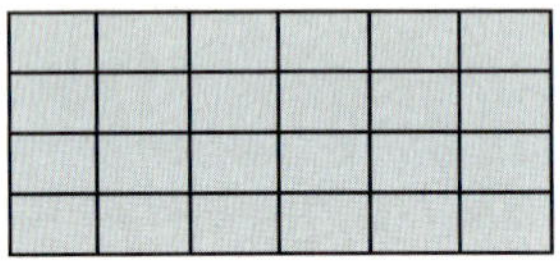

9 Vergleiche. Was fällt dir auf?

a)

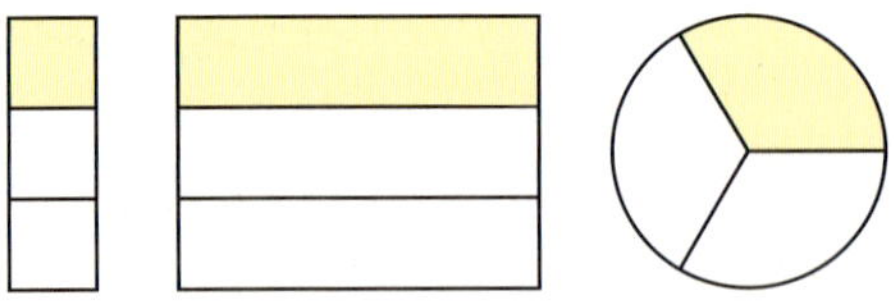

b)

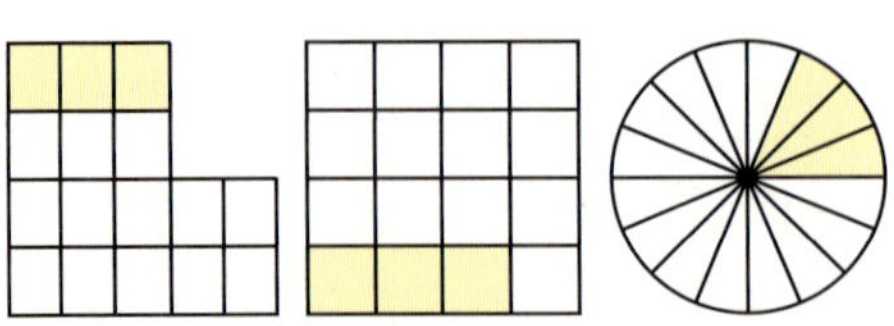

Der Bruchzauber

- Erkläre gemeinsam mit deiner Nachbarin oder deinem Nachbarn den Bruchzauber.
- Denkt euch einen eigenen Bruchzauber aus.

10 Wie heißt der zugehörige Bruch? Begründe.

a) $\frac{2}{3}$ oder $\frac{3}{4}$

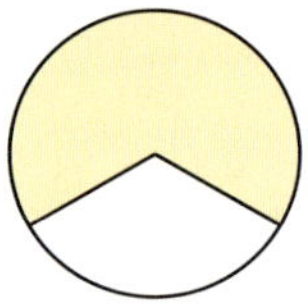

b) $\frac{1}{5}$ oder $\frac{1}{7}$

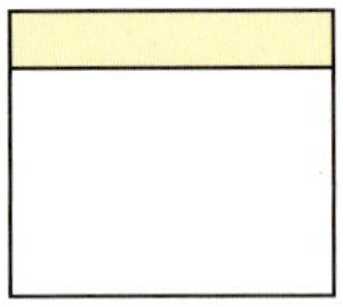

c) $\frac{3}{5}$ oder $\frac{2}{3}$

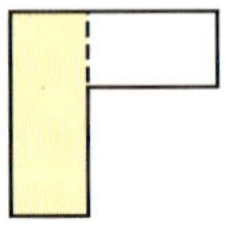

d) $\frac{1}{6}$ oder $\frac{1}{3}$

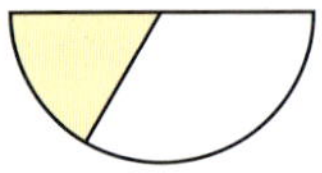

11 Stimmen die farbigen Markierungen und die angegebenen Brüche überein? Wenn nicht, erkläre was falsch ist.

a)

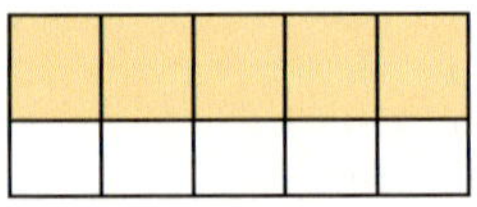

$\frac{5}{10}$

b)

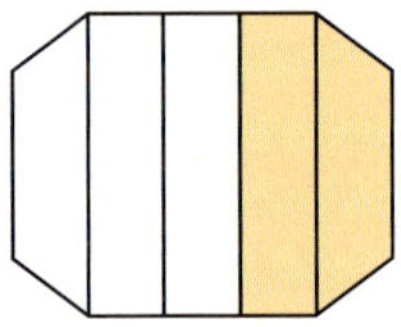

$\frac{2}{5}$

c)

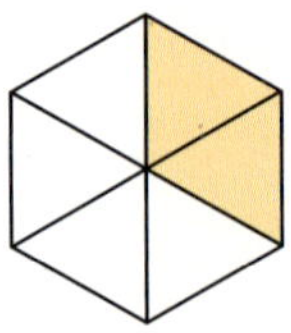

$\frac{1}{3}$

d)

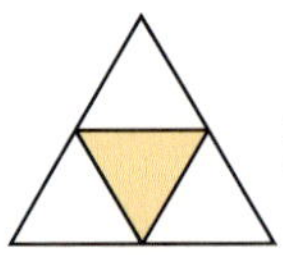

$\frac{1}{4}$

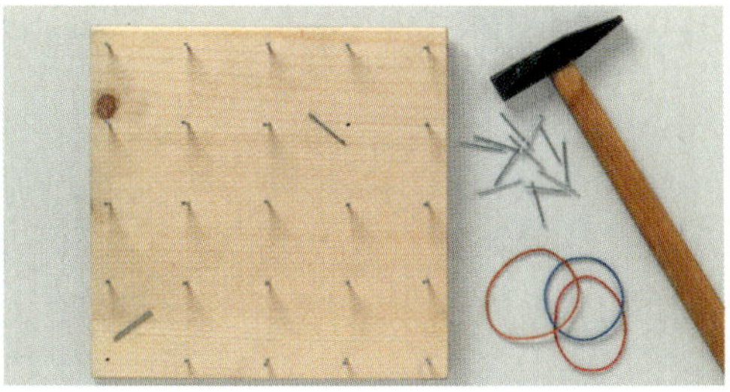

12 Aus 25 Nägeln und einer Holztafel kannst du ein Nagelbrett herstellen. Welcher Bruchteil des Bretts ist jeweils mit einem Gummiband umspannt?

a)
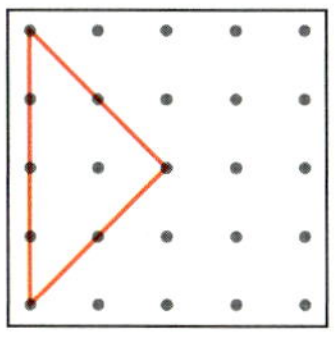
b)
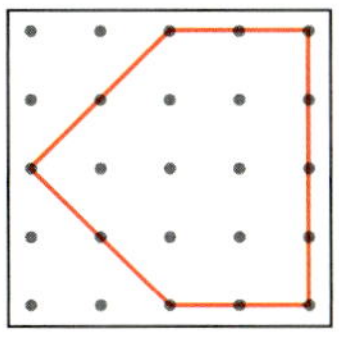
c)
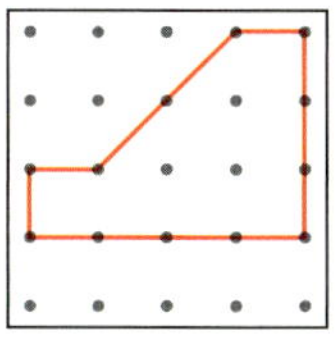
d)
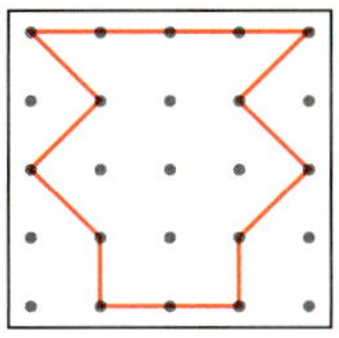

13 Übertrage ins Heft und färbe jeweils den angegebenen Bruchteil der Fläche.

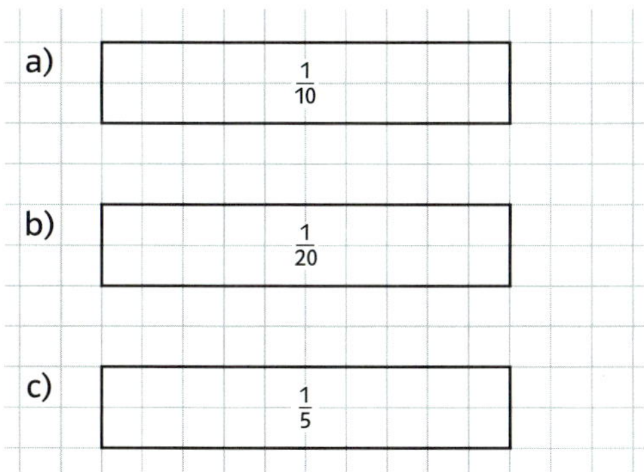

14 Zeichne die Figur in dein Heft und ergänze sie zu einem Ganzen.

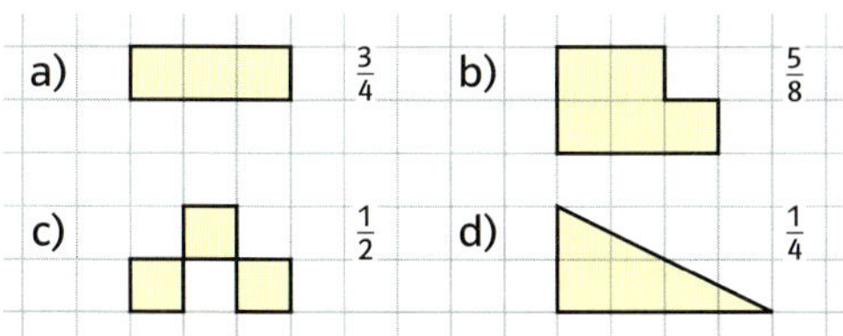

15 Zeichne jeweils ein geeignetes Rechteck und färbe die folgenden Anteile der Fläche.

a) $\frac{1}{3}$ b) $\frac{1}{5}$ c) $\frac{1}{12}$

16 a) Stelle die Bruchteile jeweils in einem Rechteck dar.
Wähle die Rechteckslänge geschickt.
$\frac{2}{5}$; $\frac{3}{7}$; $\frac{4}{9}$; $\frac{9}{12}$
b) Veranschauliche mithilfe von Strecken.
Wähle die Längen geschickt.
$\frac{2}{3}$; $\frac{5}{6}$; $\frac{6}{11}$; $\frac{9}{12}$

17 Zeichne ein Rechteck, das 12 Kästchen lang und 6 Kästchen breit ist, und stelle die Brüche $\frac{1}{2}$; $\frac{1}{3}$ und $\frac{1}{9}$ nebeneinander farbig dar.
Welcher Bruchteil bleibt frei?

Alte Zahlzeichen

Die ältesten mathematischen Brüche findet man schon um 2000 v. Chr. in ägyptischen Texten.
Bruchzahlen entstehen, wenn ein Ganzes geteilt wird. Diesen Gedanken macht das babylonische Zeichen für $\frac{1}{2}$ deutlich. Es symbolisiert ein halb gefülltes Gefäß.

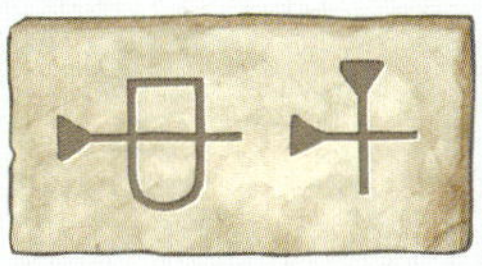
babylonisch

$\frac{1}{2}$ $\frac{1}{4}$

- Erkläre das Symbol für $\frac{1}{4}$.

Merkwürdig sehen die Brüche in römischen Zahlzeichen aus. Die hier abgebildeten stammen aus einem Rechenbuch von 1514.

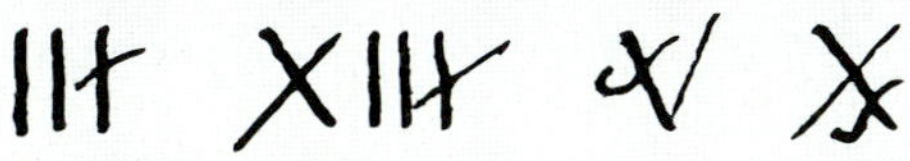

$2\frac{1}{2}$ $12\frac{1}{2}$ $4\frac{1}{2}$ $9\frac{1}{2}$

Welchen Bruchteil der Gesamtfläche nehmen die einzelnen Farben in den abgebildeten Flaggen ein?

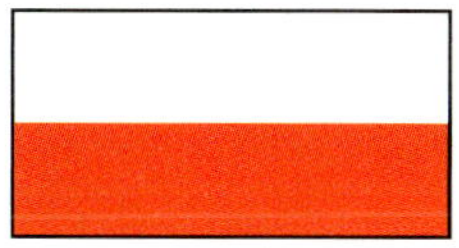
Polen

Spanien

Frankreich

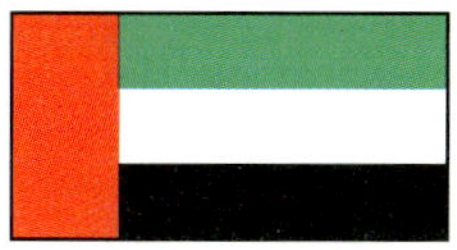
Vereinigte Arabische Emirate

2 Bruchteile von Größen

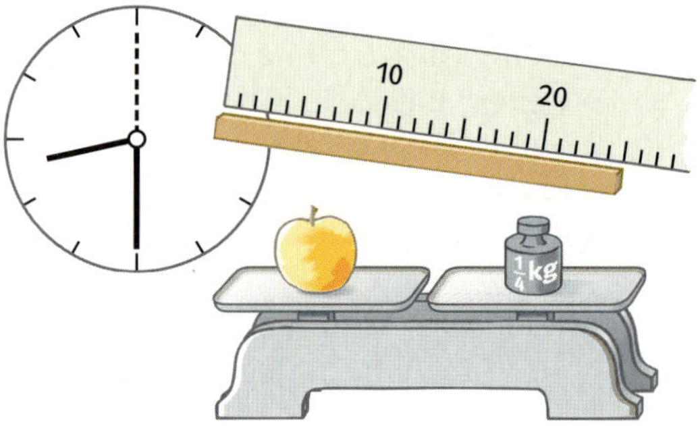

Links sind verschiedene Größen abgebildet.
→ Nenne Beispiele aus dem Alltag, in denen diese Größen vorkommen.
Statt 1 m kann man auch 10 dm oder 100 cm sagen.
→ Welche Unterteilungen kennst du für die abgebildeten Größen? Kennst du noch andere Größen?
→ Schreibe die dargestellten Mengen als Bruch und als ganze Zahl.

Im Alltag spricht man häufig von $\frac{1}{4}$ Stunde, $\frac{1}{2}$ kg, $\frac{3}{4}$ m, … Dabei werden Brüche als **Maßzahlen** verwendet. Das Ganze ist dabei eine Stunde, ein Kilogramm, ein Meter, …

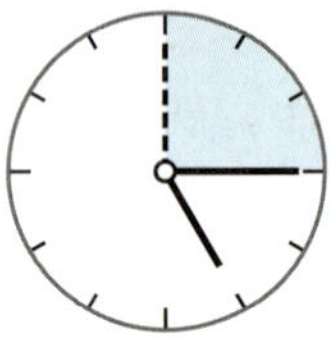

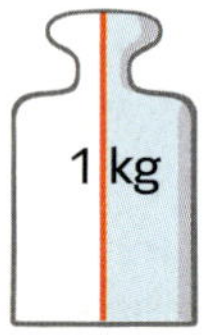

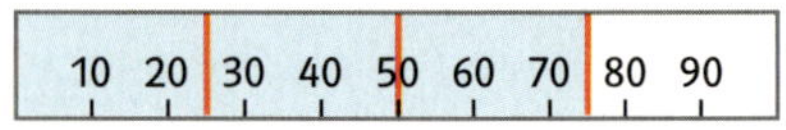

$\frac{3}{4}$ m ist der **Bruchteil** von 1 m, den man erhält, wenn 1 m in 4 gleiche Teile geteilt wird und danach 3 Teile zusammengenommen werden.

Beispiele

In vielen Fällen können wir in eine andere Maßeinheit umwandeln.

a) **1 dm = 10 cm**
$\frac{1}{5}$ dm = 2 cm
$\frac{2}{5}$ dm = 4 cm

b) **1 kg = 1000 g**
$\frac{1}{8}$ kg = 125 g
$\frac{3}{8}$ kg = 375 g

c) **1 € = 100 ct**
$\frac{1}{10}$ € = 10 ct
$\frac{3}{10}$ € = 30 ct

Bemerkung

Bei manchen Maßzahlen treten natürliche Zahlen und Brüche auf: $1\frac{1}{2}$ h; $1\frac{1}{4}$ kg.
Wir nennen dies **gemischte Schreibweise**; dabei bedeutet $1\frac{1}{4}$ kg:

$1\frac{1}{4}$ kg = 1 kg + $\frac{1}{4}$ kg
= 1000 g + 250 g = 1250 g.

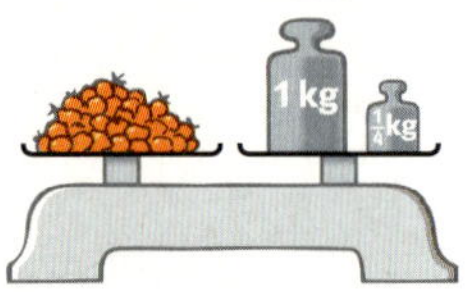

Aufgaben

1 Ordne den Bruchteil einer Größe zu.
- eine Schulstunde
- ein Becher Quark
- ein Sack Kartoffeln
- ein Stück Pizza

2 Suche Paare gleicher Größe.

$\frac{3}{4}$ m; 1 dm; $\frac{1}{4}$ km; 500 g; $\frac{1}{2}$ kg; 250 mm; 400 m; 250 m; 75 cm; $\frac{1}{10}$ m; $\frac{2}{5}$ km; $\frac{1}{4}$ m

Längenmaße

1 m = 10 dm; also ist 1 dm = $\frac{1}{10}$ m

1 m = 100 cm; also ist 1 cm = $\frac{1}{100}$ m

1 km = 1000 m; also ist 1 m = $\frac{1}{1000}$ km

Suche weitere Beispiele.

3 Setze die Reihe fort.

a) $\frac{1}{10}$ m = 1 dm; $\frac{2}{10}$ m = 2 dm; …

b) $\frac{1}{100}$ m = 1 cm; $\frac{2}{100}$ m = 2 cm; …

c) $\frac{1}{100}$ dm = 1 mm; $\frac{2}{100}$ dm = 2 mm; …

d) Finde weitere Reihen.

4 Welche Bruchteile eines Meters sind dargestellt? Gib sie auch in cm an.

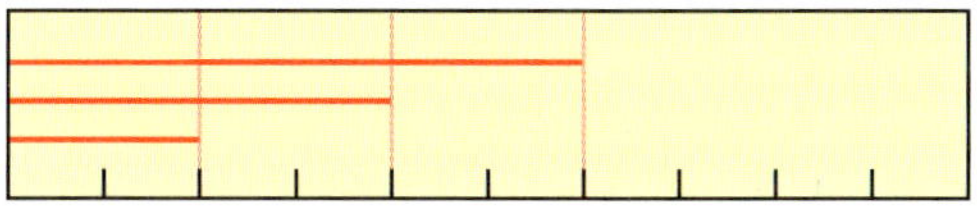

5 Gib die rot markierte Strecke als Bruchteil und in einer kleineren Maßeinheit an.

a)

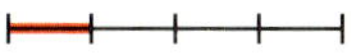

b)

c)

d)

6 Schreibe ohne Brüche.

a) $\frac{1}{4}$ m, $\frac{1}{5}$ m, $\frac{1}{20}$ m

b) $\frac{1}{5}$ km, $\frac{1}{8}$ km, $\frac{1}{50}$ km

c) $\frac{1}{2}$ dm, $\frac{1}{25}$ dm, $\frac{1}{250}$ m

7 a) Wer hat den kürzesten, wer den weitesten Schulweg?
b) Wer hat einen längeren Schulweg als Marvin?

Ina 800 m
Klaus $2\frac{1}{4}$ km
Svenya $1\frac{1}{8}$ km
Ali $2\frac{4}{5}$ km
Benita $\frac{3}{4}$ km
Pit 1200 m
Stefan $2\frac{3}{4}$ km
Anke 2700 m
Marvin $2\frac{1}{3}$ km
Leo 1250 m
Theo $1\frac{2}{5}$ km

Gewichtsmaße

1 t = 1000 kg; also ist 1 kg = $\frac{1}{1000}$ t

1 kg = 1000 g; also ist 1 g = $\frac{1}{1000}$ kg

1 g = 1000 mg; also ist 1 mg = $\frac{1}{1000}$ g

Suche weitere Beispiele.

8 Bis zu welchem Messstrich wird der Becher jeweils gefüllt?
250 g; 500 g; 1000 g;
750 g; 125 g; 375 g

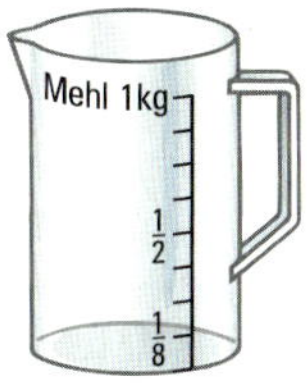

9 Ein Wägesatz besteht aus folgenden Gewichtsstücken: 50 g; 100 g; $\frac{1}{4}$ kg und $\frac{1}{2}$ kg. Gib alle Gewichte an, die du damit auswiegen könntest.

10 Welche der vorhandenen Gewichtsstücke musst du nehmen, um die dargestellten Lebensmittel auswiegen zu können? Manchmal musst du rechts und links Gewichtsstücke auf die Waage legen.

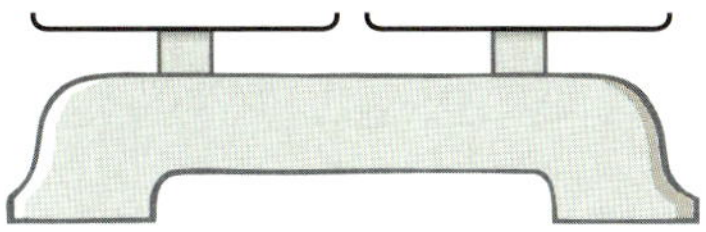

750 g

1,2 kg

300 g

800 g

$\frac{3}{4}$ kg

100 g

Dezi
bedeutet der zehnte Teil, also ein Zehntel.

Zenti
bedeutet der hundertste Teil, also ein Hundertstel.

Milli
bedeutet der tausendste Teil, also ein Tausendstel.

Zeitmaße

1 h = 60 min; also ist 1 min = $\frac{1}{60}$ h

1 h = 3600 s; also ist 1 s = $\frac{1}{3600}$ h

1 Tag = 24 h; also ist 1 h = $\frac{1}{24}$ Tag

1 Jahr = 12 Mon.; also ist 1 Mon. = $\frac{1}{12}$ Jahr

11 Wie viele Stunden sind seit 12:00 Uhr verstrichen?

a)

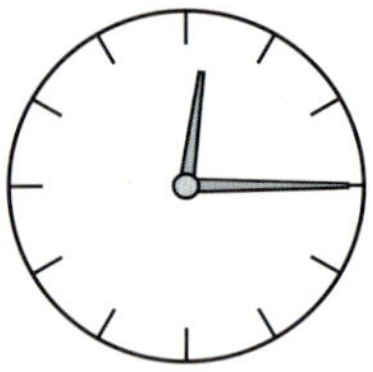

b)

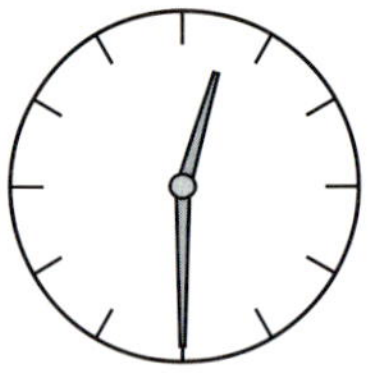

c)

d)

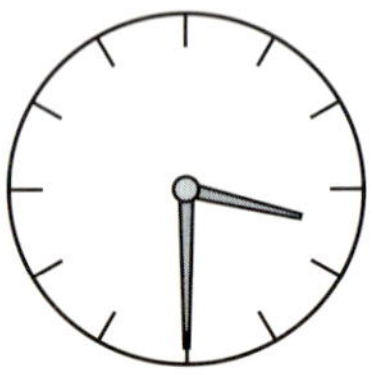

e)

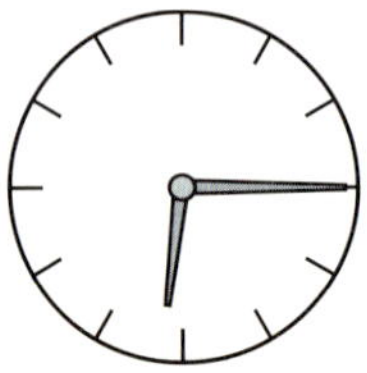

f)

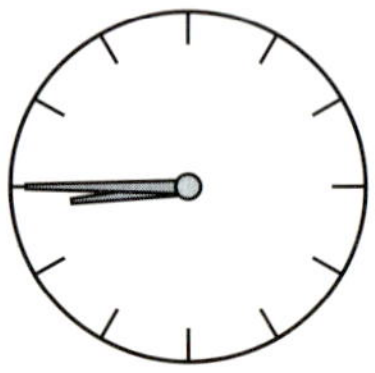

12 Bestimme den Bruchteil.

a) in Stunden	b) in Tagen	c) in Jahren
45 min	6 h	4 Mon.
20 min	3 h	3 Mon.
6 min	18 h	1 Mon.

13 Schreibe als Bruchteil in der nächstgrößeren Maßeinheit.

a)	b)	c)
20 s	6 h	8 Mon.
25 min	30 h	15 Mon.

14 Gib den Zeitpunkt an.

a) $\frac{1}{4}$ h nach 13:15 Uhr b) $\frac{1}{10}$ h vor 17:40 Uhr

c) $\frac{1}{5}$ h nach 7:24 Uhr d) $\frac{7}{12}$ vor 4:17 Uhr

15 a) Der Schnellzug aus Köln kommt laut Fahrplan um 16:47 Uhr an.
Er hat jedoch eine Viertelstunde Verspätung.
b) Der ICE aus Hamburg trifft mit dreiviertelstündiger Verspätung erst um 13:09 Uhr ein.
c) Der RegionalExpress soll um 18:52 Uhr eintreffen. Er hat $\frac{1}{4}$ Stunde Verspätung.

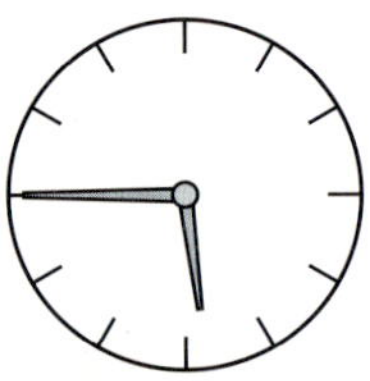

a quarter to six

16 Seltsame Angaben? Löse.
a) Lisa fährt $\frac{1}{2}$ Jahr vor Heiligabend in den Urlaub. Paul $\frac{2}{3}$ Monat nach dem 10. Juni. Beide bleiben genau zwei Wochen. Wer kommt zuerst nach Hause?
b) Die Osterferien dauerten in diesem Jahr $\frac{1}{3}$ des Monats April. Letztes Jahr hatten Lisa und Paul zu Ostern $\frac{1}{24}$ des Jahres frei. In welchem Jahr waren die Ferien länger?
c) Lisas Mutter fährt von zu Hause bis zu ihrem Arbeitsplatz $\frac{1}{3}$ Stunde mit der S-Bahn. Lisa braucht mit dem Fahrrad $\frac{7}{12}$ Stunde bis zur Schule. Wer kommt zuerst an, wenn sie zusammen aus dem Haus gehen?
d) Erfinde eigene Aufgaben, die ähnlich seltsame Zeitangaben enthalten. Stelle sie deiner Nachbarin oder deinem Nachbarn und kontrolliere das Ergebnis.

Zwölferordnung

Bei den Römern entwickelte sich der Umgang mit Brüchen aus ihren Gewichts- und Geldeinheiten.
Ein wichtiges Zahlungsmittel war die Münze 1 As. Den zwölften Teil eines As nannten die Römer eine Unze, die es als Münze jedoch nicht gab.

- Ein Bauer schuldet dem Kaufmann zwei Unzen. Am nächsten Tag kauft er einen Silberkrug für elf Unzen. Wie viel As muss er zahlen?

Die Zwölferordnung kennt man nicht nur aus dem alten Rom. Auch in England gab es bis 1971 die Umrechnung:
1 Schilling = 12 Pence
In Deutschland hört man auch heute noch die Einheiten Dutzend und Gros.

- Erkundige dich, was diese Einheiten bedeuten.

3 Dezimalbrüche

Petra sprang 3,14 m weit.
Sven lief 50 m in 8,6 s.
Julia sprang 1,07 m hoch.
Erika schleuderte den Ball 12,5 m weit.
Inge erreichte beim Kunstturnen 7,2 Punkte.
→ Welche Bedeutung haben die Ziffern hinter dem Komma?

Zwischen zwei natürlichen Zahlen liegen weitere Zahlen, die **Dezimalbrüche**.

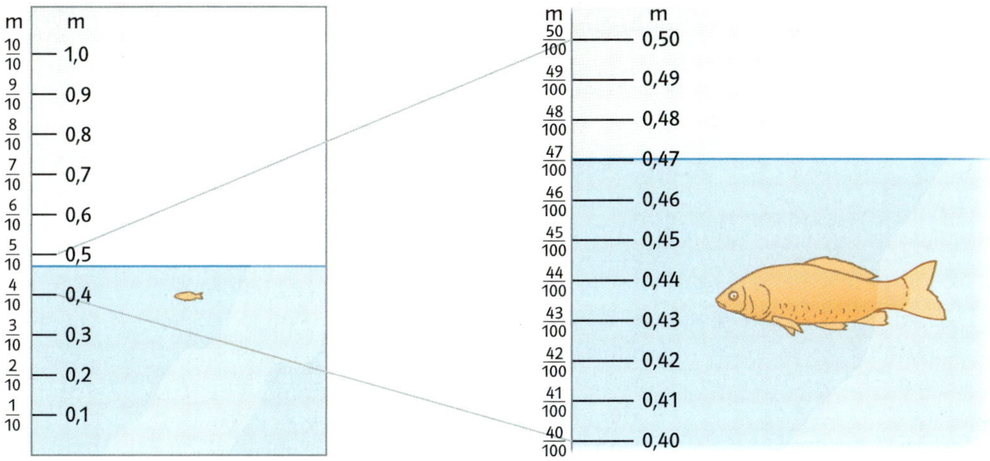

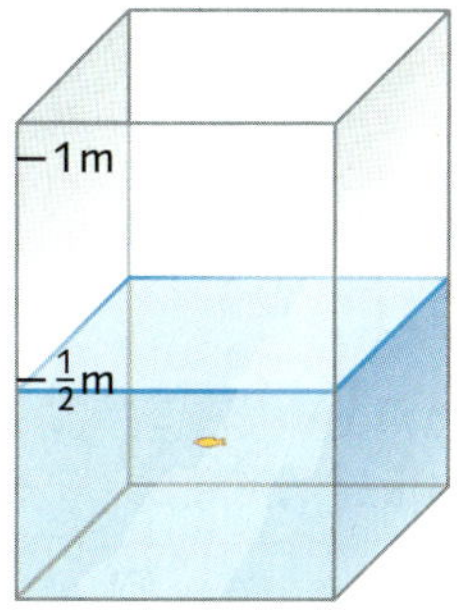

Wie hoch steht das Wasser im Aquarium?

Das Wasser steht $\frac{47}{100}$ m = 0,47 m hoch im Aquarium.

Die **Dezimalschreibweise** oder **Kommaschreibweise** ist eine einfache Schreibweise für Brüche mit dem Nenner 10, 100, 1000 usw.
In der Tabelle kann man die Bedeutung der Stellen nach dem Komma erkennen.

1 m	1 dm	1 cm	1 mm
7 ,	3	5	2

7,352 m

10 dm	1 dm	1 cm	1 mm
7	3 ,	5	2

73,52 dm

100 cm	10 cm	1 cm	1 mm
7	3	5 ,	2

735,2 cm

Lies: „sieben Komma drei fünf zwei Meter“

Bei der **Dezimalschreibweise** stehen nach dem Komma Zehntel, Hundertstel, Tausendstel, … Die Ziffern nach dem Komma heißen **Dezimalen** oder **Nachkommaziffern** und werden nach dem Komma der Reihe nach einzeln gelesen.

Beispiele

a) $2{,}45\,\text{m} = 2\,\text{m} + \frac{4}{10}\,\text{m} + \frac{5}{100}\,\text{m} = 2\,\text{m} + 4\,\text{dm} + 5\,\text{cm} = 245\,\text{cm}$

b) $0{,}506\,\text{kg} = 0\,\text{kg} + \frac{5}{10}\,\text{kg} + \frac{0}{100}\,\text{kg} + \frac{6}{1000}\,\text{kg} = 500\,\text{g} + 6\,\text{g} = 506\,\text{g}$

Aufgaben

Wichtige Dezimalbrüche

0,5	$= \frac{1}{2}$
0,25	$= \frac{1}{4}$
0,75	$= \frac{3}{4}$
0,125	$= \frac{1}{8}$
0,375	$= \frac{3}{8}$
0,2	$= \frac{1}{5}$
0,05	$= \frac{1}{20}$

1 Mithilfe von Geldmünzen und einer Tabelle kannst du Geldbeträge darstellen.

	1€	10 ct	1 ct
2,13 €			

Stelle auf diese Weise dar und gib die Beträge in Euro und Cent an.
3,14 €; 5,10 €; 2,29 €; 0,25 €; 63 ct; 20 ct; 106 ct; 47 ct; 213 ct

2 Gib in Kilogramm an.

10 kg	1 kg	100 g	10 g	1 g
3	5	3	1	7
7	2	0	0	4
	0	0	1	0
	0	7	0	1

3 Stelle in einer Tabelle dar.

a) 3,72 m
5,682 m
6,035 m

b) 72,84 dm
104,5 cm
40,05 dm

c) 8,004 m
0,527 m
0,041 m

4 Gib die auf dem Maßband markierten Längen in m, dm und cm an.

a) 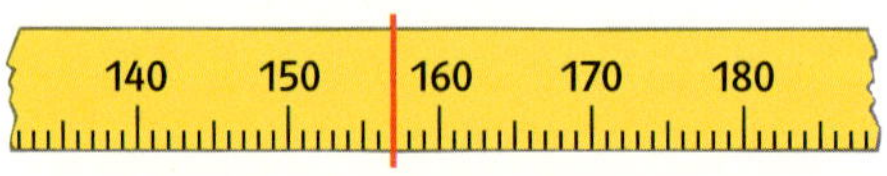

b) 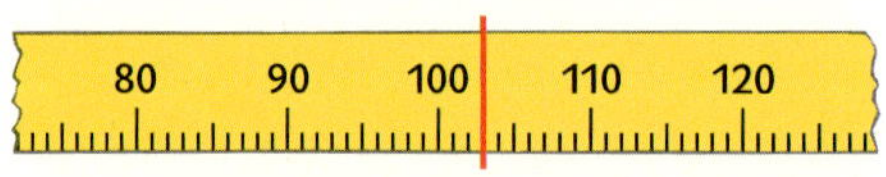

c) 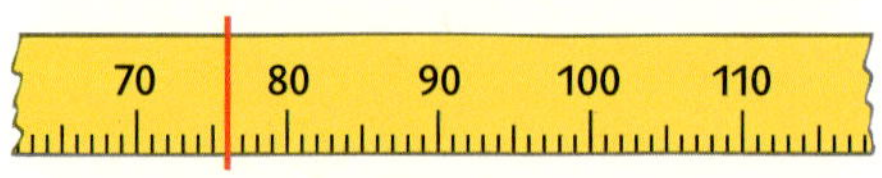

d) 

5 Schreibe mit Komma.

a) 1 kg 240 g
12 kg 400 g
12 kg 40 g
12 kg 4 g
1240 kg

b) 45 m 4 dm
45 m 4 cm
45 m 4 mm
45 m 45 cm
45 m 45 mm

6 Schreibe als Dezimalbruch.

a) $\frac{1}{2}$ kg
$\frac{4}{10}$ g
$\frac{25}{100}$ kg
$\frac{3}{5}$ kg

b) $\frac{1}{4}$ km
$\frac{12}{10\,000}$ km
$\frac{48}{100}$ m
$\frac{7}{20}$ m

c) $\frac{1}{100}$ €
$\frac{7}{100}$ €
$\frac{66}{100}$ €
$\frac{9}{50}$ €

7 Schreibe als Bruch.

a) 0,4 m
0,08 km
0,005 m
0,125 m
0,65 dm

b) 0,5 kg
0,250 kg
0,025 kg
0,75 kg
0,012 g

c) 0,3
0,1
0,35
0,05
0,76

8 Schreibe als Bruch in der Kommaschreibweise.

a) 25 Hundertstel Meter
b) 786 Tausendstel Kilogramm
c) 6 Zehntel Euro
d) 33 Tausendstel Tonnen
e) 632 Hundertstel Sekunden
f) 33 Tausendstel Kilometer

9 Mach es besser.

a) Die Straße von Ahaus nach Beedorf ist 6 500 000 mm lang.
b) Das Haus ist 1200 cm lang, 8000 mm breit und 0,007 km hoch.
c) Das Grundstück hat eine Länge von 256 000 mm.
d) Der Lastwagen hat 4 500 000 g Sand geladen.
e) Im Kuchenteig sind 0,0005 t Mehl und 150 000 mg Zucker.
f) Peter ist 0,075 km in $\frac{1}{5}$ min gelaufen.
g) Isabelles neues Auto wiegt 1 400 000 g.
h) Mareikes Handy ist 0,000 004 km breit.
i) Das Haus von Meiers hat 29 000 000 ct gekostet.
j) Für den Kuchen benötigt Lars 400 000 mg Mehl und 0,0002 t Butter.
k) Erfinde selbst solche Sätze.

10 Schreibe in gemischter Schreibweise.

a) 3,5 m
18,25 m
40,06 km

b) 5,7 kg
4,25 kg
8,005 kg

c) 17,3
90,6
3,02

Zusammenfassung

Bruchteile

Wird ein Ganzes in gleich große Teile geteilt, so erhalten wir **Bruchteile** des Ganzen.

Ein Ganzes aufgeteilt in

2 Teile: $\frac{1}{2}$

3 Teile: $\frac{1}{3}$

4 Teile: $\frac{1}{4}$

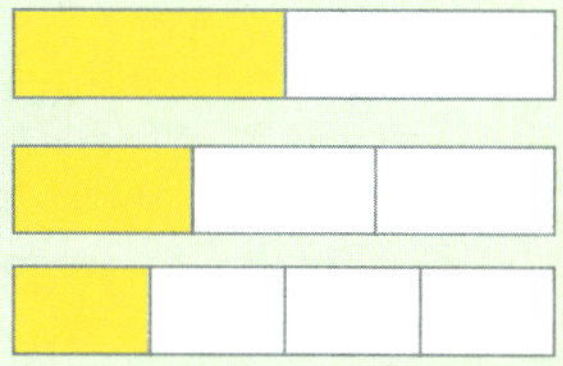

Bruch

Wir schreiben Teile eines Ganzen als **Bruch**.

Der fünfte Teil eines Ganzen: $\frac{1}{5}$

Der siebte Teil eines Ganzen: $\frac{1}{7}$

Zähler
Nenner

Jeder Bruch besteht aus einem **Zähler** und einem **Nenner**.
Der Nenner gibt an, in wie viele gleich große Teile geteilt wird.
Der Zähler gibt an, wie viele dieser Teile ausgewählt werden.

Ein Ganzes in fünf Teile aufgeteilt und zwei davon ausgewählt:

Zähler

$\frac{2}{5}$

Nenner

Gemischte Schreibweise

Gelegentlich treten bei Maßzahlen natürliche Zahlen und Brüche gemeinsam auf. Wir nennen dies **gemischte Schreibweise**.

$2\frac{1}{2}\,\text{m} = 2\,\text{m} + \frac{1}{2}\,\text{m}$
$= 200\,\text{cm} + 50\,\text{cm} = 250\,\text{cm}$

$3\frac{2}{5}\,\text{kg} = 3\,\text{kg} + \frac{2}{5}\,\text{kg}$
$= 3000\,\text{g} + 400\,\text{g} = 3400\,\text{g}$

Dezimalbruch

Die Maßzahl einer Größe kann auch in Kommaschreibweise angegeben werden. In diesem Fall spricht man von einem **Dezimalbruch**.
Dabei bedeuten die Nachkommaziffern Zehntel, Hunderstel, Tausendstel … der Größe.

3,82 m heißt:
$3\,\text{m} + \frac{8}{10}\,\text{m} + \frac{2}{100}\,\text{m}$
$= 300\,\text{cm} + 80\,\text{cm} + 2\,\text{cm} = 382\,\text{cm}$

0,705 kg heißt:
$0\,\text{kg} + \frac{7}{10}\,\text{kg} + \frac{0}{100}\,\text{kg} + \frac{5}{1000}\,\text{kg}$
$= 700\,\text{g} + 5\,\text{g} = 705\,\text{g}$

Üben • Anwenden • Nachdenken

1 Welcher Bruch wird durch die gefärbte Fläche dargestellt?
Wie groß ist der Rest?
Begründe.

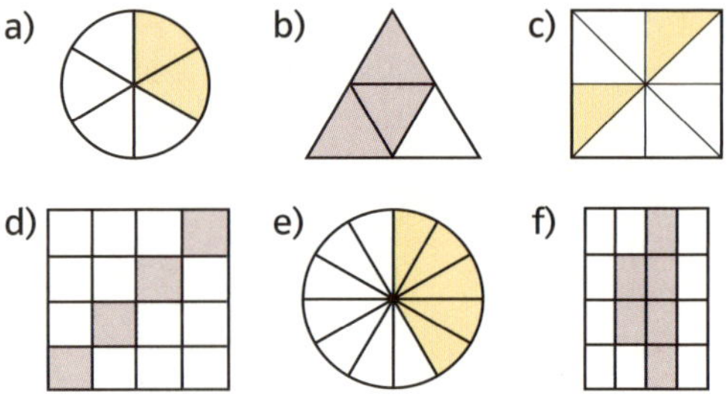

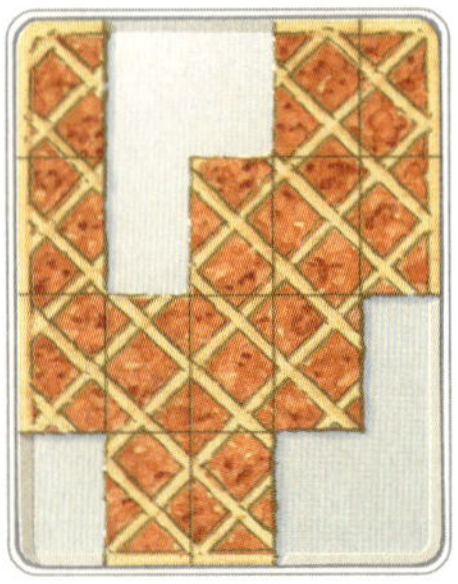

2 Bei Julias Geburtstag gibt es Kuchen vom Blech.
a) Gib ein Stück Kuchen als Bruchteil des ganzen Kuchens an.
b) Welcher Bruchteil ist schon gegessen?
c) Wie viel ist noch übrig?
d) Sarah nimmt fünf Stück Kuchen mit nach Hause. Wie viel bleibt am Ende des Tages übrig?

3 Gib die unten gefärbten Teile als Bruchteil an.

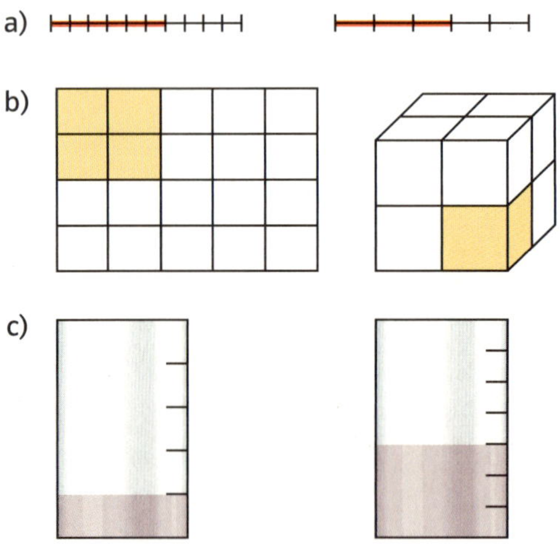

4 Schreibe die Maßzahl als Bruchteil
a) einer Stunde: 45 min; 20 min; 6 min.
b) eines Tages: 6 h; 3 h; 8 h; 18 h; 1 h.
c) eines Jahres: 4 Mon.; 3 Mon.; 1 Mon.
d) einer Tonne: 125 kg; 200 kg; 50 kg.

5 Welchen Bruchteil der Gesamtfläche stellen die gefärbten Flächen jeweils dar?

6 Zutaten für einen Gewürzkuchen:

a) Die Küchenwaage zeigt nur Gramm an.
b) Rechne ebenso die Zutaten für einen Kirschkuchen um.
$\frac{1}{4}$ kg Mehl; $\frac{3}{4}$ kg Kirschen; $\frac{3}{40}$ kg Zucker; $\frac{1}{20}$ kg Fett; 2 Eier; Zitronenschale

Schülerzeitung ?!

Die Schülerzeitung finanziert sich über Werbung. Die Kunden können für ihre Werbung eine ganze, eine halbe, eine viertel oder eine achtel Seite bestellen.
Es liegen zweimal $\frac{1}{8}$ Seite, einmal $\frac{1}{4}$ Seite und einmal $\frac{1}{2}$ Seite als Werbebestellung vor. Zeichne zwei mögliche Seiteneinteilungen für die Werbeseite.
Insgesamt sollen fünf Werbungen auf einer Seite untergebracht werden.
Welche Aufteilungsmöglichkeiten gibt es? Zeichne zwei Möglichkeiten.
Es liegen folgende Bestellungen vor:
1-mal 1 Seite; 3-mal $\frac{1}{2}$ Seite; 5-mal $\frac{1}{4}$ Seite und 10-mal $\frac{1}{8}$ Seite.
Wie viele Seiten Werbung sind erforderlich, um die bestellten Werbungen unterzubringen? Zeichne alle Seiten mit möglichen Aufteilungen.

7 Setze fort.

a)

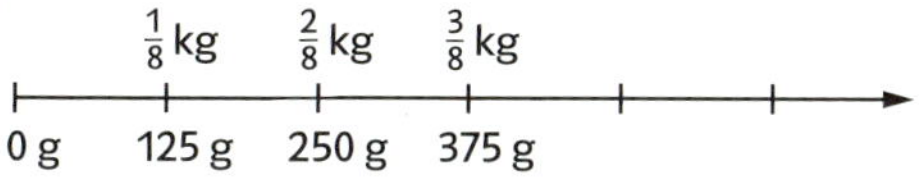

b)

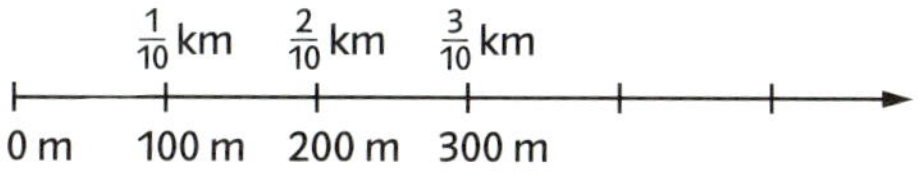

c)

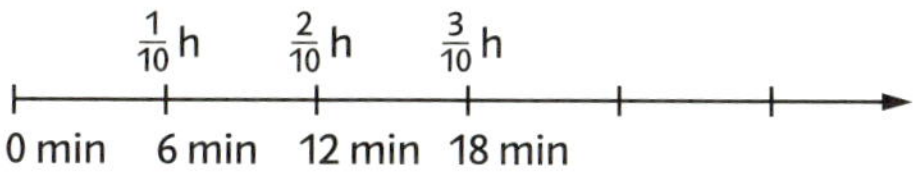

d)

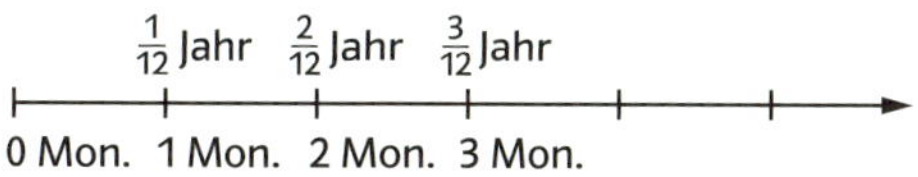

8 Setze für die Kästchen entsprechende Längenmaße so ein, dass die Umwandlungen richtig sind.

a) 5 ☐ 78 ☐ = 5,78 ☐
b) 5 ☐ 78 ☐ = 5,078 ☐
c) 57 ☐ 8 ☐ = 57,8 ☐
d) 57 ☐ 8 ☐ = 57,08 ☐
e) 578 ☐ = 5,78 ☐
f) 578 ☐ = 0,578 ☐

9 Welches Gefäß ist zu drei Vierteln gefüllt? Begründe.

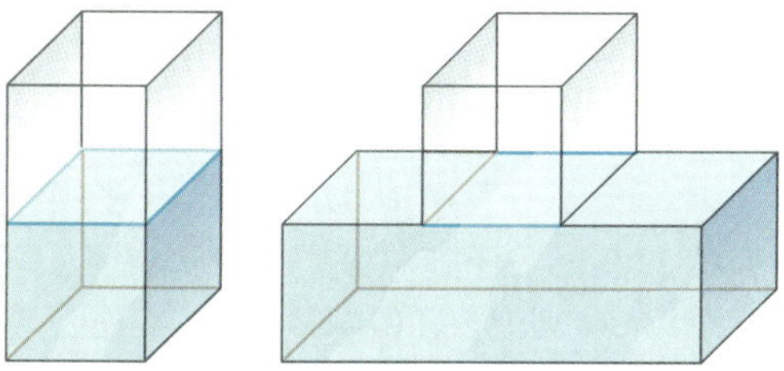

10 Suche mithilfe eines entsprechenden Ausschnitts auf dem Zahlenstrahl die Zahl, die genau in der Mitte der beiden anderen Zahlen liegt. Markiere und benenne die Zahl.

a) 4,5 und 5,3
b) 3,9 und 4,9
c) 12,1 und 12,9
d) 8,7 und 8,5
e) 0,52 und 0,58
f) 1,36 und 1,44
g) 15,1 und 15,8
h) 2,7 und 3,4
i) 1,007 und 1,0019
j) 0,003 und 0,008

11 a) Aus einem Quader werden fünf gleich große Platten gesägt. Anschließend werden aus jeder Platte sechs gleich große Stangen gesägt. Welcher Bruchteil des Quaders ist eine Stange?
b) Jede der Stangen wird in drei Würfel zersägt. Welcher Bruchteil des Quaders ist ein Würfel?

12 Suche auf dem Zettel jeweils Paare gleicher Zahlen.

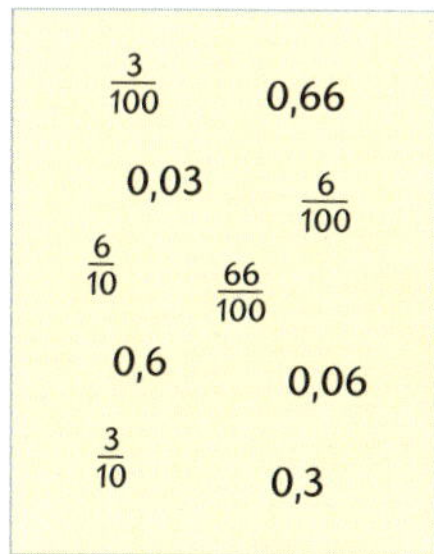

13 a) Lege aus diesen fünf Kärtchen fünf Zahlen, die kleiner als 0,6 sind.

b) Lege fünf Zahlen, die zwischen 0,3 und 4,5 liegen.
c) Lege alle Zahlen, die größer als 5 sind.

14 Ein Zählwerk zeigt 14,41 an. Bei diesem Dezimalbruch sind die Ziffern „spiegelbildlich" zum Komma.
a) Wie oft muss das Zählrad für die erste Dezimale um eine Ziffer weiter rücken, bis wieder ein Dezimalbruch erscheint, bei dem die Ziffern zum Komma „spiegelbildlich" sind?
b) Wie oft muss die zweite Dezimale weiter rücken, bis wieder ein „spiegelbildlicher" Dezimalbruch entsteht?

15 Welchen Anteil an der Gesamtfläche nimmt der rot gefärbte Teil ein?

a)

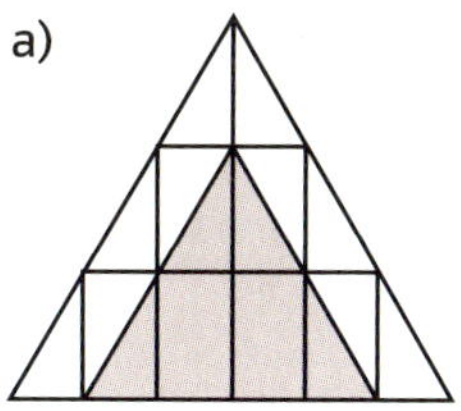

b)

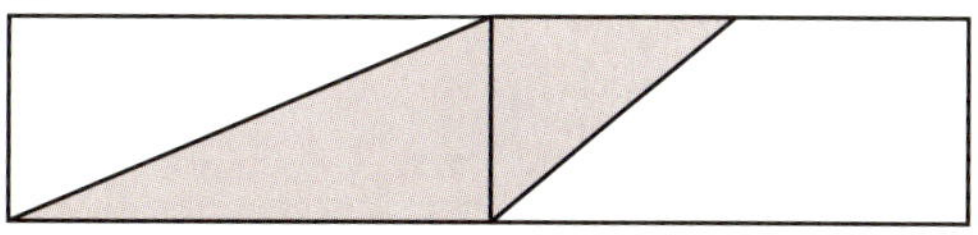

Beschreibe deinen Lösungsweg.

Brüche auf dem Nagelbrett

Mit dem 5 × 5-Nagelbrett hast du schon oft gearbeitet:

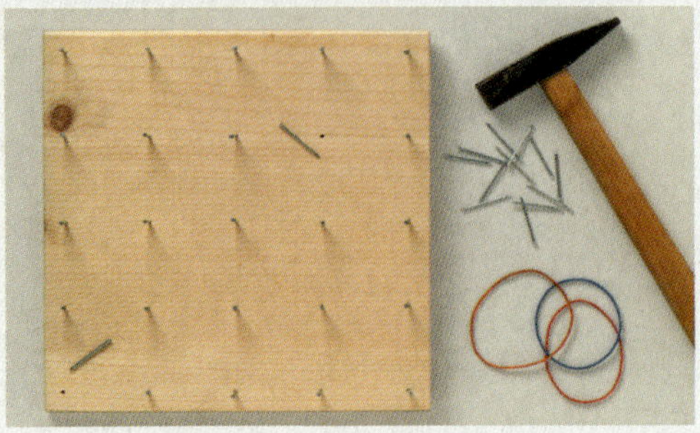

- Zeichne vier solcher Nagelbretter in dein Heft. Markiere die folgenden Brüche farbig:

  $\frac{1}{2}$; $\frac{3}{4}$; $\frac{3}{16}$; $\frac{5}{8}$

- Vergleiche mit deinem Nachbarn oder deiner Nachbarin. Was fällt euch auf?

- Tragt eure Ergebnisse zusammen und findet in der Klasse möglichst viele Möglichkeiten $\frac{1}{2}$ darzustellen.

- Man kann auch größere Nagelbretter herstellen. Mit 81 Nägeln erhält man ein 9 × 9-Nagelbrett.

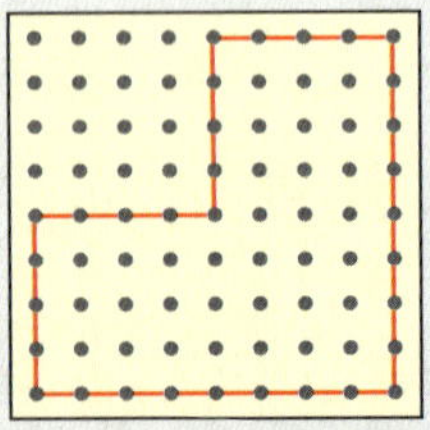

$\frac{3}{4}$

Welcher Bruchteil ist am 9 × 9-Nagelbrett umspannt?

a)

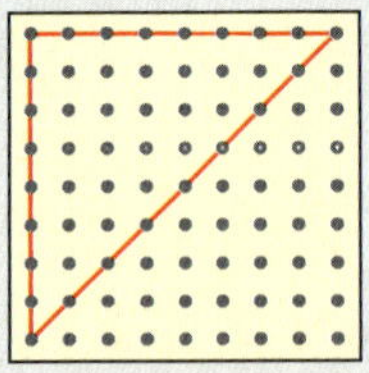

b)

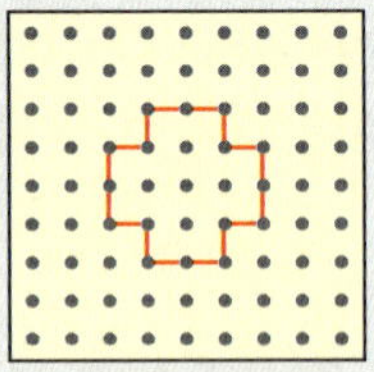

c)

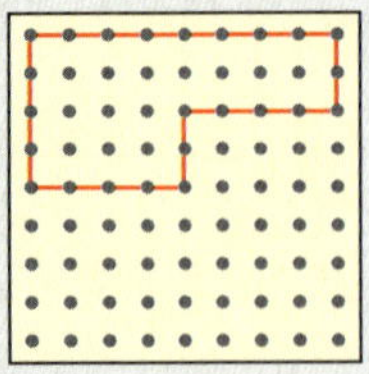

d)

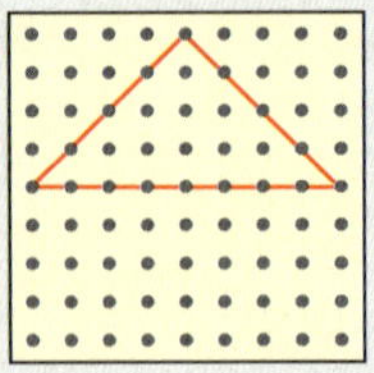

- Zeichne drei 9×9-Nagelbretter in dein Heft. Markiere im ersten $\frac{3}{4}$, im zweiten $\frac{2}{8}$ und im dritten $\frac{10}{16}$.
- Vergleiche die markierten Flächen und ordne die Brüche der Größe nach.
- Zeichne dann mit einer anderen Farbe in das zweite Nagelbrett noch $\frac{1}{4}$ ein und in das dritte $\frac{5}{8}$. Was fällt dir auf?

- Löse folgende Textaufgabe mithilfe eines 9 × 9-Nagelbrettes:

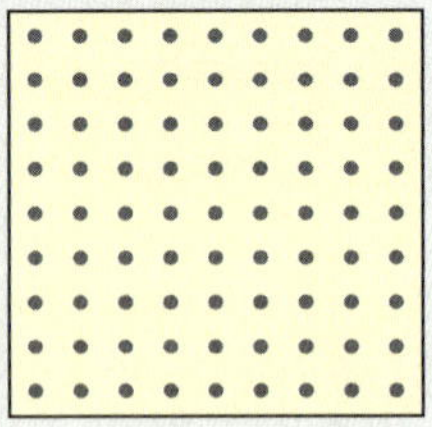

In der Pestalozzi-Realschule besteht die 5. Jahrgangsstufe aus 64 Schülerinnen und Schülern. Die Klassen 5 a und 5 b sind gleich groß. Eine starke Erkältung geht um. In der 5 a fehlen schon $\frac{1}{4}$ der Kinder und in der 5 b sogar $\frac{3}{8}$ aller Schülerinnen und Schüler.
In welcher Klasse ist der Krankenstand am höchsten?
Wie viele 5.-Klässler sind an diesem Tag insgesamt krank?
Tipp:
Wie viele Felder hat das Nagelbrett? Unterteile sie zuerst in Klasse 5 a und 5 b. Zeichne dann jeweils den Bruchteil der fehlenden Kinder ein.

Rückspiegel

Rückspiegel

1 Welcher Bruch ist hier dargestellt?

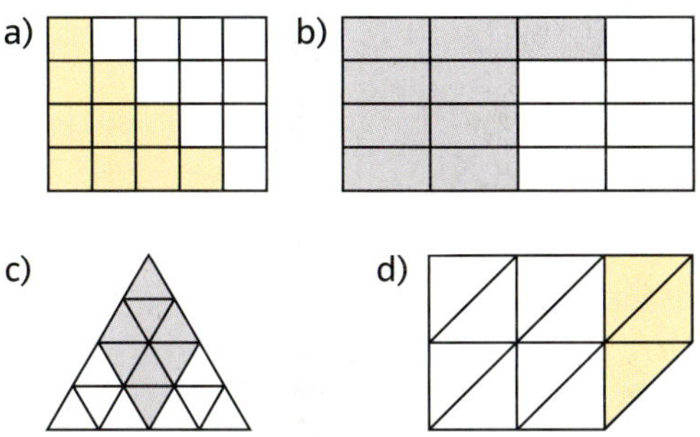

2 Übertrage die Figur in dein Heft und stelle den Bruchteil dar.

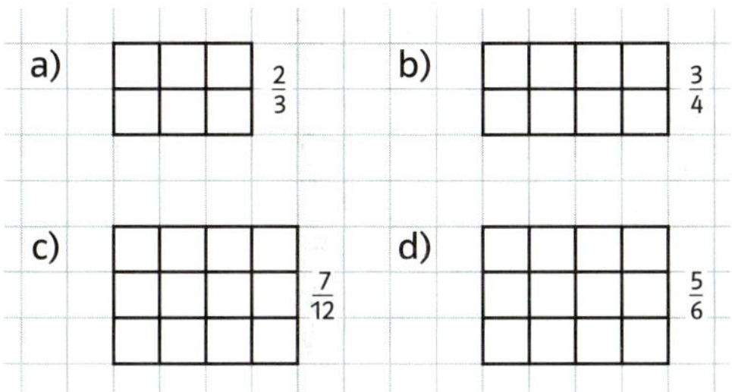

3 Wandle jeweils in die angegebene Einheit um.

a) in **cm**: $\frac{1}{5}$ m; $\frac{3}{5}$ m; $\frac{1}{10}$ m; $\frac{7}{20}$ m

b) in **m**: $\frac{1}{4}$ km; $\frac{1}{8}$ km; $\frac{3}{8}$ km; $\frac{3}{10}$ km

c) in **g**: $\frac{3}{1000}$ kg; $\frac{30}{1000}$ kg; $\frac{300}{1000}$ kg

d) in **kg**: $\frac{3}{1000}$ t; $\frac{30}{1000}$ t; $\frac{35}{1000}$ t; $\frac{680}{1000}$ t

4 Schreibe die Größen mit Komma in der größten Einheit, die vorkommt.

a)	b)
5 m 6 dm 3 cm	4 kg 630 g
12 m 4 cm 8 mm	17 kg 30 g
70 dm 31 cm	2 t 45 kg
5 dm 2 mm	3 t 850 kg
8 km 24 m	1 t 2 kg 18 g

5 Schreibe als Bruch.

a)	b)	c)
0,6 m	0,25 kg	0,5 €
0,04 cm	0,68 kg	0,75 €
0,789 km	0,36 g	0,57 €
0,25 dm	0,065 kg	0,01 €
0,008 m	0,010 kg	0,04 €

1 Gib an, welchen Bruchteil des ganzen Rechtecks jede Farbfläche ausmacht.

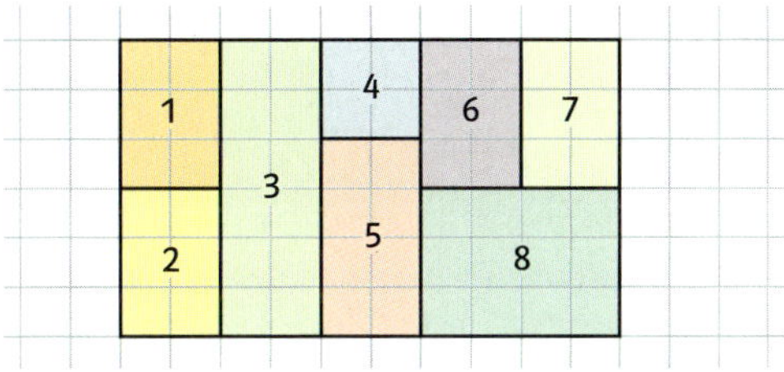

2 a) Zeichne einen geeigneten Streifen und färbe $\frac{1}{6}$; $\frac{1}{8}$; $\frac{1}{9}$; $\frac{1}{12}$ und $\frac{1}{20}$ davon.

b) Stelle den Bruchteil in einem geeigneten Quadrat dar.

$\frac{3}{4}$; $\frac{5}{9}$; $\frac{7}{16}$; $\frac{8}{25}$; $\frac{17}{36}$

c) Zeichne ein Rechteck, welches 12 Kästchen lang und 5 Kästchen breit ist. Stelle den Bruchteil dar.

$\frac{1}{6}$; $\frac{2}{3}$; $\frac{5}{12}$; $\frac{7}{15}$; $\frac{19}{30}$

3 a) Gib in Monaten an.

$\frac{1}{4}$ Jahr; $\frac{1}{3}$ Jahr; $\frac{1}{6}$ Jahr

b) Gib in Minuten an.

$\frac{1}{3}$ h; $\frac{3}{10}$ h; $\frac{1}{12}$ h; $\frac{4}{15}$ h

c) Gib in Tagen an.

$\frac{2}{3}$ Mon.; $\frac{5}{6}$ Mon.; $\frac{7}{10}$ Mon.

4 Welche Zahlen sind auf dem Zahlenstrahlausschnitt dargestellt?

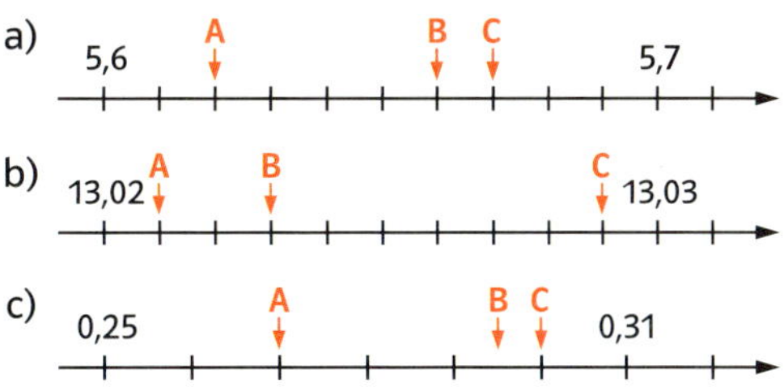

5 Schreibe in gemischter Schreibweise.

a)	b)	c)
2,8 m	5,972 kg	12,7 €
8,03 m	12,8 g	4,41 €
17,001 km	84,003 t	5,02 €
25,25 dm	156,08 kg	3,50 €

Addieren

7 + 3

1 Rechne im Kopf.

a) 70 + 29
51 + 47
55 + 23

b) 50 + 49
40 + 36
62 + 37

c) 200 + 67
104 + 92
203 + 86

d) 150 + 42
520 + 69
432 + 65

2 Berechne wie im Beispiel.

Beispiel: 23 $\xrightarrow{+61}$ 84

a) 71 $\xrightarrow{+16}$ □
b) 54 $\xrightarrow{+25}$ □
c) 47 $\xrightarrow{+32}$ □
d) 27 $\xrightarrow{+72}$ □
e) 140 $\xrightarrow{+57}$ □
f) 260 $\xrightarrow{+32}$ □
g) 560 $\xrightarrow{+29}$ □
h) 170 $\xrightarrow{+27}$ □
i) 440 $\xrightarrow{+74}$ □
j) 650 $\xrightarrow{+88}$ □

3 Berechne.

a) 94 + 27
54 + 87
92 + 39

b) 88 + 65
67 + 38
56 + 65

c) 140 + 77
87 + 440
163 + 68

d) 230 + 92
69 + 650
254 + 79

4 Addiere in deinem Heft.

a) 36 57 76 69 87 + 24
b) 57 111 208 418 539 + 43
c) 44 214 329 576 624 + 108

5 Berechne.

a) 5700 + 2400
3800 + 5400
5300 + 6500
7200 + 4600

b) 6300 + 2900
4200 + 3900
7600 + 4700
3800 + 8300

6 Berechne möglichst geschickt.

a) 22 + 17 + 33
46 + 14 + 27
28 + 35 + 55
83 + 46 + 37

b) 56 + 21 + 34
64 + 37 + 76
51 + 34 + 86
87 + 27 + 33

c) 91 + 37 + 29
33 + 22 + 88
69 + 84 + 126

d) 546 + 139 + 254
664 + 215 + 136
912 + 333 + 667

e) 32 000 + 56 000 + 18 000
46 000 + 81 000 + 39 000
53 000 + 24 000 + 77 000

+	17	71	126
19			
27			
36			
68			
85			
109			
144			
212			
269			
288			
295			
327			

7 Rechne schriftlich.

a)	b)	c)
5604	6420	52 362
+ 1035	+ 2060	+ 403
+ 3260	+ 1519	+ 5 214

d)	e)	f)
261	56 231	4361
+ 6 317	+ 3 524	+ 3097
+ 73 420	+ 204	+ 2485

8 Schreibe untereinander und berechne.

a) 5113 + 2654 + 1232
b) 1346 + 5211 + 3442
c) 54 132 + 405 + 5461
d) 243 + 67 506 + 2250
e) 4063 + 83 704 + 232
f) 146 + 5830 + 62 023

9 Addiere schriftlich

a)	b)	c)
56 421	38 412	5 254
+ 708	+ 679	+ 87 327
+ 7 356	+ 3 454	+ 2 736

d)	e)	f)
97 512	9 854	94 529
+ 6 374	+ 89 537	+ 306
+ 8 605	+ 879	+ 8 784

10 Berechne.

a) 43 206 + 4863 + 7314
b) 8527 + 65 384 + 514
c) 212 + 8314 + 76 419 + 3888
d) 85 302 + 6429 + 2788 + 777
e) 86 413 + 8617 + 5937 + 807 + 83 085
f) 6513 + 7312 + 88 461 + 426 + 57 041
g) 83 457 + 8219 + 9318 + 82 503 + 648

11 Achte auf die Nullen.

a)	b)	c)
54 290	24 659	90 240
+ 3 043	+ 4 862	+ 3 060
+ 6 010	+ 30 499	+ 7003

12 Berechne die Zeilen und Spalten

369 + 258 + 147 =
693 + 582 + 417 =
936 + 825 + 714 =
\+ + = ?

13 Kontrolliere dein Ergebnis.

612 + 589 + 878 =
1286 + 2463 + 1619 =
637 + 842 + 2185 =
\+ + = 11111

14 Rechne im Kopf.

a)	b)	c)
65 − 30	47 − 20	146 − 30
99 − 40	76 − 50	258 − 42
86 − 51	79 − 46	375 − 61
67 − 43	58 − 26	777 − 66

15 Berechne.

a) 67 $\xrightarrow{-36}$ □   b) 77 $\xrightarrow{-44}$ □

c) 96 $\xrightarrow{-53}$ □   d) 89 $\xrightarrow{-57}$ □

16 Berechne.

a) 8100 − 3100
6700 − 5400
9600 − 7300

b) 6600 − 1500
5800 − 4500
3800 − 1400

c) 6200 − 4100
7400 − 5300
8500 − 2400

d) 3400 − 2300
5600 − 4500
8200 − 7100

17 Rechne schrittweise. Mache die Probe.

a)	b)	c)
86 − 47	94 − 27	246 − 28
73 − 37	56 − 18	356 − 39
64 − 29	81 − 28	324 − 67
57 − 18	63 − 45	251 − 63

18 Subtrahiere in deinem Heft.

a)	37	56	64	96	− 23
b)	87	92	152	219	− 46
c)	199	225	341	458	− 68

19 Wie heißt die fehlende Zahl?

a) 82 − 18 = □
74 − □ = 23
□ − 88 = 12

b) 193 − 95 = □
208 − □ = 150
□ − 121 = 242

c) 1200 − 350 = □
□ − 1300 = 2400
7500 − □ = 1800

d) 7100 − 3200 = □
8600 − □ = 6700
□ − 5800 = 2600

20 Wie heißt die fehlende Zahl?

a) 44 + □ = 92
□ + 77 = 93

b) 87 + □ = 182
□ + 56 = 231

c) 980 + □ = 1210
□ + 740 = 1320

d) 460 + □ = 1040
□ + 870 = 1260

21 Fasse erst die Subtrahenden zusammen.

a) 132 − 12 − 23 − 18 − 37 − 15
b) 128 − 51 − 16 − 19 − 24 − 13
c) 151 − 25 − 22 − 17 − 48 − 35

22 Schreibe untereinander und berechne.

a) 5643 − 4232
3465 − 1251

b) 8459 − 6342
7586 − 4254

c) 3896 − 2743
5675 − 3462

d) 689 − 6363
4987 − 3653

e) 74 682 − 2561
56 283 − 4162

f) 83 412 − 2301
75 486 − 4352

g) 46 796 − 5314
38 269 − 7154

h) 18 643 − 7512
16 317 − 5206

23 Ergänze die Zahlen in deinem Heft.

a)

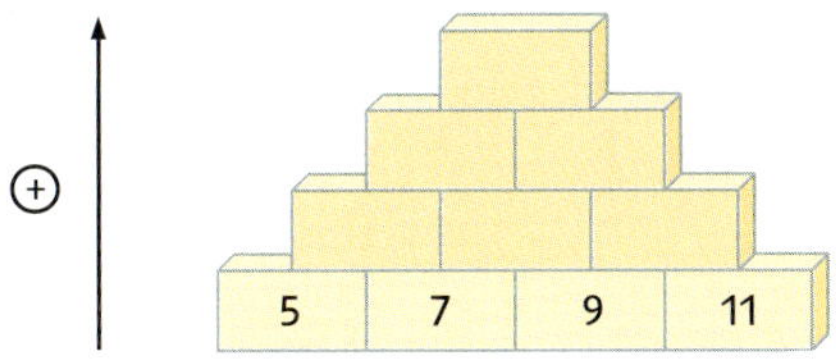

b)

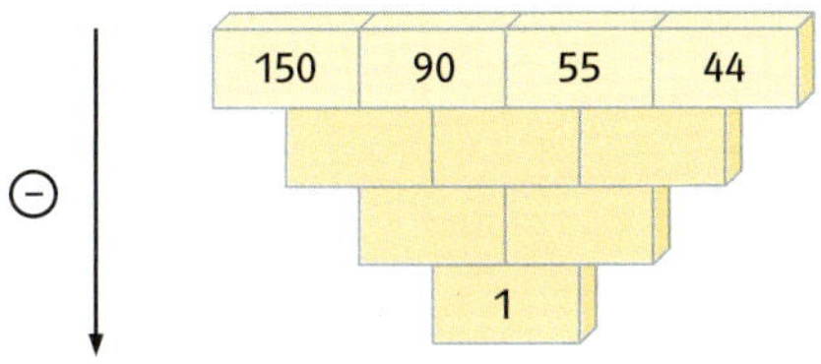

c)

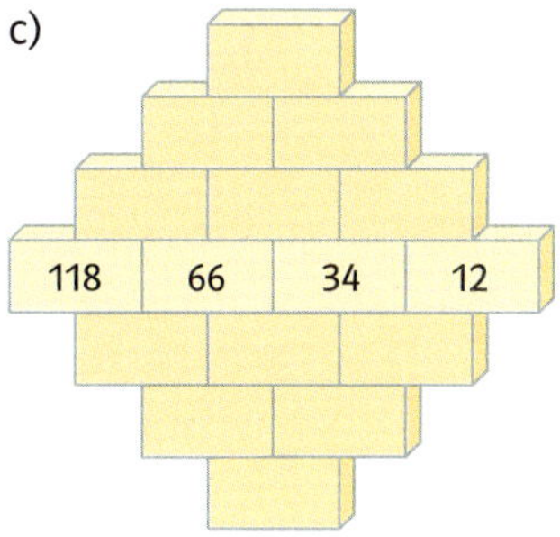

24 Subtrahiere im Heft.

a) 6348
− 529

b) 5376
− 584

c) 6729
+ 757

d) 7878
− 1532
− 5235

e) 7985
− 2531
− 4243

f) 9675
− 4321
− 3243

25 Berechne von links nach rechts.

a) 46 + 37 − 41 + 18 − 27 + 12
b) 37 + 31 − 34 − 17 + 18 − 27
c) 41 − 18 + 27 + 46 − 48 − 19

26 Achte auf die Klammern.

a) 24 + (36 − 17) + 31 − (24 − 19)
b) 54 − (38 − 29) + (17 − 8) − 29
c) (46 − 18) + 43 − (36 − 18) − 14

27 Für die Berechnung der Klammern kannst du eine Nebenrechnung machen.

a) 5836 + (1957 − 852) + (3586 − 2597)
b) 6415 + (2537 − 1485) + (6317 − 5838)
c) 5436 − (853 + 1276) − (1437 + 744)

Subtrahieren

8 − 6

−	16	37	49
58			
72			
104			
125			
144			
167			
203			
217			
263			
309			
336			
351			

Multiplizieren

2 · 5

·	54	76	98
473			
596			
372			
817			
653			
794			
968			

28 Rechne im Kopf.

a)	b)	c)	d)
4 · 2	7 · 2	8 · 6	4 · 9
3 · 4	8 · 4	9 · 7	7 · 0
2 · 5	9 · 5	6 · 9	7 · 8
3 · 5	7 · 3	7 · 6	5 · 5
5 · 4	4 · 6	9 · 8	0 · 4

29 Rechne im Kopf oder schriftlich.

a)	7	14	27	48	59	65	86	· 2
b)	8	23	32	15	26	37	48	· 3
c)	2	13	15	23	34	45	67	· 4
d)	7	12	16	18	23	27	48	· 5
e)	5	17	22	36	41	57	62	· 6
f)	9	14	29	39	43	64	82	· 7
g)	6	19	31	42	53	69	74	· 8
h)	3	13	24	33	47	52	65	· 9

30 a) Berechne das Doppelte von:

56	225	2300	6450
80	417	6000	7600

b) Multipliziere mit 5. Rechne geschickt.

12	29	180	224
42	84	240	644

31 Multipliziere.

a)	123	456	789	mit 7
b)	1234	56 789		mit 8
c)	987	654	321	mit 9
d)	6347	5639	4287	mit 6
e)	4732	6925	1540	mit 5

32 Berechne.

a)	b)	c)
456 · 30	613 · 400	326 · 16
273 · 60	392 · 700	418 · 21
768 · 70	1618 · 50	513 · 27
307 · 80	2042 · 40	691 · 35
999 · 90	708 · 900	705 · 41

33 Überschlage, bevor du rechnest.

a)	b)
5460 · 570	5036 · 507
4370 · 680	4307 · 308
7230 · 460	6503 · 606

34 Schreibe die Produkte als Potenz und berechne.

4 · 4 · 4 · 4	2 · 2 · 2 · 2 · 2 · 2
6 · 6 · 6	10 · 10 · 10 · 10
123 · 123	1 · 1 · 1 · 1 · 1 · 1 · 1

Dividieren

2 : 3

:	2	4	6	12
72				
96				

:	2	3	9	15
90				
270				

:	2	6	7	14
84				
252				

:	3	6	5	15
210				
630				

35 Rechne im Kopf oder schriftlich.

a)	28	46	82	54	76	92	98	: 2
b)	18	24	42	48	54	57	87	: 3
c)	24	32	48	84	60	72	96	: 4
d)	35	60	75	90	55	40	95	: 5
e)	42	54	84	102	126	162	186	: 6
f)	56	63	91	112	147	161	182	: 7
g)	48	64	88	112	136	152	176	: 8
h)	54	72	81	108	126	144	171	: 9

36 Dividiere und überprüfe dein Ergebnis mit einer Probe.

Beispiel: 48 : 6 = 48 8 · 6 = 48

a) 55 : 5; 50 : 10; 60 : 12; 49 : 7; 70 : 5
b) 100 : 20; 42 : 3; 60 : 15; 90 : 18
c) 32 : 2; 120 : 12; 70 : 5; 20 : 15

37 Halbiere die Zahlen.

a) 108; 150; 182; 198; 212; 336
b) 500; 1500; 2050; 4150; 8250
c) 2222; 8888; 2468; 1010; 7090

38 Dividiere durch die erste Zahl, dann das Ergebnis durch die zweite Zahl.

	:6	:3
18		
36		
54		
72		

	:7	:2
28		
42		
56		
84		

39 Ergänze die fehlenden Klammern.

a) 75 : 15 : 5 = 1	b) 75 : 15 : 5 = 25
c) 36 : 12 : 3 = 9	d) 36 : 12 : 3 = 1
e) 480 : 12 : 4 = 10	f) 480 : 12 : 4 = 160
g) 280 : 14 : 2 = 40	h) 280 : 14 : 2 = 10

40 Dividiere.

a)	b)	c)
376 : 4	623 : 7	657 : 9
588 : 6	776 : 8	495 : 5
544 : 8	261 : 3	399 : 7

d)	e)	f)
8715 : 7	9896 : 8	8274 : 6
6985 : 5	5432 : 4	8193 : 3
9499 : 7	8256 : 6	5274 : 6

41 Dividiere.

a)	1876	2436	1932	4823	durch 7
b)	2552	3912	2936	4584	durch 8
c)	3852	5562	5256	5553	durch 9
d)	6248	7832	3707	9636	durch 11

42 Wie oft passt das?

a)	17 in	84	63	56	112	98
b)	23 in	169	96	141	118	72
c)	43 in	147	403	317	399	217
d)	137 in	842	603	947	491	217

43 Berechne und führe die Probe durch.

a) 8996 : 26
8118 : 33
23 083 : 41
14 445 : 45

b) 17 595 : 51
29 640 : 65
28 684 : 71
39 895 : 79

44 Führe eine Überschlagsrechnung durch, bevor du rechnest.

a) 21 861 : 21
39 104 : 26
33 759 : 33

b) 53 041 : 59
50 904 : 63
72 001 : 89

45 Berechne. Du erhältst einen Rest.

a) 1414 : 6
1862 : 8
2112 : 9
2266 : 7

b) 2898 : 12
4915 : 14
7040 : 17
9977 : 19

c) 6886 : 31
9339 : 39
8665 : 44
7007 : 59

46 Berechne.

a) 88 266 : 313
82 602 : 353
83 984 : 464
77 824 : 512

b) 220 398 : 337
234 576 : 432
496 070 : 565
189 776 : 818

47 Denke an die Rechenregeln.

a) 34 + 50 · 2
43 + 18 · 3
6 · 41 + 20
3 · 26 + 14

b) 236 : 4 + 20
17 + 3 · 15
500 + 38 · 5
144 − 23 · 3

48 Berechne die Rechenausdrücke. Achte auf eine übersichtliche Darstellung.

Beispiel: 2 · 17 + 3 · 12
= 34 + 36
= 70

a) 24 + 16 · 8 + 10
b) 9 · 11 + 4 · 13
c) 8 · 16 − 5 · 12
d) 23 + 18 : 3
e) 44 − 24 : 8 + 15
f) 7 · 9 + 56 : 8 − 180 : 5
g) 20 : 4 − 20 : 5 + 99 : 33

Gemischte Aufgaben

x+−·:x x( )x

49 Berechne.

a) 3 · (16 + 4) − 3 · 4
b) 13 · 4 + 4 · (8 + 2)
c) 15 + 5 · 4 − (20 − 15)

50 Rechne vorteilhaft.
Wende das Verteilungsgesetz an.

a) 26 · 8 − 16 · 8
b) 7 · 34 − 7 · 14
c) 5 · 98 − 5 · 28
d) 9 · 47 − 9 · 32
e) 52 · 3 − 3 · 27
f) 12 · 138 − 58 · 12
g) 11 · 105 − 15 · 11
h) 253 · 6 − 6 · 103

51 Berechne erst nach dem Ausklammern.

a) 7 · 2543 − 7 · 543
b) 3 · 4812 − 812 · 3
c) 8713 · 8 − 513 · 8
d) 6935 · 7 − 7 · 435
e) 5 · 3256 − 456 · 5
f) 9173 · 3 − 3 · 673
g) 6 · 4213 − 2713 · 6
h) 7385 · 4 − 4 · 5163

52 Ergänze die Lücken.

Beginn	08:23 Uhr	10:12 Uhr	□
Ende	09:18 Uhr	□	09:11 Uhr
Zeitdauer	□	25 min	5 h 2 min

53 Wie viele Minuten fehlen noch bis zur nächsten vollen Stunde?

a) 16:15 Uhr; 05:49 Uhr; 20:02 Uhr
b) halb sechs; 20 vor zehn; viertel nach eins

Sachrechnen

54 Berechne jeweils die Fahrzeit.

Abfahrt:	09:15	10:17	11:43	13:04	16:09
Ankunft:	09:45	10:52	12:25	15:08	17:23

55 Berechne.

a) 17 min + 28 min; 44 min + 39 min
b) 1 h 12 min + 50 min; 3 h 52 min + 46 min
c) 1 h 9 min + 51 min; 24 min + 3 h 49 min
d) 1 h − 24 min; 4 h − 41 min

Sachrechnen

56 Schreibe in der angegebenen Einheit.
a) Cent: 12 € 3 ct; 21 € 13 ct; 2,08 €
b) Euro (mit Komma): 8 ct; 20 € 5 ct; 908 ct; 6 € 38 ct; 60 € 60 ct

57 Wandle, wenn nötig, in Cent um. Gib das Ergebnis in Kommaschreibweise an.
a) 5 € 78 ct + 25 € 11 ct + 12 €
b) 27 € 11 ct + 39 € 78 ct + 70 € 19 ct
c) 777 ct + 888 ct + 999 ct
d) 19 € 81 ct − 8 € 72 ct

58 Berechne.
a) 5 · 9 €
12 · 17 ct
b) 6 · 1,50 €
21 · 7,85 €
c) 88 € : 8
114 € : 6
d) 4,50 € : 9
12,36 € : 6

59 Wie viel fehlt noch bis 50 €?
a) 14 €; 27 €; 41 €; 38 €
b) 17,24 €; 28,25 €; 37,75 €
c) 23,08 €; 31,02 €; 46,06 €
d) 12 € 13 ct; 44 € 44 ct; 38 € 2 ct

Sachrechnen

60 Ordne nach aufsteigender Größe.
a) 7,745 kg; 7750 g; 7 kg 740 g
b) 1 t 111 kg; 1,11 t; 1101 kg
c) 5000 mg; 5,001 g; 5 g 10 mg

61 Schreibe ohne Komma.
a) 3,862 t; 4,921 kg; 99,261 g; 1,320 t
b) 10,101 kg; 14,022 t; 7,007 g; 99,8 kg
c) 17,26 g; 5,35 kg; 2,7 t; 1,04 g

62 Schreibe sowohl in der nächstgrößeren als auch in der nächstkleineren Einheit.
7000 kg; 4000 g; 66 000 kg; 17 000 g; 460 000 kg; 111 000 g

63 a) Wie viel g fehlen jeweils bis 1 kg?
746 g; 90 g; 0,384 kg; 99 g; 0,041 kg
b) Wie viel kg sind es mehr als 1 t?
1262 kg; 1043 kg; 2115 kg; 1,111 t; 1,01 t

Sachrechnen

64 Ergänze in deinem Heft.
a) 3,62 m = 362 □
b) 12 m 8 cm = □ cm
c) 44 □ 8 □ = 44,8 dm
d) 78,3 □ = 78 m 3 □

65 Schreibe mit Komma.
a) 2 m 8 dm; 5 cm 7 mm
b) 12 m 40 cm; 8 dm 5 cm
c) 3 km 50 m; 7 m 7 cm

66 Schreibe ohne Komma.
a) 3,6 cm; 4,2 m; 6,5 km
b) 2,68 m; 4,05 dm; 19,02 km
c) 135,12 m; 0,84 m; 0,321 km

67 Gib das Ergebnis in der größten Einheit an.
a) 2,4 m + 3,8 dm + 80 cm
b) 0,92 km − 837 m − 0,04 km
c) 3,6 dm − 20 cm + 0,04 m

Sachrechnen

68 Wandle um.

Beispiel: $98\,500\,m^2 = 985\,a = 9\,ha\ 85\,a$

a) $27\,500\,cm^2$
b) $79\,800\,mm^2$
c) $17\,000\,a$
d) $5870\,m^2$
e) $653\,000\,m^2$
f) $9009\,m^2$

69 Schreibe mit Komma.
a) $50\,dm^2$; $5\,dm^2$; $505\,dm^2$
b) $120\,cm^2$; $70\,cm^2$; $404\,cm^2$
c) 4 ha; 40 ha; 360 ha

70 Schreibe ohne Komma.
a) $1{,}5\,m^2$; $12{,}7\,m^2$; $350{,}65\,m^2$
b) 1,7 a; 6,5 a; 7,12 a
c) $6{,}7\,cm^2$; $5{,}05\,cm^2$; $50{,}5\,cm^2$

71 Addiere.
a) $7\,cm^2\ 12\,mm^2 + 14\,cm^2\ 49\,mm^2$
b) $4\,a\ 46\,m^2 + 42\,a\ 53\,m^2$
c) $12\,m^2\ 25\,dm^2 + 34\,m^2\ 77\,dm^2$
d) $9\,km^2\ 99\,ha + 99\,km^2\ 9\,ha$

Lösungen zu den Rückspiegeln

Rückspiegel, Seite 33, links

1

Die Zahlen 1; 9; 25 sind dargestellt.

a)

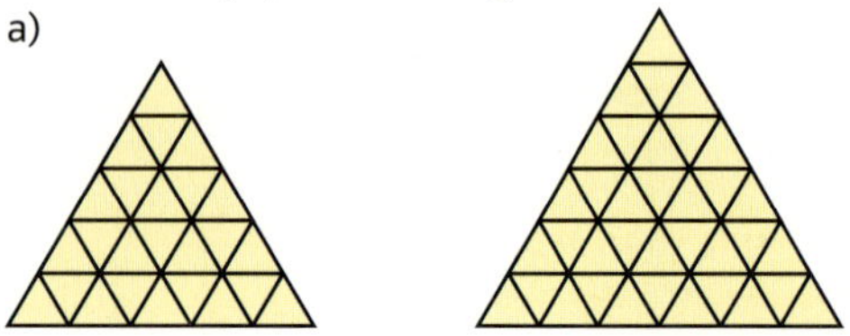

b)

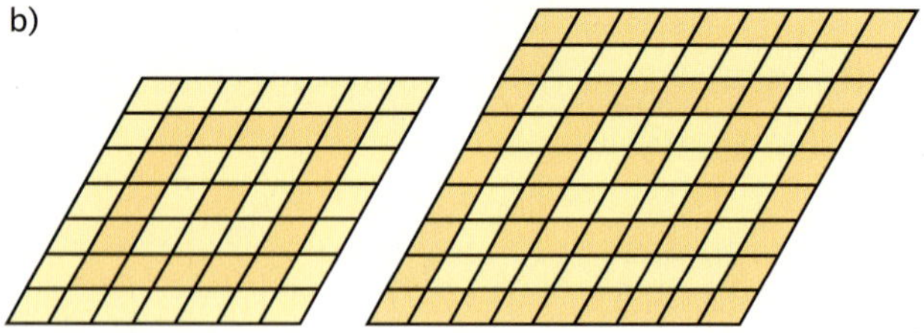

2

474; 481; 499; 512; 528

3

56 < 73; 323 > 233; 826 < 862

4

a) 4019; 7999; 99 999 b) 90; 900; 9000; 88 900

5

a) 300; 400; 1300 b) 2000; 10 000; 16 000

6

Katzenbuckel 650 m; Wasserkuppe 950 m;
Kahler Asten 850 m; Brocken 1050 m;
Hornisgrinde 1080 m; Feldberg 1500 m
(Angaben in m; Genauigkeit ± 30 m)

7

a) 1 217 289 b) 9 821 712

Rückspiegel, Seite 33, rechts

1

Die Zahlen 1; 2; 4 und 8 sind dargestellt.

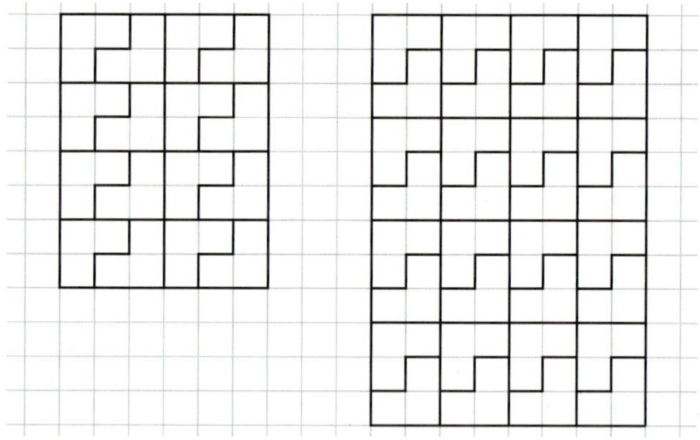

2

2470; 2580; 2640

3

a) 58 < 85 < 385 < 538 < 583 < 853
b) 1112 < 1212 < 2121 < 2122 < 2212

4

a) kleinste Zahl: 1368; größte Zahl: 8631
b) kleinste Zahl: 24 567; größte Zahl: 76 542

5

a) 900; 2000; 10 500 b) 4000; 78 000; 123 000

6

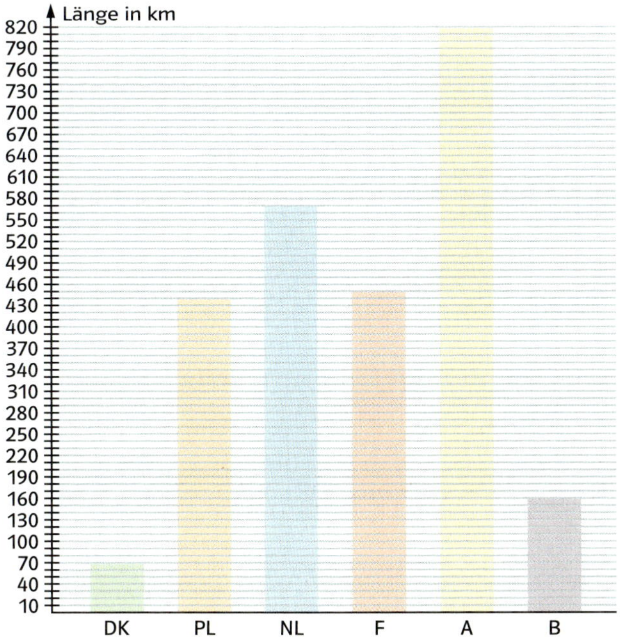

7

a) 1012141 b) 21411310

Rückspiegel, Seite 59, links

1

a) 23 + 37 + 46 + 24 + 31 = 161
b) 59 + 41 + 13 + 87 + 44 = 244
c) 154 + 46 + 29 + 171 + 83 = 483

2

a) 21 b) 77 c) 18

3

a) 2 b) 43 c) 44

4

a) 7223 b) 21386 c) 1720

5

a) 10 b) 105 c) 10

6

a) 67 b) 62 c) 8

7

a) 85 + 61 − 24 − 18 = 104 b) 85 + 18 − 61 − 24 = 18

8

(58 − 19) + 35 = 74

9

945 − 154 − (283 + 154) − 37 = 317
317 Plätze bleiben frei.

Rückspiegel, Seite 59, rechts

1

a) 26 + 74 + 73 + 127 + 108 = 408
b) 271 + 29 + 358 + 242 + 407 = 1307
c) 347 + 153 + 189 + 411 + 222 + 378 = 1700

2

a) 84 b) 150

3

a) 275 b) 3 c) 100

4

a) 92708 b) 21310

5

a) 56 b) 35 c) 32

6

a) 320 b) 1 c) 4

7

a) 57 + 48 + 32 − (14 − 11) = 134
b) 57 − 48 + (14 + 11) − 32 = 2
oder: (57 + 14 + 11 − 48) − 32 = 2

8

(3722 − 2773) − (482 − 391) = 858

9

2594 + 164 + (164 − 87) + (164 − 87 + 53) = 2965
3000 − 2965 = 35
35 Mitglieder fehlen noch.

Rückspiegel, Seite 87, links

1

a) 943 b) 1118 c) 16 d) 21
e) 4464 f) 102752 g) 369 h) 69

2

a) 2 · 50 · 17 = 1700 b) 10 · 39 · 2 = 780
c) 4 · 25 · 19 · 2 = 3800 d) 8 · 25 · 3 · 11 = 6600

3
a) 92　　b) 142　　c) 41　　d) 48

4
a) 38 · (73 + 27) = 3800　　b) 8 · 50 + 8 · 9 = 472
c) 169 · (23 + 49 + 28) = 16 900

5
a) 1　　b) 2　　c) 1

6
a) 8 · (6 + 5) − 2 = 86　　b) (8 + 5) − 2 · 6 = 1

7
(124 − 69) + 7 · 15 = 160

8
120 · 250 · 200 000 g = 6 000 000 000 g = 6 000 000 kg = 6000 t
Das Gesamtgewicht der Bananenladung beträgt 6000 t.

Rückspiegel, Seite 87, rechts

1
a) 3933　　b) 13 432　　c) 34　　d) 243
e) 1 179 717　　f) 49 709 172　　g) 41　　h) 710

2
a) 4 · 25 · 2 · 27 = 5400　　b) 8 · 25 · 12 · 3 = 7200
c) 2 · 4 · 125 · 19 = 19 000　　d) 2 · 50 · 8 · 125 · 6 = 600 000

3
a) 28　　b) 10　　c) 29　　d) 24

4
a) 57 · (24 + 62 + 14) = 5700
b) 12 · 250 + 12 · 20 + 12 · 8 = 3336
c) 713 · (229 + 158 − 287) = 71 300

5
a) 2　　b) 6　　c) 2

6
a) 8 · (5 + 3) − 6 : 2 = 61　　b) 8 + (6 : 3) − 5 · 2 = 0

7
(184 − 122) − 364 : 14 = 36

8
(7500 − 2800 − 75) : 25 = 185
185 Platten können geladen werden.

Rückspiegel, Seite 113, links

1
Vom ersten Punkt aus 5 Geraden, vom zweiten Punkt aus 4 Geraden usw. Insgesamt 5 + 4 + 3 + 2 + 1 = 15 Geraden.

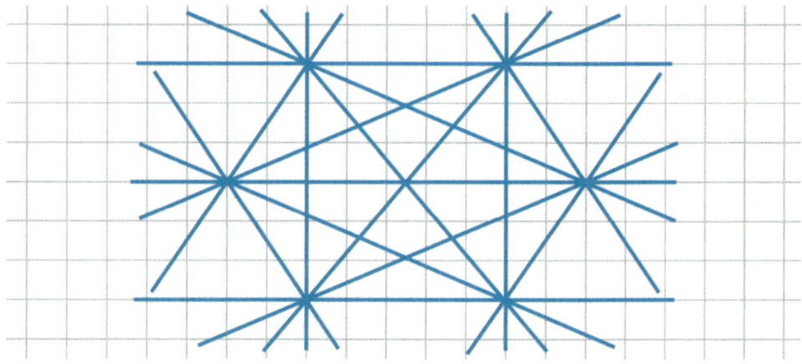

2

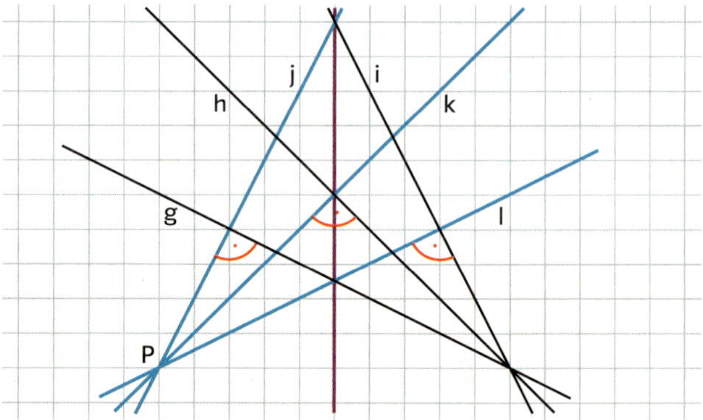

Die Figur hat eine Symmetrieachse.

3

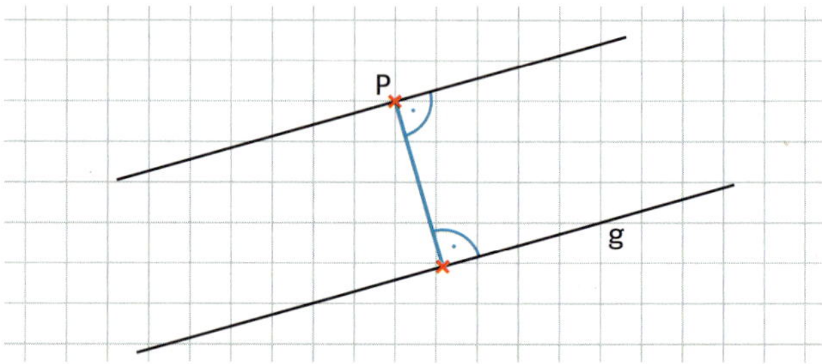

Der Abstand ist 2,2 cm.

4 mögliche Lösungen:

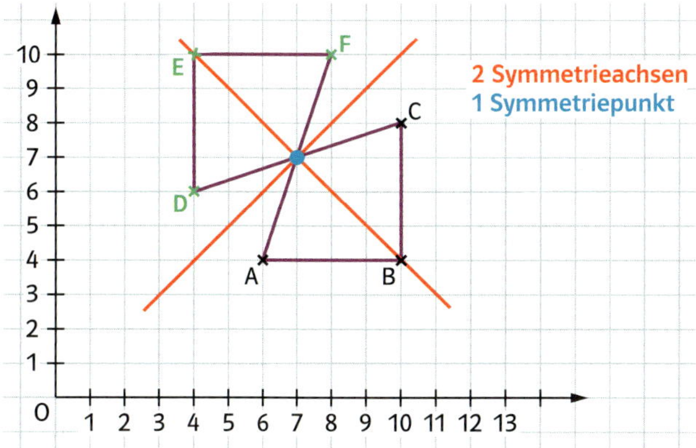

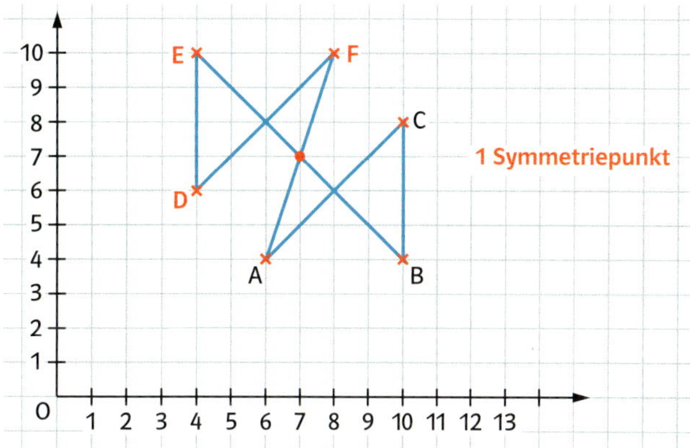

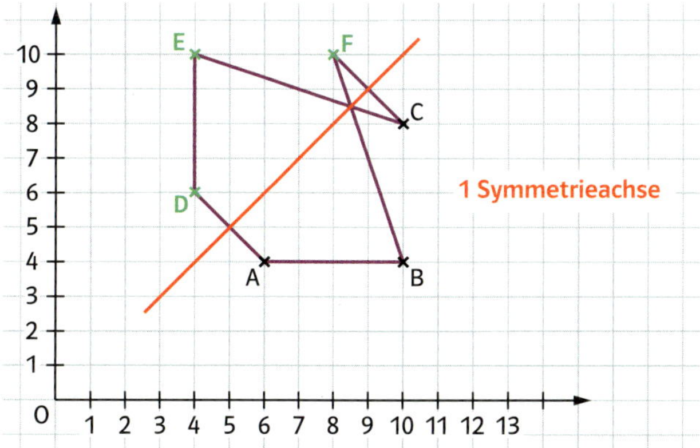

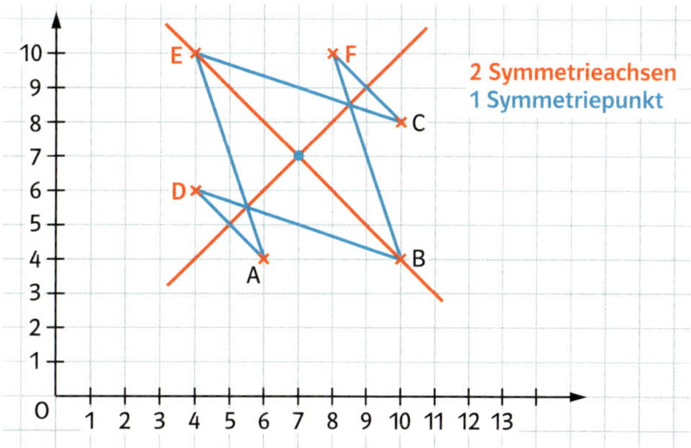

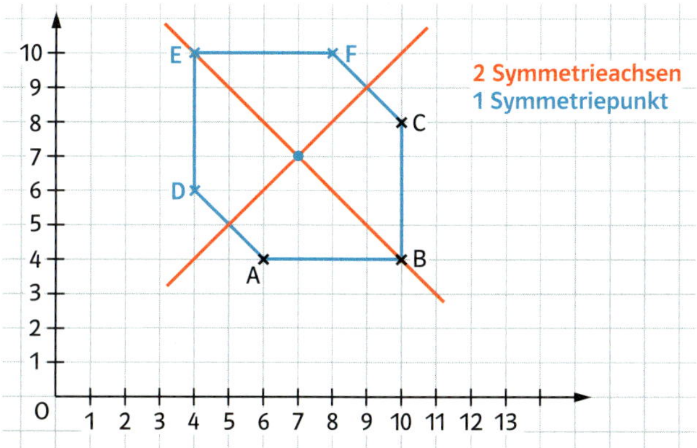

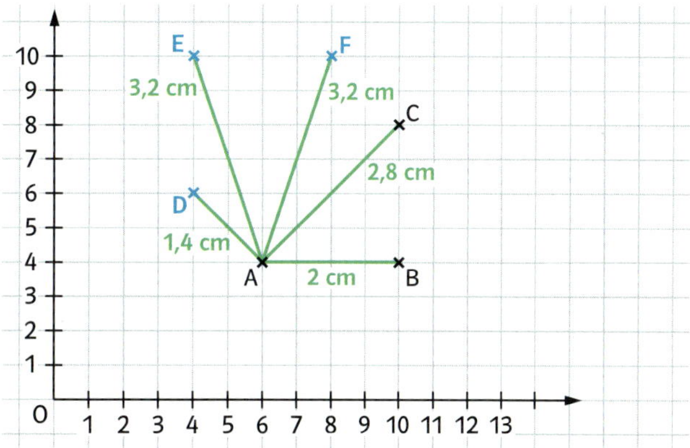

Es gibt Figuren mit einer und mit zwei Symmetrieachsen. Figuren mit der Geraden durch B und E als Symmetrieachse haben immer auch die zweite Symmetrieachse. Sie sind außerdem punktsymmetrisch. Eine Figur ist jedoch nur punktsymmetrisch.

Alle Entfernungen kann man von A aus messen. Die Entfernungen zwischen A und F und zwischen A und E sind sogar gleich. Also gibt es nur vier verschiedene Entfernungen.

Rückspiegel, Seite 113, rechts

1

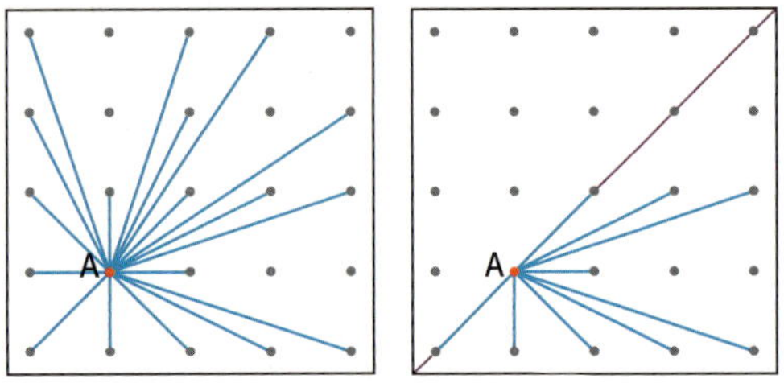

Figur links: Die 18 sichtbaren Nägel und die Verbindungsstrecken mit A.
Figur rechts: Die oberhalb der Symmetrieachse liegenden Strecken muss man nicht messen, weil unterhalb der Symmetrieachse gleich lange Strecken liegen.

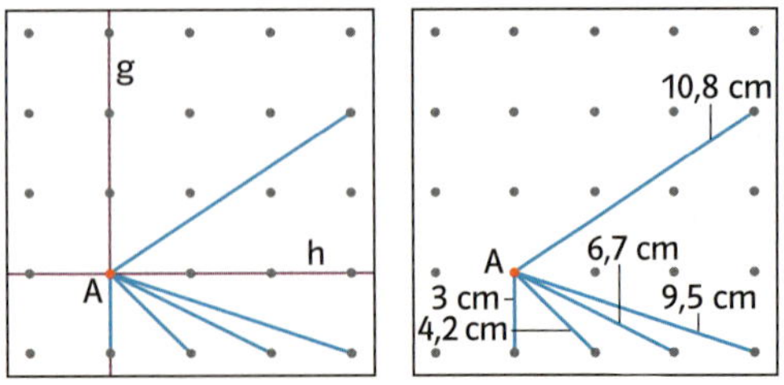

Figur links: Die links von der Geraden g liegenden Strecken muss man nicht messen, weil rechts davon gleich lange Strecken liegen. Entsprechend kann man drei der Strecken oberhalb der Geraden h weglassen.
Figur rechts: Es gibt also nur fünf verschiedene Streckenlängen. An ihren Endpunkten stehen die Maße.

2

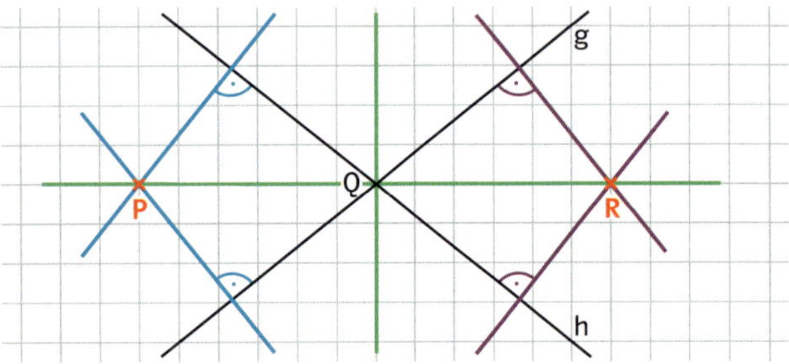

Die Figur hat zwei Symmetrieachsen.

3

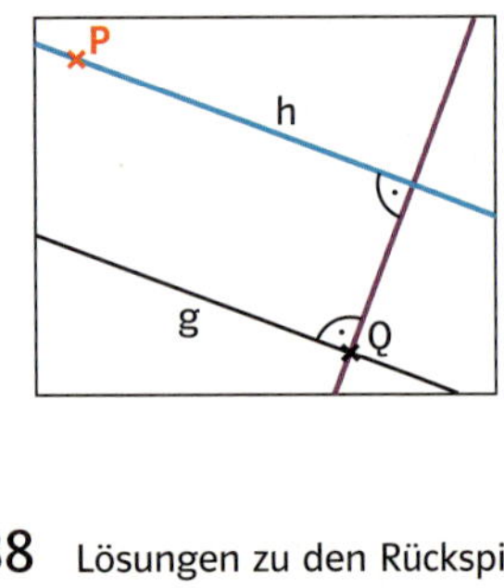

Zeichne durch P die Parallele h zu g. Den Abstand zwischen g und h misst du von Q aus. Dieser Abstand ist zugleich der Abstand zwischen P und g.
Ergebnis: 1,3 cm

4

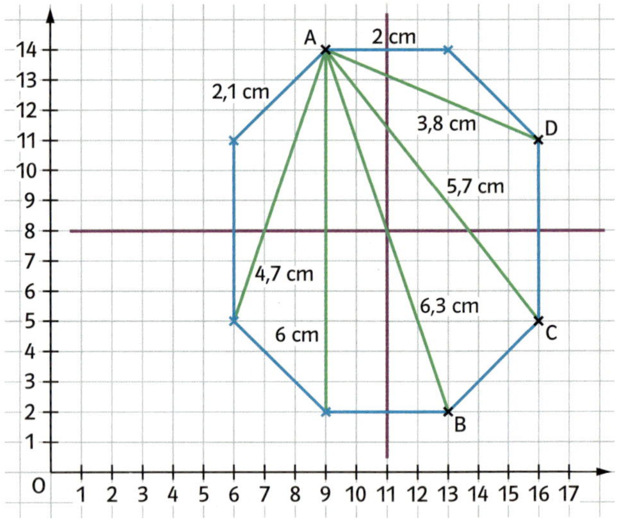

Wegen der Symmetrie gibt es nur sieben verschiedene Entfernungen. Man kann alle von A aus messen.

Rückspiegel, Seite 135, links

1

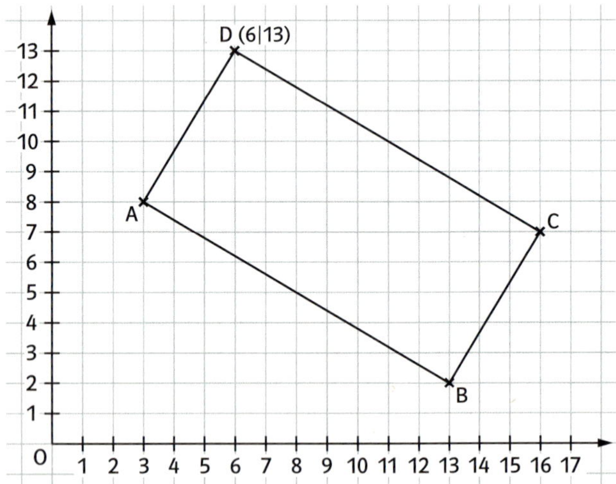

2

a)

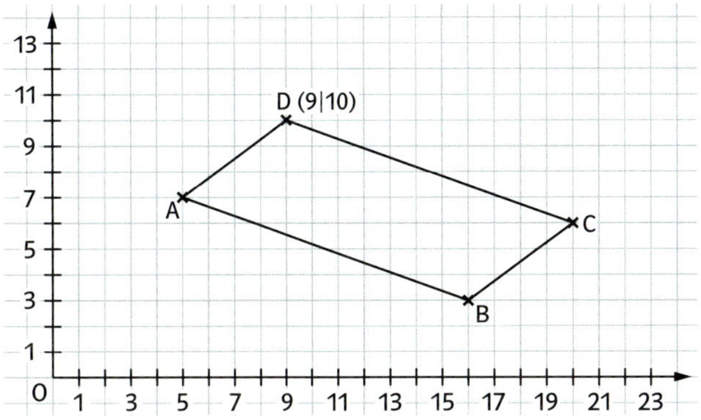

b)

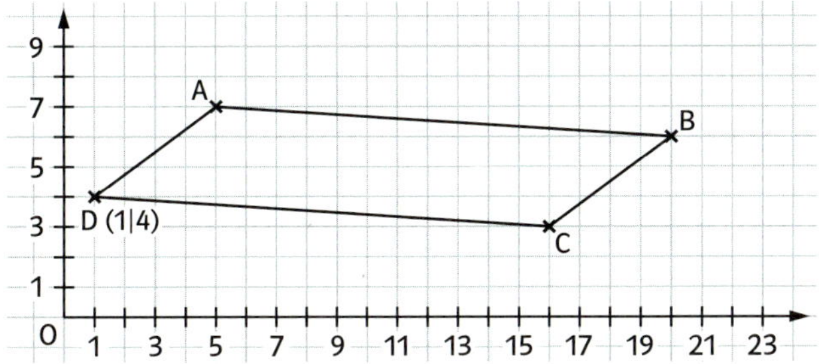

Die Punkte in a) und b) sind dieselben. Nur ihre Reihenfolge ist unterschiedlich.

3

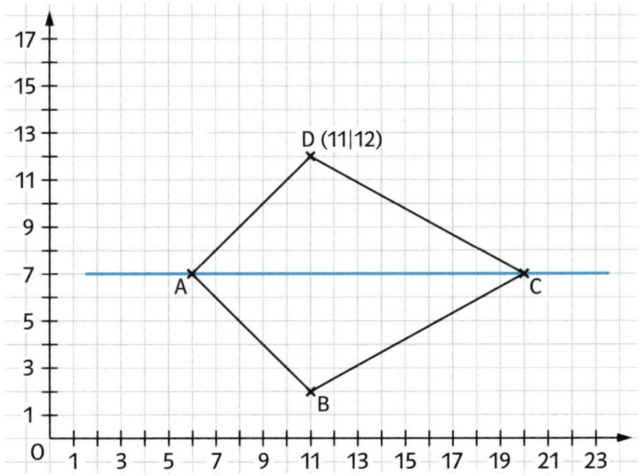

4

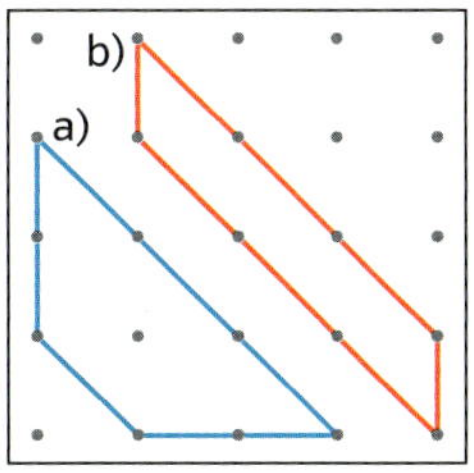

5

Eine Raute ist ein Paralellogramm, dessen vier Seiten alle gleich lang sind. Sie ist auch ein Drachen, denn in zwei gegenüberliegenden Eckpunkten (z. B. A und C) stoßen gleich lange Seiten aneinander und durch A und C geht eine Symmetrieachse. Dasselbe gilt für die Eckpunkte B und D. Daher ist die Raute ein besonderes Parallelogramm und ein besonderer Drachen.

6

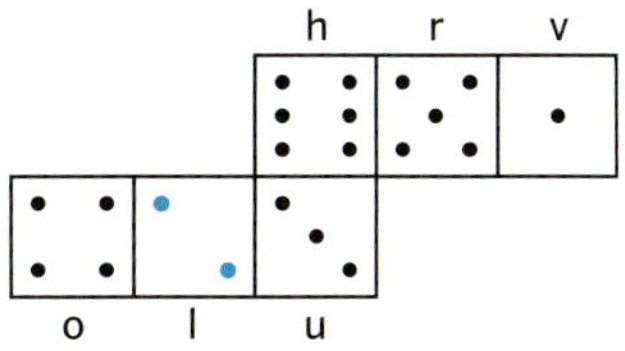

Die Augenzahl „5“ muss auf der rechten Fläche liegen.
Für die anderen Augenzahlen gibt es acht Möglichkeiten:

oben	unten	vorne	hinten
3	4	1	6
3	4	6	1
4	3	1	6
4	3	6	1
1	6	3	4
1	6	4	3
6	1	3	4
6	1	4	3

In der Lösungsfigur ist die dritte Möglichkeit gezeigt.

7

Die Figuren zeigen alle sechs Lagen des Quaders

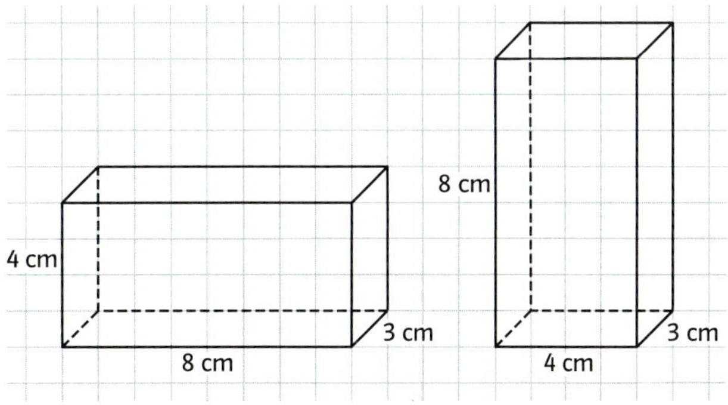

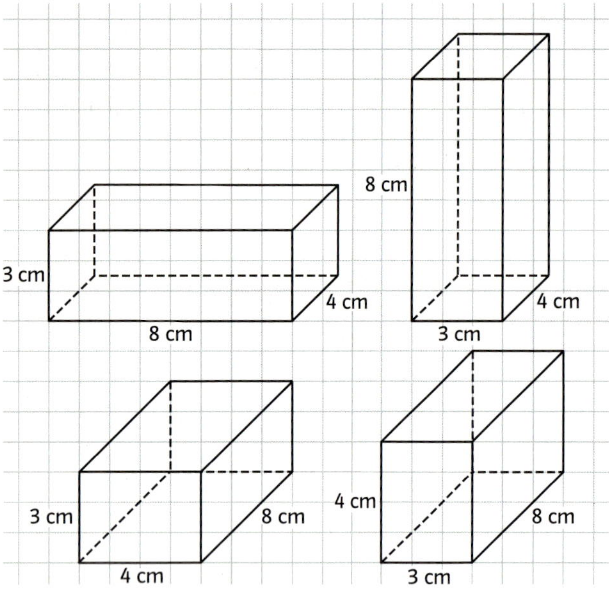

Rückspiegel, Seite 135, rechts

1

Die Figur gibt ein Beispiel.

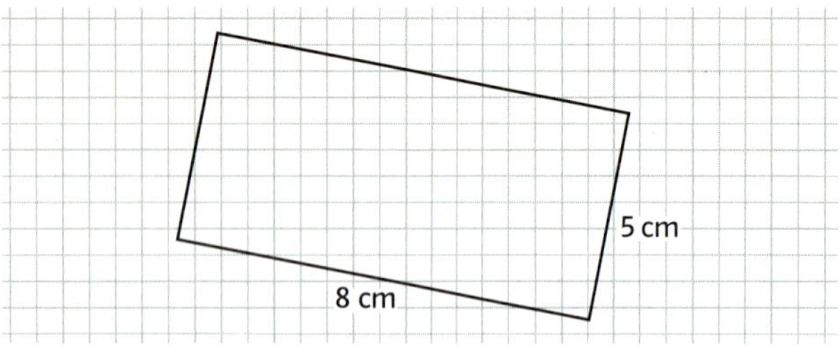

2

a)

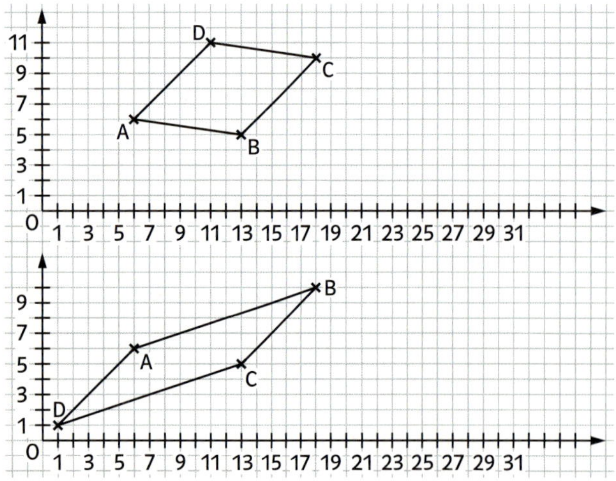

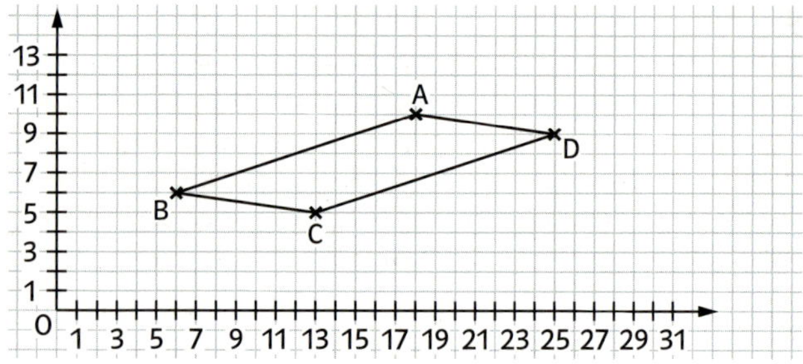

Das erste Paralellogramm ist eine Raute.

b)

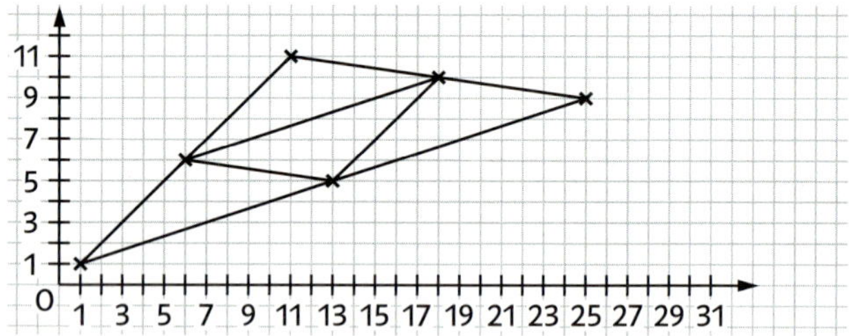

3

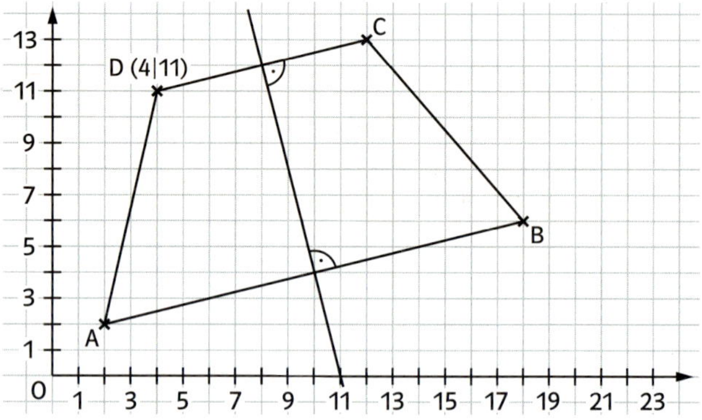

4

Hier ist natürlich kein besonderes Trapez und kein besonderes Parallelogramm erlaubt, sonst wäre die Aufgabe viel zu einfach.

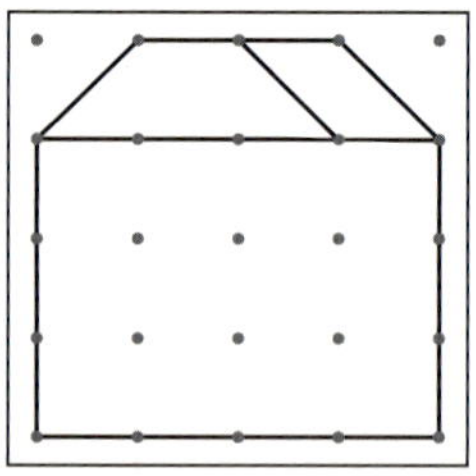

5
Das Rechteck ist ein besonderes symmetrisches Trapez, nämlich eines, in dem die vier Seiten aufeinander senkrecht stehen. Es ist aber kein Drachen, denn es hat keine Eckpunkte, in denen gleich lange Seiten aneinander stoßen. Die Verbindungsgerade gegenüberliegender Eckpunkte ist auch keine Symmetrieachse. Die Aussage ist also falsch.

6
a)

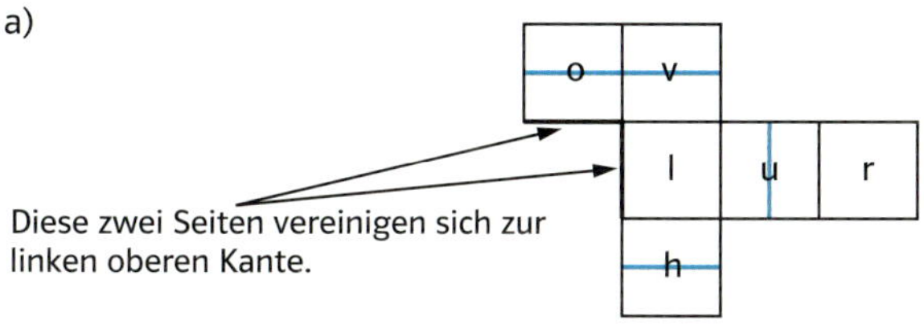

b)

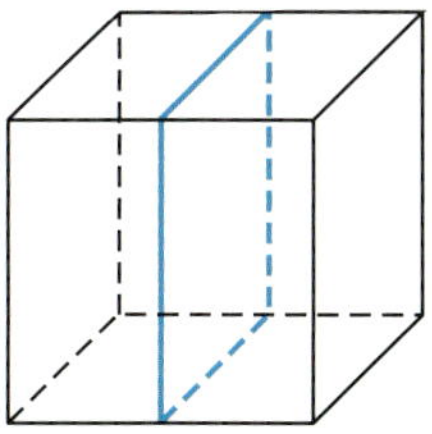

7
Zwei Quader kann man zusammenlegen, wenn sie in zwei Kantenlängen übereinstimmen. Welcher Quader dabei herauskommt, erkennt man besser, wenn man gleich lange Kanten zuerst aufschreibt. Die Maßeinheit kann man dabei weglassen.

12 6 5 → 12 5 6
12 5 2 → 12 5 2
} 12 5 8 → 12 8 5

9 8 4 → 8 4 9
8 4 3 → 8 4 3
} 8 4 12 → 12 8 4

} 12 8 9

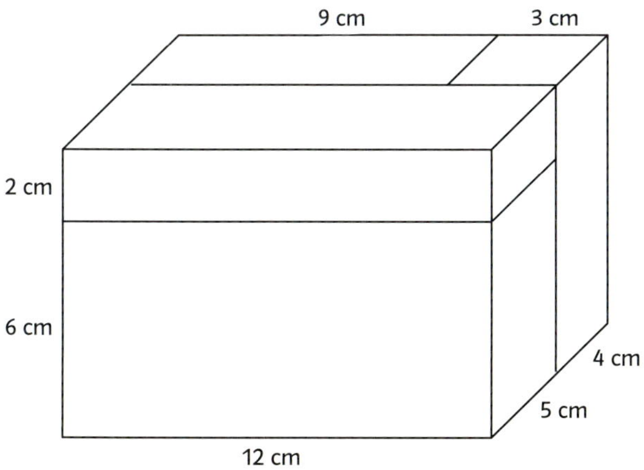

Rückspiegel, Seite 161, links

1
a) 1200 ct; 8000 g; 300 min; 900 s; 17 dm; 2500 cm; 3000 mm
b) 402 ct; 5040 g; 370 s; 990 cm; 9099 m
c) 605 ct; 29 850 kg; 75 cm; 87 cm; 10 030 m

2
a) 4500 g + 12 780 g + 307 099 g = 324 379 g = 324 kg 379 g
b) 271 min + 474 min + 195 min = 940 min = 15 h 40 min
c) 1226 ct − 438 ct + 174 ct = 962 ct = 9 € 62 ct = 9,62 €
d) 530 cm + 225 cm + 103 cm = 858 cm = 8 m 58 cm

3
(3 · 25) · 600 [g] = 45 000 g = 45 kg

4
a) 60 · 28 = 1680 kg
b) 28 · 9 = 252 min = 4 h 12 min
Er ist um 18:12 Uhr fertig.

5
8:07 —20 min→ 7:47 —45 min→ 7:02 —10 min→ 6:52

6

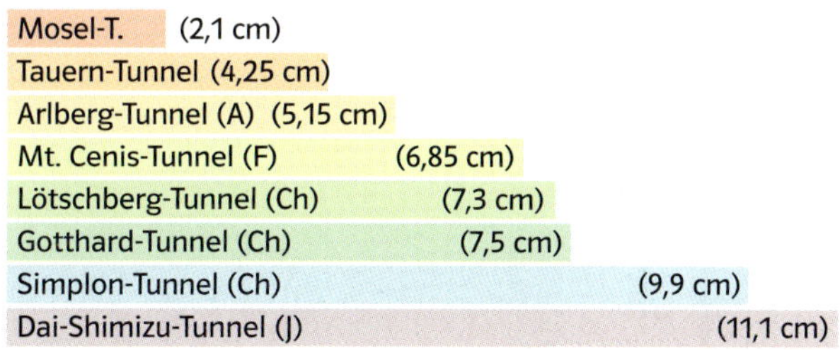

Rückspiegel, Seite 161, rechts

1
a) 6500 ct; 4500 g; 2 000 000 mg; 480 min; 30 000 dm; 6300 mm
b) 707 ct; 9005 g; 8160 s; 88 dm; 250 120 dm
c) 9 ct; 1060 g; 5008 kg; 10 m; 307 mm; 9 mm

2
a) 3040 kg + 11 220 kg + 86 005 kg = 100 265 kg = 100 t 265 kg
b) 237 min + 755 min − 606 min = 386 min = 6 h 26 min
c) 89 ct + 1159 ct − 29 ct − 409 ct = 810 ct = 8 € 10 ct = 8,10 €
d) 620 cm + 1590 cm − 330 cm − 210 cm = 1670 cm = 16 m 7 dm

3

12 000 kg − 8200 kg = 3800 kg

a) 3800 kg : 150 = $25,\overline{3}$ ≙ 25 Röhren

Der Lastwagen kann 25 Betonröhren mit 150 kg mitnehmen.

b) 3800 kg : 230 = 16,5 ≙ 16 Röhren.

Der Lastwagen kann 16 Röhren mit 230 kg mitnehmen.

4

a) 275 · 8 · 20 [km] = 44 000 km

Der Briefträger hat nach 20 Dienstjahren insgesamt eine Strecke von 44 000 km zurückgelegt.

b) Die zurückgelegte Strecke des Briefträgers ist länger als eine Erdumrundung.

c) 22 Schuhbesohlungen kosten 264 Euro.

5

Beginn	□	□	□
Ende	□	10:37	10:11
Zeitdauer	55 min	□	□
Beginn	□	□	4:09
Ende	□	1:33	□
Zeitdauer	8 h 56 min	□	□

6

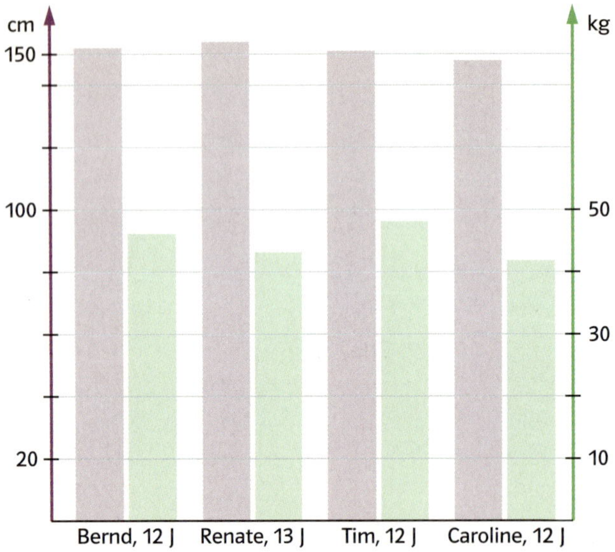

Rückspiegel, Seite 177, links

1

a) $\frac{10}{20} = \frac{1}{2}$ b) $\frac{9}{16}$

c) $\frac{8}{16} = \frac{1}{2}$ d) $\frac{3}{11}$

2

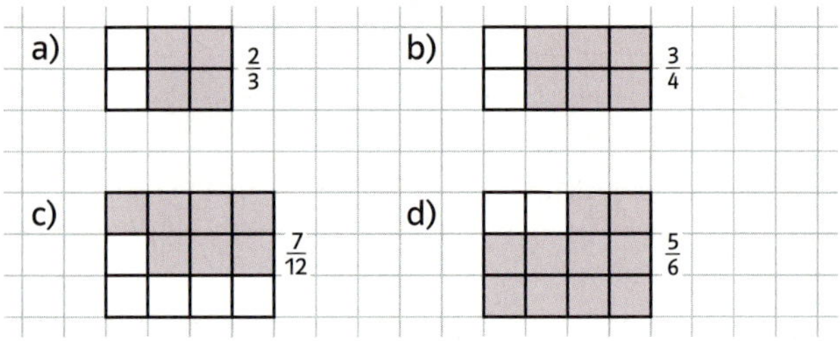

3

a) 20 cm; 60 cm; 10 cm; 35 cm

b) 250 m; 125 m; 375 m; 300 m

c) 3 g; 30 g; 300 g

d) 3 kg; 30 kg; 35 kg; 680 kg

4

a) 5,63 m; 12,048 m; 73,1 dm; 5,02 dm; 8,024 km

b) 4,630 kg; 17,030 kg; 2,045 t; 3,850 t; 1,002 018 t

5

a) $\frac{6}{10}$ m b) $\frac{25}{100}$ kg c) $\frac{5}{10}$ €

$\frac{4}{100}$ cm $\frac{68}{100}$ kg $\frac{75}{100}$ €

$\frac{789}{1000}$ km $\frac{36}{100}$ g $\frac{57}{100}$ €

$\frac{25}{100}$ dm $\frac{65}{1000}$ kg $\frac{1}{100}$ €

$\frac{8}{1000}$ m $\frac{10}{1000}$ kg $\frac{4}{100}$ €

Rückspiegel, Seite 177, rechts

1

Flächenanteile:

1: $\frac{6}{60} = \frac{1}{10}$ 2: $\frac{6}{60} = \frac{1}{10}$ 3: $\frac{12}{60} = \frac{1}{5}$

4: $\frac{4}{60} = \frac{1}{15}$ 5: $\frac{8}{60} = \frac{2}{15}$ 6: $\frac{6}{60} = \frac{1}{10}$

7: $\frac{6}{60} = \frac{1}{10}$ 8: $\frac{12}{60} = \frac{1}{5}$

2

a)

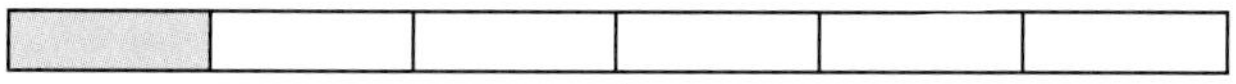

$\frac{1}{6}$

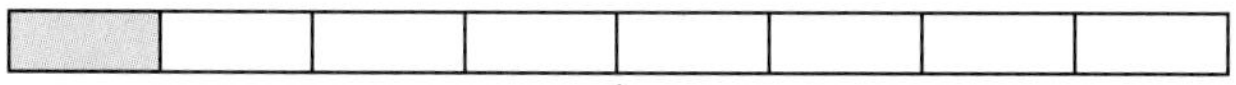

$\frac{1}{8}$

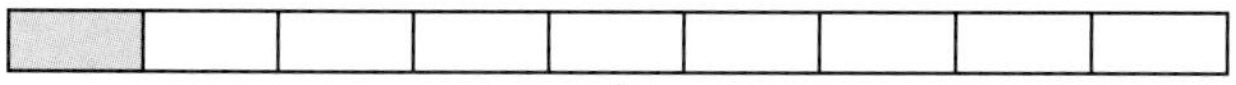

$\frac{1}{9}$

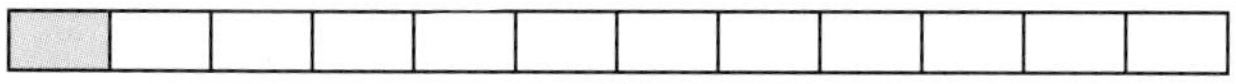

$\frac{1}{12}$

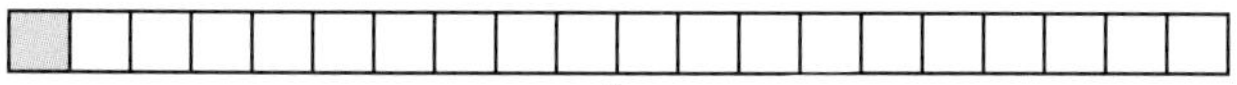

$\frac{1}{20}$

b)

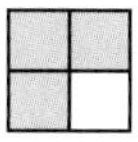

$\frac{3}{4}$

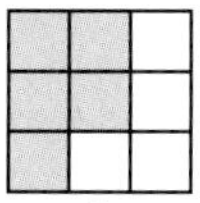

$\frac{5}{9}$

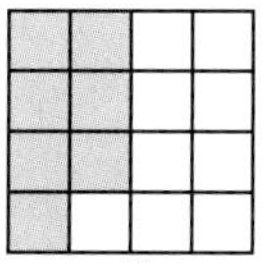

$\frac{7}{16}$

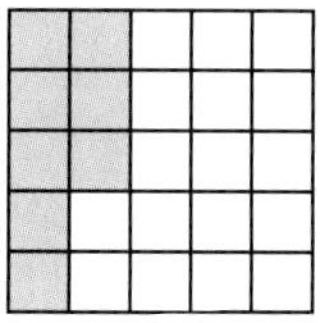

$\frac{8}{25}$

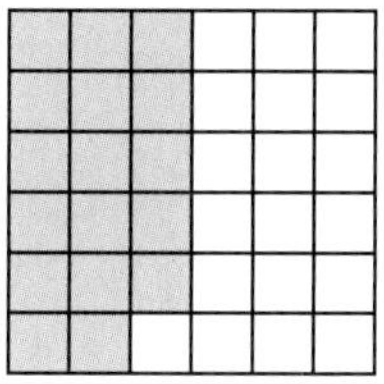

$\frac{17}{36}$

c)

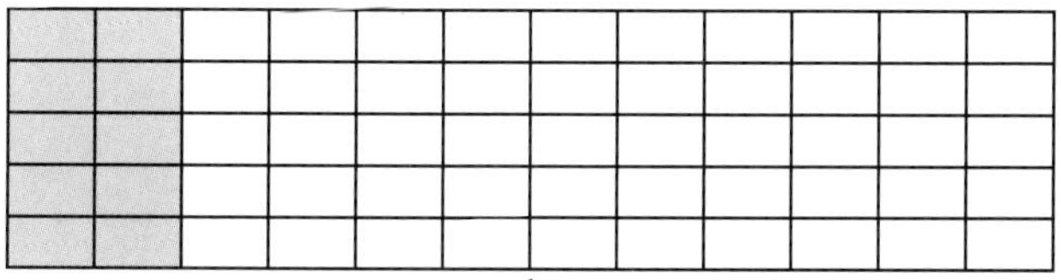

$\frac{1}{6}$

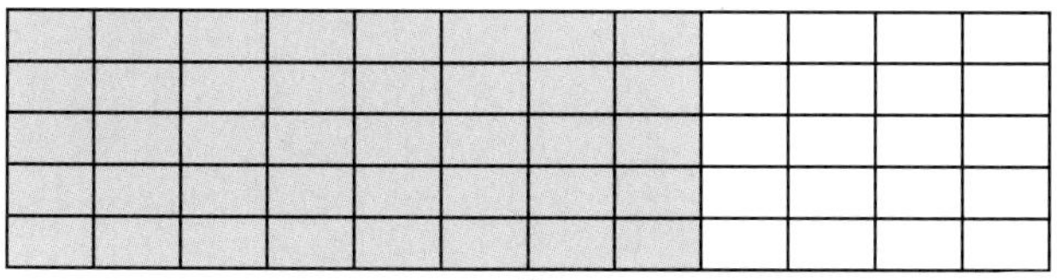

$\frac{2}{3}$

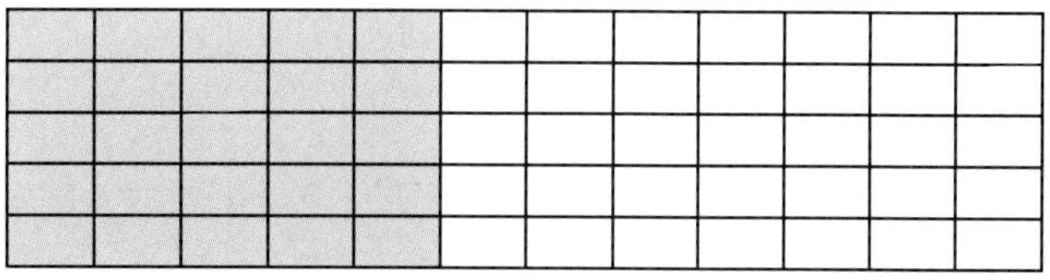

$\frac{5}{12}$

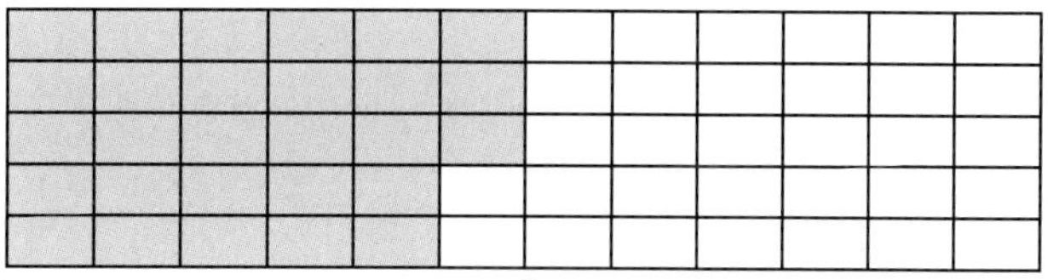

$\frac{7}{15}$

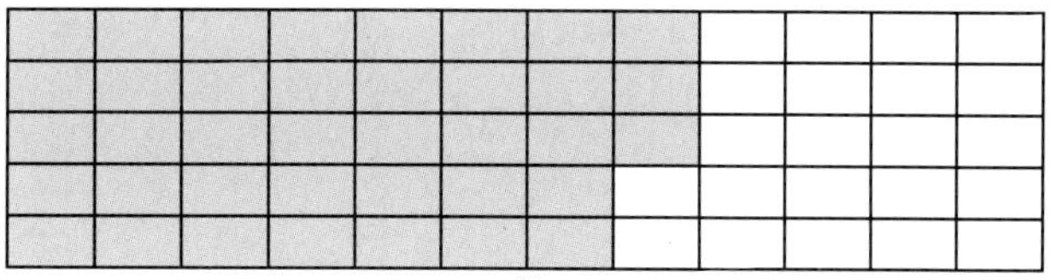

$\frac{19}{30}$

3

a) 3 Monate; 4 Monate; 2 Monate
b) 20 Minuten; 18 Minuten; 5 Minuten; 16 Minuten
c) 20 Tage; 25 Tage; 21 Tage

4

a) A: 5,62; B: 5,66; C: 5,67
b) A: 13,021; B: 13,023; C: 13,029
c) A: 0,27; B: 0,295; C: 0,30

5

a) $2\frac{4}{5}$ m
$8\frac{3}{100}$ m
$17\frac{1}{1000}$ km
$25\frac{1}{4}$ dm

b) $5\frac{972}{1000}$ kg
$12\frac{4}{5}$ g
$84\frac{3}{1000}$ t
$156\frac{8}{100}$ kg

c) $12\frac{7}{10}$ €
$4\frac{41}{100}$ €
$5\frac{2}{100}$ €
$3\frac{50}{100}$ € oder $3\frac{1}{2}$ €

Lösungen des Rechentrainings

1
a) 99; 98; 78
b) 99; 76; 99
c) 267; 196; 289
d) 192; 589; 497

2
a) 87 b) 79 c) 79 d) 99 e) 197
f) 292 g) 589 h) 197 i) 514 j) 738

3
a) 121; 141; 131
b) 153; 105; 121
c) 217; 567; 231
d) 322; 719; 333

4
a) 60; 81; 100; 93; 111
b) 100; 154; 251; 461; 582
c) 152; 322; 437; 684; 732

5
a) 8100; 9200; 11 800; 11 800
b) 9200; 8100; 12 300; 12 100

6
a) 22 + 50 = 72
60 + 27 = 87
28 + 90 = 118
120 + 46 = 166
b) 90 + 21 = 111
140 + 37 = 177
51 + 120 = 171
87 + 60 = 147
c) 120 + 37 = 157
33 + 110 = 143
69 + 210 = 279
d) 800 + 139 = 939
800 + 215 = 1015
912 + 1000 = 1912
e) 50 000 + 56 000 = 106 000
46 000 + 120 000 = 166 000
130 000 + 24 000 = 154 000

Randspalte

+	17	71	126
19	**36**	**90**	**145**
27	**44**	**98**	**153**
36	**53**	**107**	**162**
68	**85**	**139**	**194**
85	**102**	**156**	**211**
109	**126**	**180**	**235**
144	**161**	**215**	**270**
212	**229**	**283**	**338**
269	**286**	**340**	**395**
288	**305**	**359**	**414**
295	**312**	**366**	**421**
327	**344**	**398**	**453**

7
a) 9899 b) 9999 c) 57 979
d) 79 998 e) 59 959 f) 9943

8
a) 8999 b) 9999 c) 59 998
d) 69 999 e) 87 999 f) 67 999

9
a) 64 485 b) 42 545 c) 95 317
d) 112 491 e) 100 270 f) 103 619

10
a) 55 383 b) 74 425 c) 88 833 d) 95 296
e) 184 859 f) 159 753 g) 184 145

11
a) 63 343 b) 60 020 c) 100 303

12
369 + 258 + 147 = **774**
693 + 582 + 471 = **1746**
936 + 825 + 714 = **2475**
1998 + 1665 + 1332 = 4995

13
612 + 589 + 878 = **2 079**
1 286 + 2 463 + 1 619 = **5 368**
637 + 842 + 2 185 = **3 664**
2 535 + 3 894 + 4 682 = 11 111

14
a) 35; 59; 35; 24
b) 27; 26; 33; 32
c) 116; 216; 314; 711

15
a) 31 b) 33 c) 43 d) 32

16
a) 5000; 1300; 2300
b) 5100; 1300; 2400
c) 2100; 2100; 6100
d) 1100; 1100; 1100

17
a) 39; 36; 35; 39
b) 67; 38; 53; 18
c) 218; 317; 257; 188

18
a) 14; 33; 41; 73
b) 41; 46; 106; 173
c) 131; 157; 273; 391

19
a) 64; 51; 100
b) 98; 58; 363
c) 850; 3700; 5700
d) 3900; 1900; 8400

20
a) 48; 16
b) 95; 175
c) 230; 580
d) 580; 390

21
a) 132 − 30 − 60 − 15 = 132 − 105 = 27
b) 128 − 70 − 40 − 13 = 128 − 123 = 5
c) 151 − 60 − 70 − 17 = 151 − 147 = 4

22
a) 1411; 2214
b) 2117; 3332
c) 1153; 2213
d) 3326; 1334
e) 72121; 52121
f) 81111; 71134
g) 41482; 31115
h) 11131; 11111

23
a)

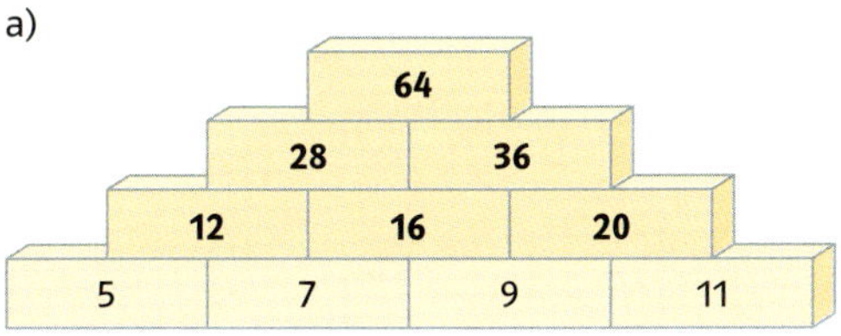

b)

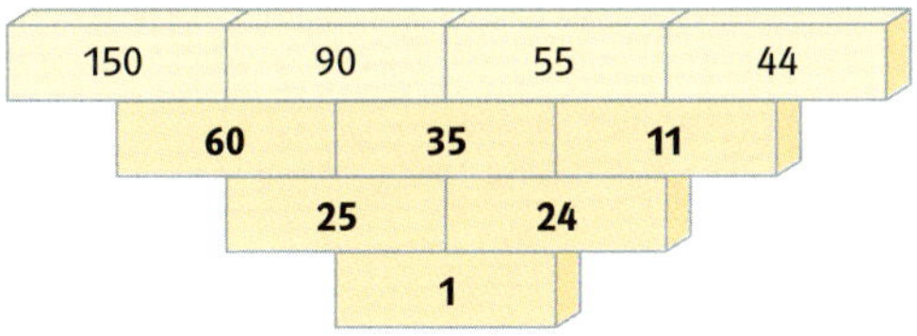

c)

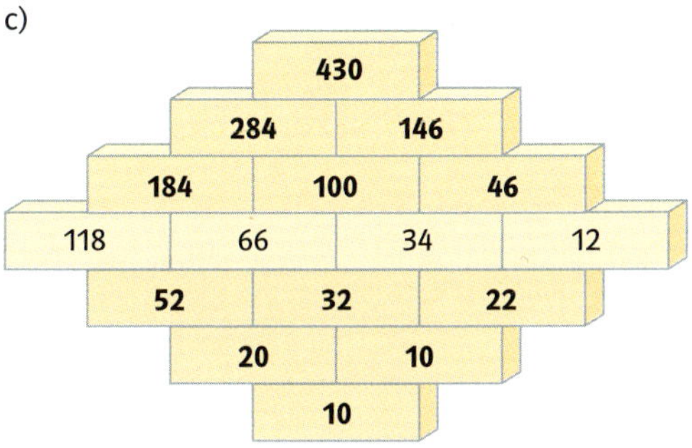

24
a) 5819
b) 4792
c) 5972
d) 3111
e) 1211
f) 2111

25
a) 45
b) 8
c) 29

26
a) 69
b) 25
c) 39

27
a) 7930
b) 7946
c) 1126

Randspalte

−	16	37	49
58	**42**	**21**	**9**
72	**56**	**35**	**23**
104	**88**	**67**	**55**
125	**109**	**88**	**76**
144	**128**	**107**	**95**
167	**151**	**130**	**118**
203	**187**	**166**	**154**
217	**201**	**180**	**168**
263	**247**	**226**	**214**
309	**293**	**272**	**260**
336	**320**	**299**	**287**
351	**335**	**314**	**302**

28
a)	b)	c)	d)
8	14	48	36
12	32	63	0
10	45	54	56
15	21	42	25
20	24	72	0

29
a) 14; 28; 54; 96; 118; 130; 172
b) 24; 69; 96; 45; 78; 111; 144
c) 8; 52; 60; 92; 136; 180; 268
d) 35; 60; 80; 90; 115; 135; 240
e) 30; 102; 132; 216; 246; 342; 372
f) 63; 98; 203; 273; 301; 448; 574
g) 48; 152; 248; 336; 424; 552; 592
h) 27; 117; 216; 297; 423; 468; 585

30
a)	112	450	4600	12900
	160	834	12000	15200
b)	60	145	900	1120
	210	420	1200	3220

31
a) 861; 3192; 5523
b) 9872; 454312
c) 8883; 5886; 2889
d) 38082; 33834; 25722
e) 23660; 34625; 7700

32
a) 13 680; 16 380; 53 760; 24 560; 89 910
b) 245 200; 274 400; 80 900; 81 680; 637 200
c) 5216; 8778; 13 851; 24 185; 28 905

33
a) Überschlag 5000 · 600 = 3 000 000; Ergebnis 3 112 200;
Überschlag 4400 · 700 = 3 080 000; Ergebnis 2 971 600;
Überschlag 7200 · 500 = 3 600 000; Ergebnis 3 325 800
b) Überschlag 5000 · 510 = 2 550 000; Ergebnis 2 553 252;
Überschlag 4300 · 300 = 1 290 000; Ergebnis 1 326 556;
Überschlag 6500 · 600 = 3 900 000; Ergebnis 3 940 818

34
$4^4 = 256$ | $2^6 = 64$
$6^3 = 216$ | $10^4 = 10\,000$
$123^2 = 15\,129$ | $1^7 = 1$

Randspalte

·	54	76	98
473	**25 542**	**35 948**	**46 354**
596	**32 184**	**45 296**	**58 408**
372	**20 088**	**28 272**	**36 456**
817	**44 118**	**62 092**	**80 066**
653	**35 262**	**49 628**	**63 994**
794	**42 876**	**60 344**	**77 812**
968	**52 272**	**73 568**	**94 864**

35
a) 14; 23; 41; 27; 38; 46; 49
b) 6; 8; 14; 16; 18; 19; 29
c) 6; 8; 12; 21; 15; 18; 24
d) 7; 12; 15; 18; 11; 8; 19
e) 7; 9; 14; 17; 21; 27; 31
f) 8; 9; 13; 16; 21; 23; 26
g) 6; 8; 11; 14; 17; 19; 22
h) 6; 8; 9; 12; 14; 16; 19

36
a) 11; 5; 5; 7; 14 b) 5; 14; 4; 5 c) 16; 10; 14; 8

37
a) 54; 75; 91; 99; 106; 168
b) 250; 750; 1025; 2075; 4125
c) 1111; 4444; 1234; 505; 3545

38

	: 6	: 3
18	**3**	**1**
36	**6**	**2**
54	**9**	**3**
72	**12**	**4**

	: 7	: 2
28	**4**	**2**
42	**6**	**3**
56	**8**	**4**
84	**12**	**6**

39
a) (75 : 15) : 5 = 1
b) 75 : (15 : 5) = 25
c) 36 : (12 : 3) = 9
d) (36 : 12) : 3 = 1
e) (480 : 12) : 4 = 10
f) 480 : (12 : 4) = 160
g) 280 : (14 : 2) = 40
h) (280 : 14) : 2 = 10

40
a) 94; 98; 68
b) 89; 97; 87
c) 73; 99; 57
d) 1245; 1397; 1357
e) 1237; 1358; 1376
f) 1379; 2731; 879

Randspalte

:	2	4	6	12
72	**36**	**18**	**12**	**6**
96	**48**	**24**	**16**	**8**

:	2	3	9	15
90	**45**	**30**	**10**	**6**
270	**135**	**90**	**30**	**18**

:	2	6	7	14
84	**42**	**14**	**12**	**6**
252	**126**	**42**	**36**	**18**

:	3	6	5	15
210	**70**	**35**	**42**	**14**
630	**210**	**105**	**126**	**42**

41
a) 268; 348; 276; 689
b) 319; 489; 367; 573
c) 428; 618; 584; 617
d) 568; 712; 337; 876

42
a) 4-mal; 3-mal; 3-mal; 6-mal; 5-mal
b) 7-mal; 4-mal; 6-mal; 5-mal; 3-mal
c) 3-mal; 9-mal; 7-mal; 9-mal; 5-mal
d) 6-mal; 4-mal; 3-mal; 6-mal; 1-mal

43
a) 346; 246; 563; 321
b) 345; 456; 404; 505

44
a) 1041; 1504; 1023
b) 899; 808; 809

45
a) 235 R4; 232 R6; 234 R6; 323 R5
b) 241 R6; 351 R1; 414 R2; 525 R2
c) 222 R4; 239 R18; 196 R41; 118 R45

46
a) 282; 234; 181; 152 b) 654; 543; 878; 232

47
a) 134; 97; 266; 92 b) 79, 62; 690; 75

48
a) 162 b) 151 c) 68 d) 29
e) 56 f) 34 g) 4

49
a) 48 b) 92 c) 30

50
a) $(26 - 16) \cdot 8 = 10 \cdot 8 = 80$ b) 140 c) 350
d) 135 e) 75 f) 960 g) 990 h) 900

51
a) $7 \cdot (2543 - 543) = 7 \cdot 2000 = 14\,000$
b) 12 000 c) 65 600 d) 45 500 e) 14 000
f) 25 500 g) 9000 h) 8888

52
Beginn:	08:23 Uhr	10:12 Uhr	**04:09 Uhr**
Ende:	09:18 Uhr	**10:37 Uhr**	09:11 Uhr
Zeitdauer:	**55 min**	25 min	5 h 2 min

53
a) 45 min; 11 min; 58 min
b) 30 min; 20 min; 45 min

54
30 min; 35 min; 42 min; 2 h 4 min; 1 h 14 min

55
a) 45 min; 1 h 23 min b) 2 h 2 min; 4 h 38 min
c) 2 h; 4 h 13 min d) 36 min; 3 h 19 min

56
a) 1203 ct; 2113 ct; 208 ct
b) 0,08 €; 20,05 €; 9,08 €; 6,38 €; 60,60 €

57
a) 42,89 € b) 137,08 € c) 26,64 € d) 11,09 €

58
a) 40 €; 204 ct = 2,04 € b) 9 €; 164,85 €
c) 11 €; 19 € d) 0,50 €; 2,06 €

59
a) 36 €; 23 €; 9 €; 12 €
b) 32,76 €; 21,75 €; 12,25 €
c) 26,92 €; 18,98 €; 3,94 €
d) 37 € 87 ct; 5 € 56 ct; 11 € 98 ct

60
a) 7 kg 740 g; 7,745 kg; 7750 g
b) 1101 kg; 1,11 t; 1 t 111 kg
c) 5000 mg; 5,001 g; 5 g 10 mg

61
a) 3862 kg; 4921 g; 99 261 mg; 1320 kg
b) 10 101 g; 14 022 kg; 7007 mg; 99 800 g
c) 17 260 mg; 5350 g; 2700 kg; 1040 mg

62
7 t bzw. 7 000 000 g; 4 kg bzw. 4 000 000 mg;
66 t bzw. 66 000 000 g; 17 kg bzw. 17 000 000 mg;
460 t bzw. 460 000 000 g; 111 kg bzw. 111 000 000 mg

63
a) 254 g; 910 g; 616 g; 901 g; 959 g
b) 262 kg; 43 kg; 1115 kg; 111 kg; 10 kg

64
a) cm b) 128 c) dm; cm d) m; dm

65
a) 2,8 m; 5,7 cm b) 12,40 m; 8,5 dm c) 3,050 km; 7,07 m

66
a) 36 mm; 420 cm; 6500 m
b) 268 cm; 405 mm; 19 020 m
c) 13 512 cm; 84 cm; 321 m

67
a) 3,58 m b) 0,043 km c) 0,2 m

68
a) 2 m^2 75 dm^2 b) 7 dm^2 98 cm^2
c) 1 km^2 70 ha d) 58 a 70 m^2
e) 65 ha 30 a f) 90 a 9 m^2

69
a) 0,5 m^2; 0,05 m^2; 5,05 m^2
b) 1,2 dm^2; 0,7 dm^2; 4,04 dm^2
c) 0,04 km^2; 0,4 km^2; 3,6 km^2

70
a) 150 dm^2; 1270 dm^2; 35 065 dm^2
b) 170 m^2; 650 m^2; 712 m^2
c) 670 mm^2; 505 mm^2; 5050 mm^2

71
a) 21 cm^2 61 mm^2 b) 46 a 99 m^2
c) 47 m^2 2 dm^2 d) 109 km^2 8 ha

Register

3 a) Schreibe dein Geburtsdatum mit römischen Zahlzeichen.
b) Schreibe das heutige Datum mit römischen Zahlzeichen.
c) Schreibe dein Alter (Jahre und Monate) mit römischen Zahlzeichen.

4 Die Münze zeigt das Bild des bedeutenden Mathematikers C. F. Gauss.
Wann wurde er geboren, wann starb er?

5 a) Wann wurde das Haus erbaut?

b) Schreibe die Jahreszahl der Renovierung mit römischen Zahlzeichen.

6 Die Zeichen I, X, C werden heute üblicherweise nur dreimal hintereinander verwendet. Das war nicht immer so.
Die Zahl 4 hat auf den Uhren zwei verschiedene Darstellungen.
Schreibe in der üblichen Form.

a) VIIII b) XXXX c) CXXXX
d) CCCC e) MCCCCXI f) DXXXXIIII

7 Für große Zahlen verwendeten die Römer die folgenden Zahlensymbole:
ↀ für 1000,
ↂ für 10 000,
ↈ für 100 000.
Schreibe damit folgende Zahlen.

a) 3456 b) 12 345
c) 333 333 d) 90 990

8 Welche Entfernungen liest du von dem Meilenstein ab, der vor etwa 2000 Jahren an einer römischen Landstraße stand?

Was bedeutet wohl die altrömische Schreibweise XXC?

9 a) Schreibe die Jahreszahlen im Zehnersystem.

MCMLXIX MDCCXLI
MCCXXXIX MCDXIV

Vergleiche jeweils die Anzahl der benötigten Ziffern. Welche Zahlen sind „kürzer"?
b) Trage jeweils die römischen und die arabischen Zahlen stellengerecht in eine solche Stellenwerttafel ein:

Tausender	Hunderter	Zehner	Einer

Vergleiche. Nenne die Vorteile unseres Zehnersystems.

10 a) Versuche die beiden römischen Zahlen zu addieren.

MCDXIX
+ MCCVII

b) Schreibe die beiden römischen Zahlen im Zehnersystem und addiere sie dann schriftlich.
c) Vergleiche und beschreibe die Unterschiede.

Streichholzscherze ?!

- Wenn du ein einziges Streichholz umlegst, wird die falsche Rechnung richtig.

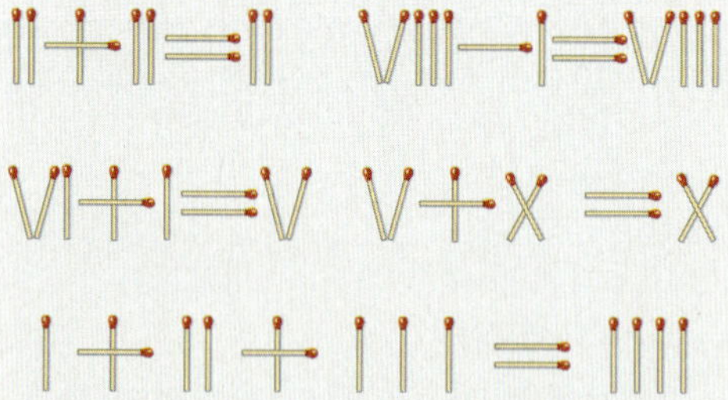

- Die Rechnung bleibt richtig, auch wenn du ein Streichholz umlegst.

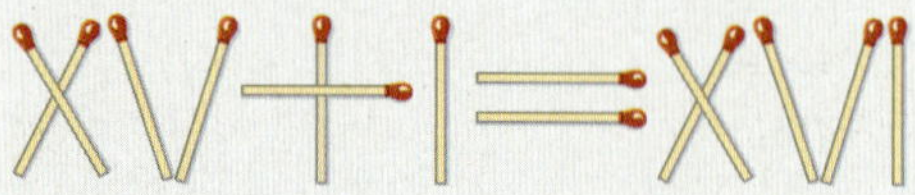

Mathematische Symbole

=	gleich
<	kleiner als
>	größer als
$\mathbb{N}$	Menge der natürlichen Zahlen
$g \perp h$	die Geraden g und h sind zueinander senkrecht
⊾	rechter Winkel
$g \parallel h$	die Geraden g und h sind parallel
g, h, …	Buchstaben für Geraden
A, B, … , P, Q, …	Buchstaben für Punkte
$\overline{AB}$	Strecke mit den Endpunkten A und B
A(2|4)	Gitterpunkt mit dem Rechtswert 2 und dem Hochwert 4

Maßeinheiten und Umrechnungen

Zeiteinheiten

Jahr	Tag	Stunde	Minute	Sekunde
1 a =	365 d			
	1 d =	24 h		
		1 h =	60 min	
			1 min =	60 s

Gewichtseinheiten

Tonne	Kilogramm	Gramm	Milligramm
1 t =	1000 kg		
	1 kg =	1000 g	
		1 g =	1000 mg

Längeneinheiten

Kilometer	Meter	Dezimeter	Zentimeter	Millimeter
1 km =	1000 m			
	1 m =	10 dm		
		1 dm =	10 cm	
			1 cm =	10 mm

Bildquellenverzeichnis

U1.1: Mauritius, Mittenwald – 4.1: Getty Images (Taxi/Stephanie Rau); 4.2: (Taxi/VCG); 4.3: (The Image Bank/Rit); 4.4: (Tony Stone/ Paul S.) – 5.1: (Tony Stone/Laurenc); 5.2: (Tony Stone); 5.3: Getty Images RF (photodisc) – 6.1: avenue images, Brand X Pictures, Hamburg – 8.1: Getty Images (Taxi/Stephanie Rau); 8.2: (Stone/ Eric Larraya); 8.3: (Taxi/Ty Allison); 9.1: (Tony Stone/Peter C), München – 13.1, 13.5: Soehnle-Waagen GmbH & Co KG, Backnang – 13.2: MEV, Augsburg – 13.3: Mauritius (age fotostock), Mittenwald – 16.1: Flughafen Stuttgart, Stuttgart – 17.3: Mauritius (Pöhlmann), Mittenwald – 18.2: Getty Images (Chris Windsor), München – 19.1: Picture–Alliance (F. Hoogervorst), Frankfurt – 20.1: IMAGO (Team 2), Berlin – 22.2: MEV, Augsburg – 23.1: Corel Corporation, Unterschleissheim – 30.1: Dieter Gebhardt, Asperg – 31.1: Corbis (Kevin Fleming), Düsseldorf – 31.2: Comstock, Luxemburg – 32.1: Europäische Zentralbank, Frankfurt – 32.2: MEV, Augsburg – 34.1: Getty Images (Taxi/VCG), München – 34.2: Deutsches Museum, München – 34.4: AKG, Berlin – 35.1: Deutsches Museum, München – 35.2: AKG, Berlin – 35.3: Picture–Alliance (pa/picture press/ Ja), Frankfurt – 37.1, 37.2, 37.3: Europäische Zentralbank, Frankfurt – 39.3: Getty Images RF (Photodisc); München – 41.1: Getty Images PhotoDisc, Hamburg – 41.2: Getty Images RF, München – 42.1: Bongarts (Vivien Venzke), Hamburg – 45.3: Getty Images RF (Photodisc), München – 46.1: Mauritius (Jiri), Mittenwald – 46.2: Corbis (Massis J. Boujikian), Düsseldorf – 47.1: BPK, Berlin – 48.1: Mauritius (O'Brian), Mittenwald – 49.1: Corbis (RF), Düsseldorf – 49.2: Angermayer, Holzkirchen – 49.3: Corbis, Düsseldorf – 51.1: Comstock, Luxemburg – 51.2: creativ collection, Freiburg – 52.1: MEV, Augsburg – 52.2: IBM Deutschland GmbH, Stuttgart – 55.1: Deutsches Museum, München – 57.1: Corbis (Ken Kaminesky), Düsseldorf – 58.3: Getty Images (Andy Caulfield); 58.1: (The Image Bank/Rit), München – 58.2: AKG, Berlin – 58.4: Deutsches Museum, München – 64.1: MEV, Augsburg – 67.1: Getty Images (Image Bank/Greuel), München – 67.2: Corbis (Bernard/Sygma), Düsseldorf – 67.3: IMAGO (Steinach), Berlin – 74.1: Picture Press (Wothe), Hamburg – 74.2: Corbis (Eric and David Hoski), Düsseldorf – 74.3: Getty Images PhotoDisc, Hamburg – 78.1: Creativ Collection Verlag GmbH, Freiburg – 79.3: Corbis (Michele Westmorland), Düsseldorf – 86.1: Getty Images (Werner Dietrich); 86.2: (Photodisc); 88.1: (Tony Stone/Paul S.), München – 92.2: MEV, Augsburg – 94.1: Messwerkzeuge Walter Eichmann GmbH, Remscheid – 98.1: Photo Studio A. Linder, Neuf–Brisach – 110.2, 110.4, 110.5: Comstock, Luxemburg – 1109.3: AKG, Berlin – 90.1: Klett-Perthes Verlag, Gotha – 99.1: Vermessungs- und Katasteramt, Münster – 107.2, 107.3: MEV, Augsburg – 110.5: Comstock, Luxemburg – 114.1: Getty Images (Tony Stone/Laurenc), München – 117.6: Postwertzeichenarchiv (Höchtlen, München), Bonn – 119.7: Pilatus-Bahnen, Kriens – 136.1: Getty Images (Tony Stone); 137.1: (The Image Bank), München – 137.2: Creativ Collection Verlag GmbH, Freiburg – 137.3: MEV, Augsburg – 137.4: Getty Images (Tony Stone); 137.5: (Taxi/H.H.), München – 137.6: Deutsche Post World Net – 138.1: Helga Lade (NDS), Frankfurt – 138.2, 138.3, 139.2: Europäische Zentralbank, Frankfurt – 140.1: Corbis (Giry Daniel/ Sygma), Düsseldorf – 140.2: Helga Lade (B. Steckenreuter), Frankfurt – 140.3: Corbis (John Slater), Düsseldorf – 140.4, 141.1: Helga Lade (B. Steckenreuter), Frankfurt – 142.1, 142.2, 142.3: Deutsche Post AG – 143.3: BPK, Berlin – 143.4: Scala, Antella (Firenze) – 144.1, 144.2: Corel Corporation, Unterschleissheim – 144.3: Fotofinder (Okapia/Richard Ellis), Berlin – 144.4: Okapia (Henry Ausloos), Frankfurt – 144.5: Corbis (Tom Brakefield), Düsseldorf – 144.6: Corel Corporation, Unterschleissheim – 145.2: Voller Ernst, Berlin – 145.3: ARDEA London Limited (B. Berron), London – 146.1: Mauritius (Fidler), Mittenwald – 148.1: MEV, Augsburg – 149.1: Dieter Gebhardt, Asperg – 149.2: Deutsches Museum, München – 151.1: Helga Lade (B. Streckenreuter), Frankfurt – 152.1: MEV, Augsburg – 153.2: Corbis (Amet Jean Pierre), Düsseldorf – 155.2: Okapia (David Kraus); 157.1: (Paul A. Sutherland), Frankfurt – 158.1: Bilderberg, Hamburg – 159.2: Fotofinder (Argus/Raupach), Berlin – 162.1: Getty Images RF (photodisc), München – 163.1, 163.2, 163.3: Europäische Zentralbank, Frankfurt – 170.3: Steffens Bildarchiv, Mainz – 176.5: Fotofinder, bildagentur online, Berlin

Alle übrigen Fotos entstammen dem Archiv des Ernst Klett Verlages, Stuttgart.

Nicht in allen Fällen war es uns möglich, den uns bekannten Rechteinhaber ausfindig zu machen. Berechtigte Ansprüche werden selbstverständlich im Rahmen der üblichen Vereinbarungen abgegolten.